高等学校电子信息与通信类专业"十二五"规划教材
西安电子科技大学教材建设基金资助项目

现代调制解调技术

孙锦华　何　恒　编著

西安电子科技大学出版社

内 容 简 介

本书较系统地介绍了现代高效数字调制技术的基本概念、原理、实现方法和最新研究成果。全书共分 8 章,全面地介绍了数字通信系统的基本概念、数字调制的基本概念、准恒定包络调制、连续相位调制、最小频移键控和高斯最小频移键控、语音信号调制、多载波调制和多天线调制技术等内容。

本书既可以作为高等院校通信专业及相关专业高年级本科生和研究生的学习教材,也可作为高等院校、科研院所、通信公司等有关单位的科研人员和工程技术人员的参考书。

图书在版编目(CIP)数据

现代调制解调技术/孙锦华编著. —西安:西安电子科技大学出版社,2014.8
高等学校电子信息与通信类专业"十二五"规划教材
ISBN 978 - 7 - 5606 - 3402 - 9

Ⅰ. ① 现… Ⅱ. ① 孙… Ⅲ. ① 数字通信—调制技术—高等学校—教材 ② 数字通信—解调技术—高等学校—教材 Ⅳ. ① TN914.3

中国版本图书馆 CIP 数据核字(2014)第 163087 号

策　　划	李惠萍	
责任编辑	李惠萍　　郭亚萍	
出版发行	西安电子科技大学出版社(西安市太白南路2号)	
电　　话	(029)88242885　88201467　　邮　编　710071	
网　　址	www.xduph.com　　　电子邮箱　xdupfxb001@163.com	
经　　销	新华书店	
印刷单位	陕西天意印务有限责任公司	
版　　次	2014年8月第1版　2014年8月第1次印刷	
开　　本	787毫米×1092毫米　1/16　印张19	
字　　数	450千字	
印　　数	1～3000册	
定　　价	35.00元	

ISBN 978 - 7 - 5606 - 3402 - 9/TN

XDUP 3694001 - 1

前　言

在过去的几十年间，数字调制技术领域的研究和发展已经相当活跃，并且涌现了很多有前景的研究成果。无论是在固定电话系统、移动蜂窝通信系统还是在卫星通信系统中，数字调制技术都是许多系统的基础。现有的各种公用和专用通信系统都在追求更大的通信容量、更远的通信距离以及更高的功率效率。随着大容量和远距离数字通信的发展，传输信道的带宽限制和非线性对传输信息的影响日趋严重，亟需采用新的数字调制技术以减小信道对所传信息的影响。而新调制技术的研究，主要是围绕着如何充分节省频谱和高效率地利用频带展开的。寻求更高的频谱利用率和功率利用率，是通信领域科研和技术人员永恒的追求目标，而能够实现此目标的高效数字调制技术也一直是人们研究的重点。

本书系统地介绍了现代高效数字调制技术的基本原理、实现方法以及有关该技术的最新研究成果，较充分地反映了当前高效数字调制技术的最新研究状况。全书共分 8 章，主要内容如下：

第 1 章是绪论，概括地介绍了相关的基础知识，包括调制在数字通信系统中的作用、各种通信信道、基本的调制方式、选择调制方式的标准以及脉冲成型在调制中的作用，是全书的基础。

第 2 章介绍了数字调制的基本概念，主要讨论了在实际中已经得到广泛应用的数字调制技术，包括二进制及多进制相移键控数字调制技术、偏移四相相移键控、正交振幅调制等方式的原理、频带特性及其性能。

第 3 章介绍了准恒定包络调制，首先讨论了 IJF - QPSK 和 SQORC 及其与 FQPSK 的关系，详细介绍了 FQPSK 的逐符号互相关映射、网格编码调制、最佳检测器及次最佳检测器，然后介绍了另外一种调制技术——SOQPSK 调制。SOQPSK 信号不存在包络波动，严格意义上应归入第 4 章的恒包络调制，但是由于其调制解调器结构与 FQPSK 是十分相似的，因此在本书中将 SOQPSK 放在此章介绍。

第 4 章介绍了连续相位调制，包括 CPM 的基本概念、频谱特性、最大似然序列检测及错误概率，重点介绍了各种 CPM 信号的调制器和解调器。

第 5 章讨论了两种比较经典的 CPM 信号——全响应调制技术 MSK 信号和部分响应调制技术 GMSK 信号，重点介绍了它们的信号描述、功率谱密度、调制器结构和解调器结构，还讨论了相关的同步问题。

第 6 章讨论的是语音信号调制，主要介绍了波形编码调制，也讨论了参数编码以及混合编码。

第 7 章介绍了多载波调制，讨论了 OFDM 的基本概念，峰均功率比的抑制方法以及 OFDM 系统的同步、比特和功率分配问题。

第 8 章介绍多天线调制技术，讨论典型的分集技术和合并技术，然后介绍 MIMO 系统的信号模型、MIMO 系统信道容量及随机信道响应的 MIMO 系统容量，接着讨论了空时块编码、分层空时码以及空时格码。

在本书编写过程中，作者参考了数字通信领域最具有权威和影响力的相关教材和文献资料。在写作中，作者力求做到语言简洁流畅、内容丰富、层次清晰、结构合理，便于读者学习和理解相关的概念与理论，从而系统地掌握高效的数字调制技术。

本书第 1、3、4、5 章由孙锦华执笔完成，第 2、6、7、8 章由何恒执笔完成。全书由孙锦华统稿。

西安电子科技大学综合业务网理论及关键技术国家重点实验室的杜栓义教授审阅了全书，提出了许多宝贵意见，在此表示衷心的感谢。

本书的编写受到了国家自然科学基金项目（编号：60902039，61271175）和"西安电子科技大学教材建设基金资助项目"的资助。本书在编写过程中得到了西安电子科技大学出版社李惠萍老师的关心与帮助，在此表示衷心的感谢。

在本书的编写过程中，西安电子科技大学通信工程学院的研究生李杰、李春雷、王雪梅、吴利杰和朱吉利同学认真仔细地校对了文稿，在此向他们表示衷心的感谢。

由于作者水平有限，疏漏在所难免，敬请读者批评指正。

作　者

2014 年 4 月

目　　录

第1章

绪 论

为使读者在学习各章内容之前，对通信和通信系统有一个初步的了解与认识，本章将概括地介绍相关的基础知识，包括调制在数字通信系统中的作用、各种通信信道、基本的调制方式、选择调制方式的标准以及脉冲成形在调制中的作用等。

1.1 数字通信系统

如图 1-1 所示是一个典型数字通信系统的结构框图。在数字通信系统中，要传输的消息可以是模拟信源（如音频、视频信号），也可以是数字信源（如电传机的输出、计算机数据）。如果信源输出的是模拟信号，那么模数转换器将对模拟信号进行采样和量化，采样值以数字形式表示（比特 0 或 1）。信源编码器接收经数模转换得到的数字信号，将其编码成更短的数字信号。这个过程称为信源编码，它减少了信号冗余，从而减少了系统的带宽需求。由信源编码器输出的二进制数字序列被送到信道编码器，信道编码器将其编码成一个更长的数字信号。信道编码器有意地引入冗余，以便接收机可以纠正信号在信道传输中由噪声和干扰产生的一些错误。通常信号的传输是在高频段，因此将已编码的数字信号携带到载波是由调制器完成的。某些情况下，信号传输在基带完成，调制器为基带调制器，也称为变换器，用于将已编码数字信号变成适合于传输的波形。在调制器后通常还有一个功率放大器。对于高频传输，调制和解调通常在中频段进行。这种情况下，在调制器和功率放大器之间还需要插入上变频器。如果中频相比载波频率太低的话，可能需要几级载波频率变换。对于无线通信而言，天线是发射机的最后一级。传输介质通常被称为信道，在信道中，噪声叠加在信号上，衰落和损耗效应体现在作用于信号的乘性因子上。这里的噪声是一个广义的概念，包括各种来自系统外部和内部的随机电气干扰。信道也通常具有有限的频带宽度，因而可以将其看成一个滤波器。在接收机中，进行了与发射机相反的信号变

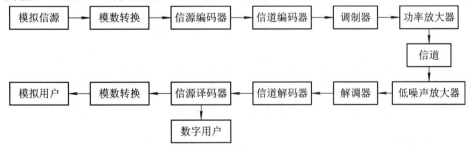

图 1-1 典型数字通信系统的结构框图

换：首先，接收到的微弱信号经过放大（需要时再进行下变频）和解调，然后经信道解码器去除所加入的冗余，再经过信源译码器恢复原始信号发给用户。对于模拟信号，还需要经过数模转换器的转换。

图 1-1 给出的是一个典型的通信系统组成，一个实际系统可能更为复杂，例如：对于多用户系统，在调制器前要插入复用模块；对于多台工作系统，在发射器前要加入多路接入控制模块，其他如扩展频谱和加密模块也可能会加入到系统中。实际系统也可以更简单，在简易的系统中可能不需要信源编码和信道编码。实际上，在所有通信系统中，仅调制器、信道、解调器和放大器（无线系统还需要天线）是必需的。

为了描述调制、解调技术并分析其性能，经常采用图 1-2 给出的简化的调制解调的数字通信系统模型。这个模型去除了与调制不相关的模块，而使相关模块突显出来。而近年来研究的调制解调技术将调制和信道编码结合起来，在这种情形下，信道编码器是调制器

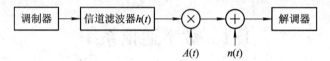

图 1-2　调制解调的数字通信系统模型

的一部分，信道解码器是解调器的一部分。由图 1-2 可知，解调器输入端的接收信号可以表示为

$$r(t) = A(t)\big[s(t) * h(t)\big] + n(t) \qquad (1.1)$$

其中，* 表示卷积。在图 1-2 中，信道由三个元素来描述。第一个元素是信道滤波器，由于从调制器出来的信号 $s(t)$ 在到达解调器之前，必须通过发射机、信道和接收机，因此信道滤波器是一个合成滤波器，其传输函数为

$$H(f) = H_T(f)H_C(f)H_R(f) \qquad (1.2)$$

其中，$H_T(f)$、$H_C(f)$ 和 $H_R(f)$ 分别是发射机、信道和接收机的传输函数。同样地，信道滤波器的冲击响应为

$$h(t) = h_T(t) * h_C(t) * h_R(t) \qquad (1.3)$$

其中，$h_T(t)$、$h_C(t)$ 和 $h_R(t)$ 分别是发射机、信道和接收机的冲击响应。

描述信道的第二个元素是因子 $A(t)$（一般为复数），$A(t)$ 代表某些类型信道中的衰落，诸如移动无线信道。第三个元素是加性噪声和干扰项 $n(t)$。衰落和噪声将在下一节讨论。如图 1-2 所示的信道模型是一个通用模型，在某些情况下可以进一步简化。

1.2　通　信　信　道

在研究、选择和设计调制方案时，信道特性起着重要的作用。为了了解各种调制方案的性能，针对不同的信道研究调制方案是很有必要的，我们应根据信道的特性来选择和设计调制方案以使其性能最优。本节主要介绍通信系统中一些重要的信道及其数学模型。

1.2.1　加性高斯白噪声信道

在分析调制方案时，加性高斯白噪声（AWGN）信道是一个最普通的信道模型。物理

上，加性噪声过程来自通信系统接收机中的电子元部件和放大器，或者由传输中遇到的干扰引起。如果噪声主要是由接收机中的元部件和放大器引起的，那么它可以表征为热噪声，这种类型的噪声统计地表征为高斯噪声过程，因此该信道的数学模型通常称为加性高斯噪声信道。因为这个信道模型广泛适用于物理通信信道，并且在数学上易于处理，所以它是通信系统分析和设计中所用的最主要的信道模型。

严格地说，AWGN 信道是不存在的，因为没有任何信道具有无限带宽。然而，如果信号带宽小于信道带宽，许多实际信道可以近似看成高斯白噪声信道。例如，视距无线信道（包括固定地面微波链路和固定卫星链路）在天气好的情况下可近似地当成高斯白噪声信道，宽带的同轴电缆也可近似认为是高斯白噪声信道，因为除了有高斯噪声存在，没有其他的干扰。

本书中，对所有调制方式在 AWGN 信道下的性能均做了研究。原因有两方面：首先，某些信道近似为 AWGN 信道，所得到的研究结果可以直接应用；其次，不论其他信道损害（如带限、衰落、其他干扰）是否存在，加性高斯噪声总是存在的。因此 AWGN 信道是最好的信道情况。调制方案在 AWGN 信道下的性能可以作为性能上限。当存在其他信道损害时，系统性能会恶化。对于不同的调制方式，性能恶化的程度也不同。而 AWGN 下的性能可以作为评估性能恶化的一个标准，也可以用来评估抵抗这些信道损害技术的效果。

1.2.2　带限信道

当信道带宽小于信号带宽时，这样的信道是带限信道。严重的带限会导致码间串扰（ISI，InterSymbol Interference），即数字脉冲的扩展超过了它自身的传送周期，与相邻符号或更多符号产生了干扰。ISI 会使比特错误概率增加。当不可能或成本上不允许增加信道带宽时，信道均衡技术被用于消除码间串扰。近年来，出现了很多均衡技术，新的均衡技术也还在不断涌现，在本书中，我们对此不进行讨论。

1.2.3　衰落信道

衰落是当无线电信号的振幅和相位在很短的一段时间或在其行进距离内迅速改变时发生的一种现象，它是由经过不同路径传输的发送信号到达接收机的时间略有不同而相互干扰引起的。这些无线电波，称为多径波，到达接收机天线合并产生的合成信号在幅度和相位上会呈现剧烈的变化。如果多径信号的延迟超过一个码元周期，这些多径信号就必须被当成不同的信号。此时，我们就会看到分离的多径信号。

在移动通信信道（如地面移动信道和卫星移动信道）中，衰落和多径干扰是由周围建筑物和地形的反射所造成的。此外，由于每个多径分量具有不同的多普勒频移，发射机和接收机之间的相对运动会导致该信号的随机频率调制。周围物体（如车辆）的运动，也会导致多径分量上的多普勒频移随时间变化。然而，若周围物体的运动速度低于移动台，多普勒频移的影响则可以忽略不计。

固定视距（LOS）微波链路中也存在衰落和多径干扰。在晴朗安静的夏天夜晚，正常的大气湍流是最小的。在对流层内，按温度和湿度的不同，大气的分布又可分为下层、中层和上层。较低的大气层会产生尖锐的折射率梯度，这又会产生多个具有不同的相对幅度和延迟的信号路径。

衰落会导致接收信号的振幅和相位发生变化。多径会造成符号间的相互干扰。多普勒频移会使载波频率漂移和信号带宽扩展。它们都会导致调制的性能下降。

1.2.4　通信信道的数学模型

在设计通过物理信道传输信息的通信系统时，构造一个体现传输介质重要特性的数学模型是非常方便的。利用这个数学模型可设计发射端的信道编码器和调制器以及接收端的解调器和信道解码器。以下，我们给出经常用于描述实际物理信道特征的信道模型的数学表示。

1. 加性噪声信道

通信信道最简单的数学模型就是如图 1-3 所示的加性噪声信道，信道仅对通过它传输的信号 $s(t)$ 叠加了一个随机噪声过程 $n(t)$。从物理上讲，加性噪声过程来自通信系统的电子元件和接收机的放大器，或者来自传输中遇到的干扰。这种类型的噪声从统计特性上属于高斯噪声过程。因此相应的数学模型通常称为加性高斯噪声信道。这种信道的幅频特性是平坦的，并且对于所有频率，其相频响应是线性

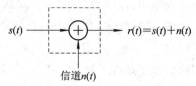

图 1-3　加性噪声信道

的，因此调制信号通过高斯白噪声信道不会引起不同频率分量的幅度损失和相位失真，不存在衰落。唯一的畸变是由 AWGN 引起的。式(1.1)中的接收信号可以简化为

$$r(t) = s(t) + n(t) \tag{1.4}$$

其中，$n(t)$ 为加性高斯白噪声。

$n(t)$ 为"白色"的，意味着噪声是一个在所有频率上具有平坦功率谱密度(PSD，Power Spectral Density)的平稳随机过程。习惯上，假定其功率谱密度为

$$N(f) = N_0/2, \quad -\infty < f < \infty \tag{1.5}$$

这意味着白色过程具有无限大的能量。这当然是数学上的理想情况。根据维纳辛希定理，AWGN 信道的自相关函数为

$$R(\tau) \overset{\text{def}}{=} E\{n(t)n(t-\tau)\} = \int_{-\infty}^{\infty} N(f) e^{j2\pi f\tau} \, df = \int_{-\infty}^{\infty} \frac{N_0}{2} e^{j2\pi f\tau} \, df = \frac{N_0}{2}\delta(\tau) \tag{1.6}$$

其中，$\delta(\tau)$ 为狄拉克 δ 函数(也称单位冲击函数)。这表明，噪声样本无论在时间上有多近，它们都是不相关的，并且它们也是相互独立的。

在任何时刻，$n(t)$ 的幅度服从高斯概率密度函数分布，即

$$p(\eta) = \frac{1}{\sqrt{2\pi\sigma^2}}\exp\left\{-\frac{\eta^2}{2\sigma^2}\right\} \tag{1.7}$$

其中，η 表示随机过程 $n(t)$ 的均值，σ^2 表示其方差。对于 AWGN，$\sigma^2 = \infty$，因为白噪声的功率是无限的。

然而，当 $r(t)$ 与一个正交函数 $\phi(t)$ 相关时，输出噪声的功率是有限的，即

$$r = \int_{-\infty}^{\infty} r(t)\phi(t)\mathrm{d}t = s + n \tag{1.8}$$

其中

$$s = \int_{-\infty}^{\infty} s(t)\phi(t)\mathrm{d}t \tag{1.9}$$

$$n = \int_{-\infty}^{\infty} n(t)\phi(t)\mathrm{d}t \tag{1.10}$$

噪声 n 的方差为

$$
\begin{aligned}
E\{n^2\} &= E\left\{\left[\int_{-\infty}^{\infty} n(t)\phi(t)\mathrm{d}t\right]^2\right\} \\
&= E\left\{\int_{-\infty}^{\infty}\int_{-\infty}^{\infty} n(t)\phi(t)n(\tau)\phi(\tau)\mathrm{d}t\,\mathrm{d}\tau\right\} \\
&= \int_{-\infty}^{\infty}\int_{-\infty}^{\infty} E\{n(t)n(\tau)\}\phi(t)\phi(\tau)\mathrm{d}t\,\mathrm{d}\tau \\
&= \int_{-\infty}^{\infty}\int_{-\infty}^{\infty} \frac{N_0}{2}\delta(t-\tau)\phi(t)\phi(\tau)\mathrm{d}t\,\mathrm{d}\tau \\
&= \frac{N_0}{2}\int_{-\infty}^{\infty} \phi^2(t)\mathrm{d}t = \frac{N_0}{2}
\end{aligned}
\tag{1.11}
$$

n 的功率谱密度函数可以表示为

$$p(n) = \frac{1}{\sqrt{\pi N_0}}\exp\left\{-\frac{n^2}{N_0}\right\} \tag{1.12}$$

这个结果在本书中会被频繁地使用到。

另外,信道衰减也可以被包含到上述数学模型中。当信号经过信道传输经历衰减时,接收信号为

$$r(t) = \alpha s(t) + n(t) \tag{1.13}$$

其中,α 为衰减因子。

2. 线性滤波器信道

在某些物理信道(如有线电话信道)中,采用滤波器来保证所传输的信号不超过规定的带宽限制,从而不会引起相互干扰。这样的信道通常在数学上表征为带有加性噪声的线性滤波器信道,如图 1-4 所示。因此,如果信道的输入信号为 $s(t)$,那么信道的输出为

$$
\begin{aligned}
r(t) &= s(t) * c(t) + n(t) \\
&= \int_{-\infty}^{\infty} c(\tau)s(t-\tau)\mathrm{d}\tau + n(t)
\end{aligned}
\tag{1.14}
$$

式中,$c(t)$ 是信道的冲击响应,$*$ 表示卷积。

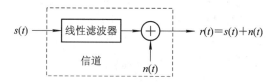

图 1-4 带有加性噪声的线性滤波器信道

3. 线性时变滤波器信道

像水声信道和电离层无线电信道这样的物理信道会导致发送信号的时变多径传播,这类信道在数学上可以表征为线性时变滤波器。该线性滤波器可以由时变信道冲激响应 $c(\tau;t)$ 来表征,这里 $c(\tau;t)$ 是信道在 $t-\tau$ 时刻加入冲激而在 t 时刻产生的响应。因此,τ 表示"历时(经历时间)"变量。带有加性噪声的线性时变滤波器信道如图 1-5 所示。对于输入信号 $s(t)$,信道输出信号为

$$r(t) = s(t) * c(\tau; t) + n(t)$$

$$= \int_{-\infty}^{\infty} c(\tau; t) s(t - \tau) d\tau + n(t) \tag{1.15}$$

用来表征通过物理信道传播多径信号的模型是上式的一个特例，如电离层（在 30 MHz 以下的频率）和移动蜂窝无线电信道就是这样的物理信道。该特例中的时变冲激响应为

$$c(\tau; t) = \sum_{k=1}^{L} a_k(t) \delta(\tau - \tau_k) \tag{1.16}$$

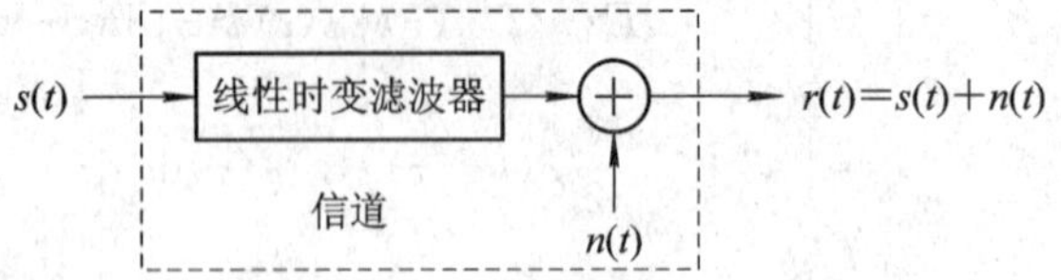

图 1-5　带有加性噪声的时变滤波器信道

式中，$\{a_k\}$ 表示 L 条多径传播路径上可能的时变衰减因子，$\{\tau_k\}$ 是相应的延迟。如果将式 (1.15)代入式(1.14)，那么接收信号为

$$r(t) = \sum_{k=1}^{L} a_k(t) s(\tau - \tau_k) + n(t) \tag{1.17}$$

因此，接收信号由 L 个路径分量组成，其中每一个分量的衰减为 $\{a_k\}$，延迟为 $\{\tau_k\}$。

以上描述的三种数学模型适当地表征了实际中的绝大多数物理信道。

1.3　数字调制技术概述

1.3.1　基本的调制方法

数字调制是将数字符号变换成适合传输的信号的过程。对于短距离传输，通常使用基带调制，基带调制又称线路码。用一串数字符号来产生具有特定特征的矩形脉冲波，每一种类型的符号用不同波形表示，以保证接收时能够正确地恢复。这些特征包括脉冲幅度，脉冲宽度以及脉冲位置的变化。图 1-6 给出了几种基带调制波形：图 1-6(a)是不归零调制，用周期为 T 的正脉冲代表符号 1，负脉冲代表符号 0；图 1-6(b)是单极性归零调制，用周期为 $T/2$ 的正脉冲代表符号 1，没有脉冲代表符号 0；图 1-6(c)是双相调制或曼彻斯特调制，用前半周期正脉冲和后半周期负脉冲表示 1，而前半周期负脉冲和后半周期正脉冲表示 0。

对于长距离通信和无线传输，通常使用带通调制，带通调制也称载波调制。用一串数字符号来改变高频正弦载波的参数。正弦信号有三个参数：幅度、频率和相位。所以在带通调制中有三种基本的调制方式：幅度调制、频率调制和相位调制。图 1-7 给出了三种基本的带通调制方案，分别是振幅键控（ASK）、频移键控（FSK）和相移键控（PSK）。在 ASK 调制中，当发送的符号是"1"时调制器输出载波，当发送的符号是"0"时没有输出，所以这种调制又称为通断键控（OOK）。在一般的 ASK 调制方案中，发送符号为"0"时的载波幅度也不一定是 0。在 FSK 调制中，当发送的符号是"1"时输出一个较高频率的载波，当发送的符号是"0"时输出一个较低频率的载波，或者反过来也可以。在 PSK 调制中，当发送的符号是"1"时输出初始相位为 0 的载波，当发送的符号是"0"时输出初始相位为 180°的载波。

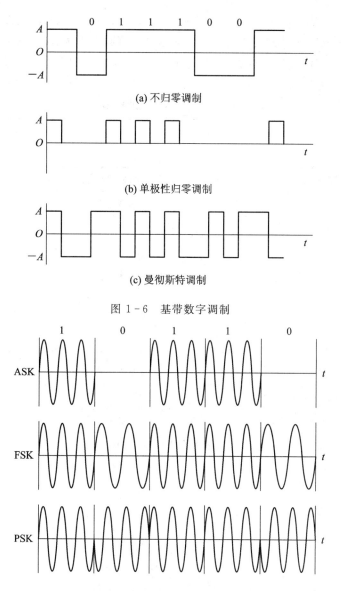

(a) 不归零调制

(b) 单极性归零调制

(c) 曼彻斯特调制

图 1-6 基带数字调制

图 1-7 三种基本的带通调制方案

基于这三种基本的方案,对它们进行组合可以得到一些其他的调制方案。例如,将两个二进制 PSK(BPSK)信号通过正交载波组合可以产生正交相移键控(QPSK),幅度和相位的联合调制得到正交振幅调制(QAM),等等。

1.3.2 各种调制技术的比较

为了给读者提供一个调制技术的概况,我们在表 1-1 中列出了各种数字调制方案的名称缩写及描述,并把它们画在如图 1-8 所示的数字调制关系树中。一些调制方案能从不止一个"父"方案里派生出来。在这些方案中,差分编码用字母 D 表示,可以非相干解调的方案用字母 N 表示。所有方案都可以采用相干解调。

在表 1-1 和图 1-8 中列出的调制方案可以分为两大类别:恒包络和非恒包络。恒包络又有三个子类：FSK、PSK 和 CPM。非恒包络有三个子类：ASK、QAM 及其他非恒包络调制。在这些方案中，ASK、PSK 和 FSK 是基本的调制方案，MSK、GMSK、CPM、MHPM(MSK、GMSK、MHPM 是 CPM 的特例)和 QAM 等是先进调制方案。这些先进调制方案是基本调制方案的变形和组合。

表 1－1　数字调制方案

缩写	备用缩写	描述性名称
频移键控(FSK)		
BFSK	FSK	二进制频移键控
MFSK		M 进制频移键控
相移键控(PSK)		
BPSK	PSK	二进制相移键控
QPSK	4PSK	四相相移键控
FQPSK		Feher 提出的四相相移键控
EFQPSK		增强型 FQPSK
OQPSK	SQPSK	偏移(交错)四相相移键控
SOQPSK		有形偏移四相相移键控
$\pi/4-$QPSK		$\pi/4$ 四相相移键控
MPSK		M 进制相移键控
连续相位调制(CPM)		
SHPM		单$-h$(调制指数)相位调制
MHPM		多$-h$ 相位调制
LREC		长度为 L 的矩形脉冲
CPFSK		连续相位频移键控
MSK	FFSK	最小频移键控，快速 FSK
SMSK		串行最小频移键控
LRC		长度为 L 的升余弦脉冲
LSRC		长度为 L 的频谱升余弦脉冲
GMSK		高斯最小频移键控
TFM		平滑频率调制
幅度调制和幅度/相位调制		
ASK		幅移键控
OOK	ASK	二进制通断键控
MASK	MAM	M 进制幅度调制
QAM		正交幅度调制

续表

缩写	备用缩写	描述性名称
非恒包络调制		
QORC		正交重叠升余弦调制
SQORC		交错正交重叠升余弦调制
QOSRC		正交重叠平方升余弦调制
Q^2PSK		正交相移键控
IJF-OQPSK		无干扰和抖动的偏移正交相移键控
TSI-OQPSK		两符号间隔偏移正交相移键控
SQAM		叠加正交幅度调制
XPSK		互相关正交相移键控

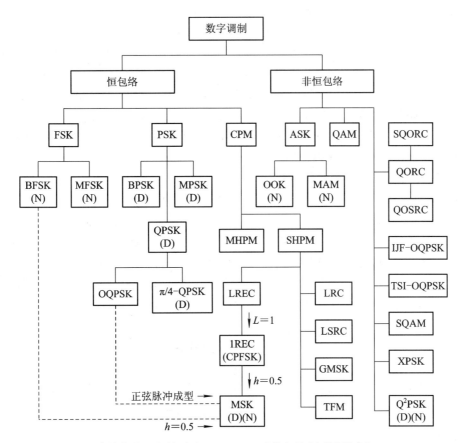

—— 实线表明"可以衍生自"； ------ 虚线表明"交替衍生自"；
(D)—可以差分编码和解码；(N)—可以非相干检测

图 1-8 数字调制关系树

恒包络调制方案一般应用于功率放大器必须工作在输入-输出特性的非线性区域的通信系统，以使放大效率达到最大。卫星通信中的行波管放大器（TWTA）就是这样的一个例子。然而，在这类调制方案中，一般的 FSK 方案不适合于卫星应用，因为与 PSK 方案相比，它们的带宽效率非常低。二进制 FSK 被应用于第一代蜂窝系统 AMPS（美国的高级移动电话系统）和 ETACS（欧洲的全接入通信系统）中的低速率控制信道。AMPS 中的数据传输速率为 10 kbps，ETACS 中的数据传输速率为 8 kbps。像包括 BPSK、QPSK、OQPSK 和 MSK 在内的 PSK 方案已被应用于卫星通信系统中（注：bps 即比特/秒，通常也用 b/s 表示）。

$\pi/4$ - QPSK 调制方案特别值得关注，因为它能避免 $180°$ 的相位突变并能够差分解调。它已被应用于数字移动蜂窝系统，如美国数字蜂窝系统（USDC）。

PSK 调制方案的包络恒定但相位不连续，而 CPM 方案不仅包络恒定而且相位也连续。因此，与 PSK 方案相比，它们的频谱旁瓣能量较少。CPM 方案包括 LREC、LRC、LSRC、GMSK 和 TFM。它们的区别在于采用的频率脉冲不同。例如，LREC 表示它的频率脉冲是长度为 L 个符号周期的矩形脉冲。MSK 和 GMSK 是 CPM 中两种重要的调制方案。MSK 是 CPFSK 的一种特殊情况，但它也可以从采用正弦脉冲成型的 OQPSK 导出。MSK 具有良好的功率效率和带宽效率，它的调制器和解调器也不复杂。在 NASA（美国国家航空航天局）的先进通信技术卫星（ACTS）中已经采用了 MSK 体制。GMSK 具有高斯频率脉冲，因此它比 MSK 有更好的带宽效率。GMSK 被应用于美国蜂窝数字分组数据（CDPD）系统和欧洲的全球移动通信（GSM）系统。

这些数字调制方案中，MHPM 是值得特别注意的，因为它通过周期性地变化调制指数 h，比单 hCPM 有更好的误码性能。

一般的非恒包络调制方案，如 ASK 和 QAM，通常不适合于使用非线性功率放大器的系统。然而，具有大信号星座集的 QAM 调制能达到非常高的带宽效率。QAM 调制已被广泛应用于电话网络中的调制解调器，如计算机调制解调器。甚至也有在卫星系统中考虑应用 QAM。但在这种情况下，必须预留 TWTA 的输出功率回退以保证功率放大器工作在线性区。

非恒包络调制中第三类有较多的调制方案。由于它们具有非常良好的带宽效率，并且振幅变化较小，故主要用于卫星通信中。这些方案中除了 Q^2PSK 以外，都是基于 $2T_s$（T_s 为码元周期）的调幅脉冲成型，它们的调制器结构与 OQPSK 的调制器结构类似。

1.4　基带脉冲成形

我们已经知道，用数字基带信号对载波进行调制，就会产生已调数字信号。而数字基带信号是指消息代码的电波形，它是用不同的电平或脉冲来表示相应的消息代码的。对传输用的基带信号主要有两方面的要求：

（1）原始消息代码必须转换成适合于传输的码型；

（2）所选码型的电波形式应适合于基带系统的传输。

常见的电波波形有矩形脉冲、三角波、高斯脉冲和升余弦脉冲等。1.3 节中介绍的线路码就是一些常见的采用矩形脉冲的数字基带信号。本节将介绍设计基带信号的电波形式，即脉冲成形技术。

　　在实际通信中，由于信道的带宽不可能无穷大，并且还有噪声的影响，数字基带信号（波形为矩形，在频域内是无穷延伸的）通过这样的信道传输，不可避免地要受到影响而产生畸变，所以通信信号都必须在一定的频带内（我们称为频带受限）。从本质上来说，脉冲成型就是滤波，通信信号在发送之前若不进行滤波就会相互干扰。在信号设计中，滤波器的输出在一定程度上可以克服码间串扰。

　　所谓码间串扰，就是由于系统传输总特性（包括收、发滤波器和信道的特性）不理想，导致前后码元的波形畸变、展宽，并使前面波形出现很长的拖尾，蔓延到当前码元的抽样时刻上，从而对当前码元的判决造成干扰。码间串扰严重时，会造成错误判决。另外，信号在传输的过程中不可避免地还会叠加信道噪声，当噪声幅度过大时，也会引起接收端的判断错误。因此，码间串扰和信道噪声是影响基带信号进行可靠传输的主要因素，而它们都与基带传输系统的传输特性有密切的关系。使基带系统的总传输特性能够把码间串扰和噪声的影响减到足够小的程度是基带传输系统的设计目标。由于码间串扰和信道噪声产生的机理不同，我们必须分别进行讨论。本节首先讨论在没有噪声的条件下，码间串扰与基带传输特性的关系。为了了解基带信号的传输，我们首先介绍数字基带信号传输系统的典型模型，如图1-9所示。由1.1节可知，信道滤波器是一个组合滤波器，它的传输函数 $H(\omega)$ 可表示为

$$H(w) = T(w)C(w)R(w) \tag{1.18}$$

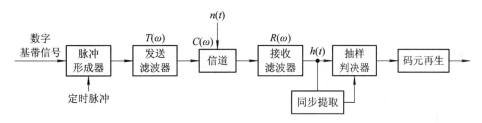

图 1-9　数字基带信号传输系统的典型模型

　　$H(\omega)$ 可视为基带传输系统的总传输特性。在后面的讨论中，我们将更多地使用传递函数和冲激响应，用以描述无串扰信号的频域和时域特性。基带信号在频域内的延伸范围主要取决于单个脉冲波形的频谱函数，只要讨论单个脉冲波形传输的情况就可了解基带信号传输的过程。在数字信号的传输中，码元波形信息携带在幅度上。接收端经过再生判决如果能准确地恢复出幅度信息，则原始信码就能无误地得到传送。所以即便信号经传输后整个波形发生了变化，只要再生判决点的抽样值能反映其所携带的幅度信息，那么用再次抽样的方法仍然可以准确无误地恢复原始信码。也就是说，只需研究特定时刻的波形幅值怎样可以无失真地传输，而不必要求整个波形保持不变。

　　无失真条件也叫抽样值无失真条件，接收波形满足抽样值无串扰的充要条件是仅在本码元的抽样时刻上有最大值，而对其他码元在抽样时刻的信号值无影响，即在抽样点上不存在码间串扰。一种典型的抽样值无失真波形如图1-10所示，$h(t)$ 除了在 $t=0$ 时有抽样值外，在 $t=kT_s(k\neq0)$ 等抽样时刻皆为0，因而不会影响其他抽样值。无码间串扰的时域条件为

$$h(kT_s) = \begin{cases} 1, & k = 0 \\ 0, & k \text{ 为其他整数} \end{cases} \tag{1.19}$$

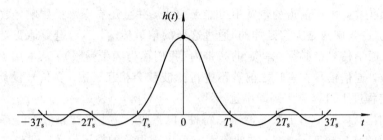

图 1-10　一种典型的抽样值无失真波形

当 $h(kT_s)$ 满足以上关系时,抽样值是无码间串扰的。由于 $h(kT_s)$ 是 $h(t)$ 的特定值,而 $h(t)$ 是由基带系统形成的传输波形,所以,基带系统必须满足一定的条件,才能形成抽样值无失真波形。满足抽样值无失真的充要条件为

$$\sum_n H\left(\omega + \frac{2n\pi}{T_s}\right) = T_s, \quad -\frac{\pi}{T_s} \leqslant \omega \leqslant \frac{\pi}{T_s} \tag{1.20}$$

该条件称为奈奎斯特第一准则。式(1.20)的物理意义是,把传递函数在 ω 轴上以 $\frac{2\pi}{T_s}$ 为间隔切开,然后分段沿 ω 轴平移到 $\left(-\frac{\pi}{T_s}, \frac{\pi}{T_s}\right)$ 区间内,将它们叠加起来,其结果应当为一个常数。这一过程可归纳为:一个实际的 $H(\omega)$ 特性若能等效成一个理想(矩形)低通滤波器,则可实现无码间串扰。满足奈奎斯特第一准则的传输特性 $H(\omega)$ 并不是唯一的。

1. 理想低通特性

如果系统的传递函数 $H(\omega)$ 不用分割后再叠加成为常数,那么其本身就是理想低通滤波器的传递函数,即

$$H(\omega) = \begin{cases} T_s, & |\omega| \leqslant \frac{\pi}{T_s} \\ 0, & |\omega| > \frac{\pi}{T_s} \end{cases} \tag{1.21}$$

相应地,理想低通滤波器的冲激响应为

$$h(t) = \mathrm{Sa}\left(\frac{\pi t}{T_s}\right) \tag{1.22}$$

根据式(1.21)和式(1.22)可画出理想低通系统的传输特性,如图 1-11 所示。由理想低通系统产生的信号称为理想低通信号。由图 1-11(b)可知,理想低通信号在 $t = \pm kT_s$ ($k \neq 0$)时有周期性零点。如果发送码元波形的时间间隔为 T_s,接收端在 $t = kT_s$ 时抽样,就能达到无码间串扰。图 1-12 画出了这种情况下的无码间串扰示意图。

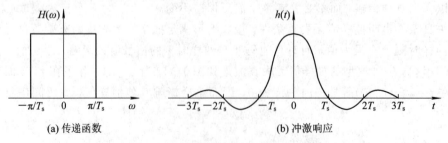

(a) 传递函数　　　　　　　　　　　　(b) 冲激响应

图 1-11　理想低通系统的传输特性

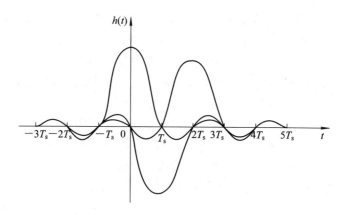

图 1-12 无码间串扰示意图

由图 1-12 和式(1.22)可知,无串扰地传输码元周期为 T_s 的序列时,所需的最小传输带宽为 $1/2T_s$。这是在抽样值无串扰条件下,基带系统传输所能达到的极限情况。也就是说,基带系统所能提供的最高频带利用率是单位频带内每秒传 2 个码元,不管这个码元是二元码还是多元码。通常,我们把 $1/2T_s$ 称为奈奎斯特带宽,把 T_s 称为奈奎斯特间隔。

由以上分析可知,如果基带传输系统的总传输特性为理想低通特性,则基带信号的传输不存在码间串扰。但是这种传输条件实际上不可能达到,因为理想低通的传输特性有无限陡峭的过渡带,这在物理上是无法实现的。即使获得了相当逼近理想低通的特性,把它的冲激响应 $h(t)$ 作为传输波形仍然是不适宜的。这是因为,理想低通特性的冲激响应 $h(t)$ 的"尾巴"很长,衰减很慢,如果定时(抽样时刻)稍有偏差,就会出现严重的码间串扰。考虑到实际的传输系统总可能存在定时误差,所以对理想低通特性的研究只有理论上的意义,应用时还需寻找物理可实现的等效理想低通特性。

2. 升余弦滚降信号

为解决理想低通特性存在的问题,可以使理想低通滤波器特性的边沿缓慢下降,这称为"滚降"。这里的"滚降"指的是信号的频域过渡特性或频域衰减特性。在实际中得到广泛应用的无串扰波形,其频域过渡特性以 π/T_s 为中心,具有奇对称升余弦形状,通常称之为升余弦滚降信号,简称升余弦信号。能形成升余弦信号的基带系统的传递函数为

$$H(\omega) = \begin{cases} \dfrac{T_s}{2}\left[1 + \sin\dfrac{T_s}{2\alpha}\left(\dfrac{\pi}{T_s} - \omega\right)\right], & \dfrac{\pi(1-\alpha)}{T_s} \leqslant |w| < \dfrac{\pi(1+\alpha)}{T_s} \\ T_s, & 0 \leqslant |\omega| < \dfrac{\pi(1-\alpha)}{T_s} \\ 0, & |\omega| \geqslant \dfrac{\pi(1+\alpha)}{T_s} \end{cases} \quad (1.23)$$

其中,α 称为滚降系数,$0 \leqslant \alpha \leqslant 1$。

系统的传递函数 $H(\omega)$ 就是接收波形的频谱函数。由式(1.23)可求出系统的冲激响应,即接收波形为

$$h(t) = \frac{\sin\dfrac{\pi t}{T_s}}{\dfrac{\pi t}{T_s}} \cdot \frac{\cos\dfrac{\alpha\pi t}{T_s}}{1 - \dfrac{4\alpha^2 t^2}{T_s^2}} \quad (1.24)$$

　　如图 1-13 所示为升余弦滚降系统的传输特性，它给出了滚降系数 $\alpha=0$，$\alpha=0.5$ 和 $\alpha=1$ 时的传递函数和冲激响应。图中给出的是归一化图形，由图可知，升余弦滚降信号在前后抽样值处的串扰始终为 0，因而满足抽样值无串扰的传输条件。如图 1-13(b)所示，随着滚降系数 α 的增加，两个零点之间的波形振荡起伏变小，其波形的衰减与 $1/t^2$ 成正比。但随着 α 的增大，所占频带增加(见图 1-13(a))。$\alpha=0$ 时的升余弦滚降系统即为前面所述的理想低通基带系统；$\alpha=1$ 时，所占频带的带宽最宽，是理想系统带宽的 2 倍，因而频带利用率为 1 Baud/Hz；$0<\alpha<1$ 时，带宽 $B=(1+\alpha)/2T_s$ Hz，频带利用率 $\eta=2/(1+\alpha)$ Baud/Hz。由于抽样的时刻不可能完全没有时间上的误差，因而为了减小抽样定时脉冲误差所带来的影响，滚降系数 α 不能太小，通常选择 $\alpha\geqslant0.2$。

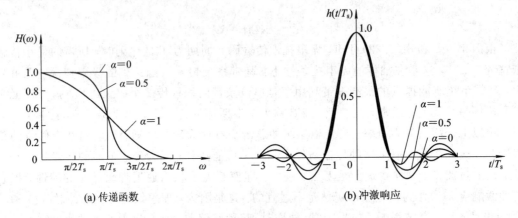

(a) 传递函数　　　　　　　　　　(b) 冲激响应

图 1-13　升余弦滚降系统的传输特性

　　在实际系统中，PSK 调制方案常使用升余弦脉冲进行基带波形成型(需要注意的是后面第 2 章中介绍 PSK 调制方案时仍以矩形脉冲作为基带脉冲波形)。但是在数字调制中，并不是所有的调制方式在进行基带脉冲成型时都是满足无码间干扰或使得码间干扰足够小，有时为了达到相位平滑和较高的频谱利用率，也会有意地引入码间干扰。在下面介绍的高斯脉冲成型中，我们将进一步体会这一点。高斯低通滤波器是 GMSK 调制时使用的基带脉冲波形，其单位冲激响应为

$$h(t) = \frac{\sqrt{\pi}}{\alpha^2}\exp\left(-\frac{\pi^2}{\alpha^2}t^2\right) \tag{1.25}$$

传输函数为

$$H(f) = \exp(-\alpha^2 f^2) \tag{1.26}$$

式中，α 是与高斯滤波器的 3 dB 带宽 B 有关的参数，它们之间的关系为

$$\alpha = \frac{\sqrt{\ln2}}{\sqrt{2}B} = \frac{0.5887}{B} \tag{1.27}$$

　　高斯滤波器的矩形脉冲响应(如将 GMSK 看成调频信号的话也称其为频率函数)的波形如图 1-14(a)所示，对其进行积分后的相位函数如图 1-14(b)所示。

　　可以看到，高斯滤波器的矩形脉冲响应持续时间无限长，当前码元的基带波形会受到相邻甚至更远的码元的影响。因此，在 GMSK 调制中使用高斯脉冲进行基带波形成型时，并不是无码间干扰的，随着 BT_s 值的减小，码间干扰会更加严重。但是选择这样的脉冲成型技术会使得 GMSK 信号的相位路径十分平滑，从而改善信号的功率谱特性。如图 1-15

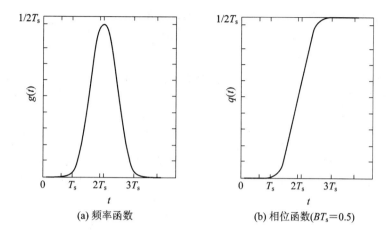

(a) 频率函数

(b) 相位函数(BT_s=0.5)

图 1-14 高斯滤波器的矩形脉冲响应的波形

所示为 GMSK 信号的频谱。当 α 增加时，BT_s 减小，高斯滤波器占用的频谱减少。实际信号在时间上更分散，它不满足消除码间串扰的奈奎斯特准则。减少占用频谱会造成码间串扰增加，导致性能下降。

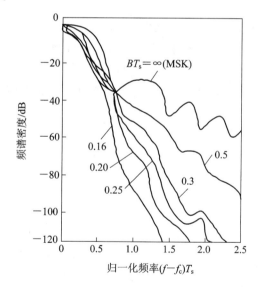

图 1-15 GMSK 信号的频谱

1.5 选择调制方案的原则

设计数字调制解调器的本质是如何高效地传输数字比特序列以及怎样从噪声和信道干扰中将它们恢复出来。选择调制方案的标准主要有三个：功率效率、带宽效率和系统复杂度。

1.5.1 功率效率

调制方案的误比特率或比特错误概率与 E_b/N_0（比特能量与噪声功率谱密度之比）成

反比。例如，在 AWGN 信道下，ASK 调制的误比特率 P_b 为

$$P_b = Q\left(\sqrt{\frac{E_b}{N_0}}\right) \tag{1.28}$$

其中，E_b 是每比特的平均能量，N_0 是噪声功率谱密度（PSD），Q 函数为高斯积分，其定义为

$$Q(x) = \int_x^\infty \frac{1}{\sqrt{2\pi}} e^{-\frac{u^2}{2}} \, du \tag{1.29}$$

显然，$Q(x)$ 是随 x 单调递减的。因此，调制方案的功率效率可以定义成在 AWGN 信道下达到特定比特错误概率（P_b）所需的 E_b/N_0。通常用 $P_b = 10^{-5}$ 作为一个参考的比特错误概率。

1.5.2 带宽效率

带宽效率定义为系统单位带宽（1 Hz）内每秒发送的比特数，它描述了调制方式在某一有限带宽内提供数据传输的能力。很显然，某种特定调制信号的带宽效率取决于它所需要的系统带宽。二进制信号的带宽主要依赖于单个码元波形的频谱函数。时间波形的占空比越小，占用的频带越宽。

从传输的角度研究基带信号的频谱结构是十分必要的，通过频谱分析，我们可以确定信号需要占据的频带宽度。由于数字基带信号是一个随机脉冲序列，没有确定的频谱函数，所以只能用功率谱密度来描述它的频谱特性。随机信号的功率谱或功率谱密度（PSD）是指信号或时间序列的功率随频率分布的情况。实际上，大多数"频率"图仅仅表示了谱密度。完整的频率图要用两部分来表示：一部分对应于频率的"幅度"（谱密度），另一部分对应于频率的"相位"（包含了频谱中剩余的其他信息）。

例如，等概率独立的二进制序列经过 ASK 调制后的单边带功率谱密度为

$$\Psi_s(f) = \frac{A^2 T}{4} \text{sinc}^2\left[T(f - f_c)\right] + \frac{A^2}{4}\delta(f - f_c) \tag{1.30}$$

如图 1-16 所示为 ASK 的功率谱密度，其中 T 是比特周期，A 是载波幅度，f_c 是载波频率。从图中可以看出，信号的功率谱在频域上是无限的。因此要想完美地传输信号需要无限的系统带宽，这是不切实际的。实际系统的带宽都是有限的，并且不同的标准需要的带宽也不相同。例如，图 1-16 中大部分的信号能量集中在两个零点 $f_c - \frac{1}{T}$ 和 $f_c + \frac{1}{T}$ 之间，所以选取两个零点之间的频率间隔作为需求带宽就足够了。

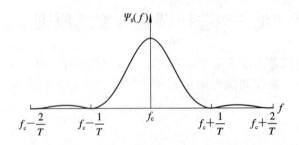

图 1-16　ASK 的功率谱密度

若丢弃频率函数中"很小"的信号频率，我们就得到了如下几种不同的带宽定义方式：

(1) 绝对带宽：信号的非零值功率谱密度在频率上占用的范围。如基带矩形脉冲的PSD 为 Sa 函数，它在频率上无限延伸，绝对带宽为无限值。

(2) 零点－零点带宽：若 PSD 的零点存在，那么零点－零点带宽指的是以 PSD 零点为界的主波瓣的宽度。它不适用于没有明显波瓣的调制方式。大多数数字调制系统的基带信号主要功率包含在原点附近两侧的第一个零点之间。

(3) 半功率带宽：指 PSD 下降到峰值的一半时，或者比峰值低 3 dB 时的两个频率点间的频率范围，也称为 3 dB 带宽。

(4) 占用带宽：在占用频带以上和以下部分的平均发射功率占发射功率的百分数均为 β。FCC 规定 $\beta=0.5\%$，即占用频带以内有信号功率的 99%。

(5) XdB 带宽：由 CCIR 的 328－6 建议定义，在其带宽两端外，任意离散谱结构或连续谱 PSD 的电平比已给定的零参考电平低 XdB，典型的衰减电平为 45～60 dB。

有了信号带宽的定义，将调制方案每秒发送的比特数除以信号带宽就得到了带宽效率。在一般文献中较常采用的三种带宽效率定义如下：

(1) Nyquist 带宽效率：假定系统在基带使用 Nyquist(理想矩形)滤波，对于数字信号无码间干扰来说，需要的带宽最小，那么基带带宽为 $0.5R_s$，R_s 为符号速率，已调信号的带宽 $W=R_s$。由于 $R_s=R_b/\mathrm{lb}M$，R_b 为比特速率，对于 M 进制调制，带宽效率为

$$\frac{R_b}{W} = \mathrm{lb}M \tag{1.31}$$

(2) 零点－零点带宽效率：对于像图 1－8 中 ASK 信号那样具有功率谱零点的调制方式，定义主波瓣宽度作为带宽是比较方便的，由此得到的带宽效率为零点－零点带宽效率。

(3) 占用带宽效率：如果调制信号的频谱没有零点，像一般的 CPM 调制不存在零点－零点带宽，这种情况下，采用占用带宽。通常使用的是 99% 占用带宽，90%、95% 占用带宽也会使用，由此得到的带宽效率为占用带宽效率。

1.5.3 系统复杂度

系统复杂度指系统所包含的电路数量及技术难度。与系统复杂度相关的是制造成本，这也是选择调制技术时主要考虑的一个因素。通常解调器比调制器要复杂。相干解调需要载波恢复，比非相干解调要复杂。对于某些解调方法，需要像 Viterbi 算法这样的复杂算法。所有这些都是进行复杂度比较的基础。

由于功率效率、带宽效率和系统复杂度是选择调制技术的主要标准，所以我们在选择调制技术时会优先考虑这些因素。对于数字调制技术的主要要求是：已调信号要具有比较窄的频谱宽度和较快的带外衰减，即已调信号所占频带窄，或者称频谱利用率高；对于已调信号要较容易采用相干或非相干方法解调；已调信号要具有较强的抗噪声和抗干扰能力，并适宜在衰落信道中传输。

第2章

数字调制基础

与模拟通信相似，要使某一数字信号在带限信道中传输，就必须用数字信号对载波进行调制。对于大多数的数字传输系统来说，由于数字基带信号往往具有丰富的低频成分，而实际的通信信道又具有带通特性，因此，必须用数字信号来调制某一较高频率的正弦或脉冲载波，使已调信号能通过带限信道传输。这种用基带数字信号控制高频载波，把基带数字信号变换为频带数字信号的过程称为数字调制。相应地，已调信号通过信道传输到接收端，在接收端通过解调器把频带数字信号还原成基带数字信号，这种数字信号的反变换称为数字解调。通常，我们把数字调制与解调合起来称为数字调制，把包括调制和解调过程的传输系统叫做数字信号的频带传输系统。

一般来说，数字调制技术可分为两种类型：

(1)利用模拟方法去实现数字调制，即把数字基带信号当作模拟信号的特殊情况来处理；

(2)利用数字信号的离散取值特点键控载波，从而实现数字调制。

第(2)种技术通常称为键控法，比如，对载波的振幅、频率及相位进行键控，便可获得振幅键控(ASK)、频移键控(FSK)及相移键控(PSK)调制方式。键控法一般由数字电路来实现，它具有调制变换快速、调整测试方便，体积小和设备可靠性高等特点。

本章主要研究在实际中已经应用或将得到广泛应用的数字调制技术，即对二进制及多进制相移键控数字调制技术、偏移四相相移键控、正交振幅调制等方式的原理、频带特性及其性能进行论述。

2.1 BPSK 和 DPSK

数字相位调制又称相移键控，记作 PSK(Phase Shift Keying)。二进制相移键控记作 2PSK 或 BPSK，多进制相移键控记作 MPSK，它们是利用载波振荡相位的变化来传送数字信息的。通常又把它们分为绝对相移(PSK)和相对相移(DPSK)两种。由于相对相移的优点突出，实际应用较多，因而它是需要掌握的重点。

2.1.1 绝对相移和相对相移

1. 绝对码和相对码

绝对码和相对码是相移键控的基础。绝对码是以基带信号码元的电平直接表示数字信息的。图 2-1 给出了二相调相波形，假设高电平代表"1"，低电平代表"0"，如图中 $\{a_n\}$ 所示。相对码(差分码)是用基带信号码元的电平相对前一码元的电平有无变化来表示数字信息的。若相对电平有跳变表示"1",无跳变表示"0",由于初始电平有两种可能,因此相对码也有两种波形,如图 2-1 中的 $\{b_n\}_1$、$\{b_n\}_2$ 所示。显然,$\{b_n\}_1$ 与 $\{b_n\}_2$ 的相位相反,当用二进制数码表示波形时,它们互为反码。上述对相对码的约定也可作相反的规定。

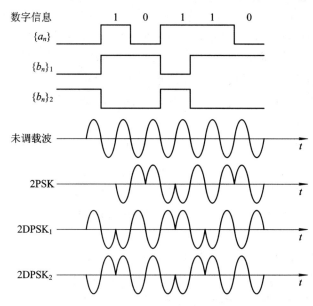

图 2-1　二相调相波形

绝对码和相对码是可以互相转换的,实现的方法是使用模二加法器和延迟器(延迟一个码元宽度 T_b)。如图 2-2 所示为绝对码与相对码的转换过程。图 2-2(a)是把绝对码变成相对码的方法,称其为差分编码器,完成的功能是 $b_n = a_n \oplus b_{n-1}$($n-1$ 表示 n 的前一个码)。图 2-2(b)是把相对码变为绝对码的方法,称其为差分译码器,完成的功能是 $a_n = b_n \oplus b_{n-1}$。

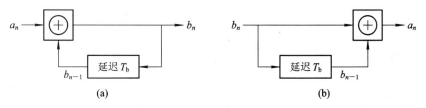

图 2-2　绝对码与相对码的转换过程

2. 绝对相移

绝对相移是利用载波的相位偏移(指某一码元所对应的已调波与参考载波的初相差)直接表示数字信号的相移方式。假若规定:已调载波与未调载波同相表示数字信号"0",与未调载波反相表示数字信号"1",可参见图 2-6(b)中 2PSK 波形。此时的 2PSK 已调信号的表达式为

$$e(t) = s(t)\cos\omega_c t \tag{2.1}$$

其中,$s(t)$ 为双极性数字基带信号,表达式为

$$s(t) = \sum_n a_n g(t - nT_b) \tag{2.2}$$

式中,$g(t)$ 是高度为 1,宽度为 T_b 的门函数。

$$a_n = \begin{cases} +1, & \text{概率为 } P \\ -1, & \text{概率为}(1-P) \end{cases} \tag{2.3}$$

为了作图方便,一般取码元宽度为载波周期的整数倍(这里令 $T_b = T_c$),取未调载波的初相位为 0。由图 2-1 可见,2PSK 各码元波形的初相位与载波初相位的差值直接表示着数字信息,即相位差为 0 表示数字"0",相位差为 π 表示数字"1"。值得注意的是,在相移键控中往往用矢(向)量偏移(指一码元初相与前一码元的末相差)表示相位信号,二相调相信号的矢量表示如图 2-3 所示。在 2PSK 中,若假定未调载波 $\cos\omega_c t$ 为参考相位,则矢量 $\overrightarrow{OA}$ 表示所有已调信号中具有 0 相(与载波同相)的码元波形,它代表码元"0";矢量 $\overrightarrow{OB}$ 表示所有已调信号具有 π 相(与载波反相)的码元波形,可用 $\cos(\omega_c t + \pi)$ 来表示,它代表码元"1"。

图 2-3 二相调相信号的矢量表示

当码元宽度不等于载波周期的整数倍时,已调载波的初相(0 或 π)不直接表示数字信息"0"或"1",必须与未调载波比较才能看出它所表示的数字信息。

3. 相对相移

相对相移是利用载波的相对相位变化来表示数字信号的相移方式。所谓相对相位,是指本码元初相与前一码元末相的相位差(即向量偏移)。有时为了讨论问题方便,也可用相位偏移来描述。在这里,相位偏移指的是本码元的初相与前一码元(参考码元)的初相相位差。当载波频率是码元速率的整数倍时,向量偏移与相位偏移是等效的,否则是不等效的。

假若规定:已调载波(2DPSK 波形)相对相位不变表示数字信号"0",相对相位改变 π 表示数字信号"1"。由于初始参考相位有两种可能,因此相对相移波形也有两种形式,如图 2-1 中的 $2DPSK_1$、$2DPSK_2$ 所示,显然,两者相位相反。然而,我们可以看出,无论是 $2DPSK_1$,还是 $2DPSK_2$,数字信号"1"总是与相邻码元相位突变相对应,数字信号"0"总是与相邻码元相位不变相对应。我们还可以看出,$2DPSK_1$、$2DPSK_2$ 对 $\{a_n\}$ 来说都是相对相移信号,然而它们又分别是 $\{b_n\}_1$、$\{b_n\}_2$ 的绝对相移信号。因此,我们说,相对相移本质上就是对由绝对码转换而来的差分码的数字信号序列的绝对相移。那么,2DPSK 信号的表达式与 2PSK 的表达式(2.1)、(2.2)和(2.3)应完全相同,所不同的只是式中的 $s(t)$ 信号所表示的差分码数字序列。

2DPSK 信号也可以用矢量表示,矢量图如图 2-3 所示。此时的参考相位不是初相为零的固定载波,而是前一个已调载波码元的末相。也就是说,2DPSK 信号的参考相位不是固定不变的,而是相对变化的,矢量 $\overrightarrow{OA}$ 表示本码元初相与前一码元末相相位差为 0,它代表"0",矢量 $\overrightarrow{OB}$ 表示本码元初相与前一码元末相相位差为 π,它代表"1"。

2.1.2 2PSK 信号的产生与解调

1. 信号的产生

1) 直接调相法

直接调相法将双极性数字基带信号 $s(t)$ 与载波直接相乘,其原理图及波形图参见图 2-4。根据前面的规定,产生 2PSK 信号时,$s(t)$ 为正电平时代表"0",负电平时代表"1"。

若原始数字信号是单极性码，则必须先进行极性变换再与载波相乘。图 2-4(a)中 A 点电位高于 B 点电位时，$s(t)$代表"0"，二极管 V_1、V_3 导通，V_2、V_4 截止，载波经变压器正向输出 $e(t)=\cos\omega_c t$。A 点电位低于 B 点电位时，$s(t)$代表"1"，二极管 V_2、V_4 导通，V_1、V_3 截止，载波经变压器反向输出 $e(t)=-\cos\omega_c t=\cos(\omega_c t-\pi)$，即绝对相移为 π。

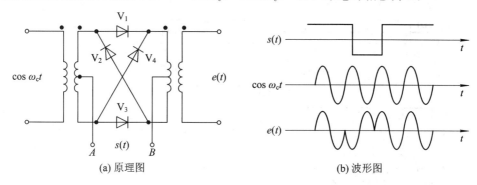

(a) 原理图   (b) 波形图

图 2-4 直接调相法的原理图及波形图

这种方法与产生 2ASK 信号的方法比较，只是对 $s(t)$ 的要求不同，因此，2PSK 信号可以看做是双极性基带信号作用下的调幅信号。

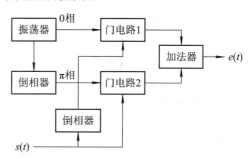

图 2-5 相位选择法的方框图

2) 相位选择法

相位选择法用数字基带信号 $s(t)$ 控制门电路，选择不同相位的载波输出。其方框图如图 2-5 所示。此时，$s(t)$ 通常是单极性的。$s(t)=0$ 时，门电路 1 通，门电路 2 闭，输出 $e(t)=\cos\omega_c t$；$s(t)=1$ 时，门电路 2 通，门电路 1 闭，输出 $e(t)=-\cos\omega_c t$。

2. 2PSK 信号的解调及系统误码率

2PSK 信号的解调不能采用分路滤波、包络检测的方法，只能用相干解调的方法(又称为极性比较法)，其方框图见图 2-6(a)。通常本地载波是用输入的 2PSK 信号经载波信号提取电路产生的。

不考虑噪声时，带通滤波器的输出可表示为

$$y_1(t) = \cos(\omega_c t + \phi_n) \tag{2.4}$$

式中，ϕ_n 为 2PSK 信号某一码元的初相。$\phi_n=0$ 时，代表数字"0"；$\phi_n=\pi$ 时，代表数字"1"。

$y_1(t)$ 与同步载波 $\cos\omega_c t$ 相乘后，输出为

$$z(t) = \cos(\omega_c t + \phi_n)\cos\omega_c t = \frac{1}{2}\cos\phi_n + \frac{1}{2}\cos(2\omega_c t + \phi_n) \tag{2.5}$$

低通滤波器输出为

$$x(t) = \frac{1}{2}\cos\phi_n = \begin{cases} \dfrac{1}{2}, & \phi_n = 0 \text{ 时} \\[2mm] -\dfrac{1}{2}, & \phi_n = \pi \text{ 时} \end{cases} \tag{2.6}$$

根据发送端产生 2PSK 信号时 ϕ_n(0 或 π)代表数字信息("0"或"1")的规定，以及接收

端$x(t)$与ϕ_n关系的特性，抽样判决器的判决准则必须为

$$\begin{cases} x > 0, & \text{判为"0"} \\ x < 0, & \text{判为"1"} \end{cases} \qquad (2.7)$$

其中，x为抽样时刻的值。

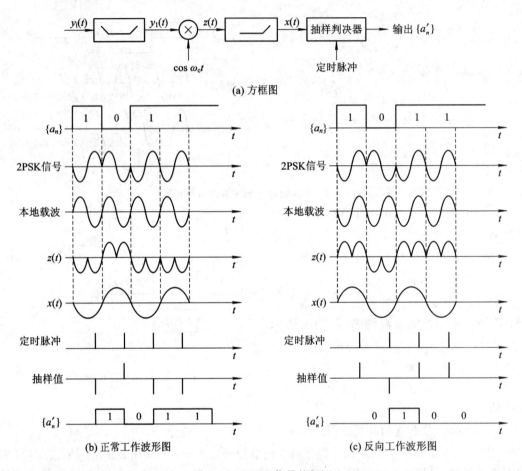

图 2-6 2PSK 信号的解调

正常工作波形图如图 2-6(b)所示。我们知道，2PSK 信号是以一个固定初相的未调载波为参考的。因此解调时必须有与此同频同相的同步载波。如果同步不完善，存在相位偏差，就容易造成错误判决，称为相位模糊。如果本地参考载波倒相，变为$\cos(\omega_c t + \pi)$，低通输出为$x(t) = -(\cos\phi_n)/2$，抽样判决器输出的数字信号与发送数码完全相反，这种情况称为反向工作。反向工作波形图见图 2-6(c)。绝对移相的主要缺点是容易产生相位模糊，造成反向工作。这也是其实际应用较少的主要原因。习惯上以正弦形式画波形图，这与数学式中常用余弦形式表示载波有些矛盾，请读者看图时注意。

在图 2-6(a)中，输入信号经过带通滤波、乘法器以及低通滤波器后，在抽样判决器的输入端，已经得到了含有噪声的有用信号。2PSK 信号的一维概率密度呈高斯分布，发"0"和发"1"时的均值分别为a和$-a$（a为载波振幅），其概率分布曲线如图 2-7 所示。判决门限电平取为 0 是比较合适的，在$P(1) = P(0) = 1/2$时，这是最佳门限电平。

第 2 章　数字调制基础

这时系统误码率为

$$P_e = P(0)P(1/0) + P(1)P(0/1)$$

$$= P(0)\int_{-\infty}^{0} f_0(x)\mathrm{d}x + P(1)\int_{0}^{\infty} f_1(x)\mathrm{d}x$$

$$= \int_{0}^{\infty} f_1(x)\mathrm{d}x\big[P(0)+P(1)\big]$$

$$= \frac{1}{2}\mathrm{erfc}(\sqrt{r}) \qquad\qquad (2.8)$$

图 2-7　2PSK 信号概率分布曲线

2.1.3　2DPSK 信号的产生与解调

1. 2DPSK 信号的产生

由于 2DPSK 信号对绝对码 $\{a_n\}$ 来说是相对移相信号，对相对码 $\{b_n\}$ 来说则是绝对移相信号，因此，只需在 2PSK 调制器前加一个差分编码器，就可产生 2DPSK 信号。其原理方框图见图 2-8(a)。数字信号 $\{a_n\}$ 经差分编码器，把绝对码转换为相对码 $\{b_n\}$，再用直接调相法产生 2DPSK 信号。极性变换器是把单极性 $\{b_n\}$ 码变成双极性信号，且负电平对应 $\{b_n\}$ 的"1"，正电平对应 $\{b_n\}$ 的"0"。如图 2-8(b)所示的逻辑电路图中，差分编码器输出的两路相对码(互相反相)分别控制不同的门电路实现相位选择，产生 2DPSK 信号。这里，差分码编码器由与门及双稳态触发器组成。输入码元宽度是振荡周期的整数倍，如图 2-8(c)所示为工作波形图。设双稳态触发器初始状态为 $Q=0$，这里的输出 $e(t)$ 为 2DPSK$_2$(可与图 2-1 对照)；若双稳态触发器初始状态为 $Q=1$，则输出 $e(t)$ 为 2DPSK$_1$(可与图 2-1 对照)。

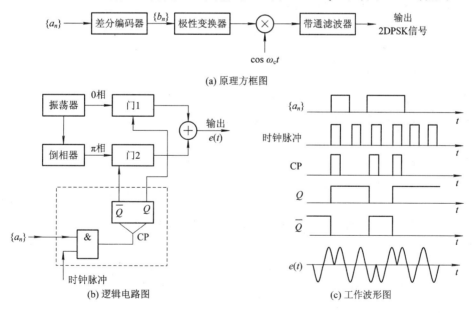

(a) 原理方框图

(b) 逻辑电路图　　　(c) 工作波形图

图 2-8　2DPSK 信号的产生

2. 2DPSK 信号的解调及系统误码率

1) 极性比较-码变换法

码变换法即 2PSK 解调加差分译码，此法解调 2DPSK 信号的方框图见图 2-9。

2DPSK 解调器将输入的 2DPSK 信号还原成相对码 $\{b_n\}$，再由差分译码器把相对码转换成绝对码，输出 $\{a_n\}$。前面提到，2PSK 解调器存在"反向工作"问题，那么 2DPSK 解调器是否也会出现"反向工作"问题呢？回答是否定的。这是由于当 2PSK 解码器的相干载波倒相时，使输出的 b_n 变为 $\bar{b}_n$（b_n 的反码），然而差分译码器的功能是 $b_n \oplus b_{n-1} = a_n$，b_n 反向后，仍使等式 $\bar{b}_n \oplus \bar{b}_{n-1} = a_n$ 成立。因此，即使相干载波倒相，2DPSK 解调器仍然能正常工作。读者可以通过画波形图来验证。由于相对移相制无"反向工作"问题，因此得到广泛的应用。

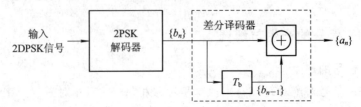

图 2-9 极性比较-码变换法解调 2DPSK 信号的方框图

由于极性比较-码变换法解调 2DPSK 信号是先用相干解调的方法对 2PSK 信号解调，得到相对码 b_n，然后将相对码通过码变换器转换为绝对码 a_n，所以，此时的系统误码率可分两部分来考虑：首先，码变换器输入端的误码率可用 2PSK 信号的相干解调系统的误码率来表示，即可用式(2-8)表示；最终的系统误码率只需在此基础上再考虑差分译码的误码率即可。设 2DPSK 系统的误码率为 P'_e，经过计算可得

$$P'_e = 2(1 - P_e)P_e \tag{2.9}$$

在信噪比很大时，P_e 很小，上式可近似写为

$$P'_e \approx 2P_e \tag{2.10}$$

由此可见，差分译码器总是使系统误码率增加，通常认为增加一倍。

2）相位比较-差分检测法

相位比较-差分检测法的方框图见图 2-10(a)。这种方法不需要码变换器，也不需要专门的相干载波发生器，因此设备比较简单、实用。图中 T_b 延时电路的输出起着参考载波的作用。乘法器起着相位比较(鉴相)的作用。

若不考虑噪声，则带通滤波器及延时器的输出分别为

$$y_1(t) = \cos(\omega_c t + \phi_n) \tag{2.11}$$

$$y_2(t) = \cos[\omega_c(t - T_b) + \phi_{n-1}] \tag{2.12}$$

式中，ϕ_n 为本载波码元的初相，ϕ_{n-1} 为前一载波码元的初相。可令 $\Delta\phi_n = \phi_n - \phi_{n-1}$，乘法器输出为

$$\begin{aligned}
z(t) &= \cos(\omega_c t + \phi_n) \cdot \cos(\omega_c t - \omega_c T_b + \phi_{n-1}) \\
&= \frac{1}{2}\cos(\Delta\phi_n + \omega_c T_b) + \frac{1}{2}\cos(2\omega_c t - \omega_c T_b + \phi_n + \phi_{n-1})
\end{aligned} \tag{2.13}$$

低通滤波器输出为

$$\begin{aligned}
x(t) &= \frac{1}{2}\cos(\Delta\phi_n + \omega_c T_b) \\
&= \frac{1}{2}\cos(\Delta\phi_n) \cdot \cos(\omega_c T_b) - \frac{1}{2}\sin(\Delta\phi_n)\sin(\omega_c T_b)
\end{aligned} \tag{2.14}$$

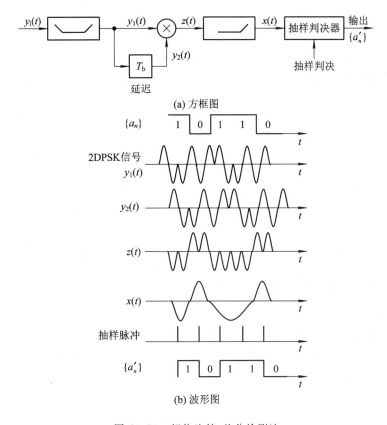

图 2-10　相位比较-差分检测法

通常取 $\dfrac{T_b}{T_c}=k$（正整数），有 $\omega_c T_b=\dfrac{2\pi T_b}{T_c}=2\pi k$，此时

$$x(t)=\frac{1}{2}\cos\Delta\phi_n=\begin{cases}\dfrac{1}{2}, & \Delta\phi_n=0\\[2mm] -\dfrac{1}{2}, & \Delta\phi_n=\pi\end{cases} \tag{2.15}$$

可见，当码元宽度是载波周期的整数倍时，$\Delta\phi_n=\phi_n-\phi_{n-1}=\phi_n-\phi'_{n-1}$（以 2π 为模，ϕ'_{n-1} 为前一载波码元的末相），相位比较法比较了本码元的初相与前一码元的末相。

与发送端产生 2DPSK 信号"1 变，0 不变"的规则相对应，接收端抽样判决器的判决准则应该是：抽样值 $x>0$ 时，判为 0；$x<0$ 时，判为 1。

设解调器输入的 2DPSK 信号代表数字序列 $\{a_n\}=[1\ 0\ 1\ 1\ 0]$，各处波形图如图 2-10(b)所示。不考虑噪声影响时，输出的 $\{a'_n\}$ 不会发生错误。

由式(2.14)可见，若 $\omega_c T_b=\left(k+\dfrac{1}{2}\right)\pi$，即 $\dfrac{T_b}{T_c}=\dfrac{k+\dfrac{1}{2}}{2}=\dfrac{2k+1}{4}$，则 $x(t)=\pm\dfrac{\sin\Delta\phi_n}{2}$，无论是 $\Delta\phi=0$，还是 $\Delta\phi=\pi$，均有 $x(t)=0$，这就表明，此时解调失效。用差分检测法解调 2DPSK 信号时，应注意这一点。

由图 2-10 可知，对差分检测 2DPSK 误码率的分析，由于存在着带通滤波器输出信号与其延迟 T_b 信号相乘的问题，因此需要同时考虑两个相邻的码元。经过低通滤波器后可以得到混有窄带高斯噪声的有用信号，判决器对这一信号进行抽样判决，判决准则为

$$\begin{cases} x > 0, & \text{判为 "0"} \\ x < 0, & \text{判为 "1"} \end{cases}$$

且 0 是最佳判决电平。

发 "0" 时（前后码元同相）错判为 "1" 的概率为

$$P(1/0) = P(x > 0) = \frac{1}{2} e^{-r} \tag{2.16}$$

发 "1" 时（前后码元反相）错判为 "0" 的概率为

$$P(0/1) = P(x < 0) = \frac{1}{2} e^{-r} \tag{2.17}$$

差分检测时 2DPSK 系统的误码率为

$$P_e = P(1)P(0/1) + P(0)P(1/0) = \frac{1}{2} e^{-r} \tag{2.18}$$

上式表明，差分检测时 2DPSK 系统的误码率随输入信噪比的增加成指数规律下降。

2.1.4 二进制相移信号的功率谱及带宽

由前面的讨论可知，无论是 2PSK 还是 2DPSK 信号，就波形本身而言，它们都可以等效成双极性基带信号作用下的调幅信号，无非是一对倒相信号。因此，2PSK 和 2DPSK 信号具有相同形式的表达式，所不同的是 2PSK 表达式中的 $s(t)$ 是数字基带信号，2DPSK 表达式中的 $s(t)$ 是由数字基带信号变换而来的差分码数字信号。它们的功率谱密度应是相同的，功率谱为

$$P_e(f) = \frac{T_b}{4} \{ \text{Sa}^2 [\pi(f + f_c)T_b] + \text{Sa}^2 [\pi(f - f_c)T_b] \} \tag{2.19}$$

如图 2-11 所示。

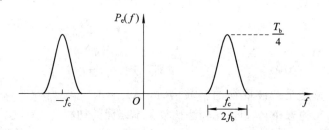

图 2-11 2PSK（或 2DPSK）信号的功率谱

可见，二进制相移键控信号的频谱成分与 2ASK 信号相同，当基带脉冲幅度相同时，其连续谱的幅度是 2ASK 连续谱幅度的 4 倍。当 $P = 1/2$ 时，无离散分量，此时二相相移键控信号实际上相当于抑制载波的双边带信号了。信号带宽为

$$B_{2\text{PSK} \atop 2\text{DPSK}} = 2B_B = 2f_b \tag{2.20}$$

与 2ASK 相同，是码元速率的两倍。

这就表明，在数字调制中，2PSK、2DPSK 的频谱特性与 2ASK 十分相似。相位调制和频率调制一样，本质上是一种非线性调制，但在数字调相中，由于表征信息的相位变化只有有限的离散取值，因此，可以把相位变化归结为幅度变化。这样一来，数字调相同线性调制的数字调幅就联系起来了，为此，可以把数字调相信号当作线性调制信号来处理。但

是不能把上述概念推广到所有调相信号中去。

2.1.5　2PSK 与 2DPSK 系统的比较

总之，2PSK 与 2DPSK 之间联系非常紧密，是所有调相信号的基础。下面对两者做一下比较：

（1）检测这两种信号时判决器均可工作在最佳门限电平（零电平）。

（2）2DPSK 系统的抗噪声性能不及 2PSK 系统。

（3）2PSK 系统存在"反向工作"问题，而 2DPSK 系统不存在"反向工作"问题。

在实际应用中，真正作为传输用的数字调相信号几乎都是 DPSK 信号。

2.2　MPSK 和 MDPSK

多进制数字相位调制（MPSK）又称多相制，是二相制的推广。它用多个相位状态的正弦振荡分别代表不同的数字信息。通常，相位数用 $m = 2^k$ 计算，有 2、4、8、16 等相位数（分别对应 1、2、3、4 等 k 种不同的相位），分别与 k 位二进制码元的不同组合（简称 k 比特码元）相对应。多相制也有绝对相移 MPSK 和相对相移 MDPSK 两类。

多相制信号可以看做 m 个振幅及频率相同、初相不同的 2ASK 信号之和，当已调信号码元速率不变时，其带宽与 2ASK、MASK 及二相制信号是相同的，此时信息速率与 MASK 相同，是 2ASK 及二相制的 m 倍。可见，多相制是一种频带利用率较高的高效率传输方式，再加之有较好的抗噪声性能，因而得到广泛的应用，而 MDPSK 比 MPSK 用得更广泛一些。

2.2.1　多相制的表达式及相位配置

设载波为 $\cos\omega_c t$，相对于参考相位的相移为 ϕ_n，则 m 相制调制波形可表示为

$$
\begin{aligned}
e(t) &= \sum_n g(t - nT_b')\cos(\omega_c t + \phi_n) \\
&= \cos\omega_c t \cdot \sum_n \cos\phi_n g(t - nT_b') \\
&\quad - \sin\omega_c t \cdot \sum_n \sin\phi_n g(t - nT_b')
\end{aligned}
\tag{2.21}
$$

式中，$g(t)$ 是高度为 1，宽度为 T_b' 的门函数。

$$
\phi_n = \begin{cases}
\theta_1 & \text{概率为 } P_1 \\
\theta_2 & \text{概率为 } P_2 \\
\vdots & \vdots \\
\theta_m & \text{概率为 } P_m
\end{cases}
\tag{2.22}
$$

由于相位一般都是在 $0 \sim 2\pi$ 范围内等间隔划分的，因此相邻相移的差值为

$$
\Delta\theta = \frac{2\pi}{m}
\tag{2.23}
$$

令

$$a_n = \cos\phi_n = \begin{cases} \cos\theta_1 & \text{概率为 } P_1 \\ \cos\theta_2 & \text{概率为 } P_2 \\ \vdots & \vdots \\ \cos\theta_m & \text{概率为 } P_m \end{cases} \tag{2.24}$$

$$b_n = \sin\phi_n = \begin{cases} \sin\theta_1 & \text{概率为 } P_1 \\ \sin\theta_2 & \text{概率为 } P_2 \\ \vdots & \vdots \\ \sin\theta_m & \text{概率为 } P_m \end{cases} \tag{2.25}$$

且 $$P_1 + P_2 + \cdots + P_m = 1$$

$$e(t) = \left[\sum_n a_n g(t - nT'_b) \right] \cos\omega_c t - \left[\sum_n b_n g(t - nT'_b) \right] \sin\omega_c t \tag{2.26}$$

可见，多相制信号可等效为两个正交载波经多电平双边带调制所得信号之和。这样，把数字调制和线性调制联系起来，给 m 相制波形的产生提供了依据。

根据以上的分析，我们知道相邻两个相移信号的矢量偏移为 $2\pi/m$。但是，用矢量表示各相移信号时，其相位偏移有两种形式。如图 2-12 所示的相位配置矢量图给出了相位配置的两种形式，图中注明了各相位状态所代表的 k 比特码元，虚线为基准位（参考相位）。对绝对相移而言，当频率是码元速率的整数倍时，也可认为是初相。各相位值都是对参考相位而言的，正为超前，负为滞后。两种相位配置形式都采用等间隔的相位差来区分相位状态，即 m 进制的相位间隔为 $2\pi/m$。这样造成的平均差错概率将最小。图 2-12 的形式一称为 $\pi/2$ 体系，形式二称为 $\pi/4$ 体系。两种形式均分别有 2 相、4 相和 8 相制的相位配置的波形和 4DPSK 的 $\pi/4$ 及 $\pi/2$ 配置的波形。

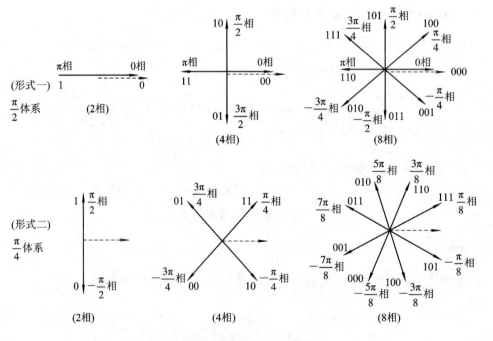

图 2-12 相位配置矢量图

图 2-13 是四相制信号波形图。图中的 T_b' 是四进制码元的周期，一个 T_b' 周期包含两个比特码元。从图 2-13 可以看到，4PSK 的 $\pi/4$ 及 $\pi/2$ 配置是由两个二进制比特数构成的。在这里，选取载波周期与四进制码元周期相等。

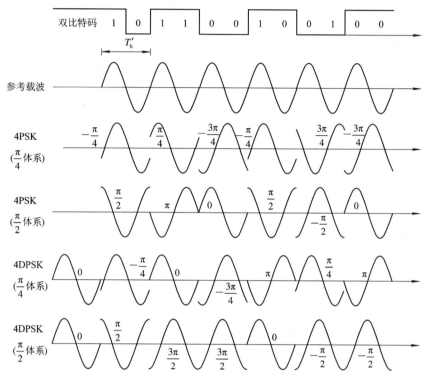

图 2-13　四相制信号波形图

2.2.2　多相制信号的产生

多相制信号中最常用的是 4PSK 信号和 8PSK 信号，其中 4PSK 信号又称为 QPSK 信号。我们着重介绍四相制信号。常用的多相制信号产生方法有三种：直接调相法、相位选择法及脉冲插入法。

1. 直接调相法

1）4PSK 信号的产生（$\pi/4$ 体系）

常用正交调制法来直接产生调相信号，如图 2-14 所示为直接调相法产生 4PSK 信号的 $\pi/4$ 体系图，其原理方框图如图 2-14(a)所示，它属于 $\pi/4$ 体系。二进制数码两位一组输入，习惯上把双比特的前一位用 A 表示，后一位用 B 表示。经串/并变换后变成宽度为二进制码元宽度两倍的并行码（A、B 码元时间上是对齐的）。然后分别进行极性变换，把单极性码变成双极性码（$0 \rightarrow -1$，$1 \rightarrow +1$），如图 2-14(b)中 $I(t)$、$Q(t)$ 的波形所示。再分别与互为正交关系的载波相乘，两路乘法器输出的信号是互相正交的双边带调制信号，其相位与各路码元的极性有关，分别由 A、B 码元决定。经相加电路（也可看做矢量相加）后输出两路合成波形，对应的相位配置见 4PSK 的 $\pi/4$ 体系矢量图。

若要产生 4PSK 的 $\pi/2$ 体系，只需适当改变相移网络即可。

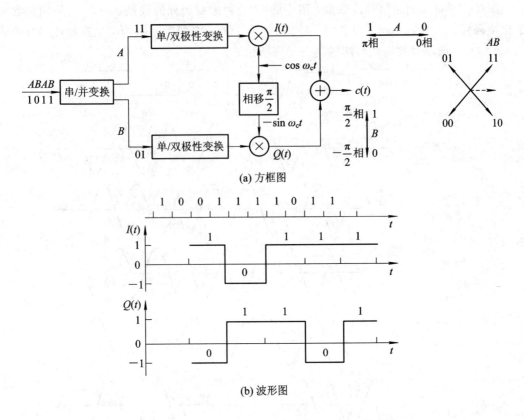

图 2-14 直接调相法产生 4PSK 信号的 π/4 体系图

2) 4DPSK 信号的产生(π/2 体系)

在直接调相的基础上加码变换器,就可形成 4DPSK 信号。图 2-15 给出了直接调相-码变换法产生 4DPSK 信号的 π/2 体系图,图中的单/双极性变换的规律与 4PSK 情况相反,即,0→+1,1→-1,相移网络也与 4PSK 不同,其目的是要形成 π/2 体系矢量图。图 2-15 中的码变换器比差分编码器复杂得多,但可以用数字电路实现(具体方法参见有关参考书)。

设载波频率是调制码元速率的整数倍。输出的 4DPSK 信号中某个码元的载波初相为 ϕ_n,对应的输入双比特码元为 A_nB_n,码变换器的输出为 C_nD_n。$\Delta\phi_n = \phi_n - \phi_{n-1}$ 是本码元载波初相与前一码元载波初相之差,而 ϕ_{n-1} 由相应的 $C_{n-1}D_{n-1}$ 确定。由此可见,码变换器的输出 C_nD_n 不仅与 A_nB_n 有关,还与 $C_{n-1}D_{n-1}$ 有关。$\Delta\phi_n$ 与 A_nB_n 的关系要满足相位配置图中的规定。例如,假若 $\phi_{n-1}=0$,$C_{n-1}D_{n-1}=00$,下一组 $A_nB_n=10$ 到来时,作为这一绝对码而言,它和参考相位 00 要产生 π/2 的相移,将 A_nB_n 变换为 C_nD_n 后,C_nD_n 就要相对于 $C_{n-1}D_{n-1}$ 产生 π/2 的相移,因 $C_{n-1}D_{n-1}=00$,所以,根据 π/2 相位配置关系,$C_nD_n=10$。当又有一组 $A_{n+1}B_{n+1}=01$ 到来时,01 相对于 00 滞后 π/2,那么 $C_{n+1}D_{n+1}$ 相对于 C_nD_n 就应滞后 π/2,因 $C_nD_n=10$,所以 $C_{n+1}D_{n+1}=00$。以此类推,就可产生所有的相对码,完成码变换的功能。图 2-15(b)给出了 A、B、C、D、g_c、g_d 各点的波形图。图中 g_c、g_d 是 C 和 D 的电平,"0"是+1,"1"是-1,内含完全一样,由于和一般定义有差别,故特别指出。

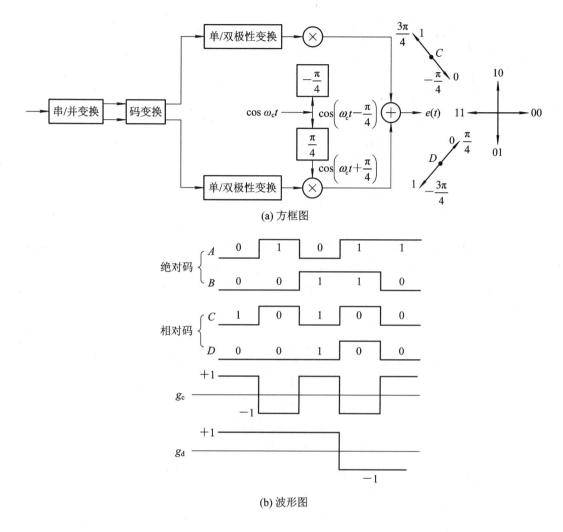

(a) 方框图

(b) 波形图

图 2-15 直接调相-码变换法产生 4DPSK 信号的 π/2 体系图

3) 8PSK 信号的产生(π/4 体系)

8PSK 正交调制器(π/4 体系)如图 2-16 所示,图 2-16(a)为其方框图,输入的二进制信号序列经串/并变换每次产生一个 3 比特码组 $b_1b_2b_3$,因此,符号率为比特率的 1/3。在 $b_1b_2b_3$ 控制下,同相路和正交路分别产生两个四电平基带信号 $I(t)$ 和 $Q(t)$。b_1 用于决定同相路信号的极性,b_2 用于决定正交路信号的极性,b_3 则用于确定同相路和正交路信号的幅度。不难算出,若 8PSK 信号幅度为 1,则 $b_3=1$ 时同相路基带信号幅度为 0.924,而正交路信号幅度为 0.383;$b_3=0$ 时同相路信号幅度为 0.383,而正交路信号幅度为 0.924。因此,同相路与正交路的基带信号幅度是互相关联的,不能独立选取。例如,当 3 比特二进制序列 $b_1b_2b_3=101$ 时,同相路 $b_1b_3=11$,其幅度在水平方向为 +0.924,正交路 $b_2b_3=01$,即 $b_2\bar{b}_3=00$,这时的正交路产生的信号幅度在垂直方向为 -0.383。将这两个幅度不同而互相正交的矢量相加,就可得到幅度为 1 的矢量 101,其相移为 -π/8。详见图 2-16(b)所示的矢量图。

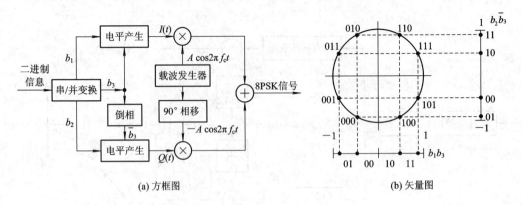

(a) 方框图   (b) 矢量图

图 2-16   8PSK 正交调制器(π/4 体系)

2. 相位选择法

相位选择法直接用数字信号选择所需相位的载波以产生 M 相制信号。相位选择法产生 4PSK 信号的方框图见图 2-17。在这种调制器中，四相载波发生器产生四种相位的载波，经逻辑选相电路根据输入信息每次选择其中一种相移的载波作为输出，然后经带通滤波器滤除高频分量。显然这种方法比较适合于载频较高的场合，此时的带通滤波器可以做得很简单。

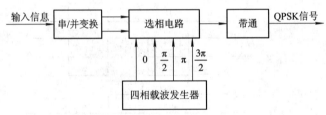

图 2-17   相位选择法产生 4PSK 信号的方框图

若逻辑选相电路还能完成码变换的功能，就可产生 4DPSK 信号。

3. 脉冲插入法

如图 2-18 所示是脉冲插入法的原理方框图，它可实现 π/2 体系相移。主振频率为 4 倍载波频率的定时信号，经两级二分频输出。输入信息经串/并变换和逻辑控制电路，产生 π/2 推动脉冲和 π 推动脉冲。在 π/2 推动脉冲作用下第一级二分频电路相当于分频链输出提前 π/2 相位，在 π 推动脉冲作用下第二级二分频多分频一次，相当于分频链输出提前 π 相位。因此可以用控制两种推动脉冲的办法得到不同相位的载波。显然，分频链输出也是矩形脉冲，需经带通滤波才能得到以正弦波作为载波的 QPSK 信号。用这种方法也可实现 4DPSK 调制。

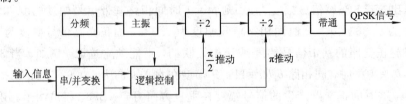

图 2-18   脉冲插入法的原理方框图

2.2.3　多相制信号的解调

下面介绍几种具有代表性的多相制信号的解调方法。

1. 相干正交解调（极性比较法）

4PSK(QPSK)信号的相干正交解调如图 2-19 所示。因为 4PSK($\pi/4$ 体系)信号是两个正交的 2PSK 信号合成的，所以，可仿照解调 2PSK 信号的相干检测法，在同相支路和正交支路中分别设置两个相关器，即用两个相互正交的相干信号分别对两个二相信号进行相干解调，得到 $I(t)$ 和 $Q(t)$，再经电平判决和并/串变换即可恢复原始数字信息。此法也称为极性比较法。

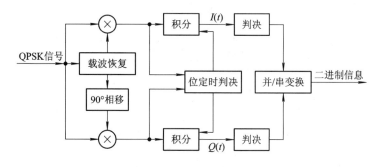

图 2-19　QPSK 信号的相干正交解调

2. 差分正交解调（相位比较法）

4DPSK 信号的解调往往使用差分正交解调法。多相制差分调制的优点就在于它能够克服载波相位模糊的问题。多相制信号的相位偏移是相邻两码元相位的偏差，因此，在解调过程中，也可同样采用相干解调和差分译码的方法。

4DPSK 的解调是仿照解调 2DPSK 信号的差分检测法，用两个正交的相干载波，分别检测出两个分量 A 和 B，然后还原成二进制双比特串行数字信号。此法也称为相位比较法。

4DPSK($\pi/2$ 体系)信号的解调方框图如图 2-20 所示。由于相位比较法比较的是前后相邻两个码元载波的初相，因而图中的延迟和相移网络以及相干解调就完成了 $\pi/2$ 体系信号的差分正交解调的过程，且这种电路仅对载波频率是码元速率整数倍时的 4DPSK 信号有效。

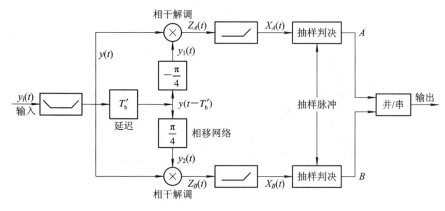

图 2-20　4DPSK 信号($\pi/2$ 体系)的解调方框图

3. 8PSK 信号的解调

8PSK 信号也可采用相干解调器，与 4PSK 信号相干解调器的区别在于电平判决由二电平判决改为四电平判决。

判决结果经逻辑运算后得到比特码组，再进行并/串变换。对于 8PSK 信号，通常使用的是如图 2-21 所示的双正交相干解调方案。此解调器由两组正交相干解调器组成。其中一组参考载波信号的相位为 0 和 $\pi/2$，另一组参考载波信号的相位为 $-\pi/4$ 和 $\pi/4$。四个相干解调器后接四个二电平判决器，对其进行逻辑运算后即可恢复出图 2-16 中的 $b_1 b_2 b_3$，然后进行并/串变换，得到原始的串行二进制信息。图 2-21 中载波 $\phi=0$ 对应 $\cos\omega_c t$，载波 $\phi=-\pi/4$ 对应着 $\cos(\omega_c t-\pi/4)$，c_1、c_2、c_3 和 c_4 就是这两个相干载波的移相信号，在这里指的就是上面所说的两组参考载波的四个相移信号。

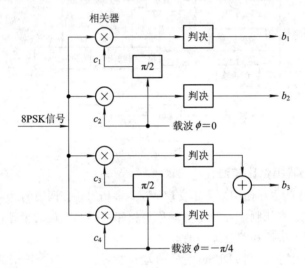

图 2-21　8PSK 信号的双正交相干解调方案

上述方法可以推广到任意的 MPSK 系统。

4. 数字式四相信号解调

图 2-22 给出的是由数字电路构成的 4DPSK（$\pi/2$ 体系）信号的解调方框图。输入已整形的 4DPSK 方波信号，首先与两个正交的方波（即相位差为 $\pi/2$）载波进行模二运算，这个

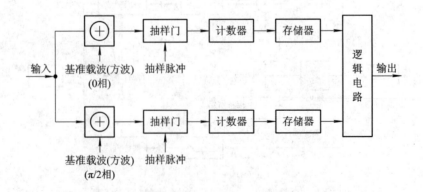

图 2-22　数字式四相信号的解调方框图

运算结果将以其脉冲宽度来反映输入信号载波和本地载波的相位差，然后以高重复频率的抽样脉冲对上述宽度不同的矩形波进行抽样，抽样门输出脉冲的多少正比于模二加法器输出脉冲的宽度。输出的脉冲数由计数器累加，存储器把每个码元时间内相应的计数值送入逻辑电路。当输入信号码元的载波相位不同时，上下两个支路将有相应不同的计数值，经逻辑电路还原成串行二进制绝对码输出。

各种不同相位的信号输入时，模二加法器的输出波形及计数器的计数值示例如图 2-23 所示。

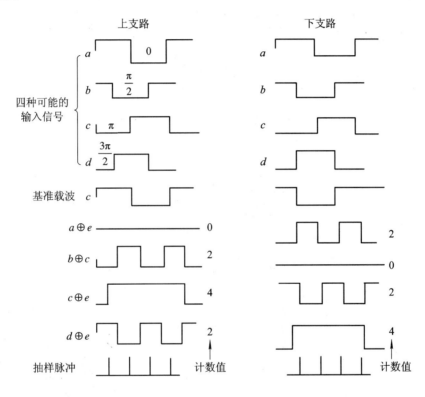

图 2-23　模二加法器的输出波形及计数器的计数值示例

图 2-23 中，假定一个双比特码元内含一个载波周期，抽样脉冲的重复频率是载波频率的 4 倍，相应的计数值标在波形右侧。

随着数字技术的发展，多相制信号的产生较多采用脉冲插入法和相位选择法，解调时较多采用以脉冲计数为基础的判决方法。

2.3　OQPSK

前面讨论过 QPSK 信号，它的频带利用率较高，理论值可达 $2b/(s \cdot Hz)$。但当码组 $00 \leftrightarrow 11$ 或 $01 \leftrightarrow 10$ 时，会产生 180°的载波相位跳变。这种相位跳变将引起包络起伏，当其通过非线性部件后，使已经滤除的带外分量又被恢复出来，导致频谱扩展，增加对邻波道的干扰。为了消除 180°的相位跳变，在 QPSK 基础上提出了 OQPSK（偏移四相相移键控）调制方式。

OQPSK 是在 QPSK 基础上发展起来的一种恒包络数字调制技术，是 QPSK 的改进型，也称为偏移四相相移键控（Offset-QPSK），有时又称为参差四相相移键控（SQPSK）或双二相相移键控（Double-QPSK）等。它与 QPSK 有同样的相位关系，也是把输入码流分成两路，然后进行正交调制。不同点在于它将同相和正交两支路的码流在时间上错开了半个码元周期。由于两支路码元半周期的偏移，每次只有一路可能发生极性翻转，不会发生两支路码元同时翻转的现象。因此，OQPSK 信号相位只能跳变 $0°$、$\pm 90°$，不会出现 $180°$ 的相位跳变。为了说明这一点，表 2-1 给出了同相支路中码元转换时刻的相位变化表。

表 2-1　同相支路中码元转换时刻的相位变化表

数据序列 I_{t_0} Q_{t_1} I_{t_2}	OQPSK 信号在 t_2 的相位变化	信号矢量	数据序列 I_{t_0} Q_{t_1} I_{t_2}	OQPSK 信号在 t_2 的相位变化	
初始			初始		
0 0 0	$0°$		1 0 1	$0°$	
0 0 1	$+90°$		1 0 0	$-90°$	
0 1 1	$-90°$		1 1 0	$+90°$	
0 1 0	$0°$		1 1 1	$0°$	

$*\ t_0 = 2kT_b$，$t_1 = (2k+1)T_b$，$t_2 = (2k+2)T_b$。

表中矢量是两路矢量的合成。由于两路码元在时间上偏离 $T_b/2$，当 $t_0 < t_1 < t_2$ 时，矢量的合成顺序为 I_{t_0}，Q_{t_1}，I_{t_2}，Q_{t_3}，I_{t_4}，…，由于初始条件不同，合成矢量也不相同。表中选择了 I_{t_1}、Q_{t_1} 和 I_{t_2} 三个相邻码元。t_1 时的矢量为 I_{t_0} 和 Q_{t_1} 的合成，t_2 时的矢量为 Q_{t_1} 和 I_{t_2} 的合成，表中标出了由 t_1 到 t_2 的相位变化。在此规定矢量逆时针旋转为正。由表可以看出，不管矢量处于第几象限，其相位变化只有 $0°$、$\pm 90°$ 三个值，不会出现 $180°$ 的相位跳变。对于 Q 支路，在相同的初始条件下，其分析过程与 I 支路相同，只是相位变化的符号相反。

OQPSK 信号的产生原理可由如图 2-24 所示的 OQPSK 调制器方框图来说明。图中 $T_b/2$ 的延迟电路是为了保证 I、Q 两路码元偏移半个码元周期。BPF 的作用是形成 OQPSK 信号的频谱形状，保持包络恒定。除此之外，其他均与 QPSK 作用相同。

OQPSK 信号可采用正交相干解调方式解调，OQPSK 解调方框图如图 2-25 所示。其波形和矢量图见图 2-26，QPSK、OQPSK 和 MSK 的功率谱密度如图 2-27 所示。

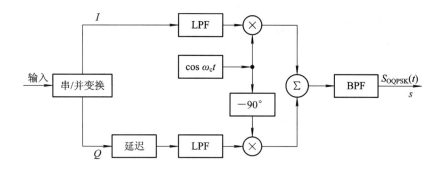

图 2-24 OQPSK 调制器方框图

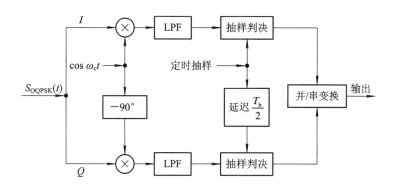

图 2-25 OQPSK 解调方框图

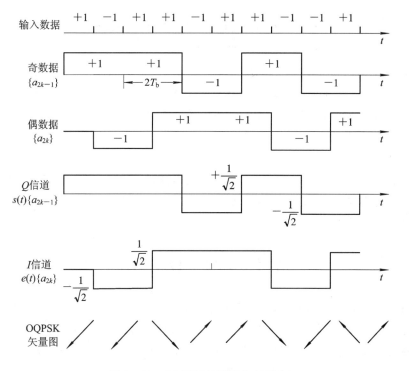

图 2-26 OQPSK 波形及矢量图(1)

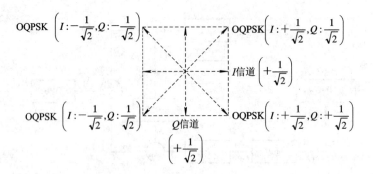

图 2-26 OQPSK 波形及矢量图（2）

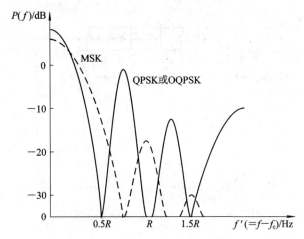

图 2-27 QPSK、OQPSK、MSK 的功率谱密度

由这些图可见，OQPSK 与 QPSK 信号的解调原理基本相同，且具有相同的功率谱。两种调制解调方式的差别在于：OQPSK 对 Q 支路信号抽样判决时间比 I 支路延迟了 $T_b/2$。这是因为，在调制时 Q 支路信号在时间上偏移了 $T_b/2$，所以抽样判决时刻也应偏移 $T_b/2$，以保证对两支路交错抽样。而 OQPSK 的功率谱主瓣包含功率的 92.5%，第一个零点在 $0.5R$ 处（R 为码元速率）。频带受限的 OQPSK 信号其包络起伏比频带受限的 QPSK 信号小，经限幅放大后频谱展宽也少。故 OQPSK 性能优于 QPSK。

OQPSK 克服了 QPSK 的 $180°$ 相位跳变，信号通过 BPF 后包络起伏小，性能得到了改善，因此受到广泛重视。但是，当码元转换时，相位变化不连续，存在 $90°$ 的相位跳变，因而高频滚降慢，使得频带较宽。

2.4 π/4 - DQPSK

调制方式的选择对于数字移动通信系统是非常重要的。北美的 IS-54TDMA 标准、日本的 PDC、PHS 标准均采用 π/4 - DQPSK 作为调制方式。π/4 - DQPSK 调制是一种正交差分移相键控调制，它的最大相位跳变值介于 OQPSK 和 QPSK 之间。对于 QPSK 而言，最大相位跳变值为 $180°$，而 OQPSK 调制的最大相位跳变值为 $90°$，π/4 - DQPSK 调制则为 $±135°$。π/4 - DQPSK 调制是前两种调制方式的折中，一方面它保持了信号包络基本不变的特性，降低了对于射频器件的工艺要求；另一方面，它可以采用非相干检测，从而大大简化了接收机的结构。但采用差分检测方法，其性能比相干 QPSK 有较大的损失，因此，利用 $\pi/4$ - DQPSK 的有记忆解调特性，可以采用 Viterbi 算法的检测方法。

2.4.1　$\pi/4$ - DQPSK 差分检测

$\pi/4$ - DQPSK 调制是 QPSK 和 OQPSK 调制的折中，其调制过程为：假设输入信号流经过串/并变换得到两路数据流 $m_{I,k}$ 和 $m_{Q,k}$，根据表 2 - 2 给出的 $\pi/4$ - DQPSK 信号相位偏移映射关系即可以得到 k 时刻的相位偏移值 ϕ_k，从而得到当前时刻的相位值 θ_k。这样，由 $k-1$ 时刻的同相分量和正交分量信号 I_{k-1}、Q_{k-1} 及 k 时刻的相位 θ_k 就可得到当前时刻的同相分量 I_k 和正交分量 Q_k。$\pi/4$ - DQPSK 的调制方式可表示为

$$\begin{cases} I_k = \cos\theta_k = I_{k-1}\cos\phi_k - Q_{k-1}\sin\phi_k \\ Q_k = \sin\theta_k = I_{k-1}\sin\phi_k + Q_{k-1}\cos\phi_k \end{cases} \tag{2.27}$$

式中，$\theta_k = \theta_{k-1} + \phi_k$，$I_0 = 1$，$Q_0 = 0$。

表 2 - 2　$\pi/4$ - DQPSK 信号相位偏移映射关系

信息比特 $m_{I,k}$ 和 $m_{Q,k}$	相位偏移 ϕ_k	信息比特 $m_{I,k}$ 和 $m_{Q,k}$	相位偏移 ϕ_k
11	$\pi/4$	00	$-3\pi/4$
01	$3\pi/4$	10	$-\pi/4$

$\pi/4$ - DQPSK 调制的星座图如图 2 - 28 所示。由图可知，相邻时刻的信号点之间的相位跳变不超过 $3\pi/4$，且某个时刻的信号点只能在 4 个信号点构成的子集中选择，这样 $\pi/4$ - DQPSK 星座图实际上表示了信号点的状态转移。

$\pi/4$ - DQPSK 信号通过 AWGN 白噪声信道后，得到的接收信号为

$$\begin{cases} u_k = I_k + p_k \\ v_k = Q_k + q_k \end{cases} \tag{2.28}$$

式中，p_k、q_k 是服从 $N(0, \sigma^2)$ 的白噪声序列，σ^2 是噪声方差。

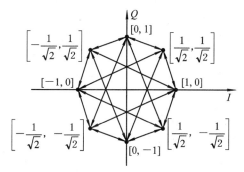

图 2 - 28　$\pi/4$ - DQPSK 调制的星座图

$\pi/4$ - DQPSK 调制的差分检测可表示为

$$\begin{cases} x_k = u_k u_{k-1} + v_k v_{k-1} \\ y_k = v_k u_{k-1} - u_k v_{k-1} \end{cases} \tag{2.29}$$

其判决准则为

$$\begin{cases} \hat{m}_{I,k} = 1, & \text{若 } x_k > 0 \\ \hat{m}_{Q,k} = 1, & \text{若 } y_k > 0 \end{cases} \quad \text{或} \quad \begin{cases} \hat{m}_{I,k} = 0, & \text{若 } x_k < 0 \\ \hat{m}_{Q,k} = 0, & \text{若 } y_k < 0 \end{cases} \tag{2.30}$$

2.4.2　$\pi/4$ - DQPSK Viterbi 检测

如前所述，$\pi/4$ - DQPSK 采用了差分编码，可以将其等价为将相邻的两个输入比特先进行 Gray 编码然后再进行正交调制的过程，因此可以将它看做记忆长度为 2 的卷积编码器。由此，根据 $\pi/4$ - DQPSK 调制的星座图，可以得到具有 4 个状态，16 个转移分支的格

状图(Trellis 图),如图 2-29 所示即为 $\pi/4$-DQPSK 的 Trellis 图,可以采用 Viterbi 译码算法进行检测。

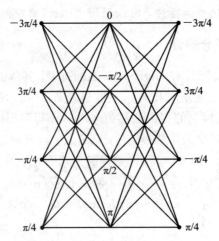

图 2-29 $\pi/4$-DQPSK 的 Trellis 图

令其状态集合为 $\Omega_1 = \{\pm 3\pi/4, \pm \pi/4\}$ 或 $\Omega_2 = \{0, \pm \pi/2, \pi\}$,转移分支集合为 $\Xi_1 = \left\{\left(-\dfrac{1}{\sqrt{2}}, -\dfrac{1}{\sqrt{2}}\right), \left(-\dfrac{1}{\sqrt{2}}, \dfrac{1}{\sqrt{2}}\right), \left(\dfrac{1}{\sqrt{2}}, -\dfrac{1}{\sqrt{2}}\right), \left(\dfrac{1}{\sqrt{2}}, \dfrac{1}{\sqrt{2}}\right)\right\}$ 或 $\Xi_2 = \{(0, 1), (1, 0), (-1, 0),$ $(0, -1)\}$。这样 k 时刻的状态 $S_k \in \Omega_1$ 或 Ω_2,分支 $(I_k, Q_k) \in \Xi_1$ 或 Ξ_2。则 Viterbi 算法中的 ACS(加比选)运算公式为

$$M(S_{k+1}) = \max_S \{M(S_k) + M((u_k, v_k), (I_k, Q_k))\} \tag{2.31}$$

式中,$M(\cdot)$ 表示相关度量计算。

$\pi/4$-DQPSK 调制采用差分检测,只利用了相邻符号之间的相关性。而 Viterbi 检测利用了整个接收序列的信息,因此其性能应当优于差分检测。

根据图 2-29 的 Trellis 结构,容易得到 $\pi/4$-DQPSK 调制的状态转移函数为

$$T(X, Y) = \frac{YX^2(2 + YX^2 + Y^2(-2 + 3X^2 - X^4))}{1 - Y(1 + X^2) - Y^2 + Y^3(1 - X^2)} \tag{2.32}$$

式中,X、Y 的指数分别表示信息比特和编码比特的权重。由文献[69]可得,采用 Viterbi 检测的误比特率一致界为

$$P_b < \frac{1}{b} \mathrm{erfc}\left(\sqrt{\frac{2d_{\mathrm{free}}RE}{N_0}}\right)_c^{d_{\mathrm{free}}RE_b/N_0} \frac{\partial T(X, Y)}{\partial X}\bigg|_{\substack{Y = e^{-RE_b/N_0} \\ X = 1}} \tag{2.33}$$

式中,自由距 $d_{\mathrm{free}} = 1$,码率 $R = 1$,$b = 2$,$\mathrm{erfc}(\cdot)$ 是互补误差函数。

在 AWGN 信道条件下,我们比较了差分检测和 Viterbi 检测的性能,如图 2-30 所示即为 $\pi/4$-DQPSK 信号各种检测方法性能比较。其中,Viterbi 算法的译码深度为 32,QPSK 相干检测是根据式 $P_b = \dfrac{1}{2} \mathrm{erfc}\left(\sqrt{\dfrac{E_b}{N_0}}\right)$ 得到的,一致界利用式(2.33)得到。

由图 2-30 可知,在误比特率为 10^{-3} 处,$\pi/4$-DQPSK 采用差分检测与 QPSK 采用相干检测相比,信噪比相差约 2.5 dB,而采用 Viterbi 检测,则仅相差 0.5 dB,因此,Viterbi 检测比差分检测可以获得 2 dB 的增益。可见,在略微增加复杂度的条件下,采用 Viterbi 检测可以提高 $\pi/4$-DQPSK 调制系统的接收性能。一致界与 Viterbi 检测的仿真性能比较

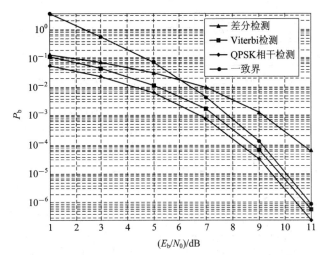

图 2 - 30 π/4 - DQPSK 信号各种检测方法性能比较

吻合，在高信噪比条件下，两条曲线趋于一致。

2.5 正交振幅调制(QAM)

单独使用振幅或相位携带信息时，不能最充分地利用信号平面，这可以由矢量图中信号矢量端点的分布直观观察到。多进制振幅调制时，矢量端点在一条轴上分布；多进制相位调制时，矢量端点在一个圆上分布。随着进制数 M 的增大，这些矢量端点之间的最小距离也随之减小。但如果我们充分地利用整个平面，将矢量端点重新合理地分布，则有可能在不减小最小距离的情况下，增加信号矢量的端点数目。基于上述概念我们可以引出振幅与相位相结合的调制方式，这种方式常称为数字复合调制方式。一般的复合调制称为幅相键控(APK)，两个正交载波幅相键控称为正交振幅调制(QAM)。

正交振幅调制的一般表达式为

$$y(t) = A_m \cos\omega_c t + B_m \sin\omega_c t, \quad 0 \leqslant t \leqslant T_b \qquad (2.34)$$

式中，T_b 为码元宽度，A_m 和 B_m 为离散的振幅值，$m=1, 2, \cdots, M$，M 为 A_m 和 B_m 的个数。

由上式可以看出，已调信号是由两路相互正交的载波叠加而成的，每路载波被一组离散的振幅 $\{A_m\}$、$\{B_m\}$ 所调制，故称这种调制方式为正交振幅调制。其振幅 A_m 和 B_m 可以表示成

$$\begin{cases} A_m = d_m A \\ B_m = e_m A \end{cases} \qquad (2.35)$$

式中，A 是固定的振幅，与信号的平均功率有关。(d_m, e_m) 表示 QAM 调制信号矢量端点在信号空间的坐标，由输入数据决定。

QAM 的调制和相干解调原理方框图如图 2 - 31 所示。在调制器中，输入数据经过串/并变换分成两路，再分别经过 2 电平到 L 电平的变换，形成 A_m 和 B_m。为了抑制已调信号的带外辐射，A_m 和 B_m 要通过预调制低通滤波器；再分别与相互正交的两路载波相乘，形成两路 ASK 调制信号；最后将两路信号相加就可以得到不同的幅度和相位的已调 QAM 输出信号 $y(t)$。

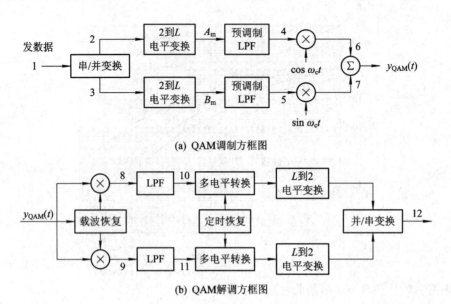

(a) QAM调制方框图

(b) QAM解调方框图

图 2-31　QAM 的调制和相干解调原理方框图

在解调器中，输入信号分成两路分别与本地恢复的两个正交载波相乘，经过低通滤波器、多电平判决和 L 电平到 2 电平转换，再经过并/串变换就得到了输出数据序列。

图 2-32 给出了四电平 QAM(4QAM)的调制解调过程中各点的波形。

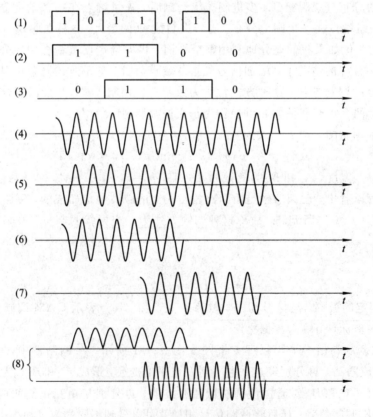

图 2-32　4QAM 的调制解调过程中各点的波形(1)

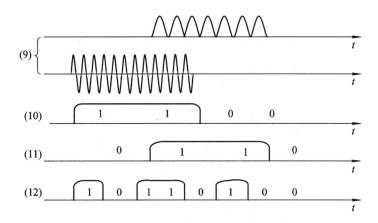

图 2 - 32　4QAM 的调制解调过程中各点的波形(2)

从 4QAM 的调制解调过程可以看出，系统可在一路 ASK 信号频率带宽的信道内完成两路信号的同时传输。所以，利用正交载波调制技术传输 ASK 信号，可使频带利用率提高一倍，达到 2 b/(s·Hz)。如果将其与多进制或其他技术结合起来，还可进一步提高频带利用率。在实际应用中，除了二进制 QAM 以外，常采用 16QAM、64QAM、256QAM 等方式。

通常，把信号矢量端点的分布图称为星座图。以十六进制调制为例，采用 16PSK 时，其星座图如图 2 - 33(a)所示。若采用振幅与相位相结合的 16 个信号点的调制，两种可能的星座如图 2 - 33(b)、(c)所示，其中图 2 - 33(b)为正交振幅调制，记作 16QAM，图2 - 33(c)是话路频带(300～3400 Hz)内传送 9600 b/s 的一种国际标准星座图，常记作 16APK。

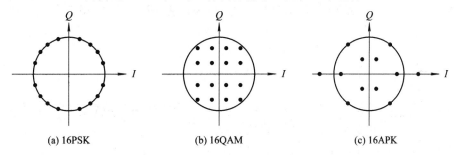

(a) 16PSK　　　　　　(b) 16QAM　　　　　　(c) 16APK

图 2 - 33　16PSK、16QAM 和 16APK 的星座图

目前，正交振幅调制 MQAM 正得到日益广泛的应用。它的星座图常为矩形或十字形，如图 2 - 34 所示即为 MQAM 的星座图。其中 $M=4$、16、64、256 时星座图为矩形，而 $M=32$、128 时则为十字形。前者 M 为 2 的偶次方，即每个符号携带偶数个比特信息；后者为 2 的奇次方，即每个符号携带奇数个比特信息。

假设已调信号的最大幅度为 1，不难算出，MPSK 星座图上信号点的最小距离为

$$d_{\text{MPSK}} = 2 \sin\left(\frac{\pi}{M}\right) \tag{2.36}$$

而采用 MQAM 时，若星座为矩形，则最小距离为

$$d_{\text{MQAM}} = \frac{\sqrt{2}}{L-1} = \frac{\sqrt{2}}{\sqrt{M}-1} \tag{2.37}$$

这里，$M=L^2$，L 为星座图上信号在水平轴或垂直轴上投影的电平数。

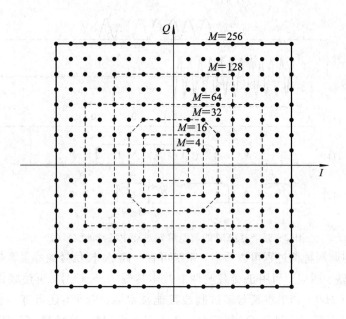

图 2-34 MQAM 的星座图

由式(2.36)及(2.37)可知,当 $M=4$ 时, $d_{4PSK}=d_{4QAM}$。事实上,4PSK 与 4QAM 的星座图相同。但当 $M>4$ 时,例如 $M=16$,则可算出 $d_{16PSK}=0.39$, $d_{16QAM}=0.47$, $d_{16QAM}>d_{16PSK}$,这说明 16QAM 的抗干扰能力优于 16PSK。

当信号的平均功率受限时,MQAM 的优点更为显著,因为 MQAM 信号的峰值功率与平均功率之比为

$$k = \frac{L(L-1)^2}{2\sum_{i=1}^{L/2}(2i-1)^2} \tag{2.38}$$

对 16QAM 来说, $L=4$,所以 $k_{16QAM}=1.8$。至于 16PSK 信号的平均功率就等于它的最大功率(恒定包络),因而 $k_{16PSK}=1$,这说明 k_{16QAM} 大于 k_{16PSK} 约 2.55 dB。这样,以平均功率相等为条件,16QAM 的相邻信号距离超过 16PSK 约 4.19 dB。

由图 2-34 所示星座图可知,MQAM 如同 MPSK 一样,也可以用正交调制的方法产生。不同的是:MPSK 在 $M>4$ 时,同相与正交两路基带信号的电平不是互相独立,而是互相关联的,以保证合成矢量端点落在圆上;而 MQAM 的同相和正交两路基带信号的电平则是互相独立的。

MQAM 调制器的一般方框图如图 2-35(a)所示。图中串/并变换器将速率为 R_b 的输入二进制序列分成速率为 $R_b/2$ 的 2 电平序列,2 到 L 电平变换器将每个速率为 $R_b/2$ 的 2 电平序列变成速率为 $R_b/(lbM)$ 的 L 电平信号,然后分别与两个正交的载波相乘,相乘后的两个结果再相加即产生 MQAM 信号。

MQAM 信号的解调同样可以采用正交的相干解调方法,图 2-35(b)是其方框图。同相路和正交路的 L 电平基带信号用 $(L-1)$ 个门限电平的判决器判决后,分别恢复出速率等于 $R_b/2$ 的二进制序列,最后经并/串变换器将两路二进制序列合成一个速率为 R_b 的二进制序列。

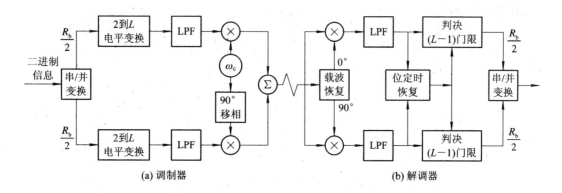

(a) 调制器　　　　　　　　　　　　　　**(b) 解调器**

图 2-35　MQAM 调制器与解调器框图

调制过程表明：MQAM 信号可以看成是两个正交的抑制载波双边带调幅信号的相加，因此，MQAM 与 MPSK 信号一样，其功率谱都取决于同相路和正交路基带信号的功率谱。MQAM 与 MPSK 在信号点数相同时，功率谱相同，带宽均为基带信号带宽的两倍。

其实，QAM 信号的结构不是唯一的。例如，在给定信号空间中的信号点数目为 $M=8$ 时，要求这些信号点仅取两种振幅值，信号点之间的最小距离为 $2A$ 的情况下，几个可能的信号空间由如图 2-36 所示的 8QAM 的信号空间给出。

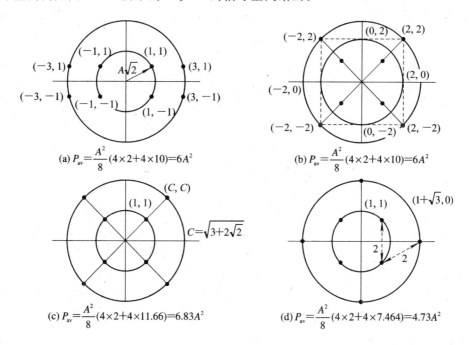

(a) $P_{av}=\dfrac{A^2}{8}(4\times2+4\times10)=6A^2$　　　　(b) $P_{av}=\dfrac{A^2}{8}(4\times2+4\times10)=6A^2$

(c) $P_{av}=\dfrac{A^2}{8}(4\times2+4\times11.66)=6.83A^2$　　　(d) $P_{av}=\dfrac{A^2}{8}(4\times2+4\times7.464)=4.73A^2$

图 2-36　8QAM 的信号空间

在所有信号点等概率出现的情况下，平均发射信号功率为

$$P_{av} = \frac{A^2}{M}\sum_{m=1}^{M}(d_m^2 + e_m^2) \tag{2.39}$$

图 2-36 中(a)~(d)的平均功率分别为 $6A^2$、$6A^2$、$6.83A^2$ 和 $4.73A^2$。因此，在相等信号功率条件下，图 2-36(d)中的最小信号距离最大，其次为图 2-36(a)和(b)，图 2-36(c)中的

最小信号距离最小。图 2 - 34(d)比图 2 - 34(a)和(b)大 1 dB，比图 2 - 34(c)大 1.6 dB。

对于 $M=16$ 来说，若要求最小信号空间距离为 $2A$，则有多种分布形式的信号空间。两种具有代表意义的信号空间由如图 2 - 37 所示的 16QAM 的信号空间给出。

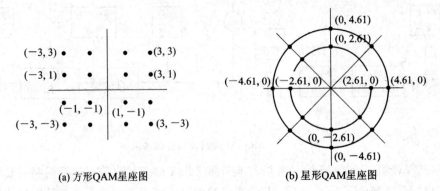

(a) 方形QAM星座图　　　　　　　　(b) 星形QAM星座图

图 2 - 37　16QAM 的信号空间

在图 2 - 37(a)中，信号点的分布成方形，故称之为方形 QAM 星座，它也被称为标准形 QAM。在图 2 - 35(b)中，信号点的分布成星形，故称之为星形 QAM 星座。利用式(2.39)，可得这两种形式的信号平均功率为

$$\text{方形 QAM：} P_{\text{av}} = \frac{A^2}{16}(4 \times 2 + 8 \times 10 + 4 \times 18) = 10A^2 \tag{2.40}$$

$$\text{星形 QAM：} P_{\text{av}} = \frac{A^2}{16}(8 \times 2.61^2 + 8 \times 4.61^2) = 14.03A^2 \tag{2.41}$$

尽管两者功率相差 1.4 dB，但两者的星座结构有重要的差别：一是星形 QAM 只有两个振幅值，而方形 QAM 有三种振幅值；二是星形 QAM 仅有 8 种相位值，而方形 QAM 有 12 种相位。这两点使得在衰落信道中，星形 QAM 比标准方形 QAM 更具有吸引力。

2.6　载波同步

在接收机中，有两种基本的方法进行载波相位估计。一种是复用法，通常在频域采用一个称为导频的特殊信号，这种方法使接收机提取导频，并使本地振荡器与接收信号的载波频率和相位同步。当未调载波分量伴随着携带信息的信号发送时，接收机使用一个锁相环(PLL)获取并跟踪这个载波分量。另一种是从已调信号直接导出载波相位的估计值，在实践中这种方法更为普遍。这种方法有一个明显的优点，即全部发送功率被分配给携带信息的信号传输。在下面对载波恢复的讨论中，仅限于第二种方法，因此假定发送信号是抑制载波的。根据载波恢复时是否对携带信息进行判决，第二种方法又可以分为面向判决环和非面向判决环两类。

2.6.1　面向判决环

在面向判决的参数估计中，假定在观测时间区间上信息序列已经估计出来，并且不存在解调差错，$\bar{I}_n = I_n$，其中 $\bar{I}_n$ 标记信息 I_n 的检测值。具体地，我们将研究线性调制技术类的面向判决相位的估计，此类调制的接收等效低通信号可以表示为

$$r(t) = \mathrm{e}^{-\mathrm{j}\phi} \sum_n I_n g(t - nT) + z(t)$$

$$= s_l(t) \mathrm{e}^{-\mathrm{j}\phi} + z(t) \tag{2.42}$$

式中，如果假定序列 $\{I_n\}$ 已知，则 $s_l(t)$ 是已知信号。等效低通信号的似然函数及相应的对数似然函数是

$$\Lambda(\phi) = C \exp\left\{ \mathrm{Re}\left[\frac{1}{N_0} \int_{T_0} r(t) s_l^*(t) \mathrm{e}^{\mathrm{j}\phi} \, \mathrm{d}t \right] \right\} \tag{2.43}$$

如果在式(2.43)中带入 $s_l(t)$，并假定观测时间区间 $T_0 = KT$，其中 K 是正整数，则

$$\Lambda_L(\phi) = \mathrm{Re}\left\{ \mathrm{e}^{\mathrm{j}\phi} \frac{1}{N_0} \sum_{n=0}^{K-1} I_n^* \int_{nT}^{(n+1)T} r(t) g^*(t - nT) \mathrm{d}t \right\}$$

$$= \mathrm{Re}\left\{ \mathrm{e}^{\mathrm{j}\phi} \frac{1}{N_0} \sum_{n=0}^{K-1} I_n^* y_n \right\} \tag{2.44}$$

式中，定义

$$y_n = \int_{nT}^{(n+1)T} r(t) g^*(t - nT) \mathrm{d}t \tag{2.45}$$

注意，y_n 是在第 n 个信号间隔中匹配滤波器的输出。由式(2.44)，将对数似然函数

$$\Lambda_L(\phi) = \mathrm{Re}\left(\frac{1}{N_0} \sum_{n=0}^{K-1} I_n^* y_n \right) \cos\phi - \mathrm{Im}\left(\frac{1}{N_0} \sum_{n=0}^{K-1} I_n^* y_n \right) \sin\phi \tag{2.46}$$

对 ϕ 微分并令导数等于零，容易得到 ϕ 的 ML 估计值。因此

$$\hat{\phi}_{\mathrm{ML}} = -\arctan\left[\frac{\mathrm{Im}\left(\sum\limits_{n=0}^{K-1} I_n^* y_n \right)}{\mathrm{Re}\left(\sum\limits_{n=0}^{K-1} I_n^* y_n \right)} \right] \tag{2.47}$$

将式(2.47)中的 $\hat{\phi}$ 称为面向判决(或判决反馈)载波相位估计。图 2-38 展示了双边带 PAM 信号接收机的载波恢复原理。

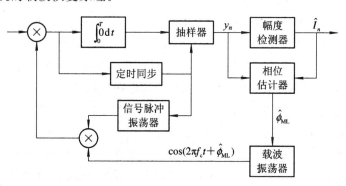

图 2-38　具有面向判决载波相位估计的双边带 PAM 信号接收机方框图

2.6.2　非面向判决环

若不采用面向判决方案来获得相位估计，可以将数据处理为随机变量，并在最大化前将 $\Lambda(\phi)$ 对这些随机变量求平均。非面向判决环可分为平方环和科斯塔斯环两种。

1. 平方环

在实践中，平方环广泛应用于建立双边带抑载信号的载波相位。为了描述它的工作，研究数字已调 PAM 信号载波相位的估计问题，设该信号为

$$s(t) = A(t)\cos(2\pi f_c t + \phi) \tag{2.48}$$

式中 $A(t)$ 携带数字信息。注意，当信号电平关于零电平对称时，$E[s(t)] = E[A(t)] = 0$。因此，$s(t)$ 的平均值不会在任何频率产生任何相位相干的频率分量，包括载波。由接收信号生成载波的一种方法是将信号平方，从而生成一个 $2f_c$ 的频率分量，用该分量驱动一个调谐在 $2f_c$ 上的锁相环，如图 2-39 所示。

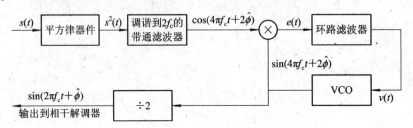

图 2-39 采用平方律器件的载波恢复框图

平方律器件的输出是

$$s^2(t) = A^2(t)\cos^2(2\pi f_c t + \phi) = \frac{1}{2}A^2(t) + \frac{1}{2}A^2(t)\cos(4\pi f_c t + 2\phi) \tag{2.49}$$

因为调制是一个循环平稳随机过程，所以 $s^2(t)$ 的期望值是

$$E[s^2(t)] = \frac{1}{2}E[A^2(t)] + \frac{1}{2}E[A^2(t)]\cos(4\pi f_c t + 2\phi) \tag{2.50}$$

因此，在频率 $2f_c$ 处有功率存在。

如果平方律器件的输出通过一个调谐到式(2.49)中倍频项的带通滤波器，则滤波器的均值是一个频率为 $2f_c$、相位为 ϕ 且幅度为 $E[A^2(t)]H(2f_c)/2$ 的正弦信号，其中 $H(2f_c)$ 是滤波器在 $f = 2f_c$ 点的增益。因此，平方律器件由输入信号 $s(t)$ 产生一个周期分量。实际上，$s(t)$ 的平方已除去了 $A(t)$ 中包含的正负号信息，从而在载波的两倍频率处产生与相位相干的频率分量。在 $2f_c$ 处滤波后的频率分量用于驱动 PLL。应当注意，分频器的输出相对接收信号相位有 $180°$ 的相位模糊，因此二进制数据在发送之前必须差分编码，并在接收机中差分译码。

2. 科斯塔斯(Costas)环

对双边带抑载信号生成一个能适当调整相位的载波的另一个方法为采用科斯塔斯环，如图 2-40 所示为其原理方框图，该方案由科斯塔斯提出，故称为科斯塔斯环。接收信号乘以由 VCO 输出的 $\cos(2\pi f_c t + \phi)$ 和 $\sin(2\pi f_c t + \phi)$，这两个乘积是

$$
\begin{aligned}
y_c(t) &= [s(t) + n(t)]\cos(2\pi f_c t + \hat{\phi}) \\
&= \frac{1}{2}[A(t) + n_c(t)]\cos\Delta\phi + \frac{1}{2}n_s(t)\sin\Delta t + 倍频项 \\
y_s(t) &= [s(t) + n(t)]\sin(2\pi f_c t + \hat{\phi}) \\
&= \frac{1}{2}[A(t) + n_c(t)]\sin\Delta\phi - \frac{1}{2}n_s(t)\cos\Delta t + 倍频项
\end{aligned}
\tag{2.51}
$$

式中，相位误差 $\Delta\phi=\hat{\phi}-\phi$。倍频项由相乘之后的低通滤波器滤除。

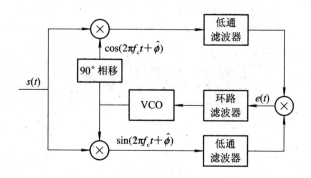

图 2 - 40　科斯塔斯环原理方框图

误差信号由这两个低通滤波器的输出相乘产生，因此

$$e(t) = \frac{1}{8}\{[A(t)+n_\mathrm{c}(t)]^2 - n_\mathrm{s}^2(t)\}\sin(2\Delta\phi) - \frac{1}{4}n_\mathrm{s}(t)[A(t)+n_\mathrm{c}(t)]\cos(2\Delta\phi)$$

$$(2.52)$$

该误差信号通过环路滤波器滤波，其输出是驱动 VCO 的控制电压。另外，正如在平方 PLL 中那样，VCO 的输出包含 180°的相位模糊，因此有必要在发送之前对数据差分编码，并且在解调器中差分译码。

第3章

准恒定包络调制

严格恒定包络的高效调制信号在非线性信道中传输时将显示最大的功率效率。但稍微降低对调制信号在恒络方面的要求，如准恒定包络调制技术可以在带宽效率上获得比较大的提高，补偿其在功率效率方面的损失。FQPSK 就是这样一种频谱和功率高效利用的调制方式。1982 年，美国人 K. Feher 发明了一种称为无码间干扰和抖动的交错正交相移键控 IJF - OQPSK(Intersymbol Interference and Jitter Free OQPSK)的调制技术，该调制在频域的性能优良，但是其时域调制信号有约 3 dB 的包络起伏，这对于其通过非线性信道是极为不利的。到 1986 年，Feher 对它进行了进一步完善，提出了 FQPSK(Fether-patented Quadrature-Phase-Shift-Keying)调制，并申请了专利。FQPSK 调制通过引入交叉互相关运算来消除 3 dB 的包络起伏，从而使得信号在时域的包络恒定。经多年来的发展，人们在原来的基础上加了不同的信号处理方法，进而派生出了 FQPSK - KF、DJ - FQPSK、CB - FQPSK 等调制方式。FQPSK 调制技术已被美国国防部的先进靶场遥测(ARTM)计划一级项目采纳为飞行器及测距应用的调制体制，以代替现有的脉冲编码调制/频率调制(PCM/FM)系统。在本章 3.1 节先介绍 FQPSK 的前身 IJF - OQPSK 和 SQORC 及其与 FQPSK 的关系，3.2 节介绍 FQPSK，包括其调制器与解调器结构。

在本章 3.3 节将介绍另外一种调制技术——SOQPSK 调制。需要说明的是，SOQPSK 的包络波动为 0，严格意义上应归入第 4 章的恒包络调制。但是由于其调制解调器结构与 FQPSK 是十分相似的，因此将 SOQPSK 放在本章介绍。在二十世纪八十年代，Dapper 和 Hill 引入了成型 BPSK(SBPSK)作为一种带限 BPSK 信号并能保持包络恒定。SBPSK 概念的进一步发展产生了这种调制方案的变形，即成型偏移 QPSK(SOQPSK)。在 2000 年，Hill 又提出了一种具有改善波形的特殊 SOQPSK，该调制方案与 FQPSK - B 比，具有相比拟甚至更好的频谱容量和检测效率。由于 SOQPSK 没有专利权，而 FQPSK - B 有专利权限制，因此，考虑到在性能方面的相似性，在高带宽利用率的调制技术应用中，SOQPSK 是一种具有潜力的候选方案。

3.1 IJF - QPSK 和 SQORC 及其与 FQPSK 的关系

IJF - QPSK(也称为 FQPSK - 1)调制基于定义波形 $s_o(t)$ 和 $s_e(t)$，这两个波形在符号间隔 $-T_s/2 \leqslant t \leqslant T_s/2$ 内分别为奇函数和偶函数，然后利用这两个函数和它们的负函数 $-s_o(t)$、$-s_e(t)$ 作为传输的四进制信号集，根据 I 支路和 Q 支路上的相继数据符号对的取值进行发送。具体地说，若将 $(n-(1/2))T_s \leqslant t \leqslant (n+(1/2))T_s$ 间隔内的 I 信道数据符号用 $d_{I,n}$ 表示，则在同一时间间隔内发送的波形 $x_I(t)$ 由下式决定：

$$\begin{cases} x_I(t) = s_e(t - nT_s) \triangleq s_0(t - nT_s), & d_{I,n-1} = 1, d_{I,n} = 1 \\ x_I(t) = -s_e(t - nT_s) \triangleq s_1(t - nT_s), & d_{I,n-1} = -1, d_{I,n} = -1 \\ x_I(t) = s_o(t - nT_s) \triangleq s_2(t - nT_s), & d_{I,n-1} = -1, d_{I,n} = 1 \\ x_I(t) = -s_o(t - nT_s) \triangleq s_3(t - nT_s), & d_{I,n-1} = 1, d_{I,n} = -1 \end{cases} \quad (3.1)$$

Q 信道的波形 $x_Q(t)$ 可以根据 Q 信道的数据符号 $\{d_{Q,n}\}$ 按照和式(3.1)相同的映射方式产生，然后对所得到的波形延迟半个符号得到。偶数波形 $s_e(t)$ 和奇数波形 $s_o(t)$ 定义如下：

$$\begin{cases} s_e(t) = 1 & -T_s/2 \leqslant t \leqslant T_s/2 \\ s_o(t) = \sin\dfrac{\pi t}{T_s} & -T_s/2 \leqslant t \leqslant T_s/2 \end{cases} \quad (3.2)$$

若 I 信道数据符号为"1 −1 −1 1 −1 1 1 −1 1 −1 1 −1 −1"，Q 信道数据符号为"1 −1 1 −1 −1 −1 1 −1 1 −1 1 1 −1"，则 I 信道和 Q 信道的 IJF 编码器的典型输出波形分别如图 3−1(a)和(b)所示。

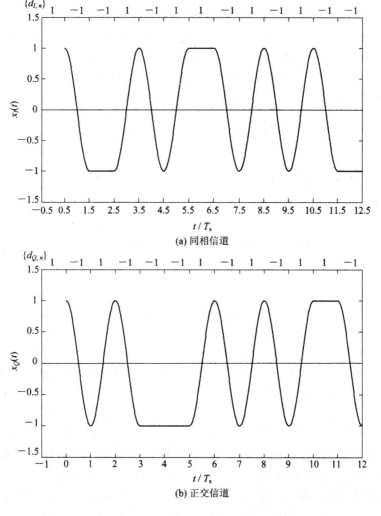

图 3−1　IJF 编码器的典型输出波形

实际上，直接从二进制序列 $\{d_{I,n}\}$ 本身就可获得与由式(3.1)和式(3.2)组合生成的与 $x_I(t)$($x_Q(t)$ 也类似)相同的调制波形，而无需按序列的跳变特性定义四进制映射。具体地说，如果定义如下的两个符号宽度的升余弦脉冲波形：

$$p(t) = \sin^2\left[\frac{\pi\left(t+\frac{T_s}{2}\right)}{2T_s}\right], \quad -\frac{T_s}{2} \leqslant t \leqslant \frac{3T_s}{2} \tag{3.3}$$

则 I 信道的调制表达式如下：

$$x_I(t) = \sum_{n=-\infty}^{+\infty} d_{I,n} p(t-nT_s) \tag{3.4}$$

若假定奇数波形和偶数波形如式(3.2)所示，则式(3.4)将和上述 IJF 方案产生的结果一致。同样的，Q 信道的调制表达式如下：

$$x_Q(t) = \sum_{n=-\infty}^{+\infty} d_{Q,n} p\left(t-\left(n+\frac{1}{2}\right)T_s\right) \tag{3.5}$$

这也和上述 IJF 方案产生的结果一致。由式(3.4)的 $x_I(t)$ 和式(3.5)的 $x_Q(t)$ 构成的正交调制方案就是 SQORC(Staggered Quadrature Overlapped Raised-Cosine)调制，即在每个信道上用重叠的升余弦脉冲进行独立的 I 支路和 Q 支路交错调制。最终的载波调制波形为

$$x(t) = x_I(t)\cos w_c t + x_Q(t)\sin w_c t \tag{3.6}$$

其原理框图如图 3-2 所示。图 3-3 给出了对于一对连续数据比特与式(3.2)的 IJF-QPSK 奇数波形和偶数波形相等价的 SQORC 基带波形。

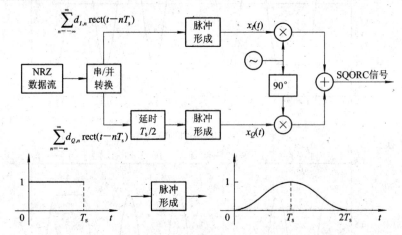

图 3-2 SQORC 发射机的原理框图

尽管 SQORC 有 3 dB 的包络波动，但是它仍然是一种高带宽效率的调制方案。实际上，除归一化常数以外，它的功率谱密度是 OQPSK 与 MSK 功率谱密度的乘积，即

$$S_{\text{SQORC}}(f) = \left(\frac{\sin\pi fT_s}{\pi fT_s}\right)^2 \frac{\cos^2 2\pi fT_s}{(1-16f^2T_s^2)^2} \tag{3.7}$$

由(3.7)式可知，SQORC 的功率谱是以 f^{-6} 逐渐地进行衰减。因此，Fether 和 Kato 正是基于这种思想修改发射波形得到 FQPSK 调制，使其包络波动减小到接近 0 dB，并仍保持 SQORC 固有的高带宽效率。FQPSK 调制器的原理框图如图 3-4 所示，Fether 和 Kato 对 SQORC 波形进行的修改具体实现体现在图 3-4 中标注的"互相关器"中，下面我们将对其作详细介绍。

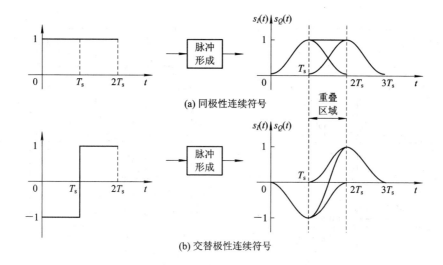

图 3-3　SQORC 基带波形

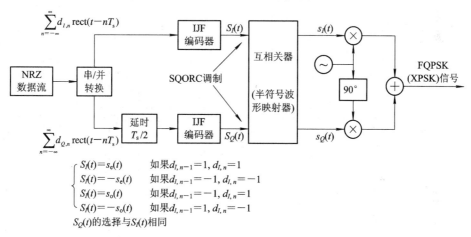

$$\begin{cases} S_I(t)=s_e(t) & \text{如果}d_{I,n-1}=1, d_{I,n}=1 \\ S_I(t)=-s_e(t) & \text{如果}d_{I,n-1}=-1, d_{I,n}=-1 \\ S_I(t)=s_o(t) & \text{如果}d_{I,n-1}=-1, d_{I,n}=1 \\ S_I(t)=-s_o(t) & \text{如果}d_{I,n-1}=1, d_{I,n}=-1 \end{cases}$$
$S_Q(t)$的选择与$S_I(t)$相同

图 3-4　FQPSK 调制器的原理框图

在互相关器的输入端，在任何给定的半个符号中，SQORC 的信号分量 $S_I(t)$ 和 $S_Q(t)$ 有 16 种可能的组合。这些组合在如图 3-5 所示的 FQPSK 半符号波形映射图(恒包络时 $A=1/\sqrt{2}$)中给出，它们是由信号 ±1、$\pm\sin\pi t/T_s$、$\pm\cos\pi t/T_s$ 的特殊组合组成的。对于每一个 $I-Q$ 分量对 $S_I(t)$ 和 $S_Q(t)$，互相关器产生一个新的 $I-Q$ 分量对 $s_I(t)$ 和 $s_Q(t)$，其目的是为了减小最终的 I 支路和 Q 支路符号流的包络波动。因此，互相关器实际上是一个半符号波形映射器。十六种可能的 I 和 Q 互相关信号组合如表 3-1 所示。

表 3-1　I 和 Q 互相关信号组合

$s_I(t)$(或 $s_Q(t)$)	$s_Q(t)$(或 $s_I(t)$)	组合数
$\pm\cos\pi t/T_s$	$\pm\sin\pi t/T_s$	4
$\pm A\cos\pi t/T_s$	$f_1(t)$ 或 $f_3(t)$	4
$\pm A\sin\pi t/T_s$	$f_2(t)$ 或 $f_4(t)$	4
$\pm A$	$\pm A$	4

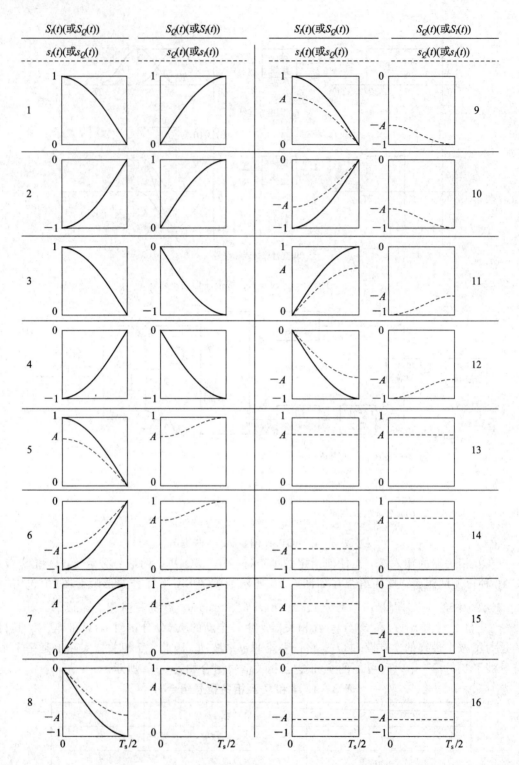

图 3-5 FQPSK 半符号波形映射图(恒包络时 $A=1/\sqrt{2}$)

表 3-1 中的转换函数 $f_i(t)$，$i=1,2,3,4$ 在 $0 \leqslant t \leqslant T_s/2$ 内定义如下：

$$\begin{cases} f_1(t) = 1 - (1-A)\cos^2\dfrac{\pi t}{T_s} \\[2mm] f_2(t) = 1 - (1-A)\sin^2\dfrac{\pi t}{T_s} \\[2mm] f_3(t) = -1 + (1-A)\cos^2\dfrac{\pi t}{T_s} \\[2mm] f_4(t) = -1 + (1-A)\sin^2\dfrac{\pi t}{T_s} \end{cases} \tag{3.8}$$

其中 A 为传输参数，取值范围是 $[1/\sqrt{2}, 1]$，用于在包络波动大小和带宽效率之间进行折中。出现在互相关器输出端的 16 组映射符号对 $s_I(t)$、$s_Q(t)$ 和表 3-1 中各组合相对应，在图 3-5 中与相应的 16 种可能的输入对 $S_I(t)$、$S_Q(t)$ 重叠显示。可以看到，组合 1、2、3 和 4 的输入对 $S_I(t)$、$S_Q(t)$ 已经为恒包络，因此没有必要对这些信号重新映射。对于生成如图 3-1(a) 和 (b) 所示的 SQORC 信号分量的同一 I 和 Q 数据序列，图 3-6(a) 和 (b) 分别显示了 FQPSK 相应的 I 支路和 Q 支路互相关器的输出，其中 $A = 1/\sqrt{2}$。从这些图中可以观察到，在 I 信道和 Q 信道相同的采样点处，即 $t = nT_s$ 和 $t = (n+1/2)T_s$ (n 为整数) 处，发送的基带信号正好为恒包络。而在相同的采样点以外，基带信号包络的最大波动为 0.18

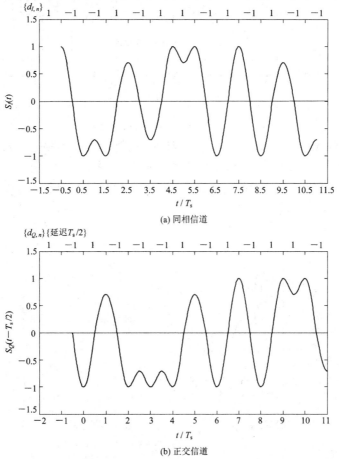

(a) 同相信道

(b) 正交信道

图 3-6 FQPSK(XPSK) 的输出

dB——这是该调制方式在显著提高带宽效率的同时而付出的一个很小的代价。

图 3-7 给出了未滤波的 FQPSK(前面介绍的)的 PSD 以及其他几种调制方式的 PSD。如图 3-8 所示为各种调制技术的带外功率，显示了用下式计算的相应的带外功率和归一化带宽 $BT_b = B/R_b$ 的关系曲线：

$$P_{ob} = 1 - \frac{\int_{-B}^{B} S_m(f)\mathrm{d}f}{\int_{-\infty}^{\infty} S_m(f)\mathrm{d}f} \tag{3.9}$$

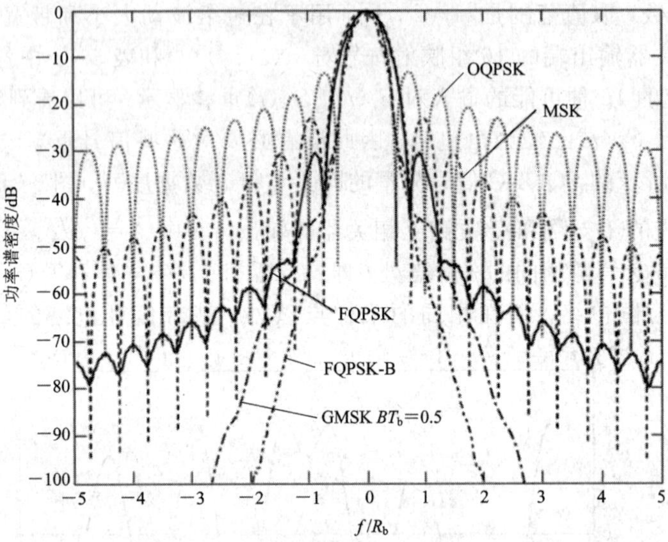

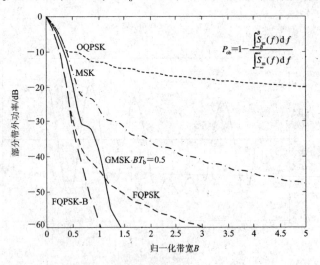

图 3-7　各种调制技术的功率谱密度

与恒包络的 OQPSK 和 MSK 相比，未滤波的 FQPSK(准恒包络)显著提高了频谱效率。然而与恒包络的 GMSK 相比，FQPSK 必须先进行滤波，两者的频谱效率才能相当。如图 3-7 和图 3-8 所示，FQPSK-B 的 PSD 与 $BT_b = 0.5$ 的 GMSK 相比，具有频谱效率上的优势。

图 3-8　各种调制技术的带外功率

3.2 FQPSK

3.2.1 FQPSK 的逐符号互相关映射

在参考文献[5]中，FQPSK 的原始特性是从每个半符号时隙的 IJF 编码器的一对输出进行互相关处理的方面来描述的。而现在我们重新将 FQPSK 表述成将每一个符号间隔内的 I 和 Q 输入数据序列直接映射成基带波形。为此，定义在时间间隔 $-T_s/2 \leqslant t \leqslant T_s/2$ 内的 16 种波形 $s_i(t)$，$i = 0, 1, 2, \cdots, 15$，它们共同构成 I 信道和 Q 信道的发射信号集。在每个信道上的任意发射信号间隔 T_s 上，I 和 Q 波形的选取依赖于该信道上最近的数据跳变及另一信道上最近的两次数据跳变。这也说明了 FQPSK 是具有内在记忆特性的调制方式。详细内容见参考文献[5]。在此总结如下：首先定义 $s_0(t) \sim s_{15}(t)$（见图 3-9），

$$
\begin{cases}
s_0(t) = A, \quad -\dfrac{T_s}{2} \leqslant t \leqslant \dfrac{T_s}{2} \\[2mm]
s_1(t) = \begin{cases} A, & -\dfrac{T_s}{2} \leqslant t < 0 \\[2mm] 1 - (1-A)\cos^2 \dfrac{\pi t}{T_s}, & 0 \leqslant t \leqslant \dfrac{T_s}{2} \end{cases} \\[6mm]
s_2(t) = \begin{cases} 1 - (1-A)\cos^2 \dfrac{\pi t}{T_s}, & -\dfrac{T_s}{2} \leqslant t < 0 \\[2mm] A, & 0 \leqslant t \leqslant \dfrac{T_s}{2} \end{cases} \\[6mm]
s_3(t) = 1 - (1-A)\cos^2 \dfrac{\pi t}{T_s}, \quad -\dfrac{T_s}{2} \leqslant t \leqslant \dfrac{T_s}{2} \\[2mm]
s_4(t) = A \sin \dfrac{\pi t}{T_s}, \quad -\dfrac{T_s}{2} \leqslant t \leqslant \dfrac{T_s}{2} \\[2mm]
s_5(t) = \begin{cases} A \sin \dfrac{\pi t}{T_s}, & -\dfrac{T_s}{2} \leqslant t < 0 \\[2mm] \sin \dfrac{\pi t}{T_s}, & 0 \leqslant t \leqslant \dfrac{T_s}{2} \end{cases} \\[6mm]
s_6(t) = \begin{cases} \sin \dfrac{\pi t}{T_s}, & -\dfrac{T_s}{2} \leqslant t < 0 \\[2mm] A \sin \dfrac{\pi t}{T_s}, & 0 \leqslant t \leqslant \dfrac{T_s}{2} \end{cases} \\[6mm]
s_7(t) = \sin \dfrac{\pi t}{T_s}, \quad -\dfrac{T_s}{2} \leqslant t \leqslant \dfrac{T_s}{2} \\[2mm]
s_8(t) = -s_0(t), \quad s_9(t) = -s_1(t), \\[2mm]
s_{10}(t) = -s_2(t), \quad s_{11}(t) = -s_3(t), \\[2mm]
s_{12}(t) = -s_4(t), \quad s_{13}(t) = -s_5(t), \\[2mm]
s_{14}(t) = -s_6(t), \quad s_{15}(t) = -s_7(t)
\end{cases}
\tag{3.10}
$$

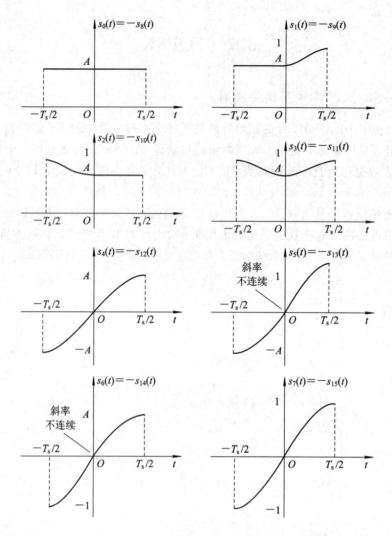

图 3-9　FQPSK 的全符号波形(恒包络 $A=1/\sqrt{2}$)

这里应注意,只要 $A\neq1$(如 $A=1/\sqrt{2}$), $s_5(t)$、$s_6(t)$ 及其负函数 $s_{13}(t)$、$s_{14}(t)$ 在它们的中点处(即 $t=0$)斜率都不连续,而其余的 12 种波形在整个定义时隙内斜率都是连续的。而且所有 16 种波形在其终点处斜率都为零,所以任意两个波形的级联都不会出现斜率不连续的情况。

从式(3.10)的信号集合中指定的第 n 个信号间隔内 I 信道和 Q 信道特定波形的映射函数由 I 信道和 Q 信道数据符号的变化特性来定义。例如,若 $d_{I,n-1}=1$, $d_{I,n}=1$(即 I 序列不发生跳变且两数据比特均为正),则在第 n 个发射信号时隙 $(n-1/2)T_s \leqslant t \leqslant (n+1/2)T_s$ 内发送的 I 信道信号 $y_I(t)=s_I(t)$ 按如下方法进行选择:

(1) $y_I(t)=s_0(t-nT_s)$,若 $d_{Q,n-2}$、$d_{Q,n-1}$ 无跳变且 $d_{Q,n-1}$、$d_{Q,n}$ 无跳变。

(2) $y_I(t)=s_1(t-nT_s)$,若 $d_{Q,n-2}$、$d_{Q,n-1}$ 无跳变且 $d_{Q,n-1}$、$d_{Q,n}$ 有一次跳变(正向或反向)。

(3) $y_I(t)=s_2(t-nT_s)$,若 $d_{Q,n-2}$、$d_{Q,n-1}$ 有一次跳变(正向或反向)且 $d_{Q,n-1}$、$d_{Q,n}$ 无跳变。

（4）$y_I(t) = s_3(t-nT_s)$，若 $d_{Q,n-2}$、$d_{Q,n-1}$ 有一次跳变（正向或反向）且 $d_{Q,n-1}$、$d_{Q,n}$ 有一次跳变（正向或反向）。

同样，对于其余三种 $d_{I,n-1}$ 和 $d_{I,n}$ 组合的分配方式与上面的分配方法相似。最后，利用式（3.10）的信号特性，I 信道基带输出的映射条件可总结为表 3-2。

表 3-2 同相(I)信道基带信号 $y_I(t)$ 在时隙 $(n-1/2)T_s \leqslant t \leqslant (n+1/2)T_s$ 内的映射

$\left\|\dfrac{d_{I,n}-d_{I,n-1}}{2}\right\|$	$\left\|\dfrac{d_{Q,n-1}-d_{Q,n-2}}{2}\right\|$	$\left\|\dfrac{d_{Q,n}-d_{Q,n-1}}{2}\right\|$	$s_I(t)$
0	0	0	$d_{I,n}s_0(t-nT_s)$
0	0	1	$d_{I,n}s_1(t-nT_s)$
0	1	0	$d_{I,n}s_2(t-nT_s)$
0	1	1	$d_{I,n}s_3(t-nT_s)$
1	0	0	$d_{I,n}s_4(t-nT_s)$
1	0	1	$d_{I,n}s_5(t-nT_s)$
1	1	0	$d_{I,n}s_6(t-nT_s)$
1	1	1	$d_{I,n}s_7(t-nT_s)$

同理，由 I 和 Q 信道数据符号序列 $\{d_{I,n}\}$ 和 $\{d_{Q,n}\}$ 的跳变特性可确定第 n 个发射信号时隙 $nT_s \leqslant t \leqslant (n+1)T_s$ 内 Q 信道的基带信号波形 $y_Q(t) = s_Q\left(t-\dfrac{T_s}{2}\right)$，如表 3-3 所示。

表 3-3 正交(Q)信道基带信号 $y_Q(t)$ 在时隙 $nT_s \leqslant t \leqslant (n+1)T_s$ 内的映射

$\left\|\dfrac{d_{Q,n}-d_{Q,n-1}}{2}\right\|$	$\left\|\dfrac{d_{I,n}-d_{I,n-1}}{2}\right\|$	$\left\|\dfrac{d_{I,n+1}-d_{I,n}}{2}\right\|$	$s_Q(t)$
0	0	0	$d_{Q,n}s_0(t-nT_s)$
0	0	1	$d_{Q,n}s_1(t-nT_s)$
0	1	0	$d_{Q,n}s_2(t-nT_s)$
0	1	1	$d_{Q,n}s_3(t-nT_s)$
1	0	0	$d_{Q,n}s_4(t-nT_s)$
1	0	1	$d_{Q,n}s_5(t-nT_s)$
1	1	0	$d_{Q,n}s_6(t-nT_s)$
1	1	1	$d_{Q,n}s_7(t-nT_s)$

需要注意的是，表 3-2 和表 3-3 中发射信号 $s_i(t-nT_s)$ 或 $s_i\left(t-n+\left(\dfrac{1}{2}\right)T_s\right)$ 的下标 i 就是这三种跳变的二进制编码的十进制（BCD）数值。

若将如图 3-1(a) 和 (b) 所示的 I 和 Q 信道数据序列经过表 3-2 和表 3-3 的映射，则产生的基带发射信号与将 I 和 Q 信道 IJF 编码器输出信号通过互相关器（半符号映射）后产生的信号是一致的，如图 3-6(a) 和 (b) 所示。故可总结如下：对于任意的 I 和 Q 输入序列，通过表 3-2 和表 3-3 的逐符号映射就可以产生 FQPSK 信号。

3.2.2 FQPSK 的网格编码调制

网格编码的 FQPSK 是指在满足交叉相关的基础上，在一个码元间隔内进行波形选择。传统的 FQPSK 是根据 I、Q 的相关选择一对 I、Q 的适用波形。在选择过程中，I、Q 波形之间是互相关联的，而网格编码的 FQPSK 是根据相关运算分别选择 I、Q 波形，在选择过程中，I、Q 两路波形是分别选择，相对独立的。

表 3-2 和表 3-3 给出的 I 支路和 Q 支路映射关系也可以由 I 支路和 Q 支路数据的 $(0，1)$ 表示来描述。做如下定义：

$$\begin{cases} D_{I,n} \triangleq (1-d_{I,n})/2 \\ D_{Q,n} \triangleq (1-d_{Q,n})/2 \end{cases} \tag{3.11}$$

$D_{I,n}$、$D_{Q,n}$ 在 $(0，1)$ 内取值。然后定义下标 i 和 j 的 BCD 表达式为

$$\begin{cases} i = I_3 \times 2^3 + I_2 \times 2^2 + I_1 \times 2^1 + I_0 \times 2^0 \\ j = Q_3 \times 2^3 + Q_2 \times 2^2 + Q_1 \times 2^1 + Q_0 \times 2^0 \end{cases} \tag{3.12}$$

其中，

$$\begin{cases} I_0 = D_{Q,n} \oplus D_{Q,n-1}, & Q_0 = D_{I,n+1} \oplus D_{I,n} \\ I_1 = D_{Q,n-1} \oplus D_{Q,n-2}, & Q_1 = D_{I,n} \oplus D_{I,n-1} = I_2 \\ I_2 = D_{I,n} \oplus D_{I,n-1}, & Q_2 = D_{Q,n} \oplus D_{Q,n-1} = I_0 \\ I_3 = D_{I,n}, & Q_3 = D_{Q,n} \end{cases} \tag{3.13}$$

由此可以得到 $y_I(t) = s_i(t-nT_s)$ 和 $y_Q(t) = s_j(t-(n+1/2)T_s)$。也就是说，对于每个符号间隔 $(n-1/2)T_s \leqslant t \leqslant (n+1/2)T_s$ 内的 $y_I(t)$ 和符号间隔 $nT_s \leqslant t \leqslant (n+1)T_s$ 内的 $y_Q(t)$，I 和 Q 信道基带波形从 16 个信号集 $s_i(t)$，$i=0，1，\cdots 15$ 中进行选择，波形的下标序号由式 (3.12) 和式 (3.13) 所定义的 4 比特的 BCD 表示所决定。相应的 FQPSK 的互相关器的实现方案如图 3-10 所示。

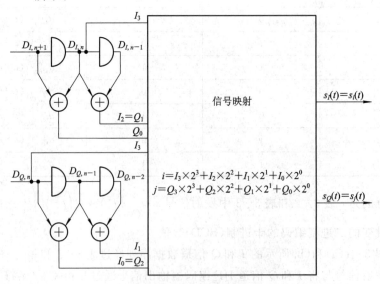

图 3-10　FQPSK 的互相关器的实现方案

也可以将图 3-10 中的映射关系解释为一个具有两个二进制(0，1)输入的 $D_{I, n+1}$、$D_{Q, n}$ 和两个输出波形 $s_i(t)$、$s_j(t)$ 的 16 状态网格编码，其状态由 4 比特序列 $D_{I, n}$、$D_{I, n-1}$、$D_{Q, n-1}$、$D_{Q, n-2}$ 定义。FQPSK 的 16 状态网格图如图 3-11 所示，状态转换的映射关系由表 3-4 给出。在表 3-4 中：标有"输入"的列，对应于两个输入比特 $D_{I, n+1}$ 和 $D_{Q, n}$ 的数值，它们将引起状态的转换；标有"输出"的列，对应于一对输出符号波形 $s_i(t)$ 和 $s_j(t)$ 的下标 i 和 j。

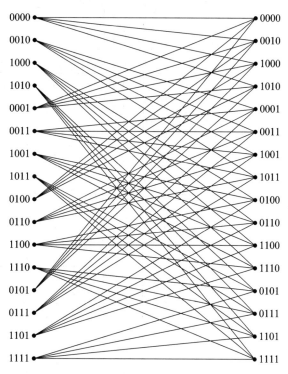

图 3-11　FQPSK 的 16 状态网格图

表 3-4　网格状态的转换

当前状态	输入	输出	下一状态	当前状态	输入	输出	下一状态
0 0 0 0	0 0	0 0	0 0 0 0	1 1 0 0	0 0	8 1	0 1 0 0
0 0 0 0	0 1	1 12	0 0 1 0	1 1 0 0	0 1	9 13	0 1 1 0
0 0 0 0	1 0	0 1	1 0 0 0	1 1 0 0	1 0	8 0	1 1 0 0
0 0 0 0	1 1	1 13	1 0 1 0	1 1 0 0	1 1	9 12	1 1 1 0
0 0 1 0	0 0	3 4	0 0 0 1	1 1 1 0	0 0	11 5	0 1 0 1
0 0 1 0	0 1	2 8	0 0 1 1	1 1 1 0	0 1	10 9	0 1 1 1
0 0 1 0	1 0	3 5	1 0 0 1	1 1 1 0	1 0	11 4	1 1 0 1
0 0 1 0	1 1	2 9	1 0 1 1	1 1 1 0	1 1	10 8	1 1 1 1
1 0 0 0	0 0	12 3	0 1 0 0	0 1 0 1	0 0	6 2	0 0 0 0
1 0 0 0	0 1	13 15	0 1 1 0	0 1 0 1	0 1	7 14	0 0 1 0

当前状态	输入	输出	下一状态	当前状态	输入	输出	下一状态
1 0 0 0	1 0	12 2	1 1 0 0	0 1 0 1	1 0	6 3	1 0 0 0
1 0 0 0	1 1	13 14	1 1 1 0	0 1 0 1	1 1	7 15	1 0 1 0
1 0 1 0	0 0	15 7	0 1 0 1	0 1 1 1	0 0	5 6	0 0 0 1
1 0 1 0	0 1	14 11	0 1 1 1	0 1 1 1	0 1	4 10	0 0 1 1
1 0 1 0	1 0	15 6	1 1 0 1	0 1 1 1	1 0	5 7	1 0 0 1
1 0 1 0	1 1	14 10	1 1 1 1	0 1 1 1	1 1	4 11	1 0 1 1
0 0 0 1	0 0	2 0	0 0 0 0	1 1 0 1	0 0	10 1	0 1 0 0
0 0 0 1	0 1	3 12	0 0 1 0	1 1 0 1	0 1	11 13	0 1 1 0
0 0 0 1	1 0	2 1	1 0 0 0	1 1 0 1	1 0	10 0	1 1 0 0
0 0 0 1	1 1	3 13	1 0 1 0	1 1 0 1	1 1	11 12	1 1 1 0
0 0 1 1	0 0	1 4	0 0 0 1	1 1 1 1	0 0	9 5	0 1 0 1
0 0 1 1	0 1	0 8	0 0 1 1	1 1 1 1	0 1	8 9	0 1 1 1
0 0 1 1	1 0	1 5	1 0 0 1	1 1 1 1	1 0	9 4	1 1 0 1
0 0 1 1	1 1	0 9	1 0 1 1	1 1 1 1	1 1	8 8	1 1 1 1
1 0 0 1	0 0	14 3	0 1 0 0	1 0 1 1	0 0	13 7	0 1 0 1
1 0 0 1	0 1	15 15	0 1 1 0	1 0 1 1	0 1	12 11	0 1 1 1
1 0 0 1	1 0	14 2	1 1 0 0	1 0 1 1	1 0	13 6	1 1 0 1
1 0 0 1	1 1	15 14	1 1 1 0	1 0 1 1	1 1	12 10	1 1 1 1
0 1 1 0	0 0	7 6	0 0 0 1	0 1 0 0	0 0	4 2	0 0 0 0
0 1 1 0	0 1	6 10	0 0 1 1	0 1 0 0	0 1	5 14	0 0 1 0
0 1 1 0	1 0	7 7	1 0 0 1	0 1 0 0	1 0	4 3	1 0 0 0
0 1 1 0	1 1	6 11	1 0 1 1	0 1 0 0	1 1	5 15	1 0 1 0

3.2.3 最佳检测器

在设计 FQPSK 的接收机时，过去所采用的方法是忽略发射调制信号内在的记忆特性而应用逐符号检测技术。实际上 FQPSK 的原始描述是将其看成 SQORC 和互相关器（半符号映射器）级联再跟随 I-Q 载波调制，并没有注意到其内在的记忆特性。在 3.2.2 节中我们知道 FQPSK 也可以表示成网格编码调制（TCM），因此最佳接收机应是能够利用这种内在记忆特性的接收机。按照 FQPSK 的 16 状态 TCM 表示，可以得到 FQPSK 的最佳接收机，并利用 Viterbi 算法进行检测，其原理框图如图 3-12 所示。

需要注意的是，图 3-9 中 16 个波形的能量并不都相等，因此图 3-12 中的匹配滤波器的输出必须经过偏压，之后才能送到 Viterbi 解码器。后面我们会给出计算机仿真的接收机的平均比特错误概率（BEP）。这里，基于归一化平方欧氏距离 $d_{min}^2/2\overline{E}_b$，先对最佳接收机的渐进性能和常规未编码 OQPSK 的渐进性能进行比较，其中 $\bar{E}_b$ 表示每比特的平均能量。对于未编码 OQPSK 而言，其归一化平方欧氏距离 $d_{\min}^2/2\bar{E}_b = 2$ 和 BPSK 一样。对于 FQPSK，$d_{\min}^2/2\bar{E}_b$ 为

$$d_{\min}^2/2\bar{E}_b = \frac{16\left[\dfrac{7}{4} - \dfrac{8}{3\pi} - A\left(\dfrac{3}{2} + \dfrac{4}{3\pi}\right) + A^2\left(\dfrac{11}{4} + \dfrac{4}{\pi}\right)\right]}{(7 + 2A + 15A^2)} \tag{3.14}$$

在上式中，当 $A = 1/\sqrt{2}$ 时，

$$d_{\min}^2/2\bar{E}_b = 1.56 \tag{3.15}$$

因此可以得出以下结论：FQPSK 为了在带宽效率方面得到较大的提高，作为一种折中，相对 OQPSK 的性能而言，其最佳接收机将会有大约 $10\lg(2/1.56) = 1.07$ dB 的渐进损失出现。

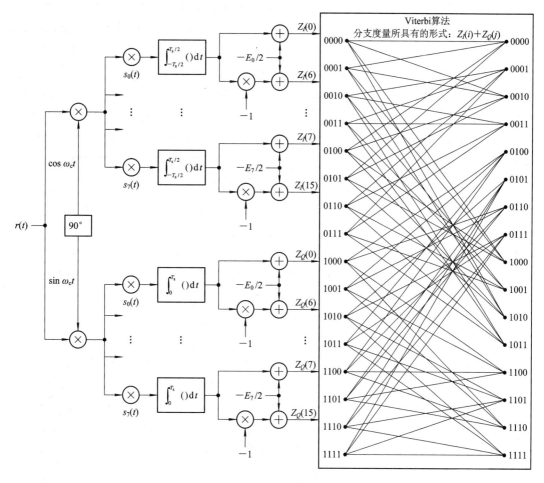

图 3-12　FQPSK 的最佳接收机的原理框图

3.2.4　次最佳检测器

前面已经讨论过，传统 FQPSK 接收机采用逐符号检测，该检测器忽略了网格编码固有的记忆特性，在性能上是次优的，相比理想 OQPSK 的性能有明显的损失。本节首先分

析该性能下降的程度,然后再讨论比 3.2.3 节最佳接收机复杂度低的其他次最佳接收方法。

1. 逐符号检测器

下面讨论 FQPSK 接收机采用逐符号判决时的性能。为了理解这一过程,首先建立以下模型:在任何一个符号传输周期内,可以用固定数量的可能波形来描述 FQPSK 信号,并且每个波形的发射概率相等。这样,逐符号地看,FQPSK 信号就像一个等概的 M 进制发射信号集($M=8$),因此可以被相应地检测出来。依据此思想可以采用两种简单的接收机结构,这两种接收机相对于格型编码接收机来说都是次最佳接收机。第一种结构是采用简单的积分清除器(I&D, Integrate and Dump)作为检测器的标准 OQPSK 接收机,该检测器忽略了与上面提到的 M 进制逐符号表达式相联系的脉冲波形形成。第二种结构是采用一个平均匹配滤波器接收机,通过将 I&D 替换成匹配滤波器获得一定的改善,这里的匹配是将接收信号对 M 进制信号集的平均波形进行匹配。不失一般性,下面讨论 $n=0$ 的时刻,相应的 I 信道时间间隔为 $-T_s/2 \leqslant t \leqslant T_s/2$, Q 信道时间间隔为 $0 \leqslant t \leqslant T_s$。这里我们主要看 I 信道,先确定在 $0 \leqslant t \leqslant T_s$ 间隔内代表 FQPSK 信号的八个等概波形。为了避免与式(3.10)定义的信号混淆,这里我们采用大写字母定义的符号 $S_i(t)$, $i=0, 1, \cdots, 7$ 来描述这些新的波形。同时我们也会看到,每一个新波形由两部分构成,第一部分是时隙 $-T_s/2 \leqslant t \leqslant T_s/2$ 内 I 信道波形的后半部分(即时隙 $0 \leqslant t \leqslant T_s/2$ 内的那部分),紧接着第二部分是时隙 $T_s/2 \leqslant t \leqslant 3T_s/2$ 内 I 信道波形的前半部分(即时隙 $T_s/2 \leqslant t \leqslant T_s$ 内的那部分)。如上所述,只有八个可能的波形存在,并且它们是等概的。

1) 信号表达式

当 $d_{I,0}=1$,即 $D_{I,0=0}$ 时,根据表 3-2,对于 $d_{I,-1}=1(|(d_{I,0}-d_{I,-1})/2|=0)$有四种可能的传输波形 $s_0(t)$、$s_1(t)$、$s_2(t)$ 和 $s_3(t)$,对于 $d_{I,-1}=-1(|(d_{I,0}-d_{I,-1})/2|=1)$有四种可能的传输波形 $s_4(t)$、$s_5(t)$、$s_6(t)$ 和 $s_7(t)$。两种情况下,具体选择四种传输波形的哪一个取决于与 $d_{Q,-2}$, $d_{Q,-1}$ 和 $d_{Q,0}$ 有关的差分值(如表 3-2 第二列和第三列所示)。因此,从原理上讲,对于时隙 $-T_s/2 \leqslant t \leqslant T_s/2$ 内的传输波形 $s_i(t)$,在 $T_s/2 \leqslant t \leqslant 3T_s/2$ 内有 8 种可能出现的波形,但实际上只有 4 个波形可以传输。例如,如果在 $-T_s/2 \leqslant t \leqslant T_s/2$ 传输 $s_0(t)$(对应于 $d_{I,-1}=1$),那么在 $T_s/2 \leqslant t \leqslant 3T_s/2$ 可能出现的四种波形为 $s_0(t)$、$s_1(t)$、$s_{12}(t)$ 和 $s_{13}(t)$。因此在时隙 $-T_s/2 \leqslant t \leqslant T_s/2$ 内,当 I 信道信号 $s_I(t)=s_0(t)$ 时,$0 \leqslant t \leqslant T_s$ 间隔内的发射信号 $S_i(t)$ 由 $s_0(t)$ 的后半部分和 $s_0(t)$、$s_1(t)$、$s_{12}(t)$ 或 $s_{13}(t)$ 的前半部分组成。观察式(3.10)中 $s_0(t)$、$s_1(t)$、$s_{12}(t)$ 和 $s_{13}(t)$ 的定义,可以发现,对于 $S_i(t)$ 仅有两种可能性,即

$$\begin{cases} S_0(t) = A, \quad 0 \leqslant t \leqslant T_s \\ S_1(t) = \begin{cases} A, & 0 \leqslant t \leqslant T_s/2 \\ A \sin \dfrac{\pi t}{2T_s}, & T_s/2 < t \leqslant T_s \end{cases} \end{cases} \tag{3.16}$$

并且两者是等概的。因此,总的来说,对于时隙 $-T_s/2 \leqslant t \leqslant T_s/2$,当 $d_{I,0}=1$ 时,$s_I(t)=s_0(t)$,在 $0 \leqslant t \leqslant T_s$ 间隔发射信号的两种可能波形 $S_0(t)$,$S_1(t)$ 如式(3.16)所示。

按照相同的步骤，对 $d_{I,0}=1$，时隙 $-T_s/2 \leqslant t \leqslant T_s/2$ 内其他波形 $s_1(t)$、$s_2(t)$、$s_3(t)$、$s_4(t)$、$s_5(t)$、$s_6(t)$ 和 $s_7(t)$，在相继的间隔内 $T_s/2 \leqslant t \leqslant 3T_s/2$ 有四种可能波形，但是 $0 \leqslant t \leqslant T_s$ 内的波形只有两种。它们所有可能性列在表 3-5 中。

表 3-5 不同 $s_i(t)$ 组合的所有可能的 $S_i(t)$ 信号

时隙 $-T_s/2 \leqslant t \leqslant T_s/2$ 内的信号	时隙 $T_s/2 \leqslant t \leqslant 3T_s/2$ 内的信号	时隙 $0 \leqslant t \leqslant T_s$ 内的信号
$s_1(t)$	$s_2(t)$，$s_3(t)$，$s_{14}(t)$，$s_{15}(t)$	$S_2(t)$，$S_3(t)$
$s_2(t)$	$s_0(t)$，$s_1(t)$，$s_{12}(t)$，$s_{13}(t)$	$S_0(t)$，$S_1(t)$
$s_3(t)$	$s_2(t)$，$s_3(t)$，$s_{14}(t)$，$s_{15}(t)$	$S_2(t)$，$S_3(t)$
$s_4(t)$	$s_0(t)$，$s_1(t)$，$s_{12}(t)$，$s_{13}(t)$	$S_4(t)$，$S_5(t)$
$s_5(t)$	$s_2(t)$，$s_3(t)$，$s_{14}(t)$，$s_{15}(t)$	$S_6(t)$，$S_7(t)$
$s_6(t)$	$s_0(t)$，$s_1(t)$，$s_{12}(t)$，$s_{13}(t)$	$S_4(t)$，$S_5(t)$
$s_7(t)$	$s_2(t)$，$s_3(t)$，$s_{14}(t)$，$s_{15}(t)$	$S_6(t)$，$S_7(t)$

这里，信号 $S_2(t)$、$S_3(t)$、$S_4(t)$、$S_5(t)$、$S_6(t)$ 和 $S_7(t)$ 的定义如下：

$$\begin{cases} S_2(t) = 1-(1-A)\cos^2\dfrac{\pi t}{T_s}, & 0 \leqslant t \leqslant T_s \\[2mm] S_3(t) = \begin{cases} 1-(1-A)\cos^2\dfrac{\pi t}{T_s}, & 0 \leqslant t < \dfrac{T_s}{2} \\[2mm] \sin\dfrac{\pi t}{2T_s}, & \dfrac{T_s}{2} \leqslant t \leqslant T_s \end{cases} \\[6mm] S_4(t) = \begin{cases} A\sin\dfrac{\pi t}{2T_s}, & 0 \leqslant t < \dfrac{T_s}{2} \\[2mm] A, & \dfrac{T_s}{2} \leqslant t \leqslant T_s \end{cases} \\[6mm] S_5(t) = A\sin\dfrac{\pi t}{2T_s}, & 0 \leqslant t \leqslant T_s \\[2mm] S_6(t) = \begin{cases} \sin\dfrac{\pi t}{2T_s}, & 0 \leqslant t < \dfrac{T_s}{2} \\[2mm] 1-(1-A)\cos^2\dfrac{\pi t}{T_s}, & \dfrac{T_s}{2} \leqslant t \leqslant T_s \end{cases} \\[6mm] S_7(t) = \sin\dfrac{\pi t}{2T_s}, & 0 \leqslant t \leqslant T_s \end{cases} \tag{3.17}$$

如果将 FQPSK 次最佳接收机与未编码 OQPSK 的次最佳接收机进行性能比较，那么我们需要将两者在相同的平均发射功率 $\overline{P}$ 或相同平均比特能量与噪声功率谱密度之比 $\overline{E}_b/N_0$ 下进行比较，$\dfrac{\overline{E}_b}{N_0} = \dfrac{\overline{P}T_b}{N_0}$。为此，首先计算每个波形的能量 $E_i = \int_0^{T_s} S_i^2(t)\mathrm{d}t$，然后求平均。结果总结如下：

$$\begin{cases} E_0 = A^2 T_s \\ E_1 = \dfrac{3}{4} A^2 T_s \\ E_2 = \left(\dfrac{3}{8} + \dfrac{1}{4} A + \dfrac{3}{8} A^2 \right) T_s \\ E_3 = \left(\dfrac{7}{16} + \dfrac{1}{8} A + \dfrac{3}{16} A^2 \right) T_s \\ E_4 = \dfrac{3}{4} A^2 T_s \\ E_5 = \dfrac{1}{2} A^2 T_s \\ E_6 = \left(\dfrac{7}{16} + \dfrac{1}{8} A + \dfrac{3}{16} A^2 \right) T_s \\ E_7 = \dfrac{1}{2} T_s \end{cases} \tag{3.18}$$

并且

$$\bar{E} = \frac{1}{8} \sum_{i=0}^{7} E_i = \left(\frac{7 + 2A + 15A^2}{32} \right) T \tag{3.19}$$

由于 I 信道传输的平均功率是整个 $(I+Q)$ 平均发射功率 $\bar{P}$ 的一半，因此可以得到

$$\frac{\bar{P}}{2} = \frac{\bar{E}}{T_s} = \frac{7 + 2A + 15A^2}{32} \tag{3.20}$$

或者，等价地，每个符号的平均能量为

$$\bar{P} T_s \triangleq \bar{E}_s = 2\bar{E}_b = \frac{7 + 2A + 15A^2}{16} T_s \tag{3.21}$$

实际上，FQPSK 基于逐符号的 M 进制表示与网格编码调制表示的每符号平均能量是一致的。

2）次最佳接收机

依据前面讨论的内容，我们现在考虑 FQPSK 的两种基于逐符号检测器的次最佳接收机，它们的差别在于检测器对接收信号的匹配方式不同。对于平均匹配滤波器，检测器用 $\bar{S}(t) \triangleq (1/8) \sum_{i=0}^{7} S_i(t)$ 乘以接收信号，然后紧接一个 I&D 滤波器和一个二进制硬判决器，具体的实现原理如图 3-13 所示。对于 OQPSK 接收机，检测器是一个单纯的 I&D（即与一个矩形脉冲相匹配），相当于假设 $\bar{S}(t) = 1$。

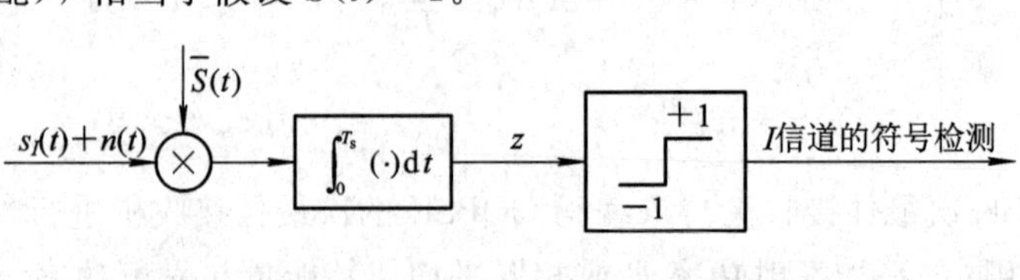

图 3-13　FQPSK 的逐符号检测器

图 3-13 中的判决量 Z 由下式给出：

$$Z = \int_0^{T_s} S(t) \bar{S}(t) \, dt + \int_0^{T_s} n(t) \bar{S}(t) \, dt \triangleq \bar{Z} + N \tag{3.22}$$

其中，$S(t)$ 为 $0 \leqslant t \leqslant T_s$ 内的传输波形，等概地取自式（3.16）和式（3.17）定义的八个波形

集。N 是零均值、方差为 $\sigma_N^2 = N_0 E_{\overline{S}}/2$ 的高斯随机变量，其中 $E_{\overline{S}} \triangleq \int_0^{T_s} \overline{S}^2(t)\mathrm{d}t$。因此，在相应 $d_{I,0} = 1$ 时特定的 $S(t) = S_i(t)$ 条件下 I 信道的符号错误概率（与 Q 信道的符号错误概率相同）为

$$P_{si}(E) = \frac{1}{2}\mathrm{erfc}\left(\sqrt{\frac{1}{N_0}\frac{\left(\int_0^{T_s} S_i(t)\,\overline{S}(t)\mathrm{d}t\right)^2}{E_{\overline{S}}}}\right) \tag{3.23}$$

因此，平均符号错误概率为

$$P_s(E) \triangleq \frac{1}{8}\sum_{i=0}^{7} P_{si}(E) \tag{3.24}$$

（1）常规 OQPSK 接收机。

对于常规 OQPSK 接收机，令 $\overline{S}(t) = 1$ 或 $E_{\overline{S}} = T_s$，得到

$$\begin{aligned}
P_{si}(E) &= \frac{1}{2}\mathrm{erfc}\left(\sqrt{\frac{T_s}{N_0}\left(\frac{1}{T_s}\int_0^{T_s} S_i(t)\mathrm{d}t\right)^2}\right)\\
&= \frac{1}{2}\mathrm{erfc}\left(\sqrt{\left(\frac{32}{7+2A+15A^2}\right)\frac{\overline{E}_b}{N_0}\left(\frac{E_i}{T_s}\right)^2}\right)
\end{aligned} \tag{3.25}$$

将从式(3.18)得到的平均能量代入式(3.25)，再按式(3.24)进行平均得到最终的平均误符号率为

$$\begin{aligned}
P_s(E) = &\frac{1}{16}\mathrm{erfc}\left(\sqrt{\left(\frac{32A^4}{7+2A+15A^2}\right)\frac{\overline{E}_b}{N_0}}\right)\\
&+\frac{1}{8}\mathrm{erfc}\left(\sqrt{\left(\frac{18A^4}{7+2A+15A^2}\right)\frac{\overline{E}_b}{N_0}}\right)\\
&+\frac{1}{16}\mathrm{erfc}\left(\sqrt{\left(\frac{(3+2A+3A^2)^2}{2(7+2A+15A^2)}\right)\frac{\overline{E}_b}{N_0}}\right)\\
&+\frac{1}{8}\mathrm{erfc}\left(\sqrt{\left(\frac{(7+2A+3A^2)^2}{8(7+2A+15A^2)}\right)\frac{\overline{E}_b}{N_0}}\right)\\
&+\frac{1}{16}\mathrm{erfc}\left(\sqrt{\left(\frac{8A^4}{7+2A+15A^2}\right)\frac{\overline{E}_b}{N_0}}\right)\\
&+\frac{1}{16}\mathrm{erfc}\left(\sqrt{\left(\frac{8}{7+2A+15A^2}\right)\frac{\overline{E}_b}{N_0}}\right)
\end{aligned} \tag{3.26}$$

（2）平均匹配滤波器接收机。

对于平均匹配滤波器接收机，我们需要计算式(3.16)和式(3.17)中每个脉冲波形与平均波形 $\overline{S}(t)$ 的相关值及平均脉冲波形的能量 $E_{\overline{S}}$，将式(3.23)重写成类似于式(3.25)的形式，即

$$P_{si}(E) = \frac{1}{2}\mathrm{erfc}\left(\sqrt{\left(\frac{32}{7+2A+15A^2}\right)\frac{\overline{E}_b}{N_0}\frac{\left(\frac{1}{T_s}\int_0^{T_s} S_i(t)\,\overline{S}(t)\mathrm{d}t\right)^2}{\frac{1}{T_s}E_{\overline{S}}}}\right) \tag{3.27}$$

计算式(3.27)需要的中间结果如下：

$$\begin{cases} \dfrac{1}{T_s}\displaystyle\int_0^{T_s} S_0(t)\,\overline{S}(t)\,\mathrm{d}t = \dfrac{A}{4}\left[\dfrac{1}{2}+\dfrac{2}{\pi}+A\left(\dfrac{3}{2}+\dfrac{2}{\pi}\right)\right] \\[2mm] \dfrac{1}{T_s}\displaystyle\int_0^{T_s} S_1(t)\,\overline{S}(t)\,\mathrm{d}t = \dfrac{1}{T_s}\displaystyle\int_0^{T_s} S_4(t)\,\overline{S}(t)\,\mathrm{d}t = \dfrac{A}{4}\left[\dfrac{1}{2}+\dfrac{5}{3\pi}+A\left(1+\dfrac{7}{3\pi}\right)\right] \\[2mm] \dfrac{1}{T_s}\displaystyle\int_0^{T_s} S_2(t)\,\overline{S}(t)\,\mathrm{d}t = \dfrac{1}{4}\left[\dfrac{3}{8}+\dfrac{4}{3\pi}+A\left(\dfrac{3}{4}+\dfrac{2}{\pi}\right)+A^2\left(\dfrac{7}{8}+\dfrac{2}{3\pi}\right)\right] \\[2mm] \dfrac{1}{T_s}\displaystyle\int_0^{T_s} S_3(t)\,\overline{S}(t)\,\mathrm{d}t = \dfrac{1}{T_s}\displaystyle\int_0^{T_s} S_6(t)\,\overline{S}(t)\,\mathrm{d}t = \dfrac{1}{4}\left[\dfrac{7}{16}+\dfrac{4}{3\pi}+A\left(\dfrac{5}{8}+\dfrac{7}{3\pi}\right)+A^2\left(\dfrac{7}{16}+\dfrac{1}{3\pi}\right)\right] \\[2mm] \dfrac{1}{T_s}\displaystyle\int_0^{T_s} S_5(t)\,\overline{S}(t)\,\mathrm{d}t = \dfrac{A}{2}\left[\dfrac{1}{4}+\dfrac{2}{3\pi}+A\left(\dfrac{1}{4}+\dfrac{4}{3\pi}\right)\right] \\[2mm] \dfrac{1}{T_s}\displaystyle\int_0^{T_s} S_7(t)\,\overline{S}(t)\,\mathrm{d}t = \dfrac{1}{2}\left[\dfrac{1}{4}+\dfrac{2}{3\pi}+A\left(\dfrac{1}{4}+\dfrac{4}{3\pi}\right)\right] \end{cases} \tag{3.28}$$

$$\frac{1}{T_s}E_{\bar{s}} = \frac{1}{16}\left[(1+A)^2\left(\frac{3}{2}+\frac{4}{\pi}\right)+\frac{3}{8}(1-A)^2-2(1-A^2)\left(\frac{1}{2}+\frac{2}{3\pi}\right)\right] \tag{3.29}$$

最后将式(3.28)和式(3.29)代入式(3.27)，并进行平均得到最终结果。

2. 平均误比特率性能

前面讨论的两个次最佳接收机的平均误比特率性能如图 3-14 所示，$A=1/\sqrt{2}$。对于 OQPSK 接收机，误比特率可以从式(3.26)得到。对于平均匹配滤波器接收机，误比特率可以从式(3.24)结合式 (3.27)～式(3.29)得到。该图也给出了未编码 OQPSK 最佳接收机的性能(与未编码 BPSK 的性能一样)，即 $P_b(E)=(1/2)\,\mathrm{erfc}\sqrt{E_b/N_0}$ 以及图 3-12 的最佳网格编码接收机的仿真结果。从图 3-14 中可以看出，平均匹配滤波接收机的性能优于 OQPSK 接收机，这是因为尝试将接收信号去匹配传输脉冲(即使在平均的意义上)比没有匹配要好。而且网格编码接收机在 $P_b(E)=10^{-4}$ 时比平均匹配接收机有 1 dB 多的性能增

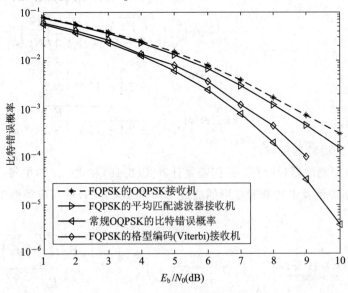

图 3-14 FQPSK 的接收机性能

益,当然后者在实现上非常简单。在同样的平均误比特率时,FQPSK 的格型编码接收机比未编码 OQPSK 的性能仅差 0.6 dB,这个很小的代价换来了功率谱的巨大改善。

3. 简化 Viterbi 解调

前面讨论过,与最佳检测器相比,FQPSK 逐符号检测器实现复杂性的降低是以性能的下降为代价的。在参考文献[4]中介绍了一种简化 Viterbi 接收机,它仍然利用了调制中的内在的记忆特性,但是它具有一个减化了的网格图,由于 Viterbi 算法的状态数更少,实现的复杂度有比较大的降低。与最佳的全状态维特比接收机相比,仅仅在 BEP 性能上有微小下降。该接收机中网格状态数的减少是通过下面的方法来实现的:将具有相似特性的信号波形合并成组,并对每一组使用一个平均匹配滤波器。在这个意义上,这个简化接收机在简单的平均匹配滤波器和最佳接收机之间进行了折中,本小节第 1 部分逐符号检测器中平均匹配滤波器使用了一个匹配滤波器来匹配所有波形的平均,而最佳接收机使用了一组滤波器分别与每一个波形相匹配。在讨论这种简化接收机时,我们仅考虑它在 FQPSK - B 情况下的性能,因为由图 3 - 7 和图 3 - 8 可知,FQPSK - B 的频谱效率比未滤波的 FQPSK 更高,只是滤波过程引入了 ISI。

参考图 3 - 12,FQPSK 的最佳 Viterbi 接收机用一组匹配滤波器将接收信号和图 3 - 9 中 16 个波形的每一个进行相关。实际上由于 $s_8(t)$,$s_9(t)$,…,$s_{15}(t)$ 是 $s_0(t)$,$s_1(t)$,…,$s_7(t)$ 的负波形,对于每个 I 信道和 Q 信道仅需要 8 个匹配滤波器。Viterbi 接收机利用这 32 个相关值产生给定传输符号间隔的 I 支路和 Q 支路信号的联合判决(实际上分支度量是 16 个 I 信道和 Q 信道相应的每一个能量偏置相关值之和,即分支度量为 $Z_I(i)+Z_Q(j)$)。简化的 FQPSK(或 FQPSK - B)接收机可以通过观察图 3 - 9 中波形的相似性把它们分成四个不同的组得到。例如:对于 $A=1$,波形 $s_0(t)$,$s_1(t)$…,$s_3(t)$ 比较相似(同样 $s_8(t)$,$s_9(t)$,…,$s_{11}(t)$ 也比较相似),因此对于任意的 A,将 $s_0(t)$,$s_1(t)$…,$s_3(t)$ 归为第一组,将 $s_8(t)$,$s_9(t)$,…,$s_{11}(t)$ 归为第三组;类似地,对于 $A=1$,波形 $s_4(t)$,$s_5(t)$…,$s_7(t)$ 比较相似(同样 $s_{12}(t)$,$s_{13}(t)$…,$s_{15}(t)$ 也比较相似),因此对于任意的 A,将波形 $s_4(t)$,$s_5(t)$…,$s_7(t)$ 归为第二组,$s_{12}(t)$,$s_{13}(t)$,…,$s_{15}(t)$ 归为第四组。仔细观察图 3 - 11 的映射关系,可以看到通过分组,FQPSK 的网格编码结构分成了两个独立的 I 支路和 Q 支路状态网格结构。由于两个支路的独立性,I 支路和 Q 支路的判决不再是联合产生,而是由独立的 VA 分别根据 I 支路和 Q 支路解调信号的能量偏置相关值各自进行判决。

简化的 FQPSK - B 维特比接收机的原理框图如图 3 - 15 所示。接收信号先经过解调,然后与上述每组波形的平均值进行相关,每组波形的平均值由下式给出,其相应波形如图 3 - 16 所示。

$$\begin{cases} q_0(t) = \dfrac{1}{4} \displaystyle\sum_{i=0}^{3} s_i(t) \\[2mm] q_1(t) = \dfrac{1}{4} \displaystyle\sum_{i=4}^{7} s_i(t) \\[2mm] q_2(t) = \dfrac{1}{4} \displaystyle\sum_{i=8}^{11} s_i(t) = -q_0(t) \\[2mm] q_3(t) = \dfrac{1}{4} \displaystyle\sum_{i=12}^{15} s_i(t) = -q_1(t) \end{cases} \tag{3.30}$$

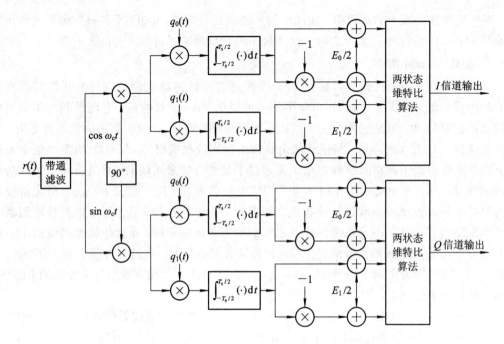

图 3-15 简化的 FQPSK-B 维特比接收机的原理框图

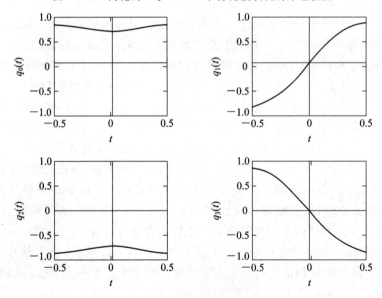

图 3-16 简化维特比接收机的平均波形

由于 $q_2(t)$ 和 $q_3(t)$ 是 $q_0(t)$ 和 $q_1(t)$ 的负函数，因此，对于 I 信道和 Q 信道，只需要两个相关器(匹配滤波器)。接下来，将匹配滤波器的输出进行能量偏置得到 VA 的度量，此时恰当的能量为式(3.30)各组平均波形的能量。图3-17 给出了每个 I 信道和 Q 信道与分组信号相联系的简化的两状态网格图。可以看出，这个网格图是对称的，并且对于每一个状态有两个状态转移。这两个 VA 也可以合

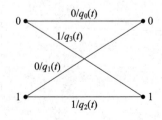

图 3-17 简化的两状态网格图

并成一个四状态 VA。与图 3-12 的全状态维特比接收机相比，这个简化的维特比接收机的相关器少了 12 个，而且对于每个解码比特而言，VA 的计算量减少为原先的 1/8。

图 3-18 给出了 FQPSK-B 简化维特比接收机和全状态维特比接收机的 BEP 性能仿真，并将它们与常规的逐符号 I&D 接收机（也称为 S&H 采样保持接收机）和理想 QPSK（或 OQPSK）的性能进行了比较。仿真信道包含一个工作在全饱和状态的非线性固态功率放大器（SSPA），它使发送信号保持为恒包络。对于全 16 状态维特比接收机，截短路径长度为 50 比特。由于简化接收机简化网格较短的约束长度，采用 10 bits 的截断路径是必须的。利用图 3-18 的结果，表 3-6 总结了三种 FQPSK-B 接收机在 BEP 为 10^{-3} 和 10^{-5} 的性能。可以看到，在 BEP 为 10^{-3} 时，全状态维特比接收机的性能要比逐符号 S&H 接收机的性能好 0.8 dB，该结果与文献[3]中对未滤波的 FQPSK 的结论是相似的。与全状态维特比接收机进行比较时，简化的 FQPSK-B 接收机在性能上略微下降，大约为 0.25 dB，在 BEP 为 10^{-3} 时，它的性能仍然要优于 S&H 接收机。在 BEP 为 10^{-5} 时，FQPSK-B 全状态维特比接收机和简化的维特比接收机分别比 S&H 接收机性能要好 1.2 dB 和 0.9 dB。

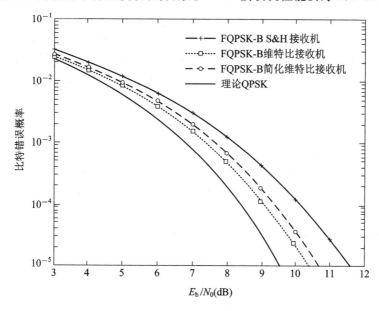

图 3-18　FQPSK-B 接收机的误比特率性能（SSPA 工作在饱和状态）

表 3-6　FQPSK-B 性能比较

接收机	E_b/N_0(dB) (10^{-3} BEP)	与理想 QPSK 在 $P_b(E)=10^{-3}$ 时相比较的损失	E_b/N_0(dB) (10^{-5} BEP)	与理想 QPSK 在 $P_b(E)=10^{-5}$ 时相比较的损失
全状态维特比接收机	7.4	0.6	10.4	0.8
简化的接收机	7.65	0.85	10.7	1.1
S&H 接收机	8.2	1.4	11.6	2.0

3.2.5　MAP 解调

前面 3.2.3 节和 3.2.4 节给出的逐符号检测和 Viterbi 检测，都是硬判决解调，这对于把 FQPSK 与编码级联起来进行软信息的提取有一定的困难，采用 MAP 解调则有良好的优越性，它能提供输入的逐位比特 0、1 的概率，可用于下一步提取分组码译码的软信息，同时，MAP 解调有更好的解调性能。

若把 FQPSK 看成是一种网格编码调制，根据信号波形的相近关系，如同 3.2.4 节给出的简化 Viterbi 检测器，可以采用两状态的网格图，同时发送有四种波形的波形集，并且记忆长度变为 1，正交信道和同相信道的相关性已经可以忽略不计(实际是十六种波形)，这样可以得出简化 FQPSK 接收机的网格图，如图 3-19 所示。

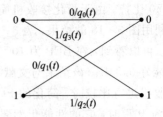

图 3-19　简化 FQPSK 接收机的网格图

首先分析同相信道。

设 m' 表示网格的起始状态，m 表示与起始状态 m' 相连接的结束状态，m、$m'=0$ 或 1，s_t 代表 t 时刻的状态，t 时刻的输入比特由 x_t 表示，其相应的输出信号用 y_t 来表示，可能的 y_t 包括 y_{1t}、y_{2t}、y_{3t}、y_{4t}，$y_t^{t'}$ 代表由 t 时刻至 t' 时刻的接收值，y_1^L 为整个接收序列。定义如下三个概率函数：

$$\begin{cases} \alpha_t(m) = \Pr\{s_t = m;\ y_1^t\} \\ \beta_t(m) = \Pr\{y_{t+1}^L \mid s_t = m\} \\ \gamma_t(m',\ m) = \Pr\{s_t = m;\ y_t \mid s_{t-1} = m'\} \end{cases} \tag{3.31}$$

根据卷积码的 MAP 译码规则，我们知道要恢复发送比特，需要计算 $p(m',\ m,\ y_1^L) = \alpha_{t-1}(m')\gamma_t(m',\ m)\beta_t(m)$ 的值，从而只需计算 $\alpha_{t-1}(m')$、$\beta_t(m)$ 和 $\gamma_t(m',\ m)$ 的值。由 FQPSK 的简化接收网格图可以看出，各个时刻发送"1"和"0"的概率仅与下一个状态的概率有关，因此可以根据下式计算状态节点的后验概率 $\lambda_t(m)$：

$$\begin{aligned} \lambda_t(m) &= \Pr\{s_t = m;\ y_1^L\} \\ &= \Pr\{s_t = m;\ y_1^t\} \cdot \Pr\{y_{t+1}^L \mid s_t = m,\ y_1^t\} \\ &= \alpha_t(m) \cdot \Pr\{y_{t+1}^L \mid s_t = m\} \\ &= \alpha_t(m) \cdot \beta_t(m) \end{aligned} \tag{3.32}$$

然后比较 $\lambda_t(0)$ 和 $\lambda_t(1)$，当 $\lambda_t(1) > \lambda_t(0)$ 时，判为"1"，否则判为"0"。正交信道采用同样的方式，这样就可判断出整个序列。因此，采用 MAP 算法解调 FQPSK 信号的步骤如下：

(1) 初始化：

$$\alpha_0(0) = 1,\ \alpha_0(m) = 1 \quad (m \neq 0) \tag{3.33}$$

$$\beta_L(m) = \frac{1}{2} \tag{3.34}$$

在实际中，如果发送信息比特没有使状态归零，而且没有添加多余发送比特，即不知道最后时刻的状态，那么，可以令 $\beta_L(m)$ 的概率是均等的。这样的定义并不影响运算结果。

(2) 计算 $\gamma_t(m',m)$：

我们先考虑同相信道，根据映射关系，假如发送 $s_0(t)$、$s_1(t)$、$s_2(t)$、$s_3(t)$，通过高斯信道后信号为 $r_I(t)=s_i(t)+n(t)$，考虑近似匹配滤波器，那么有

$$y_{1,t}=E_0+N_0 \tag{3.35}$$

$$y_{2,t}=N_1 \tag{3.36}$$

$$y_{3,t}=-E_0-N_0 \tag{3.37}$$

$$y_{4,t}=-N_1 \tag{3.38}$$

其中

$$\begin{cases} y_{1,t}=\displaystyle\int_{-T_s/2}^{T_s/2}q_0(t)r_I(t)\mathrm{d}t \\[2mm] y_{2,t}=\displaystyle\int_{-T_s/2}^{T_s/2}q_1(t)r_I(t)\mathrm{d}t \\[2mm] y_{3,t}=\displaystyle\int_{-T_s/2}^{T_s/2}-q_0(t)r_I(t)\mathrm{d}t \\[2mm] y_{4,t}=\displaystyle\int_{-T_s/2}^{T_s/2}-q_1(t)r_I(t)\mathrm{d}t \\[2mm] E_0=\displaystyle\int_{-T_s/2}^{T_s/2}q_0^2(t)\mathrm{d}t \\[2mm] E_1=\displaystyle\int_{-T_s/2}^{T_s/2}q_1^2(t)\mathrm{d}t \end{cases} \tag{3.39}$$

对于式(3.35)～式(3.38)，由于波形的相似性，我们不妨考虑将 $s_0(t)$、$s_1(t)$、$s_2(t)$、$s_3(t)$ 与 $q_0(t)$ 在区间 $[-T_s/2,T_s/2]$ 的积分近似为 E_0，而由于 $s_0(t)$、$s_1(t)$、$s_2(t)$、$s_3(t)$ 与 $q_1(t)$ 正交，在区间 $[-T_s/2,T_s/2]$ 的积分为 0。

对于任意 $t-1$ 到 t 时刻的状态，状态转移概率为 $\Pr\{s_t=m;y_t|s_{t-1}=m'\}=p\{m|m'\}p\{q_i(t)|m,m'\}p\{y_t|q_i(t)\}$。如果发送比特为等概率分布，那么 $p\{m|m'\}=1/2$，也即是发送比特的先验概率，$p\{q_i(t)|m,m'\}=1$。前面两项均为常数项，可以不用考虑，因此，相应地，我们可以计算发送其他波形所得到的转移概率。这样，任意时刻的状态转移概率可以表示为

$$\begin{cases} \Pr(y_t;s_t=0\mid s_{t-1}=0)\propto \mathrm{e}^{\frac{2y_{1,t}-E_0}{\delta^2}} \\[3mm] \Pr(y_t;s_t=1\mid s_{t-1}=0)\propto \mathrm{e}^{-\frac{2y_{2,t}+E_1}{\delta^2}} \\[3mm] \Pr(y_t;s_t=0\mid s_{t-1}=1)\propto \mathrm{e}^{\frac{2y_{2,t}-E_1}{\delta^2}} \\[3mm] \Pr(y_t;s_t=1\mid s_{t-1}=1)\propto \mathrm{e}^{-\frac{2y_{1,t}+E_0}{\delta^2}} \end{cases} \tag{3.40}$$

其中，δ^2 为噪声方差。

这样可以得到各个时刻的转移概率，同时，该概率只和输入的两路信号有关，接收机则可简化为如图 3-20 所示的采用 MAP 解调的简化接收机。

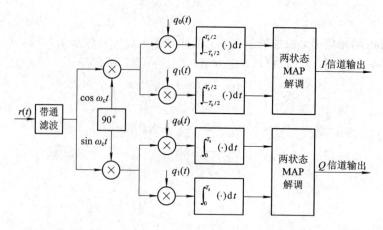

图 3-20 采用 MAP 解调的简化接收机

（3）前向递推计算 $\alpha_t(m)$：

$$\alpha_t(m) = \sum_{m'} \alpha_{t-1}(m') \gamma_t(m', m) \tag{3.41}$$

其中，m' 表示 $t-1$ 时刻与 t 时刻 m 相连的所有状态的集合。

（4）后向递推计算 $\beta_t(m)$：

$$\beta_t(m) = \sum_{m'} \beta_{t+1}(m') \gamma_{t+1}(m, m') \tag{3.42}$$

其中，m' 表示 $t+1$ 时刻与 t 时刻 m 相连接的所有状态的集合。

根据公式（3.32）计算各个时刻的状态概率，如果采用硬判决，就可以恢复出发送比特，这里，我们可以得出如下软信息：

$$\begin{cases} p(x_t = 1 \mid y_1^L) = \dfrac{\lambda_t(1)}{\lambda_t(0) + \lambda_t(1)} \\[3mm] p(x_t = 0 \mid y_1^L) = \dfrac{\lambda_t(0)}{\lambda_t(0) + \lambda_t(1)} \end{cases} \tag{3.43}$$

MAP 解调是一种概率译码，它计算的是一种概率，最后结果以概率的大小来判断序列。接收端在一帧接收结束后才能进行 MAP 运算，计算量大，不过它有一定的优越性，可以和性能优越的外码级联，使整个系统的优越性更高。这种解调方式，也可用于自身的级联，进行信息之间的迭代，使系统的增益更大。从如图 3-21 所示的 FQPSK 的 MAP 算法与 Viterbi 算法性能比较中可看出，在 BEP＝10^{-4} 时，用 MAP 算法解调比用 Viterbi 算法解调优越 0.3 dB。而且 MAP 解调适用于线性分组码及各种软译码，有利于信息的软提取与码的级联，能较好地提高系统的性能。

由 3.2.4 节可知，FQPSK 可以采用 OQPSK 接收机、Viterbi 接收机，这两种接收方案都有一个共同点，那就是解调都是硬解调。在接收端，OQPSK 是通过近似波形的匹配滤波来进行硬判决，这种方案是采用延迟半个周期来进行采样判决；Viterbi 接收机是利用状态转移关系的记忆特性，采用加、比、选进行路径选择，再进行序列判决，它属于有记忆解调，运算复杂度比 OQPSK 稍高。这两种判决方式适用于分组码中的伴随式译码。从图 3-14 和图 3-21 中可以看出，FQPSK 的 MAP 接收机的性能优于 OQPSK 接收机的性能。这是以译码的复杂性为代价的，但这种解调方式，有其自身的优越性，在与编码端级联时，便于软信息的提取，能较好的改善系统的性能。

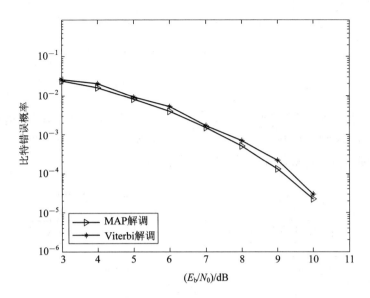

图 3-21 FQPSK 的 MAP 算法与 Viterbi 算法性能比较

3.3 SOQPSK

SOQPSK 是一种带宽效率很高且包络严格恒定的调制方式。在传统 QPSK 的基础上，将 I 路与 Q 路的数据交错半个符号时间长度，就得到 OQPSK 信号。与 QPSK 相比，OQPSK 消除了相位的 180° 翻转，从而降低了信号的占用带宽。再将 OQPSK 信号频偏成型脉冲换成连续的函数，所得到的 SOQPSK 是一种连续相位调制，与 OQPSK 相比进一步降低了带宽占用率。当 SOQPSK 的频偏成型脉冲采用全响应矩形波时，这样的 SOQPSK 就是被用作美军 MIL-STD 188-181 UHF 卫星通信标准[6]的 MIL-STD SOQPSK 信号。当 SOQPSK 的频偏成型脉冲采用部分响应升余弦频率脉冲成型函数时，所得到的 SOQPSK-TG 信号就是被航空遥测标准 IRIG 106[7]所采纳的 SOQPSK 信号。

3.3.1 SOQPSK 的 CPM 描述

SOQPSK 是连续相位调制（CPM，Continuous Phase Modulation）中的一种特殊调制方式[8]，如图 3-22 所示为 SOQPSK 的预编码 CPM 发射机，其一般形式的数学表达式为

$$s(t; \alpha) = \sqrt{\frac{2E_b}{T_b}} \cos(2\pi f_c t + \phi(t; \alpha) + \phi_0) \tag{3.44}$$

其中 E_b 和 T_b 分别表示比特能量和比特周期（$P = E_b/T_b$ 为信号功率），f_c 为载波频率，相位函数 $\phi(t; \alpha)$ 为

$$\phi(t; \alpha) = 2\pi h \sum_{i=0}^{n} \alpha_i q(t - iT_b) \tag{3.45}$$

这里 α_i 为实际传输的信息序列，为 M 进制符号。对于 SOQPSK 信号，$M = 3$，即 $\alpha_i \in (-1, 0, 1)$。h 为调制指数，等于 1/2。相位脉冲函数 $q(t)$ 定义为

$$q(t) = \begin{cases} 0, & t < 0 \\ \int_0^t g(\tau)\mathrm{d}\tau, & 0 \leqslant t < LT_b \\ \dfrac{1}{2}, & t \geqslant LT_b \end{cases} \tag{3.46}$$

其中，$g(t)$ 为频率脉冲，仅在区间 $(0, LT_b]$ 内具有非零值，L 为 SOQPSK 信号的相位约束长度。$L=1$ 时的 SOQPSK 信号称为全响应信号，如 MIL - STD SOQPSK；$L>1$ 时的 SOQPSK 信号称为部分响应信号，如 SOQPSK - TG。

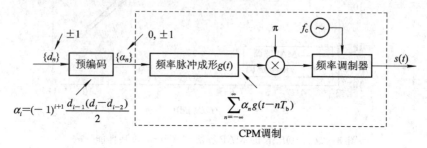

图 3 - 22　SOQPSK 的预编码 CPM 发射机

式(3.45)中的相位函数可另外表示为

$$\phi(t; \alpha) = \underbrace{2\pi h \sum_{i=n-L+1}^{n} \alpha_i q(t-iT_b)}_{\theta(t)} + \underbrace{\pi h \sum_{i=0}^{n-L} \alpha_i}_{\theta_{n-L}}, \quad nT_b \leqslant t \leqslant (n+1)T_b \tag{3.47}$$

其中，$\theta(t)$ 表示相关状态，$\theta_{n-L} = \mathrm{mod}\left(\pi h \sum_{i=0}^{n-L} \alpha_i, 2\pi\right)$ 为相位状态，其取值属于 $\{0, \pi/2, \pi, 3\pi/2\}$。

SOQPSK 区别于传统 CPM 的一个明显特征是：实际传输的三元符号集 $\{\alpha_i\}$ 为 $\{-1, 0, 1\}$。如图 3 - 23 所示为 SOQPSK 的调制方案，它采用预编码与 CPM 调制级联，预编码输出符号集为三元符号集 $\{-1, 0, 1\}$。

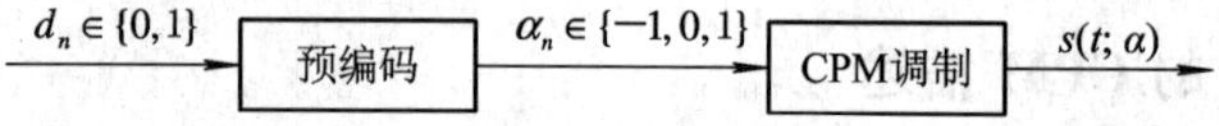

$$d_n \in \{0, 1\} \longrightarrow \boxed{\text{预编码}} \xrightarrow{\ \alpha_n \in \{-1, 0, 1\}\ } \boxed{\text{CPM 调制}} \xrightarrow{\ s(t; \alpha)\ }$$

图 3 - 23　SOQPSK 的调制方案

在本节中，讨论两种 SOQPSK 信号体制：采用矩形频率脉冲成型的全响应 MIL - STD SOQPSK 和改进的采用升余弦频率脉冲成型的部分响应 SOQPSK - TG。

对于采用矩形脉冲频率成型的全响应 MIL - STD SOQPSK，其相位约束长度 $L=1$，频率脉冲成型函数为

$$g_{\mathrm{MIL}} = \begin{cases} \dfrac{1}{2T_b}, & 0 \leqslant t \leqslant T_b \\ 0, & 其他 \end{cases} \tag{3.48}$$

相应的相位脉冲函数用 $q_{\mathrm{MIL}}(t)$ 表示。

对于改进的采用升余弦频率脉冲成型函数的部分响应 SOQPSK - TG，其约束长度 $L=8$，频率脉冲成型函数 $g_{\mathrm{TG}}(t)$ 为

$$g_{\mathrm{TG}}(t) = A \frac{\cos\left(\dfrac{\pi\rho Bt}{2T_{\mathrm{b}}}\right)}{1 - 4\left(\dfrac{\rho Bt}{2T_{\mathrm{b}}}\right)^2} \times \frac{\sin\left(\dfrac{\pi Bt}{2T_{\mathrm{b}}}\right)}{\dfrac{\pi Bt}{2T_{\mathrm{b}}}} \times w(t) \tag{3.49}$$

其中，$w(t)$ 为窗函数，并且

$$w(t) = \begin{cases} 1, & 0 \leqslant \left|\dfrac{t}{2T_{\mathrm{b}}}\right| \leqslant T_1 \\ \dfrac{1}{2} + \dfrac{1}{2}\cos\left(\dfrac{\pi}{T_2}\left(\dfrac{t}{2T_{\mathrm{b}}} - T_1\right)\right), & T_1 \leqslant \left|\dfrac{t}{2T_{\mathrm{b}}}\right| \leqslant T_1 + T_2 \\ 0, & T_1 + T_2 < \left|\dfrac{t}{2T_{\mathrm{b}}}\right| \end{cases} \tag{3.50}$$

$g_{\mathrm{TG}}(t)$ 是滚降系数为 ρ、附加时间尺度因子为 B 的频谱升余弦函数，如果没有窗函数 $w(t)$，$g_{\mathrm{TG}}(t)$ 在时间轴上是无限的，因此这里用一个简单的升余弦窗 $w(t)$ 把频率脉冲限制在有限的范围内，总的定标因子 A 是用来归一化脉冲波形，使得单个频率脉冲引起的相位偏移为 $\pi/2$。ρ、B、T_1 和 T_2 这四个参数就可以完全确定改进的 SOQPSK 的频率脉冲。在这里 SOQPSK - A 和 SOQPSK - B 两组典型的波形参数如表 3 - 7 所示。图 3 - 24 给出了改进后的 SOQPSK 和全响应 SOQPSK 的频率脉冲波形。

表 3 - 7 SOQPSK - A 和 SOQPSK - B 的参数值

参 数	SOQPSK - A	SOQPSK - B
ρ	1.0	0.5
B	1.35	1.45
T_1	1.4	2.8
T_2	0.6	1.2

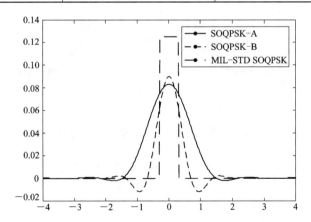

图 3 - 24 改进后的 SOQPSK 和全响应 SOQPSK 的频率脉冲波形

图 3 - 25 给出了改进后的 SOQPSK - B 和 MIL - STD SOQPSK 的功率谱密度。从图中可以看出：在 -30 dB 以上，SOQPSK - A、SOQPSK - B 改变频率脉冲成型对于功率谱的形状几乎没有影响；而在 -30 dB 以下，SOQPSK - A 和 SOQPSK - B 的 PSD 要比 MIL - STD SOQPSK 的 PSD 窄很多，从而改善了 MIL - STD SOQPSK 的功率谱密度的性能；在 -40 dB 以上，SOQPSK - A 和 SOQPSK - B 实际上没有什么差别；而在 -40 dB 以下，SOQPSK - A 相比 SOQPSK - B 有一定的改善。

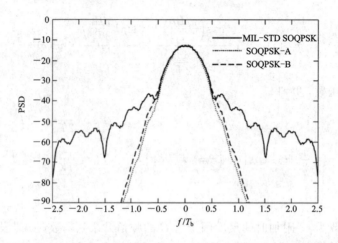

图 3-25 改进后的 SOQPSK 和 MIL-STD SOQPSK 的功率谱密度

另外，图 3-26 和图 3-27 给出了 SOQPSK-A、SOQPSK-B 和 FQPSK-B 的功率谱比较。如图 3-26 所示，在没有非线性放大器的条件下：在 -25 dB 以上，这三种调制方案的 PSD 没有太大区别；在 -25 dB 以下，FQPSK-B 的功率谱是最紧凑的，SOQPSK-A 的 PSD 有一点轻微的展宽，而 SOQPSK-B 的 PSD 还要更宽。如图 3-27 所示，在有非线性放大器的条件下，SOQPSK-A 比 FQPSK-B 具有更窄的 PSD。

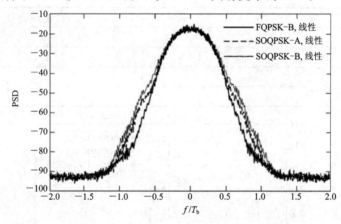

图 3-26 没有非线性放大器的条件下，SOQPSK 与 FQPSK-B 的功率谱密度

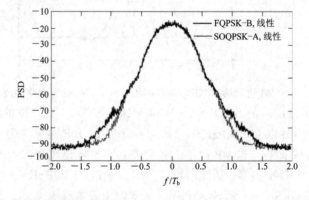

图 3-27 有非线性放大器的条件下，SOQPSK-A 与 FQPSK-B 的功率谱密度

3.3.2　SOQPSK 预编码

3.3.1 节已经讲过，SOQPSK 区别于传统 CPM 的一个明显特征是：采用了预编码方式输出的三元符号集$\{-1,0,1\}$。SOQPSK 的预编码方式分为非递归式和递归式。采用这两种不同方式的预编码，可以分别得到非递归 SOQPSK 信号和递归 SOQPSK 信号。下面我们首先来讨论这两种预编码方式。

1. 非递归预编码

根据下式，预编码可以将二进制比特流$\{d_n \in (0,1)\}$转化为三进制字符$\{\alpha_n \in (-1,0,1)\}$：

$$\alpha_n = (-1)^{n+1}(2d_{n-1}-1)(d_n - d_{n-2}), \quad n = 0,1,2,\cdots \qquad (3.51)$$

一般地，我们将输入比特时刻分为奇偶时刻，分别对应 I 路比特和 Q 路比特。

预编码的输出有三个重要的约束条件：

（1）$\{\alpha_n\}$可以看做三进制的，在任何一个给定的比特间隔内，α_n 只能从给定的两个二进制字符集合$\{0,+1\}$或$\{0,-1\}$中取值。

（2）当 $\alpha_n=0$ 时，α_{n+1} 取值的二进制字符集要不同于 α_n 的取值集合；当 $\alpha_n \neq 0$ 时，α_{n+1} 取值的二进制字符集同 α_n 的取值集合保持一致。这个规则可以总结为"当 $\alpha_n=0$，更换取值字符集"。

（3）若 $\alpha_n=+1$，则 α_{n+1} 不能取-1，反之亦然。

同时由式（3.51）可知，预编码输出的字符的极性会随着奇偶时刻的交替而变化，可以将 d_{n-1}、d_{n-2} 和 $n_{\text{even}}/n_{\text{odd}}$（偶数时刻/奇数时刻）看做状态的变量，即对应有 8 个状态来描述 d_n/α_n 的变化转移。这里我们将奇偶时刻分开，分别建立网格转移图，构建一个 SOQPSK 的 4 状态时变网格图，如图 3－28 所示。对于单一的奇数时刻（或偶数时刻）只用 4 个状态即可描述 d_n/α_n 的变化，在每条支路的上方标注的是对应式（3.51）的预编码转变情况，对应为 d_n/α_n。用一对输入比特来表示状态，对于偶数时刻（I 路比特）的状态变量 S_n 定义为 (d_{n-2}, d_{n-1})，对于奇数时刻（Q 路比特）的状态变量 S_n 定义为 (d_{n-1}, d_{n-2})。这意味着，对于一对输入比特来讲，I 路比特总是高位有效，而 Q 路比特总是低位有效。偶数时刻时，当

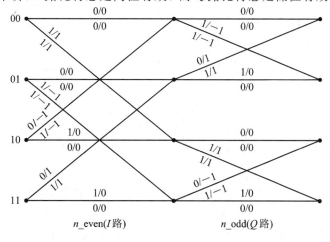

图 3－28　SOQPSK 的 4 状态时变网格图

前输入比特代替状态变量中 I 路比特的位置，之后转为下一状态；奇数时刻时，输入比特代替状态变量中的 Q 路比特位置。如图 3-28 所示，状态变量由 $S_n \in \{00, 01, 10, 11\}$ 来表示，对于每一个给定的比特时间间隔，由输入比特 d_n 引起的支路转移可用 $[d_n, S_n]$ 表示。

2. 递归预编码

下面我们再介绍一种递归的预编码。在串行级联系统中，当 SOQPSK 的预编码作为内码使用时，这种递归形式的预编码是十分重要的。递归预编码实现步骤分为两步：首先将原二进制比特进行差分编码，如式（3.52）所示，再将差分编码后的二进制比特通过式（3.53）转化三进制符号。

$$u_n = d_n \oplus u_{n-2}, \quad d_n \in \{0, 1\} \tag{3.52}$$

$$\alpha_n = (-1)^{n+1}(2u_{n-1} - 1)(u_n - u_{n-2}) \tag{3.53}$$

这里由式（3.52）和式（3.53）决定的预编码形式中，对应的 d_n / α_n 仍可由图 3-28 来表示，在每条支路的下方标注的是递归预编码转变的情况。结合式（3.52）和图 3-28 中的状态转移，可设偶数时刻（I 路比特）的状态变量 S_n 为 (u_{n-2}, u_{n-1})，奇数时刻（Q 路比特）的状态变量 S_n 为 (u_{n-1}, u_{n-2})。对于任意给定时刻，其状态的更换同非递归的预编码中的定义一致：当为偶数时刻时，当前输入 u_n 代替状态变量中 I 路比特的位置；当为奇数时刻时，当前输入 u_n 代替状态变量中的 Q 路比特的位置。对比图 3-28 每条分支的上下输入/输出情况可知，每条支路上，由递归式和非递归式对应输出的三进制字母 α_n 是相同的，不同的是某些支路上输入的二进制比特。

3. 信号状态与相位状态的对应关系

由图 3-28 所示的 4 状态时变网格图可知，起始状态变量 S_n 与当前输入最近的两个数据有关，只是这时的数据对于非递归预编码和递归预编码是不同的。对于非递归预编码，状态变量 S_n 由原信息比特 d_{n-2}、d_{n-1} 决定；对于递归预编码，状态变量 S_n 由差分编码后的数据 u_{n-2}、u_{n-1} 决定。由前面的分析可知，对式（3.47）的相位函数，当前时刻的相位 $\phi(t; \alpha) = \theta(t) + \theta_{n-L}$，其中相位状态 θ_{n-L} 是由前 $(n-L)$ 个输入值来决定的，其取值属于集合 $\{0, \pi/2, \pi, 3\pi/2\}$。

这里我们不妨设网格状态的任意 n 时刻的起始状态变量 S_n 从 00 状态出发，对应的累积相位 θ_{n-L} 为 0，输入两个比特后（通过非递归或递归），则状态变量 S_{n+2} 可能到达的状态是 $\{00, 01, 10, 11\}$ 中的任一个，下面我们对每一个可能到达的末状态进行分析：

（1）若状态变量 S_{n+2} 为 00，则预编码输出的 α_n、α_{n+1} 值依次为 0、0，（非递归或递归都是如此），可得相位状态 $\theta_{n+2-L} = \mathrm{mod}(0 + 0 \cdot \pi \cdot h + 0 \cdot \pi \cdot h, 2\pi) = 0$；

（2）若状态变量 S_{n+2} 为 01，则预编码输出的 α_n、α_{n+1} 值依次为 0、-1，可得相位状态 $\theta_{n+2-L} = \mathrm{mod}(0 + 0 \cdot \pi \cdot h + (-1) \cdot \pi \cdot h, 2\pi) = 3\pi/2$；

（3）若状态变量 S_{n+2} 为 10，则预编码输出的 α_n、α_{n+1} 值依次为 1、0，可得相位状态 $\theta_{n+2-L} = \mathrm{mod}(0 + 1 \cdot \pi \cdot h + 0 \cdot \pi \cdot h, 2\pi) = \pi/2$；

（4）若状态变量 S_{n+2} 为 11，则预编码输出的 α_n、α_{n+1} 值依次为 1、1，可得相位状态 $\theta_{n+2-L} = \mathrm{mod}(0 + 1 \cdot \pi \cdot h + 1 \cdot \pi \cdot h, 2\pi) = \pi$；

因此，可以得到如下结论：无论是递归或非递归预编码，网格状态变量 S_n 与相位状态 θ_{n-L} 存在一一对应的关系，如表 3-8 所示。

表 3 - 8　状态 S_n 与累积相位状态 θ_{n-L} 的对应关系

S_n	θ_{n-L}
00	0
01	$3\pi/2$
10	$\pi/2$
11	π

3.3.3　非递归 MIL - STD SOQPSK 信号的调制

非递归 MIL - STD SOQPSK 调制采用非递归的预编码方式。结合非递归预编码的网格图可知，每经过一个比特间隔，相位状态就会发生一次变化，且结束状态仅由当前输入的两个比特决定。因此，可以将两个比特时间间隔作为一次状态转移的间隔，其状态变量取值属于 $\{0, \pi/2, \pi, 3\pi/2\}$。

我们知道，OQPSK 的相位状态也是由当前输入的两个信息比特决定的，这点和我们现在讨论的非递归 MIL - STD SOQPSK 一致。因此，对于发射的非递归 MIL - STD SOQPSK 信号，在接收端可以采用 OQPSK 的逐符号相关检测接收机。但 OQPSK 的相位状态分布为 $\pi/4$ 的星座图，即状态 00 对应 $\pi/4$，01 对应 $7\pi/4$，10 对应 $3\pi/4$，11 对应 $5\pi/4$，因此，可以将 MIL - STD SOQPSK 信号表达式中的初始相位设置为 $\pi/4$，使得 MIL - STD SOQPSK 的累积相位状态分布也为 $\pi/4$ 星座图，即对应图 3 - 28 中四个相位状态为 $\pi/4(00)$，$3\pi/4(10)$，$5\pi/4(11)$，$7\pi/4(01)$。

1. 非递归 MIL - STD SOQPSK 发送信号波形集

为方便起见，我们把扩展网格画出来，每个转移间隔为两比特持续时间，并示出从一个状态出发的转移，对于每个状态转移间隔，每个状态转移与一对预编码输出 $a(\alpha_i, \alpha_{i+1})$ 有关，代表结束相位状态的两比特与输入的两个信息比特是相同的，如图 3 - 29 所示即为非递归 MIL - STD SOQPSK 状态转移图。给定 α_i 和 α_{i+1}，每条转移路径与一对波形相对应，即 $s_I(t) = \cos[\phi(t, \alpha_i, \alpha_{i+1}) + \phi_0]$，$s_Q(t) = \sin[\phi(t, \alpha_i, \alpha_{i+1}) + \phi_0]$，分别代表了 I 信

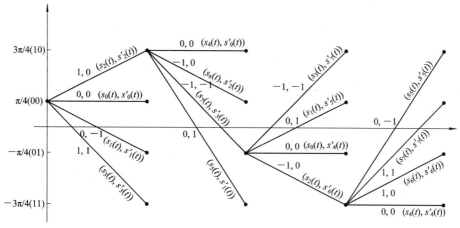

图 3 - 29　非递归 MIL - STD SOQPSK 状态转移图

道和 Q 信道上将同步传输的符号(持续两个比特周期),其中 ϕ_0 是每个转移中起始相位状态的相位初值。

对于每个状态转移间隔(两个比特时间间隔),由式(3.45)和式(3.48)可得:

$$\phi(t, \alpha_i, \alpha_{i+1}) = \begin{cases} \dfrac{\pi\alpha_i}{2T_b}t, & 0 \leqslant t \leqslant T_b \\[3mm] \dfrac{\pi\alpha_i}{2} + \dfrac{\pi\alpha_{i+1}}{2T_b}(t-T_b), & T_b < t \leqslant 2T_b \end{cases} \tag{3.54}$$

由于每个状态转移间隔的起始状态只有 4 种,输入的三进制字母也只有 3 种,因此,将起始状态和输入三进制字母的不同组合,代入非递归 MIL - STD SOQPSK 的信号表达式,就可以得到非递归 MIL - STD SOQPSK 的发送波形集。

按照图 3-29 中的状态转移路径,由每条转移路径上对应一个可能发射信号可知,每个转移间隔内(两比特持续时间)共有 16 条转移路径,即应有 16 种可能的发射信号。由于这 16 种信号中存在两两相等的信号,可以进行合并,最终 I 路波形集有 8 种波形信号,定义为 $s_i(t)$, $i=0, 1, \cdots, 7$, Q 路波形集有 8 种波形信号,定义为 $s_j'(t)$, $j=0, 1, \cdots, 7$。I 路波形集和 Q 路波形集的数学表达式为

$$\begin{cases} s_0(t) = \dfrac{1}{\sqrt{2}} & 0 \leqslant t \leqslant 2T_b \\[3mm] s_1(t) = \begin{cases} \dfrac{1}{\sqrt{2}} & 0 \leqslant t < T_b \\[3mm] \cos\left[\dfrac{\pi}{2T_b}(t-T_b) - \dfrac{\pi}{4}\right] & T_b \leqslant t \leqslant 2T_b \end{cases} \\[8mm] s_2(t) = \begin{cases} \cos\left[\dfrac{\pi t}{2T_b} + \dfrac{\pi}{4}\right] & 0 \leqslant t < T_b \\[3mm] -\dfrac{1}{\sqrt{2}} & 0 \leqslant t \leqslant 2T_b \end{cases} \\[8mm] s_3(t) = \cos\left(\dfrac{\pi t}{2T_b} + \dfrac{\pi}{4}\right) & 0 \leqslant t \leqslant 2T_b \\[3mm] s_{4+i}(t) = -s_i(t) & i = 0, 1, 2, 3 \end{cases} \tag{3.55}$$

$$\begin{cases} s_0'(t) = \dfrac{1}{\sqrt{2}} & 0 \leqslant t \leqslant 2T_b \\[3mm] s_1'(t) = \begin{cases} \dfrac{1}{\sqrt{2}} & 0 \leqslant t < T_b \\[3mm] \cos\left[\dfrac{\pi}{2T_b}(t-T_b) - \dfrac{\pi}{4}\right] & T_b \leqslant t \leqslant 2T_b \end{cases} \\[8mm] s_2' = \begin{cases} \cos\left[\dfrac{\pi t}{2T_b} - \dfrac{\pi}{4}\right] & 0 \leqslant t < T_b \\[3mm] \dfrac{1}{\sqrt{2}} & 0 \leqslant t \leqslant 2T_b \end{cases} \\[8mm] s_3'(t) = \cos\left(\dfrac{\pi t}{2T_b} - \dfrac{\pi}{4}\right) & 0 \leqslant t \leqslant 2T_b \\[3mm] s_{4+j}'(t) = -s_j'(t) & j = 0, 1, 2, 3 \end{cases} \tag{3.56}$$

接下来需要为这些波形定义一种方便的标号，以便网格分支转移上的波形可以用与 **α** 序列有关的简单映射函数来表示。首先，如果当前状态为 $\pi/4$ 或 $-\pi/4$，离开该状态的四个转移的 I 信道信号具有相同的信号集，即 $s_0(t)$、$s_1(t)$、$s_2(t)$ 和 $s_3(t)$。如果当前状态为 $3\pi/4$ 或 $-3\pi/4$，离开该状态的四个转移的 I 信道信号也具有相同的信号集，即 $s_4(t)$、$s_5(t)$、$s_6(t)$ 和 $s_7(t)$，其中 $s_4(t)=-s_0(t)$，$s_5(t)=-s_1(t)$，$s_6(t)=-s_2(t)$，$s_7(t)=-s_3(t)$。类似地，如果当前状态为 $\pi/4$ 或 $3\pi/4$，离开该状态的四个转移的 Q 信道信号具有相同的信号集，即 $s_0'(t)$、$s_1'(t)$、$s_2'(t)$ 和 $s_3'(t)$。如果当前状态为 $-\pi/4$ 或 $-3\pi/4$，离开该状态的四个转移的 Q 信道信号也具有相同的信号集，即 $s_4'(t)$，$s_5'(t)$，$s_6'(t)$ 和 $s_7'(t)$，其中 $s_4'(t)=-s_0'(t)$，$s_5'(t)=-s_1'(t)$，$s_6'(t)=-s_2'(t)$，$s_7'(t)=-s_3'(t)$。然后我们再来观察，如果 α 的两个值当中的第一个，即转移上的 α_i 为 0，那么该状态要么保持不变要么转换到到其反相状态。举个例子，如果起始状态为 $\pi/4$ 且 $\alpha_i=0$，那么结束状态为 $\pi/4$ 或 $-\pi/4$，取决于 α_{i+1} 的值。类似地，如果 α 的两个值当中的第一个，即转移上的 α_i 为 $+1$ 或 -1，那么就会转到其他状态或其他状态的反相状态。例如，如果起始状态为 $\pi/4$ 且 $\alpha_i=\pm1$，那么结束状态为 $3\pi/4$ 或 $-3\pi/4$，取决于 α_{i+1} 的值。这些特性可以从图 3-29 直接观察得到。

2. 非递归 MIL-STD SOQPSK 的互相关格型编码调制

基于上述非递归 MIL-STD SOQPSK 的网格图表示以及发送波形集的数学表达式，可以将给定符号（两比特）间隔 $iT_b \leqslant t \leqslant (i+2)T_b$（$i$ 为偶数）中传输波形 $s_I(t)$、$s_Q(t)$ 的序号下标以该间隔内两个 α 值和起始相位状态（依赖于以前的 α 值）来表示。特别地，对于上述区间的 α_i 和 α_{i+1} 及起始相位 ϕ_i（由起始网格状态 (d_{i-2}, d_{i-1}) 决定），有 $s_I(t)=s_n(t)$，其中 n 为三个二进制数值的 BCD 表示：

$$n = k_I \times 2^2 + |\alpha_i| \times 2^1 + |\alpha_{i+1}| \times 2^0 \tag{3.57}$$

其中

$$k_I = \begin{cases} 0, & \text{如果 } \phi_i = \pm \pi/4 \\ 1, & \text{如果 } \phi_i = \pm 3\pi/4 \end{cases} \tag{3.58}$$

类似地，$s_Q(t)=s_n'(t)$，

$$n = k_Q \times 2^2 + |\alpha_i| \times 2^1 + |\alpha_{i+1}| \times 2^0 \tag{3.59}$$

其中

$$k_Q = \begin{cases} 0, & \text{如果 } \phi_i = \pi/4 \text{ 或 } 3\pi/4 \\ 1, & \text{如果 } \phi_i = -\pi/4 \text{ 或 } -3\pi/4 \end{cases} \tag{3.60}$$

上述描述的非递归 MIL-STD SOQPSK 的互相关格型编码（XTCQM）等效发射机框图如图 3-30 所示。

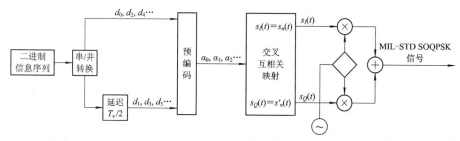

图 3-30　非递归 MIL-STD SOQPSK 的 XTCQM 等效发射机框图

发送波形 $s_I(t)$ 和 $s_Q(t)$ 的序号可以用 I 和 Q 信道输入的二进制数据(0，1)来表示。在每个符号间隔 n 内，定义 I 和 Q 路的二进制输入数据分别为 $D_{I,n}$ 和 $D_{Q,n}$。在第 $n-1$ 个符号间隔的相位状态为 $D_{I,n-1}D_{Q,n-1}$，在第 n 个符号间隔内当输入数据为 $D_{I,n}$ 和 $D_{Q,n}$ 时，相位状态变为 $D_{I,n}D_{Q,n}$。观察式(3.57)～式(3.60)，可知，$\phi_i=\pm\pi/4$ 对应的起始网格状态为 00 或 01，即可知前一时刻的 I 路输入 $D_{I,n-1}=0$；$\phi_i=\pm3\pi/4$ 对应的起始网格状态为 10 或 11，则可知前一时刻的 I 路输入 $D_{I,n-1}=1$。由此可知在式(3.57)中可以用 $D_{I,n-1}$ 代替 k_I。

同时，结合非递归预编码式(3.51)可知：当输入比特 $D_{I,n}$ 与 $D_{I,n-1}$ 相同时，预编码输出的 $|\alpha_n|=0$；当输入比特 $D_{I,n}$ 与 $D_{I,n-1}$ 不同时，预编码输出的 $|\alpha_n|=1$。也即是说，$|\alpha_n|$ 的值反应了 I 路前后时刻输入比特的变化情况，即 $D_{I,n}\oplus D_{I,n-1}=|\alpha_n|$。

同理，对 Q 路，$\phi_i=\pi/4$、$3\pi/4$ 对应的起始网格状态为 00 或 10，可知前一时刻 Q 路的输入 $D_{Q,n-1}=0$；$\phi_i=-\pi/4$、$-3\pi/4$ 时，$D_{Q,n-1}=1$。即可以用 $D_{Q,n-1}$ 代替 k_Q。

$|\alpha_{n+1}|$ 的值反应了 Q 路前后时刻输入比特的变化情况，$|\alpha_{n+1}|=0$ 表示输入比特 $D_{Q,n}$ 与 $D_{Q,n-1}$ 相同，$|\alpha_{n+1}|=1$ 表示输入比特 $D_{Q,n}$ 与 $D_{Q,n-1}$ 不同，即 $D_{Q,n}\oplus D_{Q,n-1}=|\alpha_{n+1}|$。

因此，给定网格图中所示的相应输出波形对$(s_I(t)，s_Q(t))$的序号，可以直接以输入数据的形式来表示。假定第 n 个符号间隔输出波形对为$(s_i(t)，s'_j(t))$，定义下标 i 和 j 为

$$i=I_2\times2^2+I_1\times2^1+I_0\times2^0 \tag{3.61}$$

$$j=Q_2\times2^2+Q_1\times2^1+Q_0\times2^0 \tag{3.62}$$

其中

$$\begin{cases} I_2=D_{I,n-1}，Q_2=D_{Q,n-1} \\ I_1=D_{I,n}\oplus D_{I,n-1}，Q_1=D_{I,n}\oplus D_{I,n-1}=I_1 \\ I_0=D_{Q,n}\oplus D_{Q,n-1}，Q_0=D_{Q,n}\oplus D_{Q,n-1}=I_0 \end{cases} \tag{3.63}$$

利用 I 信道和 Q 信道输入的二进制数据，按照上述规则运算，可以得到发送波形序号，再在相应的波形集中选择对应波形，即可实现调制。基于上述映射的非递归 MIL - STD SOQPSK 基带信号实现框图如图 3 - 31 所示。

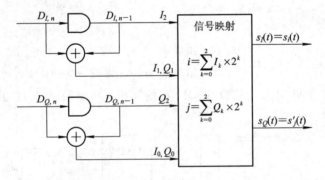

图 3 - 31　非递归 MIL - STD SOQPSK 基带信号的实现框图

从图 3 - 31 中可以看出非递归 MIL - STD SOQPSK 可以被分解成一个四状态网格编码器和一个无记忆信号映射器。这个内在的四状态网格编码器有两个二进制输入 $D_{I,n}$、$D_{Q,n}$ 和两个输出波形 $s_i(t)$、$s'_j(t)$，网格状态由两比特序列 $D_{I,n-1}$ 和 $D_{Q,n-1}$ 来定义。这个四状态网格就是图 3 - 29 所示的网格。由于 I 信道和 Q 信道输出波形序号除了取决于它们自

身信道的输入数据还取决于交叉信道输入数据，因此非递归 MIL – STD SOQPSK 是一种交叉互相关网格编码（XTCQM）结构。

3.3.4　非递归 MIL – STD SOQPSK 信号的解调

由 3.3.2 小节对 SOQPSK 的预编码分析可知，图 3 – 28 所示的状态转移图是针对预编码的输入输出来构建的。对于全响应的 MIL – STD SOQPSK 信号，相位函数仅由当前时刻输入 α_n 和上一相位状态 θ_{n-1} 完全决定（θ_{n-1} 与 S_n 是一一对应的），即当前时刻的相位变化仅由当前时刻输入的 α_n 决定，而 θ_{n-1} 只是确定了当前时刻的起始相位，其相位变化状态完全可由图 3 – 28 来表示，即当前输入一个比特对应输出一个三进制 α_n 值，相位变化由这个三进制的 α_n 引起，相位状态对应转为下一状态。在接收端可以采用这个网格状态转移图来进行网格译码解调（采用 Viterbi 算法或 MAP 算法）。

1. 最佳接收机

由非递归 MIL – STD SOQPSK 的调制部分可知，i、j 的选择同时与 I、Q 支路上两个相邻时刻的符号对都相关，即交叉相关器中存在两个寄存器，所以非递归 MIL – STD SOQPSK 可以表示成一个四状态的网格编码调制形式，图 3 – 29 中就给出了信源序列与基带波形对的映射关系。因此，基于这种网格转移图的表示，可以设计出其相应的最佳接收机。

如图 3 – 32 所示的非递归 MIL – STD SOQPSK 的最佳接收机采用 Viterbi 算法。该 Viterbi 接收机包含 8 个匹配滤波器（I 信道和 Q 信道上各 4 个）及 1 个四状态网格解码器。

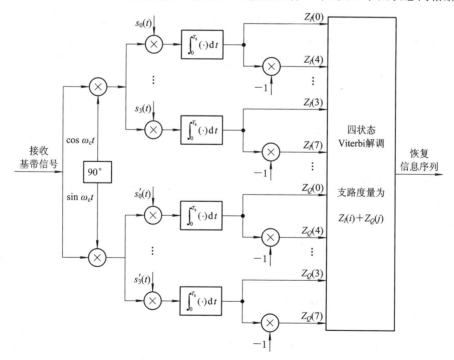

图 3 – 32　非递归 MIL – STD SOQPSK 的最佳接收机

由式（3.55）和式（3.56）可知，I 路、Q 路波形集内的标准信号存在两两相反的对称性，因此，在匹配滤波过程中，I 路和 Q 路分别只需要四个匹配滤波器即可。

需要注意的是，I 路和 Q 路信号集 $s_i(t)$ 和 $s'_j(t)(i,j=0,1,\cdots,7)$ 中的信号能量并不相等。由于 I、Q 信号对的能量和是恒定的，故可以将支路能量的组合作为检测时的分支度量。在 Viterbi 算法中使用匹配滤波器的输出时并不需要对匹配滤波器进行能量偏置，具体来讲，首先来分析分别表示 $s_I(t)$ 和 $s_Q(t)$ 所有可能传输信号的两组 8 个基带信号波形 $s_i(t)$ 和 $s'_j(t)(i,j=0,1,\cdots,7)$。由 $s_i(t)$ 和 $s'_j(t)$ 的表达式（比特周期为 T_b，符号周期 $T_s=2T_b$）容易看到，每个波形的每符号能量为

$$\begin{cases} E_0=E_4=E'_0=E'_4=\dfrac{T_s}{2} \\[2mm] E_1=E_5=E'_2=E'_6=\left(\dfrac{1}{2}+\dfrac{1}{2\pi}\right)T_s \\[2mm] E_2=E_6=E'_1=E'_5=\left(\dfrac{1}{2}-\dfrac{1}{2\pi}\right)T_s \\[2mm] E_3=E_7=E'_3=E'_7=\dfrac{T_s}{2} \end{cases} \tag{3.64}$$

其中 E_i、$E'_j(i,j=0,1,\cdots,7)$ 分别表示 $s_i(t)$ 和 $s'_j(t)$ 的能量，故

$$E_i+E'_i=E_i+E'_{4+i}=E_{4+i}+E'_i=E_{4+i}+E'_{4+i}=T_s, \quad i=0,1,2,3 \tag{3.65}$$

从图 3-29 知非递归 MIL-STD SOQPSK 信号 $s_I(t)$ 和 $s_Q(t)$ 的可能输出波形对有 $(s_i(t),s'_i(t))$，$(s_i(t),s'_{4+i}(t))$，$(s_{4+i}(t),s'_i(t))$ 和 $(s_{4+i}(t),s'_{4+i}(t))$，$i=0,1,2,3$，所有的 I、Q 波形对具有相等的能量，因此匹配滤波器中不需要能量偏置。

2. 简化接收机

为了减少最佳接收机的复杂性同时不严重牺牲功率效率，可以根据波形的相似性，建立一种简化的接收机，这里为便于提取数据软信息，采用 LOG-MAP 解调算法。

在最佳接收机状态下，I 信道的 8 种输出波形 $s_I(t)$ 可以被分为 4 组，同理，Q 信道 8 种输出波形 $s_Q(t)$ 也被分为 4 组。对于 $s_I(t)$，第 i 组 $(i=0,1,2,3)$ 包括波形 $s_{2i}(t)$ 和 $s_{2i+1}(t)$。对于 $s_Q(t)$，当 $i=0,2$ 时，第 i 组包括波形 $s'_{2i}(t)$ 和 $s'_{2i+2}(t)$，当 $i=1,3$ 时，包括波形 $s'_{2i-1}(t)$ 和 $s'_{2i+1}(t)$。定义 $q_i(t)$ 和 $q'_i(t)(i=0,1,2,3)$ 分别表示 $s_I(t)$ 和 $s_Q(t)$ 每组波形的平均值，有

$$q_i(t)=\frac{1}{2}\left[s_{2i}(t)+s_{2i+1}(t)\right], \quad i=0,1,2,3 \tag{3.66}$$

$$q'_i(t)=\begin{cases} \dfrac{1}{2}\left[s'_{2i}(t)+s'_{2i+2}(t)\right], & i=0,2 \\[2mm] \dfrac{1}{2}\left[s'_{2i-1}(t)+s'_{2i+1}(t)\right], & i=1,3 \end{cases} \tag{3.67}$$

由于 $s_{4+i}(t)=-s_i(t)$，$s'_{4+i}(t)=-s'_i(t)$，$i=0,1,2,3$，故有

$$\begin{cases} q_{2+i}(t)=-q_i(t), \\ q'_{2+i}(t)=-q'_i(t), \end{cases} (i=0,1) \tag{3.68}$$

现在用平均波形来代替 $s_I(t)$ 和 $s_Q(t)$ 的相应波形组，即 $s_0(t)$ 和 $s_1(t)$ 变成 $q_0(t)$，$s_2(t)$ 和 $s_3(t)$ 变成 $q_1(t)$，等等。那么，由 I 和 Q 编码比特的关系及图 3-31 中的 BCD 信号映射关系，I 和 Q 信道的互相关性就没有了。这是因为对于 $s_I(t)$，区分每组两个波形的是最低位比特 I_0，对于 $s_Q(t)$，区分每组两个波形的是中间比特 Q_1。如果每一组中的波形不需要

区分开来，可以丢掉 I_0 和 Q_1，仅用剩下的比特 I_2、I_1 和 Q_2、Q_0 来描述传输波形对 $(q_i(t)$，$q'_j(t))$，$i,j=0,1,2,3$。即

$$i = I_2 \times 2 + I_1 \tag{3.69}$$

$$j = Q_2 \times 2 + Q_0 \tag{3.70}$$

结合图 3-31，I 信道信号仅由 I 路编码输出决定，而 Q 信道信号仅由 Q 路编码输出决定。这样在选择 I 路和 Q 路波形时编码器的交叉互相关就不存在了。在接收端，调制器的网格结构可以解耦成两个独立的 2 状态网格。非递归 MIL-STD SOQPSK 的 2 状态网格简化接收机如图 3-33 所示。

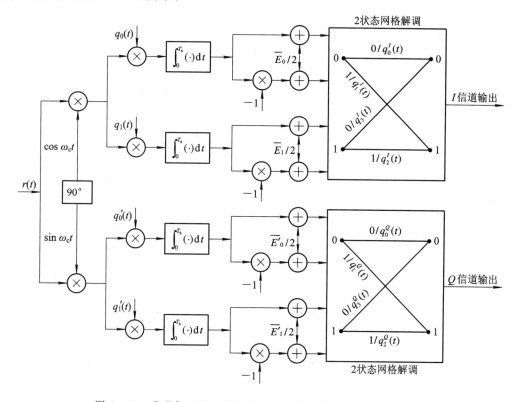

图 3-33　非递归 MIL-STD SOQPSK 的 2 状态网格简化接收机

如图 3-33 所示的简化接收机中，I 路和 Q 路的判决值分别由 I、Q 解调信号的能量偏置相关值通过 2 状态网格得到。需要注意的是，对于 $q_i(t)$ 和 $q_{i+1}(t)(i=0,2)$ 及 $q'_i(t)$ 和 $q'_{i+1}(t)(i=0,2)$，每个符号的能量是不同的，因此图 3-33 中匹配滤波器的输出信号需要进行能量偏置。图中，$\overline{E}_i$ 和 $\overline{E}'_i$ 分别表示 $q_i(t)$ 和 $q'_i(t)(i=0,2)$ 的每符号能量。由平均波形可以得到 $\overline{E}_i = \overline{E}'_i$，$i=0,1,2,3$，并且 $\overline{E}_0 = \overline{E}'_0 = \dfrac{1}{2} + \dfrac{1}{4\pi}$，$\overline{E}_1 = \overline{E}'_1 = \dfrac{1}{2} - \dfrac{1}{4\pi}$。

下面在该 2 状态网格上利用 LOG-MAP 算法进行解调。不失一般性，可先对接收信号的 I 路分量进行分析，利用 LOG-MAP 算法按式(3.71)计算出 I 路发送比特的对数似然比：

$$\Lambda^d(n) = \max_{(m',m) \in d_n = 1}^{*} \left(\widetilde{\alpha}_{n-1}(m') + \widetilde{\gamma}_n(y_n^I(t), m', m) + \widetilde{\beta}_n(m) \right)$$

$$- \max_{(m',m) \in d_n = 0}^{*} \left(\widetilde{\alpha}_{n-1}(m') + \widetilde{\gamma}_n(y_n^I(t), m', m) + \widetilde{\beta}_n(m) \right) \tag{3.71}$$

其中，m' 表示网格中的起始状态，m 表示与起始状态 m' 相连接的结束状态，d_n 是发送端第 n 个码元时刻的 I 路比特，$y_n^I(t)$ 是对应的接收信号的同相分量，$\tilde{\alpha}_n(m)$ 为前向路径度量，$\tilde{\beta}_n(m)$ 为后向路径度量，$\tilde{\gamma}_n(y_n^I(t), m', m)$ 是 m' 和 m 之间的状态转移概率，$\max *(x, y) = \max(x, y) + \ln(1 + e^{-|x-y|})$。

前向递推式为

$$\tilde{\alpha}_n(m) = \max_{m'} *(\tilde{\alpha}_{n-1}(m') + \tilde{\gamma}_n(y_n^I(t), m', m)) \tag{3.72}$$

后向递推式为

$$\tilde{\beta}_{n-1}(m') = \max_{m'} *(\tilde{\beta}_n(m) + \tilde{\gamma}_n(y_n^I(t), m', m)) \tag{3.73}$$

状态转移概率为

$$\tilde{\gamma}_n(y_n^I(t), m', m) = \log(p(m \mid m') p(q_i^I(t) \mid m, m') p(y_n^I(t) \mid q_i^I(t))) \tag{3.74}$$

考虑发送比特等概分布的情况，即 $p(m \mid m') = 1/2$，$q_i^I(t)(i=0, 1, 2, 3)$ 为状态转移的输出信号，$p(q_i^I(t) \mid m, m') = 1$。在第 n 个符号间隔，对数转移概率分布为

$$\log p(y_n^I(t) \mid q_i^I(t)) \approx \frac{1}{\sqrt{2\pi}\sigma} \int_{nT}^{(n+1)T} \left[-\frac{(y_n^I(t) - q_i^I(t))^2}{2\sigma^2} \right] dt$$

$$= \frac{1}{\sqrt{2\pi}\sigma} \int_{nT}^{(n+1)T} \left[-\frac{1}{2\sigma^2} ((y_n^I(t))^2 - 2y_n^I(t)q_i^I(t) + (q_i^I(t))^2) \right] dt$$

$$\tag{3.75}$$

其中：$\int_{nT}^{(n+1)T} (y_n^I(t))^2 dt$ 为公共量，对于判决没有影响；σ^2 为信道中的噪声方差；$q_i^I(t)$ 为当前支路的标准信号；$\int_{nT}^{(n+1)T} y_n^I(t)q_i^I(t) dt = Z_i^I$ 为接收端 I 路匹配滤波器的输出。设 $\int_{nT}^{(n+1)T} (q_i^I(t))^2 dt = E_i^I$ 为状态转移输出波形的能量，对于 MIL - STD SOQPSK 信号的各波形而言能量 E_i^I 是不相等的，因此需要加上能量偏置，从而任意时刻的状态转移概率除去公共系数后可简化为

$$\tilde{\gamma}_n(m', m) = \frac{2Z_i^I - E_i^I}{2\sigma^2}, \quad i = 0, 1, 2, 3 \tag{3.76}$$

结合 $\tilde{\alpha}_n(m)$、$\tilde{\beta}_n(m)$ 并给定初始值，再结合似然函数，计算各发送比特的对数似然值，即为软信息。

Q 路和 I 路的简化状态网格图相同，只是对应每个时刻的状态转移输出信号不同，因此同 I 路一样，可计算出 Q 路各发送比特的软信息。

对于算法的进一步简化，即将 $\max *()$ 简化为最大值运算，采用 MAX - LOG - MAP 算法，即 $\max *(x_1, x_2) = \max(x_1, x_2) + \ln(1 + e^{-|x_1-x_2|}) \approx \max(x_1, x_2)$。近期的研究表明：从工程角度出发，对于 MAX - LOG - MAP 算法，信道信噪比的参数估计偏差可以忽略不计，即计算状态转移概率的式(3.76)在 MAX - LOG - MAP 算法中可转化为

$$\gamma_n(m', m) = 2Z_i^I - E_i^I, \quad i = 0, 1, 2, 3 \tag{3.77}$$

3.3.5 递归 MIL - STD SOQPSK 信号的调制和解调

由 3.3.2 节可知，对全响应 MIL - STD SOQPSK 信号，相位函数仅由当前时刻输入

α_n 和相位状态 θ_{n-1} 完全决定（θ_{n-1} 与 S_n 是一一对应的），即当前时刻的相位变化仅由当前时刻输入的 α_n 决定，而 θ_{n-1} 只是确定了当前时刻的起始相位，其相位变化状态完全可由图 3-28 来表示，当前输入一个比特对应输出一个三进制 α_n 值，相位变化由这个三进制的 α_n 引起，相位状态相应转为下一状态。

由图 3-28 的预编码网格状态图可知，对于递归和非递归方式，每条状态转移路径上的输出 α_n 均相同，不同的只是对应路径上的输入比特。因此，采用递归预编码方式生成 MIL-STD SOQPSK 信号，与采用非递归预编码方式生成的 MIL-STD SOQPSK 信号在波形特性是相同的，即在包络和功率谱特性上不会有变化。相应的采用递归预编码方式生成的 MIL-STD SOQPSK 信号，也存在一种网格编码调制实现方式，与图 3-31 相对应，同样可以根据输入的二进制比特在发送波形集中选择相应的发送波形。由于对于递归和非递归方式，每条状态转移路径上的输出 α_n 均相同，因此，递归 SOQPSK 调制对应的发送波形集与非递归 SOQPSK 调制对应的发送波形集是相同的。递归 MIL-STD SOQPSK 的网格编码调制实现框图如图 3-34 所示。

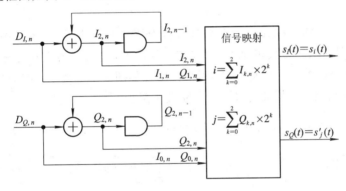

图 3-34　递归 MIL-STD SOQPSK 的网格编码调制实现框图

由图 3-34 可以看出，传输波形 $s_I(t)$ 和 $s_Q(t)$ 的序号仍然是由 I 信道和 Q 信道的二进制输入数据来决定，与非递归网格编码调制框图不同的是：递归预编码结构中引入了反馈路径。类似地可以得到，第 n 个符号间隔输出波形对 $(s_i(t), s'_j(t))$ 的下标 i 和 j 为

$$i = I_{2,n} \times 2^2 + I_{1,n} \times 2^1 + I_{0,n} \times 2^0 \tag{3.78}$$

$$j = Q_{2,n} \times 2^2 + Q_{1,n} \times 2^1 + Q_{0,n} \times 2^0 \tag{3.79}$$

其中

$$\begin{cases} I_{2,n} = D_{I,n-1} \oplus I_{2,n-1}, & Q_{2,n} = D_{Q,n-1} \oplus Q_{2,n-1} \\ I_{1,n} = D_{I,n}, & Q_{1,n} = D_{I,n} \\ I_{0,n} = D_{Q,n}, & Q_{0,n} = D_{Q,n} \end{cases}$$

$D_{I,n}$、$D_{Q,n}$ 仍表示输入的二进制数据，且设 $I_{2,n}$、$Q_{2,n}$ 的初始值为零。

利用 I 信道和 Q 信道的二进制输入数据并按照上述规则运算，可以得到发送波形序号，再在相应的波形集中选择对应波形，即可实现调制。

递归 MIL-STD SOQPSK 的解调仍可以采用简化状态的接收机，其接收端简化波形集同非递归 MIL-STD SOQPSK 解调中的简化波形集相同，只是接收端的网格状态转移图需采用递归形式网格，如图 3-35 所示。

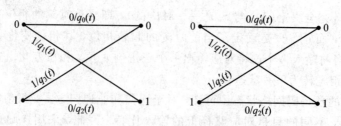

图 3 - 35 递归 MIL - STD SOQPSK 接收端简化网格图

3.3.6 MIL - STD SOQPSK 的性能

本节我们首先给出 MIL - STD SOQPSK 信号的渐进 BER 性能，然后给出计算机仿真结果，并与 OQPSK 和 FQPSK 进行比较。

1. MIL - STD SOQPSK 的渐进 BER 性能

这里，首先推导图 3 - 29 所示的 MIL - STD SOQPSK 的逐符号网格表示的最小欧氏距离。

假定初始相位状态为 π/4(00)，传输序列为全零序列。从图 3 - 29 中可以看到有一条长度为 2 的路径从 π/4(00)状态起始，并结束于该状态，这条路径与全零序列的路径不同。这个 MTL - STD SOQPSK 最短长度错误事件路径如图 3 - 36 所示，图中标出了每个分支 $s_I(t)$ 和 $s_Q(t)$ 的输出波形。相应的最小平方欧氏距离为

$$d_{\min}^2 = \int_0^{T_s} \left[2 \mid s_1(t) - s_0(t) \mid^2 + \mid s'_1(t) - s'_0(t) \mid^2 + \mid s'_5(t) - s'_0(t) \mid^2 \right] \mathrm{d}t$$

$$= 2 \int_0^{T_b} \left[\cos\left(\frac{\pi}{2T_b} - \frac{\pi}{4}\right) - \frac{1}{\sqrt{2}} \right]^2 \mathrm{d}t + \int_0^{T_b} \left[\cos\left[\frac{\pi}{2T_b} + \frac{\pi}{4}\right] - \frac{1}{\sqrt{2}} \right]^2 \mathrm{d}t$$

$$+ \int_0^{T_b} \left[-\cos\left[\frac{\pi}{2T_b} + \frac{\pi}{4}\right] - \frac{1}{\sqrt{2}} \right]^2 \mathrm{d}t + \int_0^{T_b} \left(-\frac{1}{\sqrt{2}} - \frac{1}{\sqrt{2}} \right)^2 \mathrm{d}t$$

$$= \left(3 - \frac{4}{\pi} \right) T_s \tag{3.80}$$

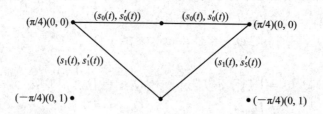

图 3 - 36 MIL - STD SOQPSK 最短长度错误事件路径

I 路与 Q 路和的平均信号的每个符号能量 E_{av} 为

$$E_{av} = 2E_b = \frac{1}{8} \sum_{i=0}^{7} \int_0^{2T_b} \mid s_i(t) \mid^2 + \mid s'_i(t) \mid^2 \mathrm{d}t = T_s \tag{3.81}$$

其中，E_b 为每比特的平均能量。因此，归一化最小平方欧氏距离为

$$\frac{d_{\min}^2}{2E_b} = 3 - \frac{4}{\pi} \doteq 1.727 \tag{3.82}$$

　　发送序列不全为零时其他长度为 2 的错误事件表明：归一化最小平方欧氏距离仍为 1.727，而且长度超过 2 的错误事件的归一化平方欧氏距离更大。因此 MIL - STD SOQPSK 的归一化最小平方欧氏距离由式(3.82)给出。

　　另一种能得到式(3.82)结果的方法是采用 MIL - STD SOQPSK 的逐比特 CPM 表示。特别地，假设两个 MIL - STD SOQPSK 信号 $s(t)$ 和 $s'(t)$ 在 N 个比特周期上不同，即它们相应的有效数据序列 $\boldsymbol{\alpha}$ 和 $\boldsymbol{\alpha}'$ 在 N 个比特周期上不同，令 γ 为 $\boldsymbol{\alpha}$ 和 $\boldsymbol{\alpha}'$ 之间的 N 比特长的差分序列，即 γ 为 $\boldsymbol{\alpha}-\boldsymbol{\alpha}'$ 的 N 比特子序列，起始并结束于非零元素，则两个 CPM 信号之间的欧氏距离可以表示为

$$d^2(s(t), s'(t)) = \frac{2E_b}{T_b} \int_0^{NT_b} \left[1 - \cos\phi(t, \gamma)\right] dt \tag{3.83}$$

要得到最小欧氏距离，必须找到相应的差分序列 $\gamma_{\min}$。对于 SOQPSK，通过计算机搜索得到 $\gamma_{\min} = (1, 0, -1)$。因此，根据 MIL - STD SOQPSK 的调制过程，有

$$\phi(t, \gamma_{\min}) = \begin{cases} \dfrac{\pi t}{2T_b}, & 0 \leqslant t \leqslant T_b \\[2mm] \dfrac{\pi}{2}, & T_b \leqslant t \leqslant 2T_b \\[2mm] \dfrac{\pi}{2} - \dfrac{\pi t}{2T_b}, & 2T_b \leqslant t \leqslant 3T_b \end{cases} \tag{3.84}$$

最小平方欧氏距离为

$$d_{\min}^2 = \frac{2E_b}{T_b} \int_0^{3T_b} \left[1 - \cos\phi(t, \gamma_{\min})\right] dt = \left(3 - \frac{4}{\pi}\right) \cdot 2E_b \tag{3.85}$$

因此，$(d_{\min}^2 / 2E_b) = 3 - 4/\pi \doteq 1.727$，这与式(3.82)是一致的。与 OQPSK 相比，其最小平方欧氏距离与 BPSK 一样，即 $(d_{\min}^2 / 2E_b) = 2.0$，MIL - STD SOQPSK 有 0.638 dB 的损失。另外，与频谱更为有效的 FQPSK($(d_{\min}^2 / 2E_b) = 1.56$)相比，MIL - STD SOQPSK 有 0.441 dB 的渐进增益。

2. 误码性能的仿真结果

　　图 3 - 37 给出了 MIL - STD SOQPSK 和 OQPSK、FQPSK 的 BER 性能比较。可以看出，在 BER $= 10^{-5}$ 时，采用最佳接收机的 MIL - STD SOQPSK 比 OQPSK 差 0.308 dB，但比 FQPSK 最佳接收机好 0.46 dB。简化的 MIL - STD SOQPSK 接收机与最佳接收机的性能非常接近：在 BER $= 10^{-5}$ 时，E_b/N_0 的损失大约为 0.115 dB。对于 FQPSK，简化接收机与最佳接收机的性能差距稍大些：BER $= 10^{-5}$ 时，E_b/N_0 的损失约为 0.27 dB。MIL - STD SOQPSK 简化接收机与最佳接收机性能差距较小是由于简化接收机将最佳接收机的匹配滤波器数目减少了一半，而 FQPSK 的简化接收机减少了四分之三的匹配滤波器。

　　图 3 - 38 给出了非递归 MIL - STD SOQPSK 信号采用 LOG - MAP 算法与 MAX - LOG - MAP 算法解调的误比特性能，接收端均采用简化接收网格图。

　　从图 3 - 38 中可以看到，采用 LOG - MAP 算法解调的误比特率曲线与理论曲线基本重合。同时与 LOG - MAP 算法相比，MAX - LOG - MAP 算法的性能损失在 0.1 dB 之内。在接收端采用 MAX - LOG - MAP 算法可以忽略信道信噪比的参数估计偏差，即不需要做信道估计，易于硬件实现。

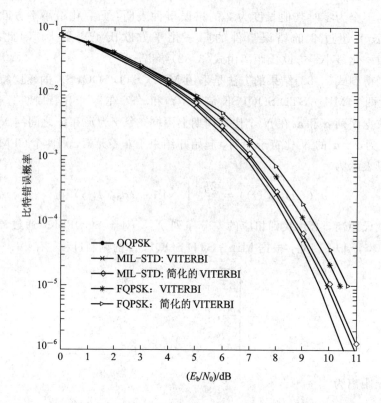

图 3-37　MIL-STD SOQPSK 和 OQPSK、FQPSK 的 BER 性能比较

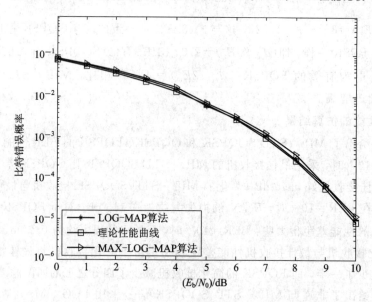

图 3-38　非递归 MIL-STD SOQPSK 信号采用 LOG-MAP 算法与
MAX-LOG-MAP 算法解调的误比特性能

　　图 3-39 中给出了非递归 MIL-STD SOQPSK 与递归 MIL-STD SOQPSK 的解调性能对比，接收端均采用简化接收机网格图，并采用 MAX-LOG-MAP 算法进行解调，恢复比特信息。

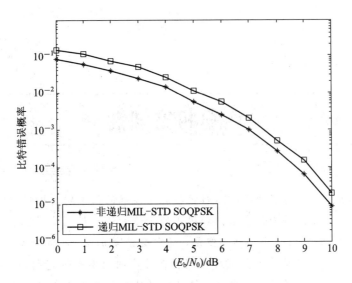

图 3-39 非递归 MIL-STD SOQPSK 与递归 MIL-STD SOQPSK 的解调性能对比

从图 3-39 中可以看到，非递归 MIL-STD SOQPSK 简化接收机的误比特性能要优于递归 MIL-STD SOQPSK 简化接收机的性能，在 BER 为 10^{-4} 时大约有 0.4 dB 性能增益。这是因为，递归 MIL-STD SOQPSK 调制采用了递归预编码，在发送端引入了差分编码，从而在接收端解调中会产生差错关联，导致解调性能下降。若采用非递归预编码，一个错误事件多数只引起一个比特的错误，但若采用递归预编码，一个错误事件会导致相关联的两个比特的错误，这点从图中也可看出：递归 MIL-STD SOQPSK 接收机的误比特率大约是非递归 MIL-STD SOQPSK 接收机误比特率的两倍。

第 4 章

连续相位调制

在数字通信系统中，为了使得经历路径损耗与衰落的信号到达接收端时收端能够获得足够的接收功率，需要使用工作在全饱和模式的行波管放大器(TWTA)、固态功率放大器(SSPA)以产生足够的发射输出功率。但是，随之会产生调幅-调幅(AM-AM)、调幅-调相(AM-PM)转换。因此尽管高阶 QAM 调制在功率利用率或带宽利用率上优于 MPSK，但是 QAM 调制幅度上携带信息，非恒包络的特性使得其无法在采用非线性放大器的信道中使用。另外考虑让射频放大器工作在接近饱和点是由于信号经过带限再进行非线性放大会重新引起频谱展宽。由于发射功率必须符合诸如联邦通信委员会(FCC)或国际电信联盟(ITU)等管理机构所规定的指定模板，所以要求设计的调制方案能使频谱扩展最小化。这些约束限制了发射波形的瞬时幅度波动，从而提出了恒定包络的要求。连续相位调制(CPM)是一类包络严格恒定的调制方案，具有较高的频谱利用率和功率利用率。选择适当的脉冲成型及其他参数，CPM 方案可以获得比 QPSK 和高阶 MPSK 更高的带宽利用率。因此 CPM 在卫星信道及其他信道中获得了广泛的关注。一些 CPM 方案已应用于实际系统，如 MSK 已被应用于 NASA 的高级通信技术卫星(ACTS)系统，GMSK 已被应用于美国的蜂窝数字分组数据(CDPD)系统和欧洲的全球移动通信(GSM)系统。

本章主要讨论恒包络连续相位调制，首先介绍 CPM 的定义、CPM 信号的常用相位脉冲、相位轨迹、状态定义及 CPM 的自相关函数和功率谱密度表达式，然后给出其 MLSD 检测器结构及差错性能。

CPM 调制分为全响应调制和部分响应调制，它们之间既相互联系，又相互独立，无论是调制频率脉冲只持续一个比特时隙还是持续更长的比特时隙。在全响应 CPM 调制技术的分类中，有一子类型的调制技术，它所具有的调制指数为 0.5，但是其频率脉冲波形可以为任意形状，像这种情况，将会得到一般形式的 MSK。现在大家所熟悉的调制方式——MSK，最早是由 Doelz 和 Heald 研究和发明的，并在 1961 年申请了美国的国家专利，该调制方案具有矩形频率脉冲波形。在部分响应 CPM 调制技术中，最流行的调制技术无疑是高斯最小频移键控(GMSK)，该调制技术由于其卓越的带宽利用率，已经被欧洲个人通信系统(PCS)的标准所采纳。简而言之，GMSK 是一种部分响应的 CPM 调制技术，它是通过在 MSK 的载波频率调制之前增加一个具有高斯脉冲响应的滤波器，以用来对矩形频率脉冲滤波而得到的。

在本章中，我们将集中讨论 MSK 和 GMSK，给出每一种方案的频谱和功率效率性能，并介绍包括非常重要的等价 I-Q 型在内的各种发射机表示法以及在理想和非理想(调制器不平衡)条件下的接收机性能。

4.1 CPM 的描述

4.1.1 连续相位调制的定义

CPM 的传输信号可以定义为

$$s_c(t, \boldsymbol{\alpha}) = \sqrt{\frac{2E}{T}} \cos(2\pi f_c t + \phi(t, \boldsymbol{\alpha})), \quad -\infty \leqslant t \leqslant \infty \tag{4.1}$$

其中 T 为符号间隔，E 为符号能量，f_c 为载波频率，$\boldsymbol{\alpha}=(\alpha_0, \alpha_1, \cdots)$ 为发送的 M 进制信息符号序列，$\alpha_i \in \{\pm 1, \pm 3, \cdots, \pm(M-1)\}$。注意对于所有的 t，信号的幅度是恒定的。不像 FSK、PSK 信号定义在一个符号间隔上，CPM 信号的定义是在整个时间轴上的。这是由于连续、时变的相位函数 $\phi(t, \boldsymbol{\alpha})$ 不只受一个符号的影响。传输的 M 进制符号序列包含在如下的附加相位函数中：

$$\phi(t, \boldsymbol{\alpha}) = 2\pi h \sum_{k=-\infty}^{\infty} \alpha_k q(t - kT) \tag{4.2}$$

其中

$$q(t) = \int_{-\infty}^{t} g(\tau) \mathrm{d}\tau \tag{4.3}$$

h 为调制指数。相位脉冲 $q(t)$、调制指数 h 和输入符号 α_k 决定了相位函数如何随时间变化。$q(t)$ 的导数为频率脉冲 $g(t)$，$g(t)$ 通常在 $0 \leqslant t \leqslant LT$ 的时间区间内具有平滑的脉冲形状，在此区间以外取值为 0。当 $L \leqslant 1$ 时，$g(t)$ 为全响应脉冲；当 $L > 1$ 时，$g(t)$ 为部分响应，因为在符号间隔 T 内仅有部分脉冲。

一般调制指数 h 可以为任意实数，但是为了开发实际的最大似然 CPM 检测器，h 应该选为有理数。当调制指数 h 逐符号地循环改变时，所得到的 CPM 方案为 MHPM(Multi-h-Phase Modulation)。有理数 h 使得相位状态数是有限的，因而可以使用采用 Viterbi 算法的最大似然检测器。在讨论 CPM 解调器时我们会介绍 Viterbi 算法。

4.1.2 几种常用的频率脉冲和相位脉冲波形

通过选择不同的脉冲 $g(t)$、改变调制指数 h 和符号集 M 的大小，可以得到不同的 CPM 方案。文献[12]中列出了一些常用的脉冲波形，所有列出的脉冲函数要经过如下的归一化：

$$\int_{-\infty}^{\infty} g(\tau) \mathrm{d}\tau = \frac{1}{2} \tag{4.4}$$

使得信号在 $g(t)$ 的周期内引起的最大相位变化为 $(M-1)h\pi$。

下面给出 $t \in (0, LT)$ 区间内一些常用的频率脉冲和相位脉冲的解析表达式。

1. 矩形脉冲(LREC)，CPFSK 和 MSK

LREC 是长为 L 个符号的矩形脉冲。例如，3REC 脉冲的 $L=3$。LREC 脉冲的 $g(t)$ 定义为

$$g(t) = \begin{cases} \dfrac{1}{2LT}, & 0 \leqslant t \leqslant LT \\ 0, & \text{其他} \end{cases} \tag{4.5}$$

一个特例是 1REC，通常被称为连续相位频移键控(CPFSK)。更进一步地，如果 $M=$

2，$h=1/2$，1REC 就变成了 MSK。将 $L=1$ 的式(4.5)代入式(4.3)，有

$$q(t) = \int_{-\infty}^{t} \frac{1}{2T} dt = \begin{cases} \int_{0}^{t} \frac{1}{2T} dt, & 0 < t \leqslant T \\ \int_{0}^{T} \frac{1}{2T} dt, & t > T \end{cases} = \begin{cases} \dfrac{t}{2T}, & 0 < t \leqslant T \\ \dfrac{1}{2}, & t > T \end{cases} \tag{4.6}$$

将上式代入式(4.2)得到在区间 $[kT, (k+1)T]$ 内，有

$$\begin{aligned} \phi(t, \boldsymbol{\alpha}) &= 2\pi h \Big[\sum_{i=-\infty}^{k-1} \alpha_i \frac{1}{2} + \alpha_k \frac{1}{2T}(t-kT) \Big] \\ &= \pi h \sum_{i=-\infty}^{k-1} \alpha_i + h\alpha_k \frac{\pi t}{T} - \pi h \alpha_k k \\ &= h\alpha_k \frac{\pi t}{T} + \theta_k, \quad kT \leqslant t \leqslant (k+1)T \end{aligned} \tag{4.7}$$

其中

$$\theta_k = \pi h \Big(\sum_{i=-\infty}^{k-1} \alpha_i - k\alpha_k \Big) (\mathrm{mod}\, 2\pi) \tag{4.8}$$

因此

$$s_c(t, \boldsymbol{\alpha}) = \sqrt{\frac{2E}{T}} \cos\Big(2\pi f_c t + h\alpha_k \frac{\pi t}{2T} + \theta_k \Big), \quad kT \leqslant t \leqslant (k+1)T \tag{4.9}$$

这就是 CPFSK 信号。当 $h=1/2$ 时，上述表达式变为

$$s_c(t, \boldsymbol{\alpha}) = \sqrt{\frac{2E}{T}} \cos\Big(2\pi f_c t + \alpha_k \frac{\pi t}{2T} + \theta_k \Big), \quad kT \leqslant t \leqslant (k+1)T \tag{4.10}$$

如果 α_k 是二进制的，相应的信号即为 MSK 信号。

另一种特殊情况是二进制 2REC，也称为双二进制 MSK(DMSK)。对于 DMSK，有

$$g(t) = \begin{cases} \dfrac{1}{4T}, & 0 \leqslant t \leqslant 2T \\ 0, & \text{其他} \end{cases} \tag{4.11}$$

2. 升余弦(LRC)脉冲

LRC 是长为 L 个符号的升余弦脉冲。例如，3RC 脉冲的 $L=3$。LRC 脉冲比 LREC 脉冲更平滑，其 $g(t)$ 的数学表达式为

$$g(t) = \begin{cases} \dfrac{1}{2LT}\Big[1 - \cos\Big(\dfrac{2\pi t}{LT} \Big) \Big], & 0 \leqslant t \leqslant LT \\ 0, & \text{其他} \end{cases} \tag{4.12}$$

相应的相位脉冲为

$$q(t) = \begin{cases} \dfrac{t}{2LT} - \dfrac{1}{4\pi}\sin\Big(\dfrac{2\pi t}{LT} \Big), & 0 \leqslant t \leqslant LT \\ \dfrac{1}{2}, & t > LT \end{cases} \tag{4.13}$$

3. 频谱升余弦(LSRC)脉冲

LSRC 是长为 L 个符号的频谱升余弦脉冲。例如，2SRC 脉冲的 $L=2$。LSRC 脉冲的 $g(t)$ 定义为

$$g(t) = \frac{1}{LT} \frac{\sin\left(\frac{2\pi t}{LT}\right)}{\frac{2\pi t}{LT}} \frac{\cos\left(\beta\frac{2\pi t}{LT}\right)}{1-\left(\frac{4\beta t}{LT}\right)^2}, \quad 0 \leqslant \beta \leqslant 1 \tag{4.14}$$

LSRC 频率脉冲中 β 因子用于调整信号的频谱特性。

4. TFM(Tamed FM)脉冲

TFM 是一种改进的 MSK 频率调制，它通过平滑 MSK 信号的相位轨迹来压缩已调信号的带外功率辐射。TFM 的 $g(t)$ 定义为

$$g(t) = \frac{1}{8}\left[g_0(t-T) + 2g_0(t) + g_0(t+T)\right] \tag{4.15}$$

$$g_0(t) \approx \frac{1}{T}\left[\frac{\sin\left(\frac{\pi t}{T}\right)}{\frac{\pi t}{T}} - \frac{\pi^2}{24} \frac{2\sin\left(\frac{\pi t}{T}\right) - 2\frac{\pi t}{T}\cos\left(\frac{\pi t}{T}\right) - \left(\frac{\pi t}{T}\right)^2\sin\left(\frac{\pi t}{T}\right)}{\left(\frac{\pi t}{T}\right)^3}\right] \tag{4.16}$$

5. 高斯脉冲(GMSK)

GMSK 是高斯最小频移键控，GMSK 相位脉冲是通过对 Gaussian 频率函数进行延迟、截短和归一化得来的，其 $g(t)$ 定义为

$$g(t) = \frac{1}{K}g_0\left(t - \frac{LT}{2}\right) \tag{4.17}$$

其中

$$g_0(t) = \mathrm{erf}(\beta_\mathrm{p}(t)) - \mathrm{erf}(\beta_\mathrm{m}(t)) \tag{4.18}$$

$$\beta_\mathrm{p}(t) = C_0\left[\frac{t}{T} + \frac{1}{2}\right] \tag{4.19}$$

$$\beta_\mathrm{m}(t) = C_0\left[\frac{t}{T} - \frac{1}{2}\right] \tag{4.20}$$

$$C_0 = BT\pi\sqrt{\frac{2}{\ln(2)}} \tag{4.21}$$

$$\mathrm{erf}(x) = \frac{2}{\sqrt{\pi}}\int_0^x \mathrm{e}^{-y^2}\,\mathrm{d}y \tag{4.22}$$

带宽时间积 BT 为成型参数，K 为归一化常数。

相位脉冲为

$$q(t) = \frac{1}{2}\left[\frac{q_0(t-LT/2) - q_0(-LT/2)}{q_0(LT/2) - q_0(-LT/2)}\right] \tag{4.23}$$

其中

$$q_0(t) = \frac{1}{4C_0}\left[\beta_\mathrm{p}(t)\mathrm{erf}(\beta_\mathrm{p}(t)) - \beta_\mathrm{m}(t)\mathrm{erf}(\beta_\mathrm{m}(t)) + \frac{1}{\sqrt{\pi}}\mathrm{e}^{-\beta_\mathrm{p}^2(t)} - \frac{1}{\sqrt{\pi}}\mathrm{e}^{-\beta_\mathrm{m}^2(t)} + C_0\right] \tag{4.24}$$

为了利用式(4.3)从 $g(t)$ 得到 $q(t)$，式(4.17)中的归一化常数 K 的取值为

$$K = 8\left[q_0\left(\frac{LT}{2}\right) - q_0\left(-\frac{LT}{2}\right)\right] \tag{4.25}$$

当 $BT \to \infty$ 时，GMSK 相位脉冲近似为经过时延的 1REC 相位脉冲(即 $L=1$ 的 LREC)。

图 4–1 给出了几种 CPM 的频率脉冲和相位脉冲波形。

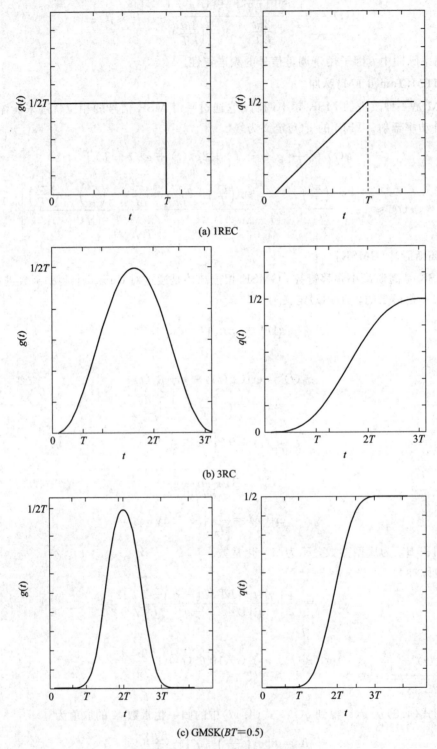

图 4–1　几种 CPM 的频率脉冲和相位脉冲波形

4.1.3　CPM 信号的相位和状态

由于信息符号包含在 CPM 信号的相位中，解调主要基于其信号相位。因此理解 CPM 信号的相位特性是非常重要的。

首先，我们来看如图 4-2 所示的例子，图中相位 $\phi(t, \boldsymbol{\alpha})$ 为对某一数据序列进行二进制 3RC，$h=2/3$ 的相位脉冲形成，相位的单位为弧度。假定初始相位为 0，即 $\phi(0, \boldsymbol{\alpha})=0$。图中画出了前四个数据符号加权 $q(t-kT)$ 的波形，其他符号加权相位脉冲的波形没有给出。该序列总的相位 $\phi(t, \boldsymbol{\alpha})$（模 2π）如图中最后一个波形所示。

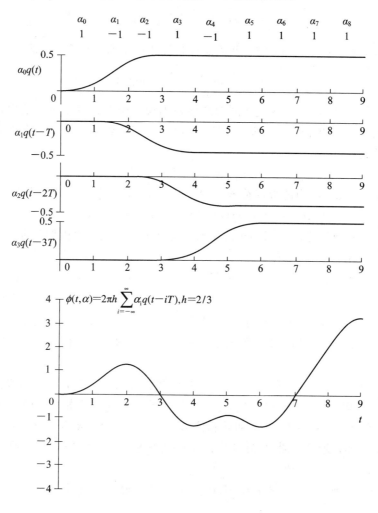

图 4-2　相位 $\phi(t, \boldsymbol{\alpha})$（二进制 3RC，$h=2/3$）

借助图 4-2 容易证明相位 $\phi(t, \boldsymbol{\alpha})$ 的连续性。由于 $g(t)$ 是一个平滑函数，因而其积分 $q(t)$ 也是平滑函数。相位 $\phi(t, \boldsymbol{\alpha})$ 是 $q(t)$ 不同时移的加权和。在时间轴上，随着 t 的增加，在每个符号期间加入一个加权的 $q(t-kT)$。由于 $q(t)$ 从 0 开始，$\phi(t, \boldsymbol{\alpha})$ 的值不会突然变化，因此相位 $\phi(t, \boldsymbol{\alpha})$ 是连续的，即使在相邻符号临界处也是如此。

从图 4-2 可以看到，$q(t-kT)$ 在 $t=(k+L)T$ 时达到最大值，并且以后一直保持在最大值。图 4-2 的相位是由 $L=3$ 的持续时间有限的 3RC 脉冲得到的。对于持续时间无限的 LSRC、TFM 和 GMSK 脉冲，$q(t-kT)$ 也近似在 $t=(k+L)T$ 达到最大值。这些最大值沿着时间轴进行积分会得到累积相位。因此我们可以将附加相位 $\phi(t, \boldsymbol{\alpha})$ 按如下方法分成两部分。

在 $kT \leqslant t \leqslant (k+1)T$ 这一间隔内，CPM 信号的附加相位可以写为

$$\phi(t, \boldsymbol{\alpha}) = 2\pi h \sum_{i=k-L+1}^{k} \alpha_i q(t-iT) + \theta_k = \theta(t, \boldsymbol{\alpha}_k) + \theta_k \tag{4.26}$$

其中

$$\theta(t, \boldsymbol{\alpha}_k) = 2\pi h \sum_{i=k-L+1}^{k} \alpha_i q(t-iT) \tag{4.27}$$

为瞬时相位，表示 $[kT, (k+1)T]$ 区间内总体附加相位中的变化部分，而

$$\theta_k = \left[h\pi \sum_{i=-\infty}^{k-L} \alpha_i \right] (\bmod 2\pi) \tag{4.28}$$

为累积相位，表示 $[kT, (k+1)T]$ 区间内总体附加相位中的常数部分。累积相位等于每个符号贡献的最大相位变化的累加和，沿着时间轴一直累积到第 $(k-L)$ 个符号间隔，并且可以递归地表示成

$$\theta_{k+1} = \theta_k + h\pi\alpha_{k-L+1} \tag{4.29}$$

瞬时相位 $\theta(t, \boldsymbol{\alpha}_k)$ 由当前数据符号 α_k 和之前的 $L-1$ 个符号决定。例如，对于 $L=1$，有

$$\theta(t, \boldsymbol{\alpha}_k) = 2\pi h\alpha_k q(t-kT), \quad kT \leqslant t \leqslant (k+1)T \tag{4.30}$$

该相位变化正比于当前数据和相位函数，其中 $q(t)$ 在 $(0, T)$ 内取值非零，在该区间以外取值均为零。对于 $L=2$，有

$$\theta(t, \boldsymbol{\alpha}_k) = 2\pi h[\alpha_{k-1}q(t-kT+T) + \alpha_k q(t-kT)], \quad kT \leqslant t \leqslant (k+1)T$$
$$\tag{4.31}$$

其中 $q(t)$ 在 $(0, 2T)$ 内取值非零，在该区间以外取值均为零。$\theta(t, \boldsymbol{\alpha}_k)$ 是正比于当前相位函数和以前相位函数加权和的相位变化量。加权因子分别为当前数据符号和之前的数据符号。

累积相位 θ_k 是由 $-\infty$ 直到 $t=(k-L)T$ 的数据引起的相位累积量，不包括载波的累积相位，也不包括瞬时相位中由最近的 $(L-1)$ 个符号引起的累积相位。因此一般 θ_k 并不是 kT 时刻的初始相位。在 $t=kT$ 时，初始相位为 $2\pi f_c kT + \theta_k + \theta(kT, \boldsymbol{\alpha}_k)$。但是，如果 $L=1$，那么 $\theta(kT, \boldsymbol{\alpha}_k)=0$，并且如果 f_c 为符号速率的整数倍时，θ_k 就是第 k 个码元间隔的初始相位。

如果 h 为有理数，即 $h=2q/p$，其中 p、q 互质，则 θ_k 有 p 个不同的取值。简单证明如下：

由于 $h=2q/p$，

$$\theta_k = \frac{2q\pi}{p} \sum_{i=-\infty}^{k-L} \alpha_i = \frac{2\pi}{p} \text{ 的倍数}$$

因此状态数为

$$\frac{2\pi}{\left(\dfrac{2\pi}{p}\right)} = p$$

例如，对于 MSK，$h = \dfrac{1}{2} = \dfrac{2}{4}$，其相位状态数为 4。如果 h 是实数，那么 θ_k 有无数个不同的取值。

$t = kT$ 时刻 CPM 信号的状态定义为如下向量：

$$S_k = \{\theta_k,\ \alpha_{k-1},\ \alpha_{k-2},\ \cdots,\ \alpha_{k-L+1}\} \tag{4.32}$$

该信号状态变量中包含累积相位 θ_k 和第 k 个码元之前的 $L-1$ 个码元。对于有理数 h，由于 θ_k 有 p 个不同的取值，所以总的状态数为 pM^{L-1}。对于实数 h，总的状态数是无限的。每个状态对应一个附加相位 $\phi(t, \boldsymbol{\alpha})$ 的特定函数。

以 3RC，$h = \dfrac{2}{3}$，$M = 2$ 来举例，有

$$S_k = \{\theta_k,\ \alpha_{k-1},\ \alpha_{k-2}\} \tag{4.33}$$

其中

$$\theta_k = \left[\frac{2}{3}\pi \sum_{i=-\infty}^{k-L} \alpha_i\right](\mathrm{mod}\,2\pi) = \begin{cases} 0 \\ \dfrac{2}{3}\pi \\ \dfrac{4}{3}\pi \end{cases} \tag{4.34}$$

θ_k 有 3 个不同的取值，因此二进制、3RC、$h = 2/3$ 的 CPM 信号总共有 12 个状态。θ_k 的递归表示为

$$\theta_{k+1} = \theta_k + \frac{2}{3}\pi\alpha_{k-2} \tag{4.35}$$

承载信息的相位 $\phi(t, \boldsymbol{\alpha})$ 为

$$\phi(t, \boldsymbol{\alpha}) = \frac{4\pi}{3}\big[\alpha_{k-2}q(t - kT + 2T) + \alpha_{k-1}q(t - kT + T) + \alpha_k q(t - kT)\big] + \theta_k$$

$$kT \leqslant t \leqslant (k+1)T \tag{4.36}$$

其中

$$q(t) = \int_0^t \frac{1}{6T}\Big[1 - \cos\Big(\frac{2\pi t}{3T}\Big)\Big]\mathrm{d}t \tag{4.37}$$

在 $t = kT$ 时刻，有

$$\phi(kT, \boldsymbol{\alpha}) = \frac{4\pi}{3}\big[\alpha_{k-2}q(2T) + \alpha_{k-1}q(T) + \alpha_k q(0)\big] + \theta_k \tag{4.38}$$

其中 $q(0) = 0$，$q(T) = 0.098$，$q(2T) = 0.402$。因此

$$\phi(kT, \boldsymbol{\alpha}) = \frac{4\pi}{3}\big[0.402q(2T) + 0.098q(T)\big] + \theta_k \tag{4.39}$$

表 4-1 列出了 12 个状态相应的相位值 $\phi(t, \boldsymbol{\alpha})$。表中第五列的结果是直接由式(4.39)计算得到的，最后一列的结果是将相位值 $\phi(t, \boldsymbol{\alpha})$ 转换到 $[0, 2\pi]$ 区间得到的。从最后一列可以看出，实际上一共只有 9 个不同的相位值，某些相位值由不只一个状态产生。$\dfrac{2}{3}\pi$ 和 $\dfrac{4}{3}\pi$ 各重复了一次，0 和 2π 是一样的，从这个意义上说，这些状态是等价的，即状态 1 和状态 8，状态 4 和状态 9 以及状态 5 和状态 12 是等价的。

表 4-1 $M=2$、3RC、$h=2/3$ 的 CPM 信号的状态和相位

状态	θ_k	α_{k-1}	α_{k-2}	$\phi(kT, \boldsymbol{\alpha})$ 直接用式(4.39)计算	$\phi(kT, \boldsymbol{\alpha})$ 转换到$[0, 2\pi]$
1	0	-1	-1	$-\dfrac{2}{3}\pi$	$\dfrac{4}{3}\pi$
2	0	-1	$+1$	$\dfrac{1.22}{3}\pi$	$\dfrac{1.22}{3}\pi$
3	0	$+1$	-1	$-\dfrac{1.22}{3}\pi$	$\dfrac{4.78}{3}\pi$
4	0	$+1$	$+1$	$\dfrac{2}{3}\pi$	$\dfrac{2}{3}\pi$
5	$\dfrac{2}{3}\pi$	-1	-1	0	0
6	$\dfrac{2}{3}\pi$	-1	$+1$	$\dfrac{3.22}{3}\pi$	$\dfrac{3.22}{3}\pi$
7	$\dfrac{2}{3}\pi$	$+1$	-1	$\dfrac{0.78}{3}\pi$	$\dfrac{0.78}{3}\pi$
8	$\dfrac{2}{3}\pi$	$+1$	$+1$	$\dfrac{4}{3}\pi$	$\dfrac{4}{3}\pi$
9	$\dfrac{4}{3}\pi$	-1	-1	$\dfrac{2}{3}\pi$	$\dfrac{2}{3}\pi$
10	$\dfrac{4}{3}\pi$	-1	$+1$	$\dfrac{5.22}{3}\pi$	$\dfrac{5.22}{3}\pi$
11	$\dfrac{4}{3}\pi$	$+1$	-1	$\dfrac{2.78}{3}\pi$	$\dfrac{2.78}{3}\pi$
12	$\dfrac{4}{3}\pi$	$+1$	$+1$	2π	2π

4.1.4 相位树和状态网格

对于任意一个数据序列，CPM 信号的相位将沿着一条确定的连续相位轨迹（或路径）前进。所有可能的相位轨迹的集合构成一个相位树。当 h 为有理数，相位状态有限时，相位树可以被折叠成一个网格。

我们来看 $M=2$、3RC、$h=2/3$ 的 CPM 信号的相位树，如图 4-3 所示。假定初始相位为 0，即 $\phi(0, \boldsymbol{\alpha})=0$，并且 $t=0$ 时刻以前的两个符号为 $+1$。每个分支上的 ±1，连同之前的两个符号和 θ_k 产生了相位轨迹。容易验证相位树中 $t=kT$ 时刻的相位如表 4-1 所示。

随着时间的增加，相位树不断增大。然而，通过采用模 2π 运算，相位树可以折叠成一个网格。图 4-4 给出了 $M=2$、3RC、$h=2/3$ 的 CPM 的状态网格，这个网格首先经过模 2π 运算，将那些在 $[-2\pi, 0]$ 内的相位转换到 $[0, 2\pi]$ 区间。从图中可以看出在 $t=4T$ 以后

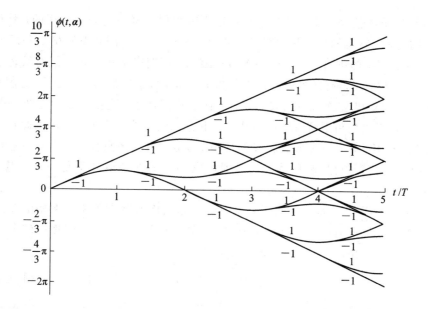

图 4 - 3　$M=2$、3RC、$h=2/3$ 的 CPM 信号的相位树

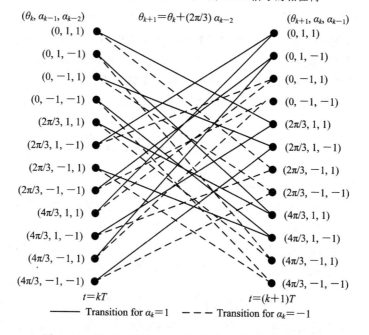

图 4 - 4　$M=2$、3RC、$h=2/3$ 的 CPM 信号的状态网格

网格完全展开，这是因为要产生所有可能的 θ_k 需要经过 $2T$ 时间（见式（4.34）），而产生所有可能的瞬时相位还要再经过 $2T$ 时间（见式（4.36））。现在我们观察 $t=4T$ 或 $t=5T$ 下的相位值，从上到下，依次为状态 12（或状态 5），状态 10，状态 3，状态 1（或状态 8），状态 6，状态 11，状态 4（或状态 9），状态 2，状态 7，状态 5（或状态 12）。除了那些包含两个状态的节点，在每个节点处有两个进入分支和两个离开分支，包含两个状态的节点有四个进入分支和四个离开分支。每个分支表示一个输入符号（+1 或 −1）从前一节点到当前节点的相位轨迹。

对于理解 CPM 信号的相位特性来说，相位树和相位网格是非常有用的。然而，对于 CPM 信号的解调，状态网格比相位网格更方便。图 4-4 给出的状态网格是利用式(4.32)～式(4.34)画出的。图中每个状态用一个节点表示，即使产生相同相位值的状态也用单独的节点表示。这样，总是有两个进入分支和两个离开分支。一般地，对于 M 进制符号，总是有 M 个进入分支和 M 个离开分支。并且，在状态网格中，连接状态的连线并不是信号相位的轨迹，它们只是用于简单地说明从一个状态到另一个状态的转移。因此状态网格跟相位网格是差不多的，只不过分支转移不是相位轨迹，并且节点标记为信号状态而不是相位。但是我们知道状态可以映射为相位，即使它们之间的映射并不是一一对应的（见图 4-3 和图 4-4）。

对于全响应 CPM，状态向量就是 θ_k，因此状态网格的节点跟相位网格的节点是相同的，但是分支仍然是不同的。对于线性全响应 CPM(CPFSK)，相位网格中的分支也是直线，因此状态网格和相位网格是完全相同的。

另一个很有意思的事实是，只要保证 $\int_{-\infty}^{\infty} g(t)\mathrm{d}t = 1/2$（或其他常数），频率脉冲 $g(t)$ 就不会影响网格的结构。这是因为状态定义为 $\{\theta_k, \alpha_{k-1}, \alpha_{k-2}, \cdots, \alpha_{k-L+1}\}$，数据与 $g(t)$ 无关，只要 $\int_{-\infty}^{\infty} g(t)\mathrm{d}t = 1/2$（或其他常数），$\theta_k$ 也独立于 $g(t)$。这个事实使得一个网格可以应用到具有不同频率脉冲形状的很多调制方案中，只要它们的 L 和 h 是相同的。

如果 h 是无理数，根据当前符号和之前所有的符号，$\phi(t, \boldsymbol{\alpha})$ 有无穷多个取值。相位树仍然存在，但是每个节点对于一个特定输入符号分支数不再是 M，而会随着相位树的深度呈指数级增长（M^N，N 为深度），此时相位树不能折叠成一个网格。

4.2 CPM 信号的频谱特性

计算 CPM 信号或其他数字调制信号功率谱密度的方法基本可以分成三类：直接法，Markov 法和相关法。也可以采用计算机仿真的方法。但是，测量是一种总可以得到 CPM 频谱的方法，同时也可以验证最终计算得到的频谱。

在直接法中，对截短的确定 CPM 信号 $s_N(t)=s_N(t, \boldsymbol{\alpha}, \phi_0)$ 求傅里叶变换 $S_N(f, \boldsymbol{\alpha}, \phi_0)$，然后对数据 $\boldsymbol{\alpha}$ 和均匀分布在 $(0, 2\pi)$ 上的初相 ϕ_0 进行平均，得到

$$\mathrm{PSD} = \lim_{N \to \infty} \frac{1}{NT} E\{|S_N(f, \boldsymbol{\alpha}, \phi_0)|^2\} \tag{4.40}$$

其中 N 为整数。这个结果非常简单，但是，对于 CPM，这一表达式通常非常复杂，并且需要二重数值积分。

在 Markov 法中，随机数据被建模成一个用转移矩阵表示的 Markov 过程，然后将自相关函数表示成转移矩阵和基本基带脉冲的相关矩阵的形式，对自相关函数求傅里叶变换即为调制信号的功率谱。

在相关法中，首先计算 CPM 信号的相关函数，然后求相关函数的傅里叶变换得到功率谱。首先，相关函数由信号复包络 $\tilde{s}(t+\tau, \boldsymbol{\alpha})$ 和 $\tilde{s}(t, \boldsymbol{\alpha})$ 的乘积对数据 $\boldsymbol{\alpha}$ 进行平均得到：

$$R_{\tilde{s}}(t+\tau, t) = E\{\tilde{s}(t+\tau, \boldsymbol{\alpha})\tilde{s}(t, \boldsymbol{\alpha})\} \tag{4.41}$$

然后在周期 T 上进行时间平均：

$$R_{\bar{z}}(\tau) = \frac{1}{T} \int_0^T R_{\bar{z}}(t+\tau,\, t)\, dt \tag{4.42}$$

文献[13]给出了一种快速、简单的数值计算方法。这种方法就是一种相关法。下面，我们给出根据式(4.41)和式(4.42)进行数值计算的步骤和公式。

4.2.1　计算一般 CPM 信号的步骤

1. 计算 $[0,\, (L+1)T]$ 区间上的自相关函数 $R_{\bar{s}}(\tau)$

将时间间隔 τ 写成 $\tau = \xi + mT$，其中 $0 \leqslant \xi < T$，$m = 0,1,2,\cdots$。

$$R_{\bar{s}}(\tau) = R_{\bar{s}}(\xi + mT)$$

$$= \frac{1}{T} \int_0^T \prod_{k=1-L}^{m+1} \left\{ \sum_{\substack{n=-(M-1) \\ n \text{ odd}}}^{M-1} P_n \exp\{ j2\pi hn[q(t+\xi-(k-m)T)-q(t-kT)] \} \, dt \right\} \tag{4.43}$$

其中 P_n 为第 n 个符号的先验概率。加权和是在 M 个符号上平均的结果。乘积表示在 $L+m$ 个符号周期上相关。最后，积分是在一个符号周期上进行平均。

2. 计算 C_a

$$C_a = \sum_{\substack{n=-(M-1) \\ n \text{ odd}}}^{M-1} P_n \exp[j2\pi hnq(LT)] \tag{4.44}$$

系数 C_a 用于下一步计算。如果 h 不是整数，则 $|C_a| < 1$，功率谱密度是完全连续的。如果 h 为整数，则 $|C_a| = 1$，功率谱密度包含连续部分和离散部分。

3. 计算 $|C_a| = 1$ 时的功率谱密度

如果 $|C_a| < 1$，即 h 不为整数，通常 h 为有理数，利用下式计算功率谱密度：

$$\psi_{\bar{s}}(f) = 2\, \mathrm{Re} \left\{ \int_0^{LT} R_{\bar{s}}(\tau)\mathrm{e}^{-j2\pi f\tau}\, d\tau + \frac{\mathrm{e}^{-j2\pi fLT}}{1-C_a \mathrm{e}^{-j2\pi fT}} \int_0^T R_{\bar{s}}(\tau+LT)\mathrm{e}^{-j2\pi f\tau}\, d\tau \right\} \tag{4.45}$$

功率谱密度是连续的。当数据符号等概率出现时，则对于 $n = \pm 1, \pm 3, \cdots, \pm(M-1)$，$P_n = 1/M$。此时，由于数据的对称性，式(4.43)中的指数函数求和变成实数，从而有

$$R_{\bar{s}}(\tau) = \frac{1}{T} \int_0^T \prod_{k=1-L}^{\lfloor \tau/T \rfloor} \frac{1}{M} \frac{\sin 2\pi hM[q(t+\tau-kT)-q(t-kT)]}{\sin 2\pi h[q(t+\tau-kT)-q(t-kT)]}\, dt \tag{4.46}$$

功率谱密度为

$$\psi_{\bar{s}}(f) = 2\int_0^{LT} R_{\bar{s}}(\tau)\cos 2\pi f\tau\, d\tau + \frac{2}{1-C_a^2-2C_a\cos 2\pi fT}$$

$$\cdot \left\{ (1-C_a\cos 2\pi fT)\int_{LT}^{(L+1)T} R_{\bar{s}}(\tau)\cos 2\pi f\tau\, d\tau - C_a\sin 2\pi fT\int_{LT}^{(L+1)T} R_{\bar{s}}(\tau)\sin 2\pi f\tau\, d\tau \right\} \tag{4.47}$$

式(4.44)变为

$$C_a = \frac{1}{M}\frac{\sin M\pi h}{\sin \pi h} \tag{4.48}$$

4. 计算 $|C_a| = 1$ 时的功率谱密度

如果 $|C_a| = 1$，即非常少见的 h 为整数的情况，自相关函数包含非周期成分 $R_{\mathrm{con}}(\tau)$ 和

周期成分 $R_{\text{dis}}(\tau)$

$$R_s(\tau) = R_{\text{con}}(\tau) + R_{\text{dis}}(\tau) \tag{4.49}$$

因此，功率谱密度包含连续部分和离散部分，即

$$\phi_s(f) = 2\text{Re}\left[\int_0^{LT} R_{\text{con}}(\tau)e^{-j2\pi f\tau}\,d\tau\right] + F_{\text{dis}}(f) \tag{4.50}$$

其中 $F_{\text{dis}}(f)$ 为离散功率谱，即 $R_{\text{dis}}(\tau)$ 的傅里叶级数系数。当 h 为偶数时，$R_{\text{dis}}(\tau)$ 的周期为 T，离散频率分量出现在 $f = \pm k/T$，$k = 0, 1, 2, \cdots$。当 h 为奇数时，$R_{\text{dis}}(\tau)$ 是周期为 $2T$ 的奇半波对称函数，其频谱将只有 $f = \pm\dfrac{2k+1}{2T}$，$k = 0, 1, 2, \cdots$ 的奇次谐波。整数调制指数的 CPM 信号具有离散频率分量的特性，可以在 CPM 接收机中用于载波恢复和符号定时。

4.2.2 脉冲形状、调制指数和先验分布对功率谱的影响

文献[12, 14, 15, 16]给出了很多数值结果，包括具有不同频率脉冲 $g(t)$、不同调制指数 h 以及不同先验分布 P_n 的 CPM 方案的功率谱密度。这些结果经常跟 MSK 的功率谱放到一起进行比较，因为在一般 CPM 方案出现以前，MSK 是一种频谱利用率较高的调制方式。下面，我们引用其中一些重要的结果。

首先我们来看 $g(t)$ 形状对功率谱密度的影响。图 4-5 给出了 $h = 1/2$ 的一些二进制 CPM 与 MSK 的功率谱密度。GMSK4 和 3SRC6 分别表示 $g(t)$ 对称地截短成 4 个符号周期长和 6 个符号周期长。图中其他四种 CPM 方案比 MSK 具有更好的功率谱特性，它们的频谱随频率增加下降得更快。3RC、$B_bT = 0.25$ 的 GMSK4 和 $\beta = 0.8$ 的 3SRC6 的功率谱非常相似，这是由于它们的 $g(t)$ 很相似。图 4-6 给出了 $h = 1/3$ 的一些四进制 CPM 与 MSK 的功率谱密度，可以看出 3RC 优于 2RC，而 2RC 又优于 1REC 和 MSK。从图 4-5 和图 4-6 可以得出，脉冲成型对于功率谱密度的影响非常大，当 h 和 M 不变时，脉冲 $g(t)$ 越长越平滑，功率谱就越紧凑。

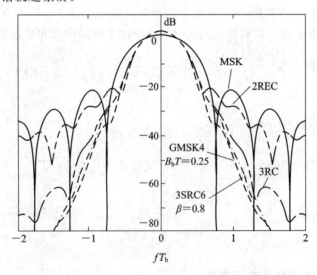

图 4-5　$h = 1/2$ 的一些二进制 CPM 与 MSK 的功率谱密度

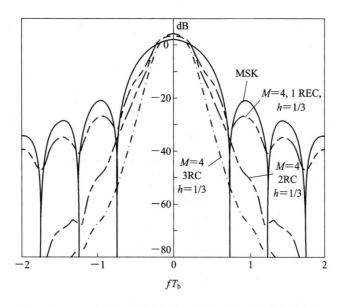

图 4 - 6　$h=1/3$ 的一些四进制 CPM 与 MSK 的功率谱密度

接下来，图 4-7 给出了不同调制指数二进制 4RC 的功率谱密度。可以看出：跟我们设想的一样，由于调制指数控制着相对载频的频率偏移，所以调制指数越小，功率谱旁瓣越低。h 对于功率谱密度的影响也是显著的。但是，后面我们也会看到，h 也影响比特错误概率。因此，h 的选择并不仅仅取决于功率谱密度特性。

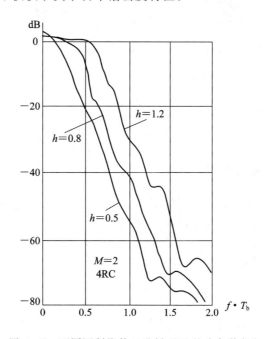

图 4 - 7　不同调制指数二进制 4RC 的功率谱密度

图 4-8 给出了二进制 6RC，$h=1/2$，先验分布为 B_1、B_2、B_3 的功率谱密度，其中 B_1、B_2、B_3 是按如下定义的三个先验分布：

$$(P_{-1}, P_{+1}) = \begin{cases} \left(\dfrac{1}{2}, \dfrac{1}{2}\right), & B_1 \\[2mm] \left(\dfrac{1}{4}, \dfrac{3}{4}\right), & B_2 \\[2mm] \left(\dfrac{1}{10}, \dfrac{9}{10}\right), & B_3 \end{cases} \tag{4.51}$$

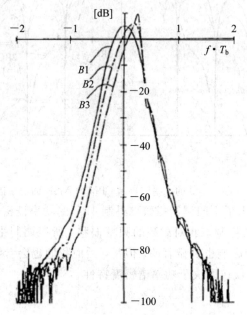

图 4-8 二进制 6RC，$h = 1/2$，先验分布为 B_1、B_2、B_3 的功率谱密度

从图 4-8 中可以看出，对称概率分布的功率谱密度也是关于 $fT = 0$ 对称的。非对称概率分布的功率谱密度也是非对称的。但即使像 B_3 这种非常不对称的分布，它们的功率谱密度也都是非常相似的。

由此可以得出结论：先验分布 P_n 对功率谱密度的影响并不明显。

4.2.3 CPFSK 的功率谱密度

M 进制 1REC(CPFSK) 的功率谱密度具有封闭形式的表示，其表达式为

$$\Psi_s(f) = \frac{A^2 T}{M} \sum_{i=1}^{M} \left[\frac{1}{2} \frac{\sin^2 \gamma_i}{\gamma_i^2} + \frac{1}{M} \sum_{j=1}^{M} A_{ij} \frac{\sin \gamma_i}{\gamma_i} \frac{\sin \gamma_j}{\gamma_j} \right] \tag{4.52}$$

其中 A 为信号幅度。其他参数定义如下：

$$\gamma_i = \left(fT - (2i - M - 1)\frac{h}{2} \right)\pi, \quad i = 1, 2, \cdots, M \tag{4.53}$$

$$A_{ij} = \frac{\cos(\gamma_i + \gamma_j) - C_a \cos(\gamma_i + \gamma_j - 2\pi fT)}{1 + C_a^2 - 2C_a \cos 2\pi fT} \tag{4.54}$$

$$C_a = \frac{1}{M} \frac{\sin M\pi h}{\pi h} \tag{4.55}$$

这组表达式也可以用来计算 M 进制 FSK 的功率谱密度。2CPFSK、4CPFSK 和 8CPFSK 的功率谱密度分别如图 4-9、图 4-10 和图 4-11 所示。

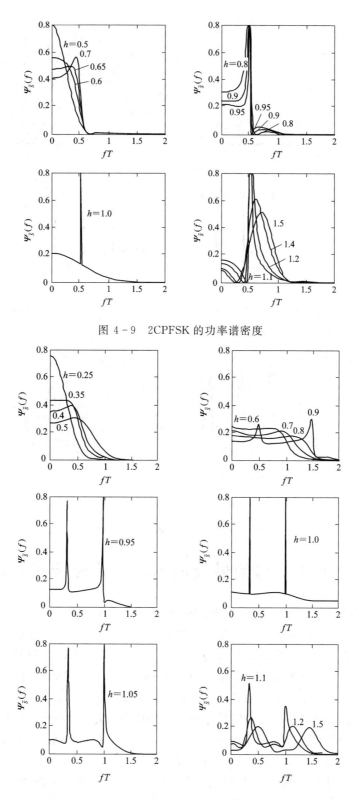

图 4-9   2CPFSK 的功率谱密度

图 4-10   4CPFSK 的功率谱密度

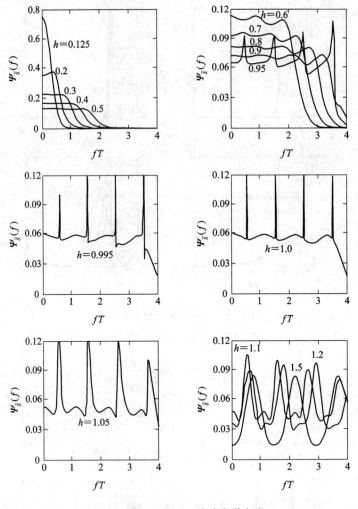

图 4-11　8CPFSK 的功率谱密度

4.3　CPM 信号的最大似然序列检测及错误概率

　　不像经典的 FSK 和 PSK 调制，CPM 信号具有记忆特性。在一个符号期间的信号由当前输入符号和状态共同决定。状态向量包含之前 $L-1$ 个输入符号和相位 θ_k。即使频率脉冲 $g(t)$ 的持续时间有限，相位脉冲 $q(t)$ 仍是无限长的。也就是说，CPM 信号具有无限长的记忆。基于这个原因，CPM 信号可以达到比那些逐符号调制方案更好的差错性能。由于记忆长度是无限的，对于最佳检测器而言，接收机必须观察无限长的信号来选择使得错误概率最小的序列 $\{\alpha_k\}$。这可以用最大似然序列检测（MLSD）实现。当然这种接收机在现实中并不存在。实际中的接收机仅可以观察有限长度（N 个码元）内的波形。因此，该接收机是次优的。当 $N \to \infty$ 时，接收机就是最优的。

　　本节我们分析 CPM 信号最大似然序列检测的误差性能。实际的接收机可以采用 MLSD，也可以不采用 MLSD，这取决于发射功率和系统复杂度的权衡，但是 MLSD 的误差性能可以作为一个基准。在 4.5 节，我们将讨论不同形式的 CPM 接收机：最佳接收机和次最佳的接收机，相干接收机和非相干接收机。我们会看到，MLSD 接收机和其他接收机的性能由欧氏距离决定，尤其是信号间的最小欧氏距离。因此，本节我们将详细的研究 CPM 信号的欧氏距离。

4.3.1 错误概率和欧氏距离

假定 CPM 接收机观察长为 N 个符号的序列，即接收信号为

$$r(t) = s_i(t) + n(t), \quad 0 \leqslant t \leqslant NT, \, i = 1, 2, \cdots, M^N \tag{4.56}$$

其中 $s_i(t)$ 为由第 i 个数据序列 $\boldsymbol{\alpha}_i$ 决定的信号。对于 M 进制符号，总共有 M^N 种不同序列。因此总共有 M^N 种不同的信号，将每个 $s_i(t)$ 看成 M^N 元信号中的一个，就可以应用检测 M 元信号的结论(此处 M 元为 M^N 元)。由于所有 $s_i(t)$ 的能量相同且等概率，所以最佳检测是最大似然序列检测，它可以达到最小的序列检测错误概率。MLSD 接收机将接收信号与所有可能的发射信号做相关处理：

$$l_i = \int_0^{NT} r(t) s_i(t) \mathrm{d}t, \quad i = 1, 2, \cdots, M^N \tag{4.57}$$

然后选择使得 l_i 最大的信号序列。

$s_i(t)$ 被误检测为其他任一序列的错误概率由如下的错误概率联合界给出：

$$P_e(i) \leqslant \sum_{j \neq i} Q\left(\frac{D_{ij}}{\sqrt{2N_0}}\right) \tag{4.58}$$

其中 D_{ij} 表示两个信号之间的欧氏距离，定义为

$$D_{ij} = \left[\int_0^{NT} \left[s_i(t) - s_j(t)\right]^2 \mathrm{d}t\right]^{\frac{1}{2}} \tag{4.59}$$

平方欧式距离为

$$
\begin{aligned}
D_{ij}^2 &= \left[\int_0^{NT} \left[s_i(t) - s_j(t)\right]^2 \mathrm{d}t\right] = \int_0^{NT} \left[s_i^2(t) - 2s_i(t)s_j(t) + s_j^2(t)\right] \mathrm{d}t \\
&= 2NE - \int_0^{NT} 2s_i(t)s_j(t) \mathrm{d}t \\
&= 2NE - \int_0^{NT} 2\frac{E}{T}\cos\left[2\pi f_c t + \phi(t, \boldsymbol{\alpha}_i)\right]\cos\left[2\pi f_c t + \phi(t, \boldsymbol{\alpha}_j)\right] \mathrm{d}t \\
&= 2NE - \int_0^{NT} 2\frac{E}{T}\left\{\cos\left[\phi(t, \boldsymbol{\alpha}_i) - \phi(t, \boldsymbol{\alpha}_j)\right] + \cos\left[4\pi f_c t + \phi(t, \boldsymbol{\alpha}_i) + \phi(t, \boldsymbol{\alpha}_j)\right]\right\} \mathrm{d}t \\
&= 2NE - \int_0^{NT} 2\frac{E}{T}\cos\left[\phi(t, \boldsymbol{\alpha}_i) - \phi(t, \boldsymbol{\alpha}_j)\right] \mathrm{d}t + o\left(\frac{1}{f_c}\right) \tag{4.60}
\end{aligned}
$$

其中，$o(1/f_c)$ 表示 $1/f_c$ 阶次项，即该项正比于 $1/f_c$。当 $f_c \gg 1$ 时，该项可以忽略，在 CPM 中，这一条件通常是满足的。因此平方欧氏距离可进一步简化为

$$D_{ij}^2 = 2NE - \int_0^{NT} \frac{2E}{T}\cos\Delta\Phi(t, \gamma_{ij}) \mathrm{d}t \tag{4.61}$$

其中

$$
\begin{aligned}
\Delta\Phi(t, \gamma_{ij}) &= \phi(t, \boldsymbol{\alpha}_i) - \phi(t, \boldsymbol{\alpha}_j) = 2\pi h \sum_{k=-\infty}^{\infty} (\alpha_k^i - \alpha_k^j) q(t - kT) \\
&= 2\pi h \sum_{k=-\infty}^{\infty} \gamma_k q(t - kT) \tag{4.62}
\end{aligned}
$$

$\boldsymbol{\alpha}_i$ 和 $\boldsymbol{\alpha}_j$ 表示第 i 个和第 j 个数据序列，γ_{ij} 表示 $\boldsymbol{\alpha}_i$ 和 $\boldsymbol{\alpha}_j$ 之间的差分序列。

式(4.61)仍然不是最简形式。为了比较不同的调制方案，我们应该基于相同的比特能量 E_b 来比较错误性能。由于 $E = (\mathrm{lb}M)E_b$，我们将平方欧式距离对比特能量归一化得到

$$d_{ij}^2 = \frac{D_{ij}^2}{2E_b} = N(\mathrm{lb}M) - \int_0^{NT} \frac{(\mathrm{lb}M)}{T} \cos\Delta\Phi(t, \gamma_{ij}) \mathrm{d}t$$

$$= \frac{(\mathrm{lb}M)}{T} \int_0^{NT} [1 - \cos\Delta\Phi(t, \gamma_{ij})] \mathrm{d}t$$

$$= \frac{(\mathrm{lb}M)}{T} \sum_{k=0}^{N-1} \int_{kT}^{(k+1)T} [1 - \cos\Delta\Phi(t, \gamma_{ij})] \mathrm{d}t \qquad (4.63)$$

这个式子说明：对于固定的相位路径对，d_{ij}^2 是观测长度 N 的非递减函数。

现在回到式(4.58)，利用 Q 函数的上限

$$Q(x) < \frac{1}{2} \mathrm{e}^{-x^2/2}, \quad x > 0 \qquad (4.64)$$

可以得到

$$P_e(i) \leqslant \frac{1}{2} \sum_{j \neq i} \exp\left\{ -d_{ij}^2 \left(\frac{E_b}{2N_0} \right) \right\} \qquad (4.65)$$

式中每个分量都包含信噪比 E_b/N_0。高信噪比时，式(4.65)主要由具有最小的 d_{ij}^2 项决定。因此在高信噪比下，可以将误比特率性能界近似为

$$P_e(i) \leqslant \frac{K_i}{2} \exp\left\{ -\min_j [d_{ij}^2] \left(\frac{E_b}{2N_0} \right) \right\} \qquad (4.66)$$

其中 K_i 为与 $s_i(t)$ 具有最小距离的信号数。总体误比特率性能界为

$$P_e \leqslant \frac{K}{2} \exp\left\{ -\min_{\substack{i,j \\ i \neq j}} [d_{ij}^2] \left(\frac{E_b}{2N_0} \right) \right\} \qquad (4.67)$$

其中 K 为所有情况下可以达到最小距离的信号数。适用于任意信号集的最小距离定义可以写为

$$d_{\min}^2 \triangleq \frac{1}{2E_b} \min_{\substack{i,j \\ i \neq j}} \left[\int_0^{NT} [s_i(t) - s_j(t)]^2 \mathrm{d}t \right] \qquad (4.68)$$

对于 CPM 信号，有

$$d_{\min}^2 \triangleq \frac{1}{2E_b} \min_{\substack{i,j \\ i \neq j}} \left[\frac{\mathrm{lb}M}{T} \int_0^{NT} [1 - \cos\Delta\Phi(t, \gamma_{ij})] \mathrm{d}t \right] \qquad (4.69)$$

利用 $d_{\min}$，式(4.67)变为

$$P_e \leqslant \frac{K}{2} \exp\left\{ -d_{\min}^2 \left(\frac{E_b}{2N_0} \right) \right\} \qquad (4.70)$$

或者利用式(4.64)有

$$P_e \leqslant \frac{K}{2} Q\left(d_{\min} \sqrt{\frac{E_b}{N_0}} \right) \qquad (4.71)$$

需要注意的是，P_e 为序列检测的错误概率，不是符号或比特错误概率。但是，由于在高信噪比下，一个序列错误很可能是由一个符号错误或一个比特错误引起的，所以式(4.70)和式(4.71)可以近似等于符号或比特错误概率。即使一个序列错误会引起多个符号或比特错误，结果也只需要增加因子 K 的值，在误码率曲线中这会引起误码率的增加。

由于错误性能主要由最小欧式距离决定，不同 CPM 方案误码性能的评估可以用 $d_{\min}$

或 d^2_{min} 的评估来代替。换句话说，d^2_{min} 将是误差性能评估和比较的标准。

为了计算 N 个符号观测间隔的 d^2_{min}，必须考虑相位树（或网格）中 N 个符号上的所有相位路径。在第一个符号间隔的相位路径一定不能重合。根据式（4.63）计算所有路径对的欧氏距离，其中最小的就是 N 个符号观测间隔上的 d^2_{min}。"N 个符号观测间隔"意味着 d^2_{min} 会随 N 的变化而变化。当然 d^2_{min} 也会随 h 和 $g(t)$ 的变化而变化，因为式（4.63）中 $\Delta\Phi(t, \gamma_{ij})$ 是 h 和 $g(t)$ 的函数。但是在下面的讨论中，我们只关心欧氏距离与 N 的关系，因此定义 d^2_{min} 为 $d^2_{min}(N)$。

$d^2_{min}(N)$ 的紧上界 d^2_B 给出了最大可达性能，因此它是误差性能的重要指标。为了构造 $d^2_{min}(N)$ 的上界，可以选择长为 N 的任意路径对。这个路径对的距离必须等于或大于 $d^2_{min}(N)$。对于固定相位路径对，d^2_{min} 是 N 的非递减函数，因此，对于任一有限 N 值，$d^2_{min}(\infty)$ 应该等于或大于 $d^2_{min}(N)$。这样，我们可以选择任一无限长的相位路径对来找到 $d^2_{min}(N)$ 的上界。对于紧上界，好的候选路径是尽早重合的无限长相位路径对。一些重合点仅对于某些特定调制指数才会发生。另外一些独立于调制指数的重合点我们称为必然重合点。第一个必然重合点通常用来计算上界，一般第一个必然重合点发生在 $t=(L+1)T$ 时。在相位树或网格中产生第一个必然重合点的所有相位路径对的距离经过计算和比较，最小的即为上界 d^2_B。有时，第二个、第三个甚至更远的必然重合点可能给出更紧致的上界。关于详细的上界计算可参见文献[14，15]。

4.3.2 最小距离的比较

文献[16，17]给出了利用相位树或网格计算 d^2_{min} 的有效算法，并给出了不同 $g(t)$，L，h 和 M 时的上界 d^2_B。对于 CPFSK（1REC），已经找到 d^2_{min} 的确切表达式。文献[14]中首先给出了二进制 1REC 的上界，$d^2_B=2[1-\mathrm{sinc}(2h)]$。之后，文献[18]指出对于 $h<1/2$ 二进制 1REC，这个上界就是 d^2_{min}。最后文献[19]将其扩展到更多一般情况。对于任意有理调制指数 $h=p/q$（p、q 为互质的正整数），M 进制 CPFSK 的 d^2_{min} 为

$$d^2_{min} = \begin{cases} \mathrm{lb}M, & h \text{ 为整数} \\ \min_{\gamma}\{2\mathrm{lb}M[1-\mathrm{sinc}(\gamma h)]\}, & q \geqslant M \\ 2\mathrm{lb}M[1-\mathrm{sinc}(2h)], & h < 0.301\,677\,3, q < M \\ \mathrm{lb}M, & h > 0.301\,677\,3, q < M \end{cases} \tag{4.72}$$

其中 $\gamma=2，4，6，\cdots，2(M-1)$。从上式可以看出，$d^2_{min}$ 正比于 $\mathrm{lb}M$。也就是说，M 越大，最小欧氏距离越大。

现在我们给出一些结果作为例子来了解更多一般情况下 d^2_{min} 和 d^2_B 的特性。首先来说明 d^2_B 如何随 h 变化及 d^2_{min} 如何随 h 和 N 变化。图 4-12 给出了二进制 3RC 在不同 h 下的最小距离。最小距离上界在 h 稍小于 1 时达到峰值。当 h 较小时，实际的最小距离 d^2_{min} 一般也随 h 的增加而增加。当 h 较大时，会出现振荡。当 $N=1$ 时，d^2_{min} 非常小，但当 $N=2$ 时已经明显增大了许多。对于 $0<h\leqslant0.6$，当 $N=4$ 时达到上界。当 $h\approx0.85$ 时，最小距离在 $N=6$ 时达到上界 3.35，再增加 N 不会显著地增大 d^2_{min}。有一些弱调制指数，如 $h=2/3$ 和 $h=1$，它们的 d^2_{min} 非常小。对于实际设计，可以将最优的 $h\approx0.85$ 用一个有理数近似，如 $h=7/8=0.875$。这样一来，这个方案就有状态网格，并且 MLSD 可以由 Viterbi 算法实现。

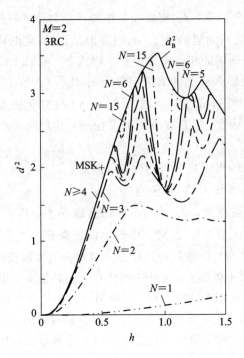

图 4-12 二进制 3RC 在不同 h 下的最小距离

图 4-13 比较了二进制 LRC($L=1,2,\cdots,6$)的 d_B^2 函数。纵轴线性刻度是绝对距离，dB 刻度是相对 MSK 的最小距离归一化后的相对距离。从这张图上得到的最重要的信息是：对于较大的 h，距离随 L 的增加而增加；对于 $h<0.5$，距离随 L 的增加而减小。但是这个比较并不十分公平，因为带宽也随 L 和 h 的改变发生了变化。图 4-14 给出了更好的比较。

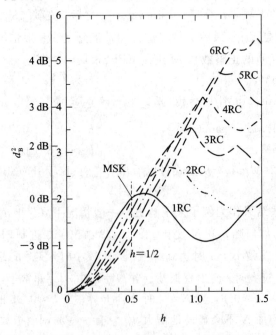

图 4-13 二进制 LRC($L=1,2,\cdots,6$)的 d_B^2 函数

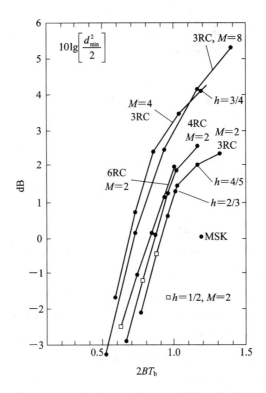

图 4-14 采用 RC 脉冲的 CPM 方案的功率利用率和带宽利用率权衡

图 4-14 给出了 MSK 和几种 CPM 方案的 $d_{\min}^2$ 和带宽利用率。图中每个点的横坐标表示 99% 双边归一化带宽 $2BT_b$，纵坐标表示相对于 MSK 的最小距离增益。如果从通过 MSK 的点画一条垂直线和水平线，垂直线左边区域的方案比 MSK 和垂直线右边区域方案的带宽利用率高，水平线以上的方案比 MSK 和水平线以下的方案具有更高的功率利用率。在左上方四分之一区域的方案比 MSK 具有更高的带宽利用率和功率利用率。很明显，较大的 L 和 M 会得到更高效的调制方案。

4.4 CPM 信号的调制器

CPM 调制器原理框图如图 4-15 所示，这是式 (4.1) 的直接实现。数据序列 $\{\boldsymbol{\alpha}_k\}$ 通过滤波器和乘法器形成频率脉冲序列 $\{2\pi h\boldsymbol{\alpha}_k g(t-kT)\}$，然后加到 FM 调制器产生需要的相位 $\phi(t, \boldsymbol{\alpha})$。需要注意的是，这里采用的是 FM 调制器而不是相位调制，因为输入的是频率脉冲 $g(t)$ 而不是相位脉冲 $q(t)$。如果 FM 调制器为压控振荡器（VCO），那么 VCO 的控制电压为

$$v(t) = 2\pi h \sum_{k=-\infty}^{\infty} \boldsymbol{\alpha}_k g(t-kT) \tag{4.73}$$

但是 VCO 在实际中并不实用，因为传统的自由振荡 VCO 并不能达到要求的频率稳定度或低失真要求的线性度。许多实用的解决方案已经被提出来：一种方案是采用正交调制器；还有采用锁相环或带通滤波器和限幅器的方案；另外也可以采用全数字技术，将模拟 VCO 用数字数控振荡器（NCO）代替。下面我们将介绍这些调制器的结构。

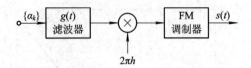

图 4-15 CPM 调制器原理框图

4.4.1 正交调制器

将归一化 CPM 波形 $s_o(t) = s_c(t, \boldsymbol{\alpha}) / \sqrt{2E/T}$ 表示为

$$s_o(t) = I(t)\cos(2\pi f_c t) - Q(t)\sin(2\pi f_c t) \tag{4.74}$$

可得到正交调制器结构。其中：

$$I(t) = \cos\phi(t, \boldsymbol{\alpha}) = \cos[\theta(t, \boldsymbol{\alpha}_k) + \theta_k] \tag{4.75}$$

$$Q(t) = \sin\phi(t, \boldsymbol{\alpha}) = \sin[\theta(t, \boldsymbol{\alpha}_k) + \theta_k] \tag{4.76}$$

这个表达式跟 MPSK 或 MSK 的很相似，差别主要在于 $I(t)$ 和 $Q(t)$ 的产生方法。通常，最直接的方法是采用存储 $I(t)$ 和 $Q(t)$ 的查找表。图 4-16 为采用相位状态 ROM 的正交调制器，是一种基于 ROM 存储 $I(t)$ 和 $Q(t)$ 的调制器结构。假定调制指数为有理数，那么在一个符号间隔内，相位 $\phi(t, \boldsymbol{\alpha})$ 的数目是有限的，$I(t)$ 和 $Q(t)$ 的波形也是有限的。因此，在一个符号间隔内，所有可能的 $I(t)$ 和 $Q(t)$ 波形可以存储在 ROM 中。由于在一个符号间隔内，$\phi(t, \boldsymbol{\alpha})$ 的形状由状态 $S_k = \{\theta_k, \boldsymbol{\alpha}_{k-1}\} = \{\theta_k, \alpha_{k-1}, \alpha_{k-2}, \cdots, \alpha_{k-L+1}\}$ 和当前输入符号 α_k 决定，所以 $I(t)$ 和 $Q(t)$ 波形可以用状态 S_k 和当前输入符号 α_k 来寻址。

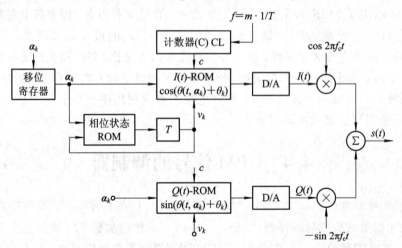

图 4-16 采用相位状态 ROM 的正交调制器

在图 4-16 中，数据符号由长度为 L 的移位寄存器接收。移位寄存器的输出为符号向量 $\boldsymbol{\alpha}_k = \{\alpha_k, \alpha_{k-1}, \alpha_{k-2}, \cdots, \alpha_{k-L+1}\}$。相位状态 θ_k 由相位状态 ROM 和延时 T 产生。在每个符号期间，$\boldsymbol{\alpha}_k$ 和 θ_{k-1} 作为状态 ROM 的输入得到 θ_k。采用相位状态序号 v_k 取代 θ_k 更好，这样相位状态的生成可以用一个可逆计数器实现。v_k 与 θ_k 的关系为

$$\theta_k = (h\pi v_k + \phi_0)\mod(2\pi) \tag{4.77}$$

其中 ϕ_0 为一任意常数相位，一般设为 0。例如，二进制 3RC、$h=2/3$ 的相位状态 θ_k 为 0，$2\pi/3$ 和 $4\pi/3$，可以用 $v_k = 0, 1, 2$ 表示。

$I(t)$ 和 $Q(t)$ 波形由计数器 C 以 m/T 的速度偏移，m 为每个符号周期存储的样点数。符号向量 $\boldsymbol{\alpha}_k$，相位状态序号 v_k 和计数器输出 c 经过组合形成地址得到 ROM 中 $I(t)$ 和 $Q(t)$ 的样点，这些样点经过 D/A 转换器变成模拟信号。调制器的剩余部分跟典型的正交调制器是一样的。

ROM 的地址域约为 $(L \mathrm{lb} M + \lceil \mathrm{lb} p \rceil + 1)\, \mathrm{bit}$。$L \mathrm{lb} M\ \mathrm{bit}$ 用于存放 $\boldsymbol{\alpha}_k$，$(\lceil \mathrm{lb} p \rceil + 1)\ \mathrm{bit}$ 用于存放 θ_k 或 v_k，其中 $\lceil x \rceil$ 表示比 x 大的最小整数。参数 p 为不同的 θ_k 的个数，它与调制指数的关系为 $h = 2q/p$。ROM 的大小很容易计算出来，因为总共有 pM^{L-1} 个状态，当前符号有 M 个不同的取值，因此，$I(t)$ 或 $Q(t)$ 的波形数目 m_q 为 $pM^{L-1}M = pM^L$。每个波形有 m 个样点，每个样点量化为 $m_q\ \mathrm{bit}$。因此 ROM 的大小为 $pM^L m m_q\ \mathrm{bit}$。以上地址长度和 ROM 的规模都比较小。例如，对于二进制 3RC、$h = 2/3$，假定 $m = 8$，$m_q = 8$，ROM 的地址长度为 5 bit，ROM 的大小为 1536 bit。即使对于较大的 M、L、m 和 m_q，ROM 的规模比起当今技术可以达到的 ROM 容量而言还是非常小的。

4.4.2　串行调制器

与串行 MSK 采用的技术类似，CPM 调制器也可以串行实现。图 4-17 给出了 CPM 调制器的 PLL 实现，它是一个包含 PSK 或简单 CPM 调制器和锁相环（PLL）的 CPM 调制器。将锁相环用带通滤波器和硬限幅器代替可以得到如图 4-18 所示的 CPM 调制器。像串行 MSK 一样，PLL 或带通滤波器的基本函数是用来平滑输入波形的，从而建立一个与几个符号间隔相关的信号，这一信号往往具有较窄的频谱。通过选择合适的 PLL 或滤波器，可以非常近似地产生所要的 CPM 信号。

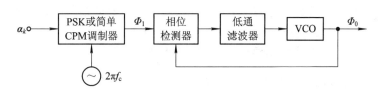

图 4-17　CPM 调制器的 PLL 实现

图 4-18 中的限幅器用来保持信号幅度恒定，以免经过滤波后信号幅度出现波动。下面我们来介绍这两种结构是如何完成 CPM 调制的。

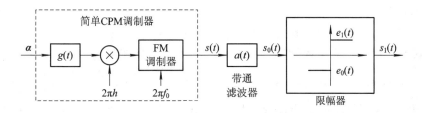

图 4-18　用带通滤波器和硬限幅器实现的 CPM 调制器

1. PLL 调制器

在图 4-17 中，假定相位检测器工作在线性区，从简单 CPM 调制器得到的输入相位为

$$\Phi_I(t, \boldsymbol{\alpha}) = \sum_k 2\pi h \boldsymbol{\alpha}_k q_I(t - kT) \tag{4.78}$$

假定 PLL 的冲激响应为 $h(t)$，那么输出相位为

$$\Phi_o(t, \boldsymbol{\alpha}) = \sum_k 2\pi h \boldsymbol{\alpha}_k q_I(t - kT) * h(t) \tag{4.79}$$

其中 $*$ 表示卷积。将其与 CPM 相位表达式相比，有

$$q(t - kT) = q_I(t - kT) * h(t) \tag{4.80}$$

因此期望的 $q(t)$ 可以被解卷积成两个简单函数 $q_I(t)$ 和 $h(t)$，CPM 调制器的复杂度得以简化。

由于式(4.80)的频域表达式为

$$Q(f) = Q_I(f) H(f) \tag{4.81}$$

故解卷积在频域实现更简单。

PLL 调制器的问题是对调制指数 h 有限制，因为最大的相位偏差 $\Phi_o(t, \boldsymbol{\alpha}) - \Phi_I(t, \boldsymbol{\alpha})$ 要在 PLL 工作特性的线性区内。这个限制也取决于相位脉冲长度 L 和电平数 M。粗略的估计为

$$h < \frac{2}{(L+1)(M-1)} \tag{4.82}$$

对于较大的 L 和 M，h 会比较小。例如，采用 PLL 调制器，二进制 3RC CPM 的最大调制指数为 0.5，四进制 2RC 的最大调制指数为 0.2。

2. 带通滤波-限幅调制器

在图 4-18 中，限幅器的输出相位与输入相位是一样的，即

$$\Phi_1(t, \boldsymbol{\alpha}) = \Phi_0(t, \boldsymbol{\alpha}) = \arg\{\tilde{s}_0(t) * \tilde{a}(t)\} \tag{4.83}$$

其中信号和滤波器用它们的复包络表示，$\arg\{z\}$ 表示复数 z 的幅角。上述表达式可以写成

$$\Phi_1(t, \boldsymbol{\alpha}) = \arg\{\exp[j\phi(t, \boldsymbol{\alpha})] * \tilde{a}(t)\} \tag{4.84}$$

其中 $\phi(t, \boldsymbol{\alpha})$ 是从简单 CPM 调制模块产生的信号的相位，其表达式为

$$\phi(t, \boldsymbol{\alpha}) = 2\pi h \sum_{i=k-L+1}^{k} \alpha_i q(t - iT) + \theta_k = \theta(t, \boldsymbol{\alpha}_k) + \theta_k \tag{4.85}$$

对于小调制指数，$\phi(t, \boldsymbol{\alpha})$ 的时变部分可以认为是非常小的，可将指数函数展开成泰勒级数，即

$$\phi_1(t, \boldsymbol{\alpha}_k) = \arg\left\{\left[1 + j\phi(t, \boldsymbol{\alpha}_k) - \frac{\phi^2(t, \boldsymbol{\alpha}_k)}{2} + \cdots\right] * \tilde{a}(t)\right\} \tag{4.86}$$

用一阶近似，有

$$\phi_1(t, \boldsymbol{\alpha}_k) = \arg\{[1 + j\phi(t, \boldsymbol{\alpha}_k)] * \tilde{a}(t)\} \tag{4.87}$$

现在，假定滤波器 $a(t)$ 为实数（要求带通滤波器具有对称频率响应），有

$$\phi_1(t, \boldsymbol{\alpha}_k) = \arg\{[1 + j\phi(t, \boldsymbol{\alpha}_k)] * \tilde{a}(t)\} = \arctan\left[\frac{\phi(t, \boldsymbol{\alpha}_k) * a(t)}{1 * a(t)}\right] \tag{4.88}$$

分母为常数，用 A 表示，对于小调制指数，arctan 可以忽略，因此

$$\phi_1(t, \boldsymbol{\alpha}_k) \approx \phi(t, \boldsymbol{\alpha}_k) * \frac{a(t)}{A} \tag{4.89}$$

或者

$$\theta_1(t, \boldsymbol{\alpha}_k) \approx 2\pi h \sum_{i=k-L+1}^{k} \alpha_i q(t - iT) * \frac{a(t)}{A} \tag{4.90}$$

将这个表达式与标准 CPM 相位比较，可以看到带通滤波器的一阶近似相当于对相位响应进行了线性滤波。因此可以比较容易地综合带通滤波器来得到期望的 $g(t)$。

这个方法的缺点是相位的非线性会引起频谱扩展。

两种串行调制器与正交调制器相比具有快速、不需要平衡两个信道的优点。

4.4.3　全数字调制器

文献[20]给出了 CPM 调制器的全数字实现。全数字调制器的结构是基于图 4-15 的 CPM 调制器的原理框图的，但是所有的功能模块采用数字方式实现。滤波器 $G(\mathrm{j}\omega)$（$g(t)$ 的傅里叶变换）用数字 FIR 滤波器 $G(z)$ 代替，VCO 由一个数控振荡器（NCO）代替。图 4-19 给出的是全数字 CPM 调制器框图。即使基于 ROM 的正交调制器采用数字技术产生 $I(t)$ 和 $Q(t)$，调制阶段仍然是模拟的。在这个全数字实现的调制器中，调制阶段是用 NCO 实现的。

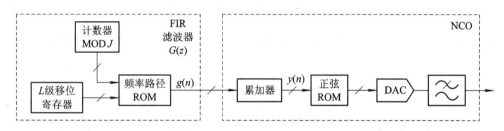

图 4-19　全数字 CPM 调制器框图

NCO 包括一个累加器、正弦 ROM、DAC 和低通滤波器。低通滤波器用来滤除经过 DAC 后的高频谐波。正弦 ROM 存储了一个正弦波的样值，第 n 个存储位置中的内容为

$$[n] = \left[2^{K-1}\cos\left(\frac{2\pi n}{N}\right) \right] \qquad (4.91)$$

其中 $[\cdot]$ 表示最接近的整数，K 为 ROM 中每个存储位置的比特数（即 DAC 转换精度）。N 为正弦波每周期的离散点数。模拟周期或频率由 N 和电路的时钟频率 f_s 确定。累加器实际上为一个离散积分器，在符号间隔 j 内，它给出 ROM 的地址数 n_j。假定在每个时钟周期累加器输出加一，正弦波输出将以每 N 个时钟周期重复，即输出信号的频率为

$$K_{\mathrm{NCO}} = \frac{f_s}{N} \qquad (4.92)$$

也称为 NCO 的灵敏度。K_{NCO} 通常为整数。假定累加器在每个时钟周期接收一个数 k 作为输入，则在第 j 个时钟周期，累加器的输出为

$$n_j = \{k + n_{j-1}\}\bmod(N) \qquad (4.93)$$

这样 DAC 输出信号的频率为

$$f_{\mathrm{NCO}} = kK_{\mathrm{NCO}} \qquad (4.94)$$

根据采样定理，$k \leqslant N/2$。改变 k 可以得到不同的频率，最高频率为 $f_s/2$，最低频率为 $f_s/N = K_{\mathrm{NCO}}$。

对于 CPFSK，图 4-19 中 FIR 滤波器仅需对不同的数据符号在频率路径 ROM 生成不同的 k 值。实际上，对于 M 进制 CPFSK 仅需要 M 个不同的 k 值。由于 f_{NCO} 通常选为符号速率（$1/T$）的整数倍，在时间 T 内正弦波的周期数为整数。因此，在每个符号间隔内，信

号可以从零相位开始，并结束于零相位。这样，相位的连续性得以保证。

对于更多复杂的 CPM 方案，FIR 滤波器必须进行频率脉冲成形处理。从原理上讲，FIR 滤波器可以进行这个处理，但是实际中采用图 4-19 的结构通常过于简单。L 级移位寄存器记忆过去的 L 个符号，并用它们作为寻址 M^L 个可能频率路径之一的样点的地址。频率路径可以从相位路径中得出，即

$$f(t, \boldsymbol{\alpha}) = \frac{\mathrm{d}}{\mathrm{d}t} \phi(t, \boldsymbol{\alpha}) = 2\pi h \sum_{i=j-L+1}^{j} \alpha_i g(t - iT) \tag{4.95}$$

频率路径的样值存储在频率路径 ROM 中。

这个全数字 CPM 调制器非常稳定，具有很低的相位噪声，并且十分灵活。例如，增加 N，可以提高分辨率。读者可以参阅文献[20]了解更多的设计细节、仿真和实验结果。

4.5 CPM 信号的解调器

在某些文献中有时也把解调器称为接收机，尽管两者稍微有些区别。这里，我们同时使用这两个术语。

一个控制接收机结构的非常重要的参数是调制指数 h。如果调制指数为有理数，如 4.1 节所述，CPM 方案存在一个状态网格。网格中的每条路径唯一地对应于一个数据序列。在特定准则下可以采用一些搜索算法（如 Viterbi 算法）在网格中搜索找到传输的数据序列。如果 h 不是有理数，则不存在网格状态。此时，基于相位树的序列检测理论上是可行的，但由于相位树中一个节点处的分支数随着路径长度的增长呈指数级增长，实际上并不可行。因此对于非有理数 h 并不存在网格。此处我们仅考虑调制指数为有理数的情况。

4.5.1 最佳 ML 相干解调器

文献[20]中首先给出了二进制 CPFSK 的最佳 MLSD 相干解调器结构，文献[21]又将其扩展到 M 进制 CPFSK。实际上这个结果可以应用到任何 CPM 方案。接收机通过观测 N 个符号来检测第一个符号。如前所述，由第一个符号（实际上可以是任意符号）产生的相位会一直持续下去。因此，只有当 $N \to \infty$ 时，在整个信号中包含第一个符号的所有相位信息被利用这个意义下，接收机是最佳的。但是，如果只观察 N 个符号，我们所能做的就是在给定间隔上进行 MLSD 检测。在这个意义下，它是最优的。这也是为何称这一解调器为最佳 ML 解调器的原因。

我们采用简化符号表示接收信号，即

$$r(t) = s(t, \alpha_1, A_k) + n(t), \quad 0 \leqslant t < NT \tag{4.96}$$

其中 $s(t, \alpha_1, A_k)$ 是与数据符号序列 $\{\alpha_1, A_k\}$ 相对应的 CPM 信号，α_1 为要检测的第一个符号，$A_k = \{\alpha_2, \alpha_3, \cdots, \alpha_N\}(k = 1, 2, \cdots, M^{N-1})$ 为 α_1 之后 $N-1$ 个比特的所有可能的数据序列。对于相干检测，信号初始相位已知，不失一般性可假定为 0。

最佳接收机为第一符号检测器。该接收机仅着眼于找到第一个符号的估计值，而不是整个序列。因此我们可以把所有 M^N 个序列分成如下的 M 组：

$$\begin{cases} 1,\ \alpha_2,\ \alpha_3,\ \cdots,\ \alpha_N \\ -1,\ \alpha_2,\ \alpha_3,\ \cdots,\ \alpha_N \\ 3,\ \alpha_2,\ \alpha_3,\ \cdots,\ \alpha_N \\ -3,\ \alpha_2,\ \alpha_3,\ \cdots,\ \alpha_N \\ \qquad\qquad \vdots \\ (M-1),\ \alpha_2,\ \alpha_3,\ \cdots,\ \alpha_N \\ -(M-1),\ \alpha_2,\ \alpha_3,\ \cdots,\ \alpha_N \end{cases} \tag{4.97}$$

注意每组包含 M^{N-1} 个序列，因为 $\{\alpha_2,\ \alpha_3,\ \cdots,\ \alpha_N\}$ 有 M^{N-1} 种可能的组合。接收机必须找出哪一组序列能使似然函数最大化，并将那组序列的第一个符号作为估计值。这个问题是个复合假设问题。复合假设问题的关键在于：关于待估计符号的观测量是服从某种概率分布的，要估计这个符号，符号的似然值必须在其概率密度上进行平均。在功率谱密度为 N_0 的 AWGN 信道下，在某一 A_k 条件下的似然值为 $\exp\left(\dfrac{2}{N_0}\displaystyle\int_0^{NT} r(t)s(t,\ \alpha_1,\ A_k)\mathrm{d}t\right)$。要得到 α_1 的非条件似然值，必须对 A_k 的概率密度进行平均。由于 A_k 有 $m=M^{N-1}$ 种不同的可能性，对于每一种可能的 A_k，其离散概率密度函数（PDF）为 $f(A_k)=1/M^{N-1}$。因此所有 M 个可能的 α_1 的似然函数为（忽略共同的因子 $1/M^{N-1}$）

$$l_1 = \sum_{j=1}^m \exp\left[\frac{2}{N_0}\int_0^{NT} r(t)s(t,\ 1,\ A_j)\mathrm{d}t\right]$$

$$l_2 = \sum_{j=1}^m \exp\left[\frac{2}{N_0}\int_0^{NT} r(t)s(t,\ -1,\ A_j)\mathrm{d}t\right]$$

$$\vdots$$

$$l_{M-1} = \sum_{j=1}^m \exp\left[\frac{2}{N_0}\int_0^{NT} r(t)s(t,\ M-1,\ A_j)\mathrm{d}t\right]$$

$$l_M = \sum_{j=1}^m \exp\left[\frac{2}{N_0}\int_0^{NT} r(t)s(t,\ -(M-1),\ A_j)\mathrm{d}t\right] \tag{4.98}$$

然后接收机选择出 l_1 到 l_M 中最大者对应的数据符号 α_1。CPM 的最佳接收机和高信噪比下的次佳接收机如图 4-20 所示。相关器的输出定义为 $x_{\lambda j}(\lambda=1,\ 2,\ \cdots,\ M,\ j=1,\ 2,\ \cdots,\ m)$，其中

$$x_{\lambda j} = \begin{cases} \displaystyle\int_0^{NT} r(t)s(t,\ \lambda,\ A_j)\mathrm{d}t, & \lambda\ \text{为奇数} \\ \displaystyle\int_0^{NT} r(t)s(t,\ -(\lambda-1),\ A_j)\mathrm{d}t, & \lambda\ \text{为偶数} \end{cases} \tag{4.99}$$

那么 M 个似然函数可以写为

$$l_\lambda = \sum_{j=1}^m \exp\left(\frac{2}{N_0}x_{\lambda j}\right), \quad \lambda=1,\ 2,\ \cdots,\ M \tag{4.100}$$

要分析最佳接收机确切的错误性能是不大可能的。但是，在高信噪比下，可以将最佳接收机简化成次佳接收机，并用联合界的方法来分析其错误性能。

对于高信噪比，有

$$l_\lambda = \sum_{j=1}^m \exp\left(\frac{2}{N_0}x_{\lambda j}\right) \approx \exp\left(\frac{2}{N_0}x_\Lambda\right) \tag{4.101}$$

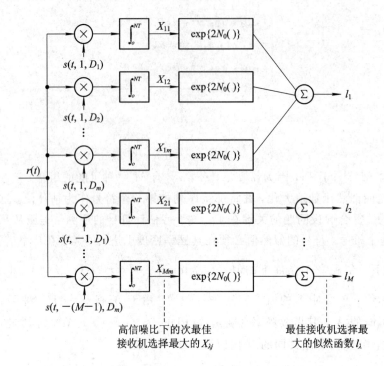

图 4-20　CPM 的最佳接收机和高信噪比下的次佳接收机

其中 x_Λ 是 $x_{\lambda j}$ 的最大者。更进一步，由于 $\exp(\ )$ 是单调函数，x_Λ 可以作为用于判决的等价参数。因此图 4-20 中的次佳接收机不需要求指数函数和求和模块可直接检测相关器的输出，判断最大的 $x_{\lambda j}$ 相应的 α_1 为判决值。在高信噪比下，次佳接收机的性能和最佳接收机是非常接近的。

次佳接收机实际上是一个 ML 序列检测器。如前所述，如果 $N \to \infty$，接收机是最优的。因此，次佳接收机的性能可以通过增加观测长度来补偿。

最佳的第一符号接收机的错误概率很难分析。但是，在高信噪比下，次佳接收机的性能和最佳接收机一样好。可以用次佳接收机即 ML 序列检测器来评估错误性能。4.3 节已经分析了 ML 序列检测器的性能，其错误概率由所有序列之间的最小距离决定，即

$$P_e \leqslant KQ\left(d_{\min}\sqrt{\frac{E_b}{N_0}}\right) \tag{4.102}$$

其中 K 为所有情形中达到最小距离的序列数。利用距离和 x 的定义，它们之间的关系式为 $d^2 = [NE_s - x]/E_b$，$d_{\min}^2 = [NE_s - x_\Lambda]/E_b$。

图 4-21、图 4-22 和图 4-23 分别给出了二进制、四进制、八进制相干 CPFSK 在不同 h 下的误码性能。图中采用的 h 值为最佳取值。从图 4-21 中可以看出，用五个符号检测的二进制 CPFSK($h=0.715$)比相干 BPSK 有 1.1 dB 的性能增益。从图 4-22 中可以看出，用两个符号检测的四进制 CPFSK($h=1.75$)比相干 QPSK 有 2.5 dB 的性能增益，用五个符号检测的四进制 CPFSK($h=0.8$)比相干 QPSK 有 3.5 dB 的性能增益。从图 4-23 中可以看出，用两个符号检测的八进制 CPFSK($h=0.879$)比正交信号有 1.9 dB 性能增益，用三个符号检测有 2.6 dB 性能增益，而与非正交的相干 8PSK 相比性能增益更大，大约有 7.5 dB。仿真结果证实了在高信噪比(>4 dB)下上界的紧致性。

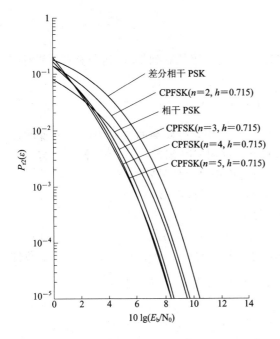

图 4-21　二进制相干 CPFSK 在 $h=0.715$ 下的误码性能

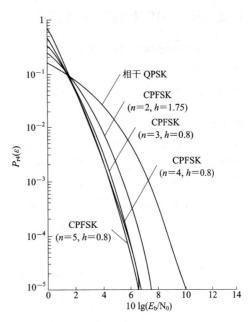

图 4-22　四进制相干 CPFSK 在 $h=1.75$ 和 $h=0.8$ 下的误码性能

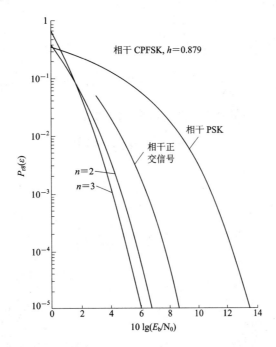

图 4-23　八进制相干 CPFSK 在 $h=0.879$ 下的误码性能

　　需要注意的是，上面的比较都是以在接收机处不存在信号失真的假设为前提的。这也意味着从理论上讲，通信系统的带宽是无限大的，实际上，能够接收大部分信号频谱就足够了。相应地，这也意味着较大的 h 值需要较大的带宽。这一点对于下节介绍的非相干检测也是适用的。

4.5.2 最佳 ML 非相干解调器

对于非相干检测，载波初始相位 ϕ 是未知的。假定 ϕ 服从 0 到 2π 的均匀分布，其概率密度函数为

$$f(\phi) = \frac{1}{2\pi}, \quad 0 \leqslant \phi \leqslant 2\pi \tag{4.103}$$

与相干检测不同，观测接收信号 $r(t)$ 的 $(2n+1)$ 个符号中，待检测的符号为中间位置的那个符号（对于数据序列中仅有一个比特不同的两个二进制 CPFSK 信号，当不同的比特在中间位置时，两者波形的复相关的幅值最大）。采用简化符号将信号写为

$$r(t) = s(t, \alpha_{n+1}, \Delta_k, \phi) + n(t), \quad 0 \leqslant t \leqslant (2n+1)T \tag{4.104}$$

其中 α_{n+1} 为待检测的中间符号，Δ_k 为 $2n$ 元组，定义为

$$\Delta_k = \{\alpha_1, \alpha_2, \cdots, \alpha_n, \alpha_{n+2}, \cdots, \alpha_{2n+1}\} \tag{4.105}$$

Δ_k 总共有 $\mu = M^{2n}$ 个序列，所有的序列是等概率的，即 Δ 的概率密度为 $f(\Delta) = 1/\mu$。条件似然函数 $\exp\left(\frac{2}{N_0}\int_0^{(2n+1)T} r(t)s(t, \alpha_{n+1}, \Delta_k, \phi)\mathrm{d}t\right)$ 需要对 Δ 和 ϕ 进行平均，即

$$l_1 = \frac{1}{\mu}\int_\phi \sum_{k=1}^\mu \exp\left[\frac{2}{N_0}\int_0^{(2n+1)T} r(t)s(t, 1, \Delta_k, \phi)\mathrm{d}t\right]f(\phi)\mathrm{d}\phi$$

$$l_2 = \frac{1}{\mu}\int_\phi \sum_{k=1}^\mu \exp\left[\frac{2}{N_0}\int_0^{(2n+1)T} r(t)s(t, -1, \Delta_k, \phi)\mathrm{d}t\right]f(\phi)\mathrm{d}\phi$$

$$\vdots$$

$$l_{M-1} = \frac{1}{\mu}\int_\phi \sum_{k=1}^\mu \exp\left[\frac{2}{N_0}\int_0^{(2n+1)T} r(t)s(t, M-1, \Delta_k, \phi)\mathrm{d}t\right]f(\phi)\mathrm{d}\phi$$

$$l_M = \frac{1}{\mu}\int_\phi \sum_{k=1}^\mu \exp\left[\frac{2}{N_0}\int_0^{(2n+1)T} r(t)s(t, -(M-1), \Delta_k, \phi)\mathrm{d}t\right]f(\phi)\mathrm{d}\phi \tag{4.106}$$

对相位进行平均的结果为零阶修正贝塞尔函数，因此有

$$l_1 = \frac{1}{\mu}\sum_{k=1}^\mu I_0\left(\frac{2}{N_0}z_{1k}\right)$$

$$l_2 = \frac{1}{\mu}\sum_{k=1}^\mu I_0\left(\frac{2}{N_0}z_{2k}\right)$$

$$\vdots$$

$$l_M = \frac{1}{\mu}\sum_{k=1}^\mu I_0\left(\frac{2}{N_0}z_{Mk}\right) \tag{4.107}$$

其中

$$z_{ik}^2 = x_{ik}^2 + y_{ik}^2 \tag{4.108}$$

$$x_{ik} = \begin{cases} \int r(t)s(t, i, \Delta_k, 0)\mathrm{d}t, & i \text{ 为奇数} \\ \int r(t)s(t, -(i-1), \Delta_k, 0)\mathrm{d}t, & i \text{ 为偶数} \end{cases} \tag{4.109}$$

$$y_{ik} = \begin{cases} \int r(t)s\left(t, i, \Delta_k, \frac{\pi}{2}\right)\mathrm{d}t, & i \text{ 为奇数} \\ \int r(t)s\left(t, -(i-1), \Delta_k, \frac{\pi}{2}\right)\mathrm{d}t, & i \text{ 为偶数} \end{cases} \tag{4.110}$$

其中 x_{ik} 和 y_{ik} 为非零均值的高斯随机变量，z_{ik} 为 Rician 分布的随机变量。

CPM 的最佳非相干接收机和高信噪比下的次佳非相干接收机如图 4－24 所示，图中所有的积分区间为 0 到 $(2n+1)T$。该检测器的最佳性能不受信噪比限制，但其错误性能很难分析。因此，与相干检测类似，可以得到高信噪比下的次佳接收机，并确定其性能限。

在高信噪比下，有如下近似式：

$$\sum_{k=1}^{\mu} I_0\left(\frac{2}{N_0}z_{ik}\right) \approx I_0\left(\frac{2}{N_0}z_{i\Delta}\right) \tag{4.111}$$

其中 $z_{i\Delta}$ 为 z_{ik} 的最大值。而且，贝塞尔函数为单调函数，因此次佳接收机只需要考察所有的 $z_{ik}(i=1,2,\cdots,M)$，然后选择最大 z_{ik} 相应的 α_{n+1} 作为判决值。图 4－24 也给出了次佳非相干接收机，次佳非相干接收机的错误性能可以用联合界分析。

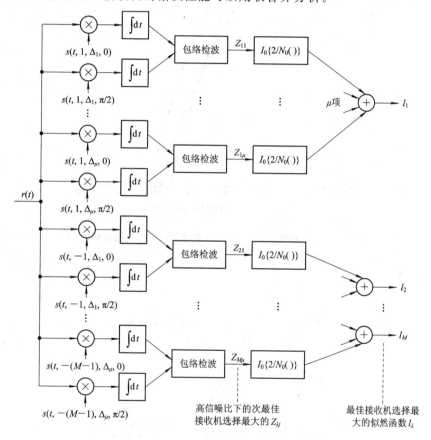

图 4－24　CPM 的最佳非相干接收机和高信噪比下的次佳非相干接收机

图 4－25～图 4.27 给出了二进制、四进制、八进制非相干 CPFSK 在 $h=0.715$，$h=0.8$ 和 $h=0.879$ 下的误码性能。与相干检测一样，图中的 h 值为最佳调制指数。用五个符号检测的二进制非相干 CPFSK($h=0.715$)在 SNR＞7.5 dB 时比相干 BPSK 好 0.5 dB，用三个符号检测的话在高信噪比下就会差 1 dB。四进制非相干 CPFSK($h=0.8$)也优于相干 QPSK，用三个符号检测可以获得 2 dB 性能增益，用五个符号检测还可以再获得 0.8 dB 性能增益。用三个符号检测的八进制非相干 CPFSK($h=0.879$)比正交信号可以获得 1 dB 性能增益，而与非正交的相干 8PSK 相比性能增益更大，大约有 6 dB。仿真结果也证实了在高信噪比(＞4 dB)下上界的紧致性。

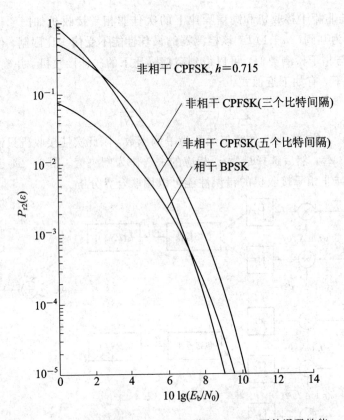

图 4-25　二进制非相干 CPFSK 在 $h=0.715$ 下的误码性能

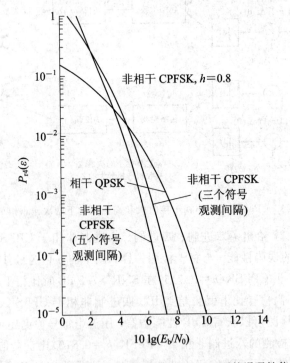

图 4-26　四进制非相干 CPFSK 在 $h=0.8$ 下的误码性能

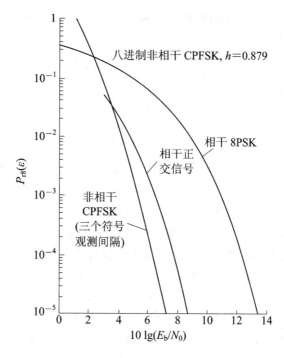

图 4 - 27 八进制非相干 CPFSK 在 $h=0.879$ 下的误码性能

4.5.3 Viterbi 解调器

尽管上述两种接收机可以应用于一般的 CPM 信号，但是它们相当复杂，而且，也不清楚如何用图 4 - 20 和图 4 - 24 的结构方便地进行逐个符号判决。文献[15]给出了利用 Viterbi 处理器的 MLSD 解调器。我们将看到这个结构可以方便地给出实时的逐个符号判决。

这个结构基于 4.1 节描述的状态网格。前面已经指出，CPM 方案要具有状态网格，调制指数 h 必须为有理数。因此，本节专门讨论调制指数为有理数的情况。

4.1 节已经介绍了 CPM 的状态网格，图 4 - 4 也给出了一个状态网格的例子。这里我们再次给出状态的定义。在 $t=kT$ 时刻，状态由向量 S_k 表示，即

$$S_k = \{\theta_k, \alpha_{k-1}, \alpha_{k-2}, \cdots, \alpha_{k-L+1}\} \tag{4.112}$$

其中 L 为频率成型脉冲 $g(t)$ 的长度。有理数 $h=2q/p$（q，p 为整数）有 p 个不同的相位状态，取值为 $0, 2\pi/p, 2 \cdot 2\pi/p, \cdots, (p-1) \cdot 2\pi/p$。因此状态数为

$$S = pM^{L-1} \tag{4.113}$$

在状态网格中，进入某个状态有 M 个分支，离开某个状态也有 M 个分支。因此总的到达分支和离开分支各有 pM^L 个。

接收机观测信号为

$$r(t) = s(t, \boldsymbol{\alpha}) + n(t)$$

其中 $n(t)$ 为高斯白噪声。这里数据序列 $\boldsymbol{\alpha}$ 为信号的参数。MLSD 接收机使得似然函数（或等效的相关值）最大化，

$$l(\widetilde{\boldsymbol{\alpha}}) = \int_{-\infty}^{\infty} r(t)s(t, \widetilde{\boldsymbol{\alpha}})\mathrm{d}t \tag{4.114}$$

其中 $\tilde{\boldsymbol{\alpha}}$ 为可能的传输序列，实际的传输序列 $\boldsymbol{\alpha}$ 为其中之一。实际的接收机只能观测有限区间的信号。因此上式可以写为

$$l_k(\tilde{\boldsymbol{\alpha}}) = \int_0^{(k+1)T} r(t) s(t, \tilde{\boldsymbol{\alpha}}) \mathrm{d}t \tag{4.115}$$

将其用递归形式表示为

$$l_k(\tilde{\boldsymbol{\alpha}}) = l_{k-1}(\tilde{\boldsymbol{\alpha}}) + Z_k(\tilde{\boldsymbol{\alpha}}) \tag{4.116}$$

其中

$$Z_k(\tilde{\boldsymbol{\alpha}}) = \int_{kT}^{(k+1)T} r(t) s(t, \tilde{\boldsymbol{\alpha}}) \mathrm{d}t = \int_{kT}^{(k+1)T} r(t) \cos[2\pi f_c t + \theta(t, \tilde{\boldsymbol{\alpha}}_k) + \tilde{\theta}_k] \mathrm{d}t \tag{4.117}$$

称为第 k 个符号间隔相应于信号 $s(t, \tilde{\boldsymbol{\alpha}})$ 的分支度量（$s(t, \tilde{\boldsymbol{\alpha}})$ 的幅度归一化为 1）。这个度量是接收信号和 $s(t, \tilde{\boldsymbol{\alpha}})$ 在第 k 个符号间隔内的相关值。

在网格中，对于某些路径，Viterbi 算法（VA）递归地累积直到 k 个符号间隔的分支度量，并选择具有最大路径度量的路径。由于 VA 并没有搜索全部路径，因而比起穷举搜索，VA 更加高效，还能保证找到最大似然路径。下面我们详细地描述 VA 算法。

现在我们要构建一个能够有效产生分支度量 $Z_k(\tilde{\boldsymbol{\alpha}})$ 的接收机。由于网格中的分支数（进入或离开）为 pM^L，因此有 pM^L 个不同的 $Z_k(\tilde{\boldsymbol{\alpha}})$。我们知道相关器可以用匹配滤波器来实现，在积分周期的结束时刻对其输出进行采样就可以。因此式（4.116）可由匹配器来实现。将信号写成如下的正交形式：

$$s(t, \boldsymbol{\alpha}) = AI(t, \boldsymbol{\alpha}) \cos(2\pi f_c t) - AQ(t, \boldsymbol{\alpha}) \sin(2\pi f_c t) \tag{4.118}$$

接收噪声为带通噪声，也可写为正交形式：

$$n(t) = x(t) \cos(2\pi f_c t) - y(t) \sin(2\pi f_c t) \tag{4.119}$$

因此 $r(t)$ 可写为

$$\begin{aligned} r(t) &= s(t, \boldsymbol{\alpha}) + n(t) \\ &= \hat{I}(t, \boldsymbol{\alpha}) \cos(2\pi f_c t) - \hat{Q}(t, \boldsymbol{\alpha}) \sin(2\pi f_c t) \end{aligned} \tag{4.120}$$

其中

$$\hat{I}(t, \boldsymbol{\alpha}) = AI(t, \boldsymbol{\alpha}) + x(t) \tag{4.121}$$

$$\hat{Q}(t, \boldsymbol{\alpha}) = AQ(t, \boldsymbol{\alpha}) + y(t) \tag{4.122}$$

这两个正交分量可以用如图 4-28 所示的正交接收机产生。将式（4.120）带入式（4.117），并忽略倍频分量和常数 $1/2$，有

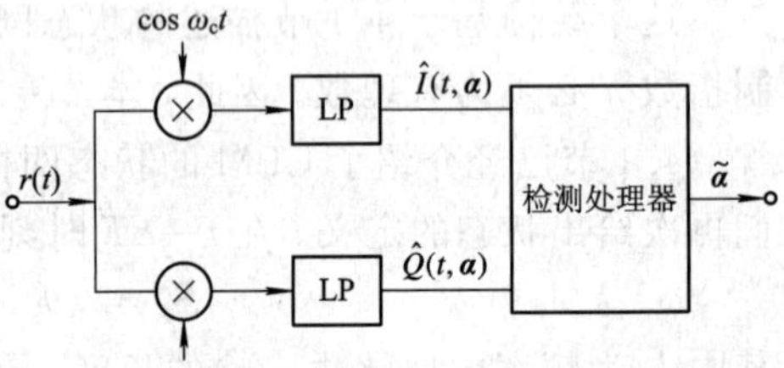

图 4-28　正交接收机

$$\begin{aligned} Z_k(\tilde{\boldsymbol{\alpha}}_k, \tilde{\theta}_k) = \cos(\tilde{\theta}_k) \int_{kT}^{(k+1)T} \hat{I}(t, \boldsymbol{\alpha}) \cos[\theta(t, \tilde{\boldsymbol{\alpha}}_k)] \mathrm{d}t \\ + \cos(\tilde{\theta}_k) \int_{kT}^{(k+1)T} \hat{Q}(t, \boldsymbol{\alpha}) \sin[\theta(t, \tilde{\boldsymbol{\alpha}}_k)] \mathrm{d}t \\ + \sin(\tilde{\theta}_k) \int_{kT}^{(k+1)T} \hat{Q}(t, \boldsymbol{\alpha}) \cos[\theta(t, \tilde{\boldsymbol{\alpha}}_k)] \mathrm{d}t \\ - \sin(\tilde{\theta}_k) \int_{kT}^{(k+1)T} \hat{I}(t, \boldsymbol{\alpha}) \sin[\theta(t, \tilde{\boldsymbol{\alpha}}_k)] \mathrm{d}t \end{aligned} \tag{4.123}$$

式（4.122）可以用冲激响应为 $h_{c,i}(t, \tilde{\boldsymbol{\alpha}})$ 和 $h_{s,i}(t, \tilde{\boldsymbol{\alpha}})$ 的 $4M^L$ 个基带滤波器实现：

$$h_c(t, \tilde{\boldsymbol{\alpha}}) = \begin{cases} \cos\left[\theta(T-t, \tilde{\boldsymbol{\alpha}}_k)\right], & t \in [0, T] \\ 0, & t \notin [0, T] \end{cases}$$

$$= \begin{cases} \cos\left[2\pi h \sum_{j=-L+1}^{0} \tilde{\alpha}_j q\left((1-j)T-t\right)\right], & t \in [0, T] \\ 0, & t \notin [0, T] \end{cases} \tag{4.124}$$

$$h_s(t, \tilde{\boldsymbol{\alpha}}) = \begin{cases} \sin\left[\theta(T-t, \tilde{\boldsymbol{\alpha}}_k)\right], & t \in [0, T] \\ 0, & t \notin [0, T] \end{cases}$$

$$= \begin{cases} \sin\left[2\pi h \sum_{j=-L+1}^{0} \tilde{\alpha}_j q\left((1-j)T-t\right)\right], & t \in [0, T] \\ 0, & t \notin [0, T] \end{cases} \tag{4.125}$$

对应地有 M^L 个不同的 $\tilde{\boldsymbol{\alpha}}_k$ 序列，对于每个序列，$\hat{I}(t, \boldsymbol{\alpha})$ 需要一组匹配滤波器，$\hat{Q}(t, \boldsymbol{\alpha})$ 需要另外一组匹配滤波器，因此总共需要 $2M^L$ 个余弦匹配滤波器和 $2M^L$ 个正弦匹配滤波器。注意到每个 $\tilde{\boldsymbol{\alpha}}_k$ 序列有一个相应序列与其符号相反，因此匹配滤波器的个数可以减少一半。图 4-29 为具有基带滤波器组的接收机，它给出了基于式(4.122)采用 $2M^L$ 个匹配滤波器的最佳接收机，$H=M^L$。滤波器的输出在第 k 个符号周期结束时经过采样，得到分支度量 $Z_k(\tilde{\boldsymbol{\alpha}}_k, \tilde{\theta}_k)$。图中的处理器就是 Viterbi 处理器。

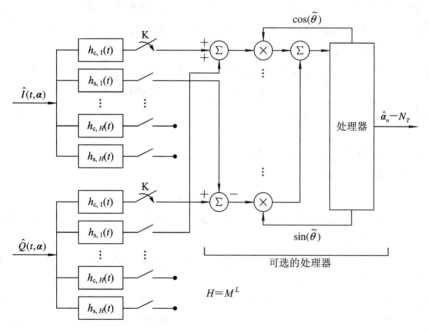

图 4-29　具有基带滤波器组的接收机

Viterbi 算法用于估计无记忆噪声下离散时间状态马尔科夫过程状态序列的递归最优解。在得到序列状态的最大似然估计的意义下，VA 是最佳的。Viterbi 算法在 1967 年由 Viterbi 发明，用于卷积码的解码，后来又被应用于码间干扰信道的最大似然序列检测和部分响应连续相位调制的解调。它们的共同点都在于：接收信号具有记忆特性。也就是说，接收信号不仅由当前符号决定，还取决于以前的部分或全部符号。之前符号的每个可能性构成一个状态。在 CPM 中，信号也受累积相位 θ_k 的影响。假定记忆长度为 $L-1$，符号集为 M 进制，θ_k 有 p 个不同的取值，那么总共有 $S=pM^{L-1}$ 个状态。每个可能的传输序列是 S

状态网格中的一条路径。MLSD 接收机在网格中搜索与发射序列在最大似然意义下最匹配的路径。Viterbi 算法是实现 ML 搜索的有效算法，因为枚举搜索非常耗时，当一帧数据有 N 个符号时，需要搜索 M^N 条路径，假定 $M=2$，$N=64$，需要搜索 $M^N=1.89\times10^{19}$ 条路径。在实际中这样搜索网格是不可能的。但是，采用 Viterbi 算法搜索的路径数仅为状态数 $S=pM^{L-1}$，通常 L 和 p 为较小的整数。例如，$M=2$，$L=3$，$p=3$，则 $S=12$。搜索时间上的节约是非常明显的，并且 Viterbi 算法的搜索时间独立于序列长度。

下面描述 Viterbi 算法的步骤：

(1) 在 $(k+1)T$ 时刻，对于任一状态节点，用式 (4.123) 计算出 M 个到达分支的分支度量 $Z_k(\tilde{\boldsymbol{\alpha}}_k, \tilde{\theta}_k)$，这些由图 4-29 中的匹配滤波器组完成。

(2) 将 M 个分支度量加到 M 个路径度量 $l_{k-1}(\tilde{\boldsymbol{\alpha}}_k)$ 上，$l_{k-1}(\tilde{\boldsymbol{\alpha}}_k)$ 是到 kT 时刻的 M 条路径的路径度量，并且这 M 条路径分别与该 M 个分支相连接。这样路径度量就累加到了 $(k+1)T$ 时刻，定义为 $l_k^{(i)}(\tilde{\boldsymbol{\alpha}}_{k+1})$，$i=1, 2, \cdots, M$。

(3) 比较 M 个更新的路径度量 $l_k^{(i)}(\tilde{\boldsymbol{\alpha}}_{k+1})$，选择具有最大路径度量的那条路径作为该状态节点的幸存路径，丢弃其他 $M-1$ 条路径。当对所有的状态都完成了步骤 (1) 到步骤 (3) 时，每个状态仅有一条幸存路径。幸存路径的数据和度量需要存储起来。

(4) 然后时间增加 T，重复步骤 (1) 到步骤 (3) 直到解调到序列末尾。然后选择具有最大路径度量的路径作为解调路径，即为最大似然 (ML) 路径。通过回溯 ML 路径存储的数据，恢复出解调数据。

我们已经说过，Viterbi 算法找到的路径就是 ML 路径。这个结论并不难证明，假定在时刻 t_i，ML 路径被丢弃了，这意味着幸存路径的部分路径度量 (定义为 $l(t_i)$) 比 ML 路径的路径度量 (定义为 $l_{\mathrm{ML}}(t_i)$) 要大，即

$$l(t_i) > l_{\mathrm{ML}}(t_i) \tag{4.126}$$

现在如果 ML 路径的剩余部分 (定义为 $l_{\mathrm{ML}}(t>t_i)$) 被添加到 t_i 时刻的幸存路径上，整个度量将比 ML 的度量要大，即

$$l(t_i) + l_{\mathrm{ML}}(t>t_i) > l_{\mathrm{ML}}(t_i) + l_{\mathrm{ML}}(t>t_i) \tag{4.127}$$

但是，这显然是不可能的，因为已假定不等式右边为最大的 ML 路径的度量。因此 ML 路径不可能被 VA 算法丢弃。

由于 CPM 信号一般不是分块结构，对于 CPM 可以采用修正的 VA 算法。网格每个状态的幸存路径只保留到一定时刻，这个长度称为路径记忆长度 N_T。根据一定规则对最早的符号做出判决，例如取属于多数幸存路径的符号作为判决值，或取属于最大似然路径的符号作为判决值，或者简单地随便选择一个。最佳准则依赖于信噪比。N_T 的选择由 CPM 的距离特性决定，如果 N_B 是达到最小距离上限的路径的长度，那么路径记忆长度 N_T 应该至少为 N_B，实验证明取 N_B 就足够了。

Viterbi 解码器的错误性能即为 4.3.1 节给出的 MLSD 的错误性能。修正 Viterbi 解调器的错误性能在高信噪比下与式 (4.70) 和式 (4.71) 给出的性能非常接近。文献 [16] 给出了一些代表信号的修正 Viterbi 接收机误码率的仿真结果，图 4-30 和图 4-31 给出了 8CPFSK 和二进制 3RC，$h=4/5$，$N_T=11$ 的误比特率仿真结果与渐进性能限。在图 4-30 中，路径记忆长度设为 50 个符号，每个符号间隔采样 20 点，两个 8CPFSK 方案的调制指数分别为 $h=1/4$ 和 $h=5/11$，八进制符号采用格雷码。图 4-31 给出了二进制 3RC，

$h=4/5$，$N_T=1$，2，$\cdots$，20 和 $N_T=\infty$ 的误码性能，通过增加 N_T，在高信噪比下性能限得到改善，但在低信噪比下仍然比较宽松，与 QPSK 相比渐进增益约为 2 dB，因其最小距离 $d_{min}^2=3.17$（QPSK 的 $d_{min}^2=2$）。在评价误比特性能时，用 d_{min} 就足够了。这个结论对很多方案都是适用的。其他更多结果可以参考文献[16]。

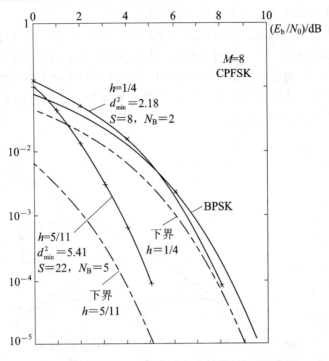

图 4-30　8CPFSK 误比特率仿真结果与渐进性能限

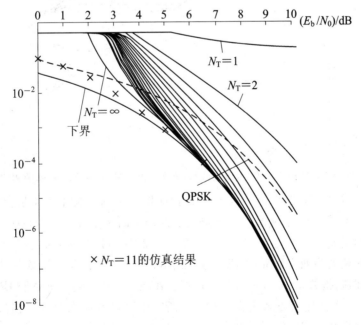

图 4-31　二进制 3RC，$h=4/5$，$N_T=11$ 的误比特率仿真结果与渐进性能限

4.5.4 简化复杂度 Viterbi 解调器

文献[23]提出了一种用于部分响应 CPM 方案的简化复杂度 Viterbi 检测器。简化的核心是在接收端采用比发射端复杂度稍微简单一些的 CPM 方案。复杂度简单的 CPM 方案是指具有较短的频率脉冲长度或者简单的频率脉冲波形。

图 4-32 给出了发射端相位树为 3RC，接收端相位树为 2REC 的相位树图。2REC 相位树具有 $T/2$ 的相位偏差。从图中可以看出，两个相位树非常接近。由于所有数据信息都携带在相位树中，因此用近似的相位树解调可以差不多达到采用发射端相位树的最佳接收机的性能。如果发射端脉冲长度为 L_T，接收端脉冲长度为 L_R，从接收机的状态数和滤波器数看，复杂度简化了 $M^{(L_T-L_R)}$ 倍。

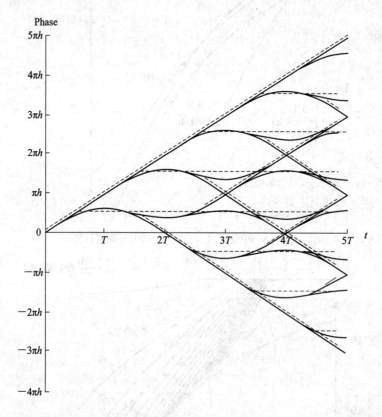

图 4-32 发射端相位树为 3RC(实线)，接收端相位树为 2REC(虚线)的相位树图

对于特定发射机频率脉冲 $g_T(t)$，可以找到使接收机网格最小距离最大化的最佳接收机频率脉冲 $g_R(t)$。特别是，文献[23]还定义了 $0<t<L_R T$ 的用于优化的分段线性函数。

仿真结果如图 4-33 和图 4-34 所示。图 4-33 中，4RC-4RC2 表示发射端为 4RC，接收端为截短的长度为两个码元的 4RC 脉冲；4RC-2T0.5 表示发射端为 4RC，接收端为基于 $L_R=2T$，调制指数 $h=0.5$ 的最佳分段线性函数。2T0.5 接收机对于 4RC 发射端来说是最优的。图 4-34 的定义方式是类似的。从两图中可以看出误差性能损失是非常小的，在高信噪比下约为 0.1 dB，而接收机的复杂度减少了二到四倍。

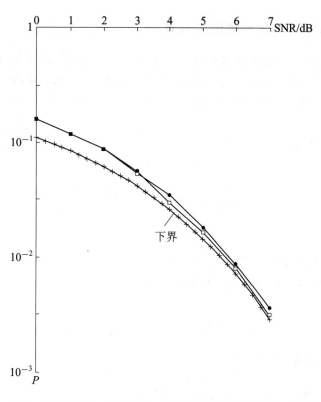

图 4 - 33　4RC - 4RC2(＋)，4RC - 2T0.5(×)和最佳 4RC 的误比特性能($h＝1/2$)

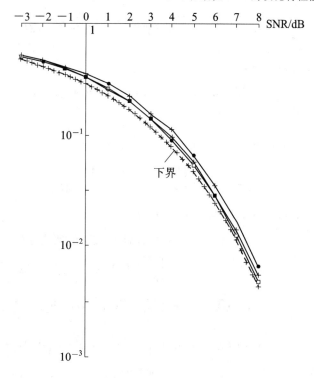

图 4 - 34　四进制 2RC - 2RC1(＋)，2RC - 1T0.25(×)和最佳 2RC(□) 的误比特性能($h＝1/4$)

4.5.5 减少 LREC CPM 的滤波器数目

对于 LREC CPM，匹配滤波器组的大小仅随 L 线性增加。在 4.5.3 节中我们已经说明，$\theta(t, \tilde{\boldsymbol{\alpha}}_k)$ 有 M^L 个不同的值，所以需要 $2M^L$ 个匹配滤波器。这里，我们会看到对于 LREC CPM 仅有 $L(M-1)+1$ 个不同的 $\theta(t, \tilde{\boldsymbol{\alpha}}_k)$，因此只需要 $2L(M-1)+2$ 个匹配滤波器。

LREC 相位脉冲为

$$
q(t) = \begin{cases} 0, & t < 0 \\ \dfrac{t}{2LT}, & 0 \leqslant t < T \\ \dfrac{1}{2}, & t \geqslant LT \end{cases} \tag{4.128}
$$

在 $[0, T]$ 间隔内，可以很容易举出一个例子，比如对于 3REC，容易证明

$$
\alpha_0 q(t) + \alpha_{-1} q(t+T) + \cdots + \alpha_{-(L-1)} q(t+(L-1)T) = Aq(t) + B \tag{4.129}
$$

其中

$$
A = \sum_{i=0}^{L-1} \alpha_{-i}, \quad B = \sum_{i=0}^{L-1} \alpha_{-i} \left(\frac{i}{2L} \right) \tag{4.130}
$$

在 $[kT, (k+1)T]$ 间隔，时变相位

$$
\theta(t, \boldsymbol{\alpha}_k) = 2\pi h \sum_{i=k-L+1}^{k} \alpha_i q(t-iT)
$$

$$
= 2\pi h q(t-kT) \sum_{i=0}^{L-1} \alpha_{k-i} + 2\pi h \sum_{i=0}^{L-1} \alpha_{k-i} \left(\frac{i}{2L} \right) \tag{4.131}
$$

其中 $\alpha_j \in \{-(M-1), \cdots, -1, 1, \cdots, (M-1)\}$。可以将 α_j 写成 $\alpha_j = 2u_j - (M-1)$，$u_j \in \{0, 1, \cdots, (M-1)\}$。那么

$$
\theta(t, \boldsymbol{\alpha}_k) = \theta_t(t, \boldsymbol{\alpha}_k) + \theta_c(\boldsymbol{\alpha}_k) \tag{4.132}
$$

其中

$$
\theta_t(t, \boldsymbol{\alpha}_k) = 4\pi h q(t-kT) \sum_{i=0}^{L-1} \left[u_{k-i} - \frac{M-1}{2} \right] \tag{4.133}
$$

$$
\theta_c(\boldsymbol{\alpha}_k) = 4\pi h \sum_{i=0}^{L-1} \left[u_{k-i} - \frac{M-1}{2} \right] \left(\frac{i}{2L} \right) \tag{4.134}
$$

由于 $\sum_{i=0}^{L-1} u_{k-i} \in \{0, 1, , \cdots, L(M-1)\}$，$\theta_t(t, \boldsymbol{\alpha}_k)$ 有 $L(M-1)+1$ 个不同取值。因此 ML 解调器仅需要 $2L(M-1)+2$ 个匹配滤波器来计算如下的所有 pM^L 个状态的度量：

$$
Z_k(\tilde{\boldsymbol{\alpha}}_k, \tilde{\theta}_k) = \cos(\tilde{\theta}_k + \theta_c(\boldsymbol{\alpha}_k)) \int_{kT}^{(k+1)T} \hat{I}(t, \boldsymbol{\alpha}) \cos[\theta_t(t, \tilde{\boldsymbol{\alpha}}_k)] \mathrm{d}t
$$

$$
+ \cos(\tilde{\theta}_k + \theta_c(\boldsymbol{\alpha}_k)) \int_{kT}^{(k+1)T} \hat{Q}(t, \boldsymbol{\alpha}) \sin[\theta_t(t, \tilde{\boldsymbol{\alpha}}_k)] \mathrm{d}t
$$

$$
+ \sin(\tilde{\theta}_k + \theta_c(\boldsymbol{\alpha}_k)) \int_{kT}^{(k+1)T} \hat{Q}(t, \boldsymbol{\alpha}) \cos[\theta_t(t, \tilde{\boldsymbol{\alpha}}_k)] \mathrm{d}t
$$

$$
- \sin(\tilde{\theta}_k + \theta_c(\boldsymbol{\alpha}_k)) \int_{kT}^{(k+1)T} \hat{I}(t, \boldsymbol{\alpha}) \sin[\theta_t(t, \tilde{\boldsymbol{\alpha}}_k)] \mathrm{d}t \tag{4.135}
$$

由于状态数仍为 pM^L，Viterbi 处理器的复杂度保持不变。

简化接收机也可应用于具有分段线性脉冲的任何 CPM 信号。对于平滑的脉冲，可以采用分段线性脉冲来近似。

4.5.6 非相干 CPM 的 ML 块式检测

文献[24]提出了非相干全响应 CPM 的最大似然块式检测。该接收机的推导从在接收信号相位条件下的似然函数开始。将该条件似然函数对随机相位进行平均得到的似然函数对信号判决而言给出了充分统计量。

假定在 N 个符号期间观测接收信号 $r(t)$，定义 M 进制符号集为 $\{\Delta_i = -M + (2i-1)$，$i = 1, 2, \cdots, M\}$，令 $\boldsymbol{i} = (i_1, i_2, \cdots, i_N)$ 表示序列元素取自整数集 $\{1, 2, \cdots, M\}$ 的序列索引。检测规则如下：在第 n 个符号间隔内，对每个特定输入数据向量 $\boldsymbol{\Delta} = (\Delta_{i_1}, \Delta_{i_2}, \cdots, \Delta_{i_N})$ 计算

$$\beta_i = \sum_{k=1}^{N} \Gamma_{i_k, N-k} C_k \qquad (4.136)$$

其中

$$\Gamma_{ij} = \int_{(n-j)T}^{(n-j+1)T} r(t) e^{-j2\pi h \Delta_i q(t-(n-j)T)} \, dt \qquad (4.137)$$

C_i 为复常数，定义为

$$C_1 = 1, \ C_{k+1} = C_k e^{-j\pi h \Delta_{i_k}}, \qquad k = 1, 2, \cdots, N-1 \qquad (4.138)$$

如果 $|\beta_i|_{\max} = |\beta_{i^*}|$，则选择 $\alpha_{n-N+1} = \Delta_{i_1^*}$，$\alpha_{n-N+2} = \Delta_{i_2^*}$，$\cdots$，$\alpha_n = \Delta_{i_N^*}$，其中 $\boldsymbol{i}^* = (i_1^*, i_2^*, \cdots, i_N^*)$ 是 $\boldsymbol{i}$ 的一个特定值，$\boldsymbol{\Delta}^* = (\Delta_{i_1^*}, \Delta_{i_2^*}, \cdots, \Delta_{i_N^*})$ 为相应的输入数据向量。

在如图 4-35 所示的基于 N 个符号间隔的非相干 CPM 的 ML 块式检测中，上述准则的实现直接以复数形式给出。对于 MSK(1REC, $h=1/2$)，接收机可以按照图 4-36 用实数 I-Q 形式来实现。接收机的前端部分(产生 Γ_{ij} 的相关器)与相干 CPM 接收机是类似的，不同的是相关器数目为 M 个而不是 M^L 个。后续处理器的复杂度取决于观测长度。这个结构的复杂度远远低于相干接收机。

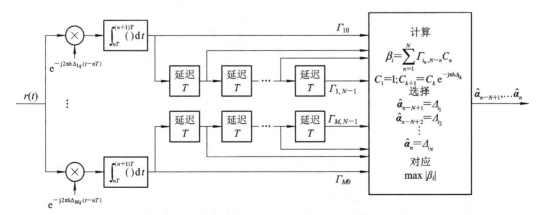

图 4-35 基于 N 个符号间隔的非相干 CPM 的 ML 块式检测

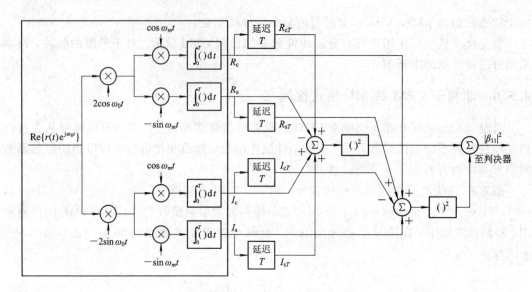

图 4-36　基于两个符号间隔非相干 MSK 的 ML 块式检测的实数 I-Q 实现（$\omega_m = \pi/2T$）

文献[24]的错误性能分析表明：采用逐块检测比起基于相同观测长度的逐符号检测可以获得的较大增益，并且该增益正比于观测长度。图 4-37 给出了 MSK 多符号非相干检测的误比特性能上限。可以看出当 N 取中等取值时可以获得很大的性能增益。

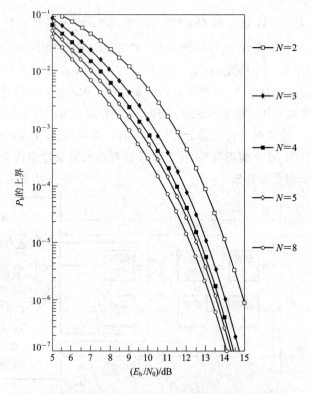

图 4-37　MSK 多符号非相干检测的误比特性能上限

需要指出的是，图 4-37 中的曲线比起图 4-25 中非相干 CPM（由于 $h = 0.715$，并不是准确的 MSK 信号）的性能要差。但是，图 4-25 中的非相干检测器基于 N（奇数）个观测符号仅检测一个符号，而这里的接收机基于 N 个观测符号检测整块 N 个符号，因此块式检测的速度要快 N 倍。

4.5.7　MSK 型解调器

MSK 是 $h=1/2$，1REC 的 CPM，其解调器可以采用并行解调器或串行解调器。研究表明 MSK 型解调器适用于 $h=1/2$ 的二进制 CPM。当然从一般意义上而言，MSK 型解调器并不是最佳接收机，但是其性能与具有中等平滑脉冲（如 3RC，4RC，TFM，GMSK）方案的最佳 Viterbi 接收机的性能几乎相同。

图 4-38 给出了 $h=1/2$ 的二进制 CPM 的并行 MSK 接收机，假定载波恢复和符号定时恢复均已获得，即解调是相干解调。这个接收机适用于 $h=1/2$ 的二进制 CPM，因为这些方案具有 $\cos[\phi(t, \boldsymbol{\alpha})]$ 的眼图，并在 $t=(2n+1)T$，$n=0, 1, 2, \cdots$ 时刻为最大张开点。图 4-39 画出了 $h=1/2$ 的二进制 3RC 的并行 MSK 接收机的眼图。在图 4-38 中，如果滤波器 $a(t)$ 为理想低通滤波器，则接收机上面支路的输出为 $\cos[\phi(t, \boldsymbol{\alpha})]$，下面支路的输出为 $\sin[\phi(t, \boldsymbol{\alpha})]$。眼图 $\sin[\phi(t, \boldsymbol{\alpha})]$ 是 $\cos[\phi(t, \boldsymbol{\alpha})]$ 在时间上平移了 T，因此接收机对上下支路分别在 $t=(2n+1)T$ 和 $t=2nT$ 时刻进行采样。判决逻辑观测 N_{T} 个符号间隔的采样信号，然后做出关于一个符号的最佳判决。判决逻辑同时也完成差分解码（对于差分编码数据）和复用。滤波器 $a(t)$ 可以优化以使平均符号错误概率最小。

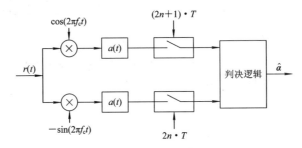

图 4-38　$h=1/2$ 的二进制 CPM 的并行 MSK 接收机

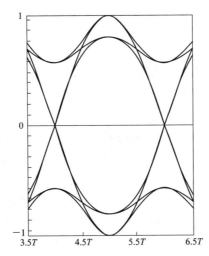

图 4-39　$h=1/2$ 的二进制 3RC 的并行 MSK 接收机的眼图

对于 MSK 而言，图 4-38 的并行接收机可以由一个等效的串行接收机代替，如图 4-40 所示即为 $h=1/2$ 的二进制 CPM 的串行 MSK 接收机。并行接收机中的滤波器 $a(t)$ 为

$$a(t) = \begin{cases} \cos\left(\dfrac{\pi t}{2T}\right), & |t| \leqslant T \\ 0, & \text{其他} \end{cases} \tag{4.139}$$

相应的串行滤波器为

$$h_1(t) = \begin{cases} \cos^2\left(\dfrac{\pi t}{2T}\right), & |t| \leqslant T \\ 0, & \text{其他} \end{cases} \tag{4.140}$$

$$h_2(t) = \begin{cases} -\dfrac{1}{2}\sin\left(\dfrac{\pi t}{2T}\right), & |t| \leqslant T \\ 0, & \text{其他} \end{cases} \tag{4.141}$$

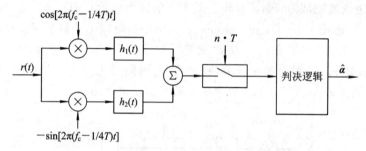

图 4-40　$h=1/2$ 的二进制 CPM 的串行 MSK 接收机

实际上，上述滤波器满足如下关系：

$$\begin{cases} h_1(t) = a(t)\cos\left(\dfrac{\pi t}{2T}\right) \\ h_2(t) = -a(t)\sin\left(\dfrac{\pi t}{2T}\right) \end{cases} \tag{4.142}$$

因此采用式(4.142)和并行接收机中相应滤波器 $a(t)$ 的定义，串行接收机也可用于 $h=1/2$ 的二进制 CPM。需要注意的是串行接收机的本地参考频率为 $f_c-1/4T$。因此经过滤波器前，串行接收机正交支路的低通信号分别为 $\cos[\phi(t,\boldsymbol{\alpha})+\pi t/2T]$ 和 $\sin[\phi(t,\boldsymbol{\alpha})+\pi t/2T]$。对于二进制，$h=1/2$，3RC 方案，其串行接收机眼图如图 4-41 所示，可以看出串行眼图在 $t=nT$ 时刻张开。因此这两个信号之和在 $t=nT$ 时刻采样，并送给判决逻辑进行判决和差分解码(需要时)。

在假定精确的相位和时间同步时，串行接收机和并行接收机有相同的性能。图 4-42 给出了一些 CPM 方案的 MSK 型接收机在估计相位节点 θ_n 时的错误概率 P。比特错误概率约为 $2P$。

研究者也将串行接收机和并行接收机在相位误差和定时误差下的性能和部分响应 CPM 进行了比较。研究结果表明：串行 MSK 型接收机对相位误差不太敏感，而并行 MSK 型接收机对符号定时误差不太敏感。假定定时恢复比相位同步容易达到的话，串行接收机要优于并行接收机。

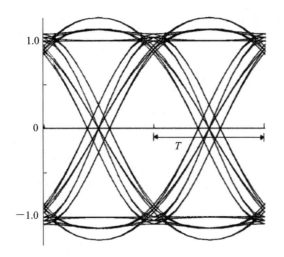

图 4－41 二进制，$h＝1/2$，3RC 方案的串行接收机眼图

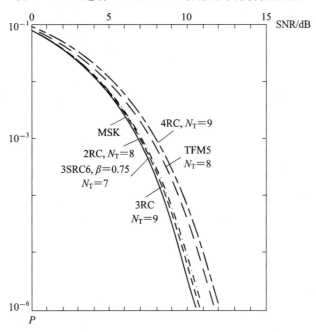

图 4－42 一些 CPM 方案的 MSK 型接收机在估计相位节点 θ_n 时的错误概率 P

4.5.8 差分和鉴频解调器

除了本章中前面所介绍的最佳和次佳接收机，还有一些简单的非相干接收机。图 4－43 给出了两个简单的非相干接收机：用于二进制部分响应 CPM 的差分接收机和鉴频接收机。在差分接收机中，滤波器 $A(f)$ 的输出是一个具有时变幅度 $R(t,\boldsymbol{\alpha})$ 和畸变相位 $\psi(t,\boldsymbol{\alpha})$ 的信号。差分检测器的输出满足

$$y(t) \propto R(t,\boldsymbol{\alpha})R(t-T,\boldsymbol{\alpha})\sin\Delta\psi(t,\boldsymbol{\alpha}) \tag{4.143}$$

其中 $\Delta\psi(t,\boldsymbol{\alpha})＝\psi(t,\boldsymbol{\alpha})－\psi(t-T,\boldsymbol{\alpha})$ 为当前符号和前一个符号的相位差。差分信号的眼图在 $t＝kT$ 时刻张开程度最大。因此差分信号经过采样然后做出硬判决。

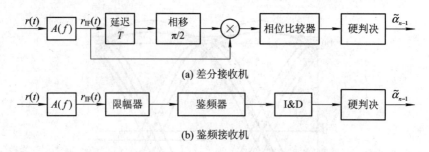

图 4-43 二进制 CPM 信号的差分接收机和鉴频接收机

鉴频接收机中,鉴频器的输出为相位 $\psi(t,\boldsymbol{\alpha})$ 的导数。鉴频器后面的积分猝息滤波器产生相位差 $\Delta\psi(t,T,\boldsymbol{\alpha})$,$\Delta\psi(t,T,\boldsymbol{\alpha})$ 与 $\Delta\psi(t,\boldsymbol{\alpha})$ 稍有不同(参见文献[16])。如果 $\Delta\psi(t,T,\boldsymbol{\alpha})$ >0,则硬判决检测器判决 $\tilde{\alpha}_{n-1}=1$,否则,$\tilde{\alpha}_{n-1}=-1$。

文献[16]中滤波器 $A(f)$ 选为升余弦型的。这两个接收机的性能由于非线性很难分析。文献[16]给出了一些数值结果。可以预计简单接收机在错误性能上会有所损失。但是,对于调制器和差分检测器或鉴频检测器好的组合,与相干 MSK 相比,在错误率为 10^{-6} 时的损失仅为 2 dB。图 4-44 和 4-45 给出了二进制 CPM 方案的一些数值结果,其中 1RC/2RC 表示 CPM 方案为 1RC,接收机滤波器 $A(f)$ 的冲激响应为 2RC(对于 LRC 滤波器,L 越长,所需要的带宽越窄)。差分检测器对于 $h\approx1/2$ 的方案来说是最好的,因此图 4-44 中的调制指数为 1/2。可以看出 1RC/3RC 的性能最差,而 1RC/2RC 的性能最好,与相干 MSK 相比在 $P_b=10^{-4}$ 的性能损失约为 2.5 dB。$h=1/2$ 的鉴频检测的错误性能与差分检测非常接近。图 4-45 给出了 $h=0.62$ 的鉴频检测器的一些结果。对于这个调制指数,鉴频检测比差分检测性能稍微好一点,与相干 MSK 相比在 $P_b=10^{-4}$ 时 1RC/2RC 的性能损失约为 2 dB。

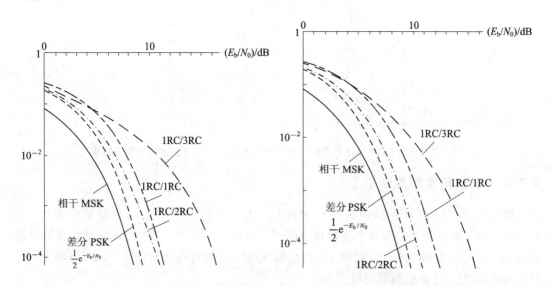

图 4-44　1RC,$h=1/2$ 差分检测的比特错误概率　　图 4-45　1RC,$h=0.62$ 鉴频检测的比特错误概率

序列检测也可以应用于差分接收机和鉴频接收机,因为连续相位的记忆性对于非相干接收也有好处。文献[25-29,72]给出了采用鉴频或差分加 Viterbi 处理器的接收机。

4.5.9　其他解调器

本节我们介绍一些不太常见，但可能很有用的 CPM 解调器。

MSK 和 OQPSK 是大家熟悉的两个调制方式，它们可以看成是一系列时移/相移 AM 脉冲。Laurent 证明了任意恒定幅度的二进制相位调制可以表示成有限时移调幅脉冲（AMP，Amplitude Modulated Pulses）之和的形式[30]。基于这种表示，Kaleh 给出了二进制部分响应 CPM 采用 Viterbi 算法的相干接收机[31]。其复杂度跟老的 Viterbi 接收机几乎差不多。但是，可以通过使用较少的匹配滤波器和较少数目的 VA 状态简化复杂度，而性能仍保持接近最佳错误性能。利用 AMP 表示还可以导出线性滤波器接收机。文献[31]给出了 $BT=0.25$ 和 $h=0.5$ 的二进制 GMSK 的例子，简化 VA 接收机仅需要两个匹配滤波器和一个四状态的 Viterbi 处理器，而性能损失仅为 0.24 dB。线性接收机的错误性能比简化 VA 接收机稍差一点。

4.5.1 节和 4.5.2 节讨论的最佳 ML 相干和非相干解调器也可以简化。简化思想是采用一个匹配滤波器去匹配所有第一个符号为 α_1 的信号的平均值，这样总的滤波器数减少了 M^{N-1} 倍（N 为观测符号长度），这个次佳接收机称为平均匹配滤波器（AMF，Average Matched Filter），由文献[32]给出。但是，由于接收信号并没有很好地进行匹配，这种 AMF 接收机的错误性能并不好。例如，在 $P_b=10^{-4}$ 时 CPFSK 的性能损失约为 3 dB。文献[16]给出了部分响应 CPM 的另一种 AMF 接收机。滤波器的脉冲响应在除去过去符号和判决符号的所有符号上进行平均，过去符号指在判决符号之前的 $L-1$ 个符号。

在 4.5.4 节中我们已经研究了简化状态 Viterbi 解调器，除此之外，ML 解调器的简化可以采用搜索算法。按序搜索算法是一类次优算法，仅沿着一条路径搜索状态树或网格。最有名的按序算法是 Fano 算法和堆栈算法。其他算法介于 Viterbi 算法和按序搜索算法之间，基本保持了最佳错误性能而计算复杂度又较低。搜索算法可参考文献[33]。

在上面的讨论中，我们假定解调为相干解调（接收载波相位对接收机而言是已知的或同步的），或者假定解调为非相干解调（接收载波相位对接收机而言是未知的或随机的）。在非相干情况下，相位误差的随机性假定为 $[0, 2\pi]$ 上的均匀分布。相干解调器的实际情况介于其中。最好的情况是载波同步于在零均值附近波动的相位误差。为了解决这个问题，文献[16]给出了部分相干接收机，假定相位误差的概率密度函数为非均匀分布，具有不同程度的随机性。

本章我们介绍了一些经典的 CPM 解调器。然而，CPM 的解调仍然是一个非常活跃的研究领域。关于 CPM 解调器的新想法也在不断地涌现。

第5章

最小频移键控和高斯最小频移键控

在前面的章节中我们已经看到，OQPSK 优于 QPSK 的主要优点在于 OQPSK 在符号转换期间的相位变化较小，因此由于带限和非线性放大引起的带外干扰也减少了。这也意味着如果相位变化更加平滑甚至是完全连续会带来进一步的性能改善。最小频移键控（MSK，Minimum Shift Keying）就是这样的一种连续相位调制制度。MSK 调制可以通过将 OQPSK 调制的成型脉冲替换成半正弦波得到，或者可以作为一种特殊的连续相位频移键控（CPFSK，Continuous Phase Frequency Shift Keying）。

1961 年 Doelz 和 Heald 在其专利中首先提出 MSK[34]。1972 年 Debuda 将其作为一种特殊的 CPFSK 来讨论[35]。1976 年 Gronemeyer 和 McBride 把 MSK 描述成正弦加权的 OQPSK[36]。1977 年 Amoroso 和 Kivett 用等效的串行实现方式来简化 MSK[37]。现在 MSK 已经应用于很多通信系统。例如，SMSK（Serial MSK）已经在 NASA 的高级通信技术卫星（ACTS）系统中应用，GMSK（Gaussian MSK）已是欧洲全球移动通信（GSM）系统的调制方式。

5.1 全响应调制技术——MSK

5.1.1 MSK 的描述

1. 将 MSK 看成正弦加权的 OQPSK

在 OQPSK 调制中，交错的 I 信道和 Q 信道数据流被直接调制到两个正交载波上。现在我们将 $I(t)$ 或 $Q(t)$ 的每个比特用周期为 $4T$ 的半周期余弦函数 $A\cos(\pi/2T)$ 或正弦函数 $A\sin(\pi/2T)$ 分别加权，然后再调制到两个正交载波 $\cos 2\pi f_c t$ 或 $\sin 2\pi f_c t$ 上，这样得到的 MSK 信号为

$$s(t) = AI(t)\cos\left(\frac{\pi t}{2T}\right)\cos 2\pi f_c t + AQ(t)\sin\left(\frac{\pi t}{2T}\right)\sin 2\pi f_c t \tag{5.1}$$

其中 T 为数据的比特周期。

图 5-1 给出了 MSK 调制的各阶段的波形。图 5-1(a)是符号流 $\{1, -1, 1, 1, -1\}$ 的 $I(t)$ 波形。注意每个 $I(t)$ 符号占据从 $(2n-1)T$ 到 $(2n+1)T$ 的 $2T$ 区间，$n=0, 1, 2\cdots$。图 5-1(b)是周期为 $4T$ 的加权余弦波形，其半个周期对应 $I(t)$ 的一个符号。图 5-1(c)是余弦函数加权后的符号流。将图 5-1(c)的波形乘以载波 $\cos 2\pi f_c t$ 得到图 5-1(d)的 I 信道调制载波，也就是式(5.1)中的第一项。

图 5-1(e)~(h)$Q(t)$ 符号流为 $\{1, 1, -1, 1, -1\}$ 的 Q 信道上的相应波形。需要注

意的是，$Q(t)$ 比 $I(t)$ 延迟了时刻 T。每个 $Q(t)$ 符号从 $2nT$ 开始到 $(2n+2)T$ 结束，$n=0$，1，2，…。加权信号为正弦函数，因此每半周期正弦波对应 $Q(t)$ 的一个符号。图 5-1(h)就是式(5.1)第二项的对应波形。

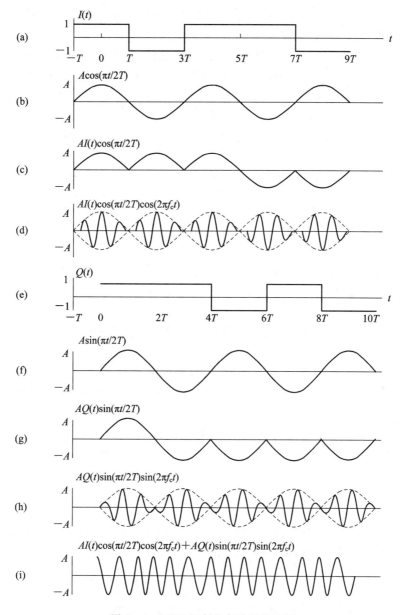

图 5-1　MSK 调制的各阶段的波形

图 5-1(i)给出了 MSK 的合成信号 $s(t)$，为图 5-1(d)和 5-1(h)波形之和。式(5.1)定义的 MSK 称为 I 型 MSK，其加权函数为正负变化的半正弦函数。还有一类 II 型 MSK，其加权函数始终为正的半正弦波。这两种 MSK 从功率谱密度和错误概率上来看是一样的，因为功率谱取决于半正弦波的形状，错误性能取决于半正弦波的能量。它们之间的区别仅在于调制器和解调器中的加权信号。因此本章中只分析 I 型 MSK 信号。

从图 5-1(i)我们可以观察到 MSK 的下列性质：首先，其包络是恒定的；其次，载波相位在比特转换瞬间是连续的。不像 QPSK 或 OQPSK，MSK 在比特转换时没有相位突跳；第三，MSK 是一个具有两个不同频率的 FSK 信号，每个符号持续时间为 T。需要注意的是，尽管 $I(t)$ 和 $Q(t)$ 中每个符号的持续时间为 $2T$，但 MSK 信号每个符号持续时间为 T 而不是 $2T$。这个特性和 OQPSK 是一样的，因为它们都是 Q 支路与 I 支路交错了半个码元，而 QPSK 每个符号的持续时间为 $2T$。

为了更好地理解上述性质，我们把式(5.1)重写成另一种形式。在第 k 个比特期间的 T 秒，$I(t)$ 和 $Q(t)$ 要么为 1，要么为 -1，我们将其表示为 I_k 和 Q_k，因此

$$
\begin{aligned}
s(t) &= \pm A\cos\left(\frac{\pi t}{2T}\right)\cos 2\pi f_c t \pm A\sin\left(\frac{\pi t}{2T}\right)\sin 2\pi f_c t \\
&= \pm A\cos\left[2\pi f_c t + d_k\frac{\pi t}{2T}\right] = A\cos\left[2\pi f_c t + d_k\frac{\pi t}{2T} + \Phi_k\right] \\
&= A\cos\left[2\pi\left(f_c + d_k\frac{1}{4T}\right)t + \Phi_k\right], \quad kT \leqslant t \leqslant (k+1)T
\end{aligned}
\tag{5.2}
$$

其中，I_k 和 Q_k 符号相反（即串行比特流中相继的比特不同）时，$d_k=1$；I_k 和 Q_k 符号相同（即串行比特流中相继的比特相同）时，$d_k=-1$。或者定义

$$
d_k = -I_k Q_k
\tag{5.3}
$$

$I_k=1$ 时 $\Phi_k=0$，$I_k=-1$ 时 $\Phi_k=\pi$，即有

$$
\Phi_k = \frac{\pi}{2}(1-I_k)
\tag{5.4}
$$

由于 I_k 和 Q_k 在一个比特周期 T 内为常数，因此 d_k 和 Φ_k 在一个比特周期 T 内也为常数。

从式(5.2)可以很清楚地看到，MSK 信号是一个具有两个频率 $f_+ = f_c + 1/4T$ 和 $f_- = f_c - 1/4T$ 的特殊 FSK 信号。频率间隔为 $\Delta f = 1/2T$。对于两个正交 FSK 而言，这是最小的频率间隔，这也是"最小频移"的含义。

普通相干 FSK 信号在比特转换时刻，相位可以连续也可以不连续。MSK 的载波相位在比特转换时刻总是连续的。为了看清楚这一点，我们来看 MSK 信号相对于载波相位的附加相位

$$
\Theta(t) = d_k\frac{\pi t}{2T} + \Phi_k = \pm\frac{\pi t}{2T} + \Phi_k, \quad kT \leqslant t \leqslant (k+1)T
\tag{5.5}
$$

由于 Φ_k 在 $[kT,(k+1)T]$ 内为常数，因此 $\Theta(t)$ 在 $[kT,(k+1)T]$ 内为线性、连续的。但是，为了保证比特转换时相位的连续性，在第 k 个比特周期结束，应有

$$
d_k\frac{\pi(k+1)T}{2T} + \Phi_k = \left[d_{k+1}\frac{\pi(k+1)T}{2T} + \Phi_{k+1}\right] \pmod{2\pi}
\tag{5.6}
$$

下面我们将看到对于式(5.1)的 MSK 信号，这个要求总是满足的。

注意由于 $d_k=-I_k Q_k$，$\Phi_k=(1-I_k)\pi/2$，式(5.6)的左边(LHS)和右边(RHS)分别为

$$
\text{LHS} = -I_k Q_k(k+1)\frac{\pi}{2} + \frac{\pi}{2}(1-I_k)
\tag{5.7}
$$

$$
\text{RHS} = -I_{k+1}Q_{k+1}(k+1)\frac{\pi}{2} + \frac{\pi}{2}(1-I_{k+1})
\tag{5.8}
$$

由于 I_k 和 Q_k 每个占据 $2T$，并且相互交错，可以假定：对于奇数 k，$I_k=I_{k+1}$；对于偶数 k，$Q_k=Q_{k+1}$（反之亦可）。因此，如果 k 为奇数，$I_k=I_{k+1}$，则有

$$\text{RHS} = -I_{k+1}Q_{k+1}(k+1)\frac{\pi}{2} + \frac{\pi}{2}(1 - I_k) \tag{5.9}$$

比较式(5.9)和式(5.7)，可以看出要使它们相等应满足

$$-I_kQ_k(k+1)\frac{\pi}{2} = -I_{k+1}Q_{k+1}(k+1)\frac{\pi}{2} \tag{5.10}$$

当 $Q_k = Q_{k+1}$ 时这显然是成立的。当 $Q_k \neq Q_{k+1}$，$Q_k = -Q_{k+1}$，上述要求变为

$$-I_kQ_k(k+1)\frac{\pi}{2} = I_kQ_k(k+1)\frac{\pi}{2}(\text{mod}2\pi) \tag{5.11}$$

由于 k 为奇数，$(k+1)$ 为偶数，$I_k = \pm 1$，$Q_k = \pm 1$，上述要求变为

$$-m\pi = m\pi(\text{mod}2\pi) \tag{5.12}$$

如果 m 为奇数，$\pm m\pi = \pi(\text{mod}2\pi)$。如果 m 为偶数，$\pm m\pi = 0(\text{mod}2\pi)$。因此，无论哪种情况，这个要求都是满足的。

如果 k 为偶数，$Q_k = Q_{k+1}$，则仍有两种情况：第一种情况，$I_k = I_{k+1}$，容易得出式(5.7)和式(5.8)是相等的；第二种情况，$I_k \neq I_{k+1}$（即 $I_k = -I_{k+1}$），那么

$$\text{LHS} = -I_kQ_k(k+1)\frac{\pi}{2} + \frac{\pi}{2}(1 - I_k) \tag{5.13}$$

$$\text{RHS} = I_kQ_k(k+1)\frac{\pi}{2} + \frac{\pi}{2}(1 + I_k) \tag{5.14}$$

表 5-1 给出了上述两个表达式的所有情况。从表中可以看出，所有情况下均有 LHS=RHS(mod2π)。

表 5-1　可能的情况(k 为偶数)

I_k	Q_k	LHS	RHS
1	1	$-(k+1)\frac{\pi}{2}$	$(k+3)\frac{\pi}{2} = (k+2)\pi + \text{LHS} = \text{LHS}(\text{mod}2\pi)$
1	-1	$(k+1)\frac{\pi}{2}$	$(-k+1)\frac{\pi}{2} = -k\pi + \text{LHS} = \text{LHS}(\text{mod}2\pi)$
-1	1	$(k+1)\frac{\pi}{2}$	$(-k+1)\frac{\pi}{2}$
-1	-1	$(-k+1)\frac{\pi}{2}$	$(k+1)\frac{\pi}{2}$

上述证明表明附加相位 $\Theta(t)$ 总是连续的。载波相位 $2\pi f_c t$ 也是连续的。因此总的相位 $2\pi f_c t + \Theta(t)$ 在任意时间上都是连续的。需要注意的是，在上面的讨论中我们没有规定 f_c 和符号速率 $1/T$ 的关系。也就是说，对于 MSK 信号，相位保持连续，f_c 和 $1/T$ 不需要满足特定关系。但是，后面我们会看到，f_c 取 $1/4T$ 的整数倍更好，但这只是为了使 I 信道和 Q 信道信号分量满足正交性的要求，并不是为了相位连续。

从上面讨论中可以看到，$\Theta(kT)$ 是 $\pi/2$ 的整数倍。但是，比特转换时刻的整个相位（或比特的初始相位）$2\pi f_c kT + \Theta(kT)$ 并不一定是 $\pi/2$ 的整数倍。根据 f_c 和比特周期 T 的关系，$2\pi f_c kT + \Theta(kT)$ 可以为任意值。如果 f_c 为 $1/4T$ 的整数倍（即 $f_c = m/4T$，m 为正整数），那么 $2\pi f_c kT = mk\pi/2$ 为 $\pi/2$ 的整数倍，这样比特转换时刻的整个相位就为 $\pi/2$ 的整数倍；如果 f_c 不是 $1/4T$ 的整数倍，比特转换时刻的整个相位通常不是 $\pi/2$ 的整数倍。前

面已经指出，为了保证 I 信道和 Q 信道信号的正交性，f_c 实际取为 $1/4T$ 的整数倍。因此，比特转换时刻的整个相位为 $\pi/2$ 的整数倍。

附加相位 $\Theta(t)$ 在每个比特持续的 T 秒内，要么线性增加，要么线性减少（见式(5.5)）。如果 $d_k=1$，到比特周期结束时刻载波相位线性增加了 $\pi/2$，这对应于具有较高频率 f_+ 的 FSK 信号。如果 $d_k=-1$，到比特周期结束时刻载波相位线性减少了 $\pi/2$，这对应于具有较低频率 f_- 的 FSK 信号。图 5-2 画出了 MSK 信号附加相位 $\Theta(t)$ 的相位树，加粗的路径表示对于图 5-1 中 I_k 和 Q_k 的数据序列取 $d_k=-I_kQ_k$。在比特转换时刻的附加相位总为 $\pi/2$ 的整数倍。如果 f_c 刚好为 $1/T$ 的整数倍，那么相位树中比特转换时刻的附加相位也是比特转换时刻整个载波的相位值。从式(5.5)我们可以推断，Φ_k 不是第 k 个比特周期的初始相位，因为比特起始点 $t\neq0$。当然 Φ_k 表示了附加相位的纵截距，因为 $\Phi_k=\Theta(0)$。在图 5-2 中，$\Phi_1=-\pi$ 是粗体路径在 $t=T$ 的附加相位的纵截距。

图 5-3 给出了 MSK 信号的附加相位网格 $\Theta(t)$。网格是具有聚合分支的类似树的结构。图 5-3 中在模 2π 意义下具有相同相位的节点合并成了一个节点。在比特转换时刻可能的相位为 $\pm\pi/2$ 和 $\pm\pi$。图 5-1 的相应数据序列在图 5-3 中仍然用粗体路径表示。

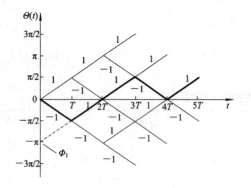

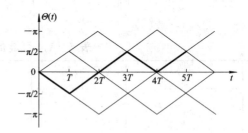

图 5-2　MSK 信号附加相位 $\Theta(t)$ 的相位树　　　图 5-3　MSK 信号的附加相位网格

2. 将 MSK 看成 CPFSK 的特例

MSK 也可以看成调制指数 $h=0.5$ 的 CPFSK。CPFSK 的表达式为

$$s(t) = A\cos\left[2\pi f_c t + \frac{\pi h d_k(t-kT)}{T} + \pi h\sum_{i=0}^{k-1}d_i\right], \quad kT\leqslant t\leqslant(k+1)T \quad (5.15)$$

还可以写成

$$s(t) = A\cos\left(2\pi f_c t + h d_k\frac{\pi t}{T} + \Phi_k\right), \quad kT\leqslant t\leqslant(k+1)T \quad (5.16)$$

其中

$$\Phi_k = \pi h\left(\sum_{i=0}^{k-1}d_i - kd_k\right) \quad (5.17)$$

d_k 为以速率 $R_b=1/T$ 传输的输入数据(±1)。h 为调制指数，决定了比特期间的频移。实际频移为 $hd_k/2T$。Φ_k 为比特间隔内的常数，但并不是该比特的初始相位，前面已经提到过，它表示附加相位 $\Theta(t)=hd_k\pi t/T+\Phi_k$ 的纵截距。

当 $h=0.5$，信号变为

$$s(t) = A\cos\left(2\pi f_c t + d_k \frac{\pi t}{2T} + \Phi_k\right), \quad kT \leqslant t \leqslant (k+1)T \qquad (5.18)$$

这就是式(5.2)给出的信号。

为了保证在 $t=kT$ 比特转换时刻相位连续，必须满足下面的条件：

$$d_{k-1} \frac{\pi}{2} k + \Phi_{k-1} = d_k \frac{\pi}{2} k + \Phi_k (\bmod 2\pi) \qquad (5.19)$$

即

$$\Phi_k = \Phi_{k-1} + \frac{\pi k}{2}(d_{k-1} - d_k) \quad (\bmod 2\pi) \qquad (5.20)$$

或者

$$\Phi_k = \begin{cases} \Phi_{k-1}(\bmod 2\pi), & d_k = d_{k-1} \\ \Phi_{k-1} \pm \pi k(\bmod 2\pi), & d_k \neq d_{k-1} \end{cases} \qquad (5.21)$$

假定 $\Phi_0 = 0$，那么 $\Phi_k = 0$ 或 π，具体取决于 Φ_{k-1} 的值和 d_k 与 d_{k-1} 的关系。

前面我们已经给出，当由交错的 I 信道比特流和 Q 信道比特流得出 $d_k = -I_k Q_k$ 时，$\Phi_k = 0$ 或 π，并且相位在包含比特转换时刻的任意时间都是连续的。也就是说，d_k 可以从数据流通过差分编码产生[38]：

$$d_k = d_{k-1} \oplus a_k \qquad (5.22)$$

其中 $\{a_k\}$ 为原始数据流，$\oplus$ 表示异或运算。这个等效性可通过一些例子来验证。这个事实意味着 MSK 信号可以由 $h=0.5$ 的 CPFSK 信号产生，每个比特频移的符号由输入比特流差分编码后的序列决定。用这种方式实现的 MSK 称为快速频移键控（FFSK，Fast Frequency Shift Keying）。

3. MSK 信号的倾斜相位表示

由于 CPM 调制所产生的记忆在很多方面类似于卷积编码序列所产生的记忆作用，这两种情况可能的输出信号都可以用状态网格来描述。图 5-4 为 CPM 系统的分解结构。Rimoldi 已经证明：CPM 可以分解成如图 5-4 所示的一个连续相位编码器（CPE，Continuous Phase Encoder）加上一个无记忆调制器（MM，Memoryless Modulator）的形式[39]。进行这样的分解有两个优点。第一，编码可以与调制分开来研究。这也意味着可以采用不同形式的编码器（对应于不同形式的 CPM 信号）以及不同形式的最优解码算法。而且，如果可以证明 CPE 是线性时不变的（在某个有限代数结构上），那么 CPE 可以用在卷积码研究中形成的方法来进行研究，因为卷积码也是有限域上的线性时不变系统。如果 CPE 在有限域 GF(p) 上是线性的，那么 CPE 本身就是一个卷积编码器。第二，CPM 的分解使得 MM 分离出来，可以将 MM、波形信道（假定为高斯白噪声信道）和在一个符号间隔上工作的解调器的级联看成一个离散无记忆信道。如果也能证明 MM 是时不变的（一个符号周期内的可能相位轨迹集合是其他任何符号周期内的相位轨迹的时间迁移），那么这个无记忆信道就是一般的 DMC 信道，有关 DMC 信道的许多理论就可以应用到 CPM 的研究当中。

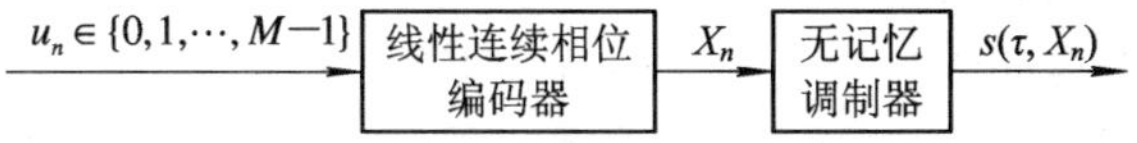

$$u_n \in \{0,1,\cdots,M-1\} \longrightarrow \boxed{\begin{array}{c}\text{线性连续相位}\\\text{编码器}\end{array}} \xrightarrow{X_n} \boxed{\begin{array}{c}\text{无记忆}\\\text{调制器}\end{array}} \xrightarrow{s(\tau, X_n)}$$

图 5-4　CPM 系统的分解结构

我们将看到 CPM 系统的分解是可行的，并且总是可以满足 CPE 是线性（模整数 P）时不变的，MM 也是时不变的。在本节中我们首先给出一般 CPM 携带信息的载波相位的修正形式——倾斜相位表示，然后给出 MSK 信号的倾斜相位表示。由倾斜相位构成的网格是时不变的。

CPM 系统的传输信号及其附加相位表达式如式(4.1)和式(4.26)所示。所有的相位轨迹 $\phi(t, \boldsymbol{\alpha})$ 形成了一个相位树，除了载波频率 f_c、符号能量 E 外，该相位树可以完全描述 CPM 信号。图 5-5(a)给出了 MSK 信号的相位树，此时

$$h = \frac{1}{2} \tag{5.23}$$

$$q(t) = \begin{cases} 0, & t \leqslant 0 \\ \dfrac{t}{2T}, & 0 < t \leqslant T \\ \dfrac{1}{2}, & t > T \end{cases} \tag{5.24}$$

$$M = 2 \tag{5.25}$$

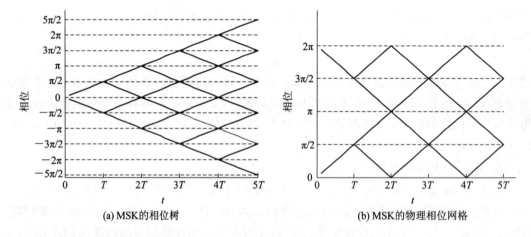

(a) MSK 的相位树   (b) MSK 的物理相位网格

图 5-5　MSK 的相位树与物理相位网格

定义半开区间 $[nT, nT+T)$ 为第 n 个符号间隔。由于我们仅关心 $t \geqslant 0$ 的 $s_c(t, \boldsymbol{\alpha})$，因此后面的分析都假定 $n \geqslant 0$。相位相差 2π 的整数倍时，从物理上是不可区分的。对于相位 θ，模 2π 去除相位模糊后称为物理相位，定义为 $\bar{\theta}$，即

$$\bar{\theta} = R_{2\pi}[\theta] \tag{5.26}$$

其中 $R_{2\pi}[\cdot]$ 为"模 2π"运算符，即

$$R_{2\pi}[\theta] = \theta - \left\lfloor \frac{\theta}{2\pi} \right\rfloor 2\pi \tag{5.27}$$

$\lfloor \cdot \rfloor$ 表示不大于括号内数的最大整数（向下取整）。后面我们将会用到以下性质：

$$R_{2\pi}[\theta_1 + \theta_2] = R_{2\pi}[R_{2\pi}[\theta_1] + \theta_2] \tag{5.28}$$

MSK 的物理相位 $(\bar{\phi}(t, \boldsymbol{\alpha}))$ 网格如图 5-5(b)所示。

可以看到，偶数符号间隔的物理相位轨迹并不是奇数符号间隔的物理相位轨迹的时移信号，从这个意义上说，MSK 的物理相位网格是时变的。然而，如果相对于最下面的一条相位轨迹来观察相位（也可以选最上面的一条相位轨迹），这个新的相位可以定义成

$\psi(t,\boldsymbol{\alpha})=\phi(t,\boldsymbol{\alpha})+\pi(1/2)t/T$，所形成的 MSK 的倾斜相位树和物理倾斜相位网格如图 5 -6(a)和图 5-6(b)所示。图 5-6(b)可以看成是时不变的，即经过初始过渡，任意两个符号之间的相位轨迹是其他符号间隔内的相位轨迹的时间平移。

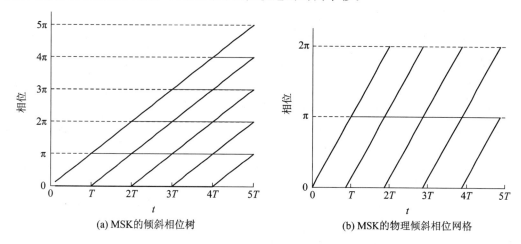

(a) MSK的倾斜相位树　　　　　　　　(b) MSK的物理倾斜相位网格

图 5-6　MSK 的倾斜相位树和物理倾斜相位网格

一般 CPM 信号的时不变相位网格可以由下式得到：

$$\psi(t,\boldsymbol{\alpha}) = \phi(t,\boldsymbol{\alpha}) + \frac{\pi h(M-1)t}{T} \tag{5.29}$$

我们称 $\phi(t,\boldsymbol{\alpha})$ 和 $\psi(t,\boldsymbol{\alpha})$ 分别为 CPM 的传统相位和倾斜相位。为了表明物理倾斜相位 $\psi(t,\boldsymbol{\alpha})$ 是一个时不变网格，将式(4.26)代入式(5.29)得到

$$\psi(t,\boldsymbol{\alpha}) = h\pi\sum_{i=0}^{n-L}\alpha_i + 2\pi h\sum_{i=n-L+1}^{n}\alpha_i q(t-iT) + \frac{\pi h(M-1)t}{T}, \quad nT \leqslant t < nT+T \tag{5.30}$$

其中，约定 $\alpha_{-1}=\alpha_{-2}=\cdots=\alpha_{-L}=0$。为方便起见，引入修正数据序列 $\boldsymbol{u}=[u_{-L}, u_{-L+1}, \cdots,]$，

$$u_i = \frac{\alpha_i+(M-1)}{2}, \quad u_i \in \{0, 1, \cdots, M-1\} \tag{5.31}$$

结合式(5.30)和式(5.31)，并令 $t=\tau+nT$，有

$$\begin{aligned}
\psi(\tau+nT,\boldsymbol{u}) =& 2\pi h\sum_{i=0}^{n-L}u_i + 4\pi h\sum_{i=0}^{L-1}u_{n-i}q(\tau+iT) + \frac{\pi h(M-1)\tau}{T} \\
&- 2\pi h(M-1)\sum_{i=0}^{L-1}q(\tau+iT) + (L-1)(M-1)\pi h, \quad 0 \leqslant \tau < T
\end{aligned} \tag{5.32}$$

可以看到式(5.32)中所有与时间有关的项仅依赖于时移变量 $\tau=t-nT$。因此只要式(5.32)中独立于时间只依赖于数据的项 $2\pi h\sum_{i=0}^{n-L}u_i$ 在后面的符号间隔内模 2π 取值相同，那么任意两个符号之间的可能物理倾斜相位 $\psi(\tau+nT,\boldsymbol{u})$ 经过初始过渡之后就只是时移不同。独立于时间只依赖于数据的项模 2π 得

$$R_{2\pi}\left[2\pi h\sum_{i=0}^{n-L}u_i\right] = R_{2\pi}\left[2\pi\left(\frac{K}{P}\right)\sum_{i=0}^{n-L}u_i\right] = R_{2\pi}\left[2\pi\left(\frac{K}{P}\right)R_P\left[\sum_{i=0}^{n-L}u_i\right]\right] \tag{5.33}$$

其中 $h=K/P$，$R_P[\cdot]$ 为整数模 P 运算符。式(5.33)中数据的求和可以进行模 P 约简，因为加上 P 后，整个 $R_{2\pi}[\cdot]$ 自变量的增量为 $2\pi K$。从式(5.33)可以看出独立于时间只依赖于数据的项仅有 P 个可能的取值，而且当 n 满足

$$(n-L+1)(M-1) \geqslant P-1 \tag{5.34}$$

时所有 P 个取值都是可能出现的，式(5.34)能保证 $(n-L+1)$ 个 M 进制数据求和可以达到最大值 $P-1$。

这样我们就已经得到 CPM 的物理倾斜相位 $\bar{\psi}(\tau+nT, \boldsymbol{u})$ 总是一个时不变网格。为了将 CPM 分解成连续相位编码器和无记忆调制器，现在仅需要确定 MM 的输入，即规定在当前符号间隔内，MM 发射哪个相位轨迹，然后找出递归式，CPE 由此递归式根据当前 MM 的输入和下一个数据产生 MM 下一个的输入。

1) 无记忆调制器

将式(5.29)代入式(4.1)中，并用物理倾斜相位 $\bar{\psi}(t, \boldsymbol{u})$ 代替倾斜相位 $\psi(t, \boldsymbol{u})$，得到

$$s(t, \boldsymbol{u}) = \sqrt{\frac{2E}{T}}\cos(2\pi f_1 t + \bar{\psi}(t, \boldsymbol{u}) + \phi_0) \tag{5.35}$$

其中 $f_1=f_c-h(M-1)/2T$ 为修正后的载波频率，用以补偿 $\psi(t, \boldsymbol{u})$ 与 $\phi(t, \boldsymbol{\alpha})$ 之间的频差。根据式(5.26)、式(5.28)、式(5.32)和式(5.33)，物理倾斜相位可以表示成

$$\begin{aligned}
\bar{\psi}(\tau+nT, \boldsymbol{u}) &= R_{2\pi}[\psi(\tau+nT, \boldsymbol{u})] \\
&= R_{2\pi}\Big[2\pi h\sum_{i=0}^{n-L}u_i + 4\pi h\sum_{i=0}^{L-1}u_{n-i}q(\tau+iT) + w(\tau)\Big] \\
&= R_{2\pi}\Big[2\pi hR_P\Big[\sum_{i=0}^{n-L}u_i\Big] + 4\pi h\sum_{i=0}^{L-1}u_{n-i}q(\tau+iT) + w(\tau)\Big], \quad 0 \leqslant \tau < T
\end{aligned} \tag{5.36}$$

其中

$$w(\tau) = \frac{\pi h(M-1)\tau}{T} - 2\pi h(M-1)\sum_{i=0}^{L-1}q(\tau+iT) + (L-1)(M-1)\pi h \tag{5.37}$$

表示与数据无关的项。定义 MM 的输入为 X_n，则

$$X_n = [u_n, \cdots, u_{n-L+1}, v_n] \tag{5.38}$$

其中

$$v_n = R_P\Big(\sum_{i=0}^{n-L}u_i\Big) \tag{5.39}$$

表示在时刻 n 由 0 时刻到 $n-L$ 时刻这一时间内的输入数据符号引起的累积相位。从式(5.36)可以看出，MM 的输入完全确定了物理相位，因而也完全确定了输出信号。用 $\bar{\psi}(\tau, X_n)$ 代替 $\bar{\psi}(\tau+nT, \boldsymbol{u})$，$s(\tau, X_n)$ 代替 $s(\tau+nT, \boldsymbol{u})$ $(0\leqslant\tau<T)$，得到

$$s(\tau, X_n) = \sqrt{\frac{2E}{T}}\cos(2\pi f_1(\tau+nT) + \bar{\psi}(\tau, X_n) + \phi_0), \quad 0 \leqslant \tau < T \tag{5.40}$$

为了实现方便，我们将式(5.40)分解成同相分量和正交分量，即

$$s(\tau, X_n) = I(\tau, X_n)\Phi_I(\tau) + Q(\tau, X_n)\Phi_Q(\tau) \tag{5.41}$$

其中

$$I(\tau, X_n) = \sqrt{\frac{E}{T}} \cos\bar{\psi}(\tau, X_n) \qquad (5.42)$$

$$Q(\tau, X_n) = \sqrt{\frac{E}{T}} \sin\bar{\psi}(\tau, X_n) \qquad (5.43)$$

$$\Phi_I(\tau) = \sqrt{\frac{1}{2}} \cos[2\pi f_1(\tau + nT) + \phi_0] \qquad (5.44)$$

$$\Phi_Q(\tau) = -\sqrt{\frac{1}{2}} \sin[2\pi f_1(\tau + nT) + \phi_0] \qquad (5.45)$$

2）连续相位编码器

正如前面所指出的，CPE 的作用是根据下一个输入数据 u_{n+1} 将 MM 的输入 X_n 更新成 X_{n+1}。在式(5.39)中用 $n+1$ 代替 n，并且利用式(5.28)，有

$$v_{n+1} = R_P\left[\sum_{i=0}^{n+1-L} u_i\right] = R_P\left[\sum_{i=0}^{n-L} u_i + u_{n-L+1}\right] = R_P\left[R_P\left[\sum_{i=0}^{n-L} u_i\right] + u_{n-L+1}\right]$$
$$= R_P[v_n + u_{n-L+1}] \qquad (5.46)$$

显然，X_n 的前 L 个分量的更新可以通过最近的 L 个数据比特移位得到。

上面给出了一般 CPM 信号的倾斜相位表示，也称为 CPM 信号的 Rimoldi 分解。CPE 由递归式根据当前 MM 的输入和下一个数据产生 MM 的下一个输入，MM 根据其输入代入 CPM 信号的倾斜相位表达式映射成输出波形。对于 MSK 而言，$q(\tau) = \tau/(2T)$，$M=2$，$L=1$，$w(\tau) = \frac{\pi h\tau}{T} - 2\pi h \cdot \frac{\tau}{2T} = 0$，其物理倾斜相位为

$$\bar{\psi}(\tau + nT, \boldsymbol{u}) = R_{2\pi}\left[2\pi h v_n + 4\pi h u_n \frac{\tau}{2T}\right] = R_{2\pi}\left[\pi v_n + \pi u_n \frac{\tau}{T}\right] \qquad (5.47)$$

将式(5.47)代入式(5.40)就得到了 MSK 的倾斜相位表达式。

5.1.2　功率谱密度

我们已经知道，带通信号的功率谱密度是等效低通信号或复包络功率谱密度的时移形式，因此分析等效基带信号 $\tilde{s}(t)$ 的功率谱就足够了。式(5.1)的 MSK 信号包含相互独立的同相分量和正交分量。复包络的功率谱是这两个分量功率谱的和，即

$$\Psi_{\tilde{s}}(f) = \Psi_I(f) + \Psi_Q(f) \qquad (5.48)$$

下面根据等概二进制双极性平稳、非相关数字波形的功率谱密度等于符号成型脉冲的能量谱除以符号持续时间来推导 $\Psi_I(f)$ 和 $\Psi_Q(f)$。对于 MSK，I 信道的符号成型脉冲为

$$p(t) = \begin{cases} A \cos\dfrac{\pi t}{2T}, & -T \leqslant t \leqslant T \\ 0, & \text{其他} \end{cases} \qquad (5.49)$$

Q 信道的符号成型脉冲为

$$q(t) = p(t-T) = \begin{cases} A \sin\dfrac{\pi t}{2T}, & 0 \leqslant t \leqslant 2T \\ 0, & \text{其他} \end{cases} \qquad (5.50)$$

需要注意的是，符号脉冲持续时间为 $2T$ 而不是 T。由于 I 信道和 Q 信道的傅里叶变换仅相差一个相位因子，因此它们的能量谱是相同的。取任一函数，如 $p(t)$ 的傅里叶变换，将其幅度求平方后除以 $2T$，有

$$\Psi_I(f) = \Psi_Q(f) = \frac{1}{2T}\left(\frac{4AT[\cos 2\pi Tf]}{\pi[1-(4Tf)^2]}\right)^2 \tag{5.51}$$

因此

$$\Psi_s(f) = 2\Psi_I(f) = \frac{16A^2 T}{\pi^2}\left[\frac{\cos 2\pi Tf}{1-(4Tf)^2}\right]^2 \tag{5.52}$$

图 5-7 给出了 MSK、BPSK、QPSK、OQPSK 的功率谱密度。横坐标为 f 对数据速率 $R_b = 1/T$ 归一化的频率。对于较大的 f/R_b，MSK 的频谱以 $(f/R_b)^{-4}$ 的速率下降。而 QPSK 或 OQPSK 的频谱仅以 $(f/R_b)^{-2}$ 的速率下降。BPSK 的频谱也以 $(f/R_b)^{-2}$ 的速率下降，但是它的频谱宽度是 QPSK 或 OQPSK 的两倍。MSK 频谱的主瓣比 BPSK 窄，比 QPSK、OQPSK 要宽。BPSK、MSK、QPSK/OQPSK 频谱的第一零点分别为 $f/R_b = 1.0$，0.75，0.5。因此 BPSK 的零点–零点带宽为 $2.0R_b$，MSK 的为 $1.5R_b$，QPSK/OQPSK 的为 $1.0R_b$。

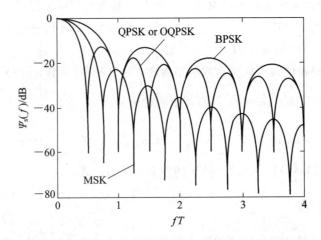

图 5-7　MSK、BPSK、QPSK、OQPSK 的功率谱密度

另一种评估调制信号频谱紧凑性的有效估计是部分带外功率 P_{ob}，其定义为

$$P_{ob}(B) = 1 - \frac{\int_{-B}^{B}\Psi_s(f)\mathrm{d}f}{\int_{-\infty}^{\infty}\Psi_s(f)\mathrm{d}f} \tag{5.53}$$

图 5-8 给出了 MSK、BPSK、QPSK/OQPSK 的 $P_{ob}(B)$，横轴为对二进制数据速率归一化的双边带宽 $2B$。从图中可以看出：在 $2B < 0.75R_b$ 时，MSK 的部分带外功率比 QPSK/OQPSK 稍大一点；当 $2B > 0.75R_b$ 时，MSK 的部分带外功率小于 QPSK/OQPSK。这些调制方式的包含 90% 功率的带宽可以通过数值计算得到，结果如下：

$$B_{90\%} \approx 0.76R_b (\text{MSK})$$

$$B_{90\%} \approx 0.8R_b (\text{QPSK，OQPSK})$$

$$B_{90\%} \approx 1.7R_{\rm b}({\rm BPSK})$$

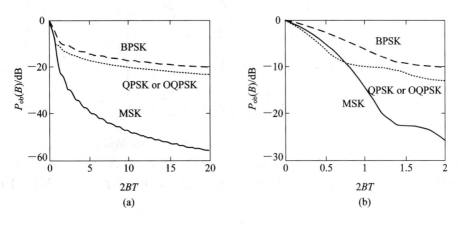

图 5-8　MSK、BPSK、QPSK/OQPSK 的部分带外功率

这也可以通过曲线中相应于 $P_{\rm ob} = -10$ dB 处的带宽近似得到。由于 MSK 的频谱下降得更快，按更严格的功率规定，如 99％能量带宽，得到的结果是 MSK 的带宽要小于 BPSK 和 QPSK/OQPSK，相应的数值结果为

$$B_{99\%} \approx 1.2R_{\rm b}({\rm MSK})$$
$$B_{99\%} \approx 10R_{\rm b}({\rm QPSK，OQPSK})$$
$$B_{99\%} \approx 20R_{\rm b}({\rm BPSK})$$

这也可以通过曲线中相应于 $P_{\rm ob} = -20$ dB 处的带宽近似得到。

　　这些比较说明：当系统带宽超过 $1.2R_{\rm b}$ 时，MSK 会比 QPSK/OQPSK 提供更好的 BER 性能。但是当系统带宽减到 $0.75R_{\rm b}$ 时，由于所有调制方式包含了 90％的带内功率，它们的 BER 性能应该是非常接近的。当系统带宽减到 $0.75R_{\rm b}$ 以下时，QPSK/OQPSK 的性能更好。随着系统带宽的增加，它们的 BER 性能收敛于无限带宽的情形，即具有相同的误码性能。由于要考虑具体的信道特性，实际情况下每种调制方式性能更好区域的精确界很难确定。

5.1.3　MSK 的调制器

1. 基于加权 OQPSK 的 MSK 调制器

　　图 5-9 给出了用正弦加权 OQPSK 实现的 MSK 调制器。该调制器基于式(5.1)。数据流 $a(t)$ 由串/并变换器(S/P)分成 $I(t)$ 和 $Q(t)$ 两路信号。I 路信号 $I(t)$ 为偶数比特，Q 路信号 $Q(t)$ 为奇数比特。$I(t)$ 和 $Q(t)$ 中每个比特的持续时间为 $2T$。$Q(t)$ 比 $I(t)$ 延迟时间 T。在 I 支路，$I(t)$ 相继乘以 $\dfrac{A\ \cos\pi t}{2T}$ 和 $\cos 2\pi f_{\rm c}t$。在 Q 支路，$Q(t)$ 相继乘以 $\dfrac{A\ \sin\pi t}{2T}$ 和 $\sin 2\pi f_{\rm c}t$。$\dfrac{A\ \sin\pi t}{2T}$ 和 $\sin 2\pi f_{\rm c}t$ 可以通过 $\dfrac{A\ \cos\pi t}{2T}$ 和 $\cos 2\pi f_{\rm c}t$ 分别相移 $\pi/2$ 得到。然后 I 路调制信号和 Q 路调制信号相加得到 MSK 信号。前面的讨论已经说明，$\dfrac{A\ \cos\pi t}{2T}$ 和 $\cos 2\pi f_{\rm c}t$ 不需要同步。因此 $\dfrac{A\ \cos\pi t}{2T}$ 和 $\cos 2\pi f_{\rm c}t$ 可以用两个独立的振荡器产生。

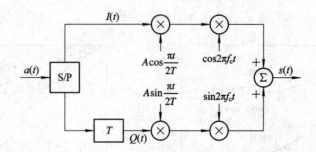

图 5 - 9　用正弦加权 OQPSK 实现的 MSK 调制器

图 5-10 为 MSK 调制器（Ⅱ），它给出了另一种实现方式。该调制器的优点是载波相干性和频偏比基本不受数据速率的影响。首先是由高频乘法器产生两个相位相干频率分量：

$$s_I(t) = \frac{1}{2} A \cos 2\pi f_+ t \tag{5.54}$$

$$s_Q(t) = \frac{1}{2} A \cos 2\pi f_- t \tag{5.55}$$

其中 $f_+ = f_c + \dfrac{1}{4T}$，$f_- = f_c - \dfrac{1}{4T}$。这两个正弦波通过两个中心频率分别为 f_+ 和 f_- 的窄带滤波器分离开。I 信道和 Q 信道的两个加法器的输出信号分别为

$$\phi_I(t) = s_I(t) + s_Q(t) = \frac{1}{2} A \cos 2\pi f_+ t + \frac{1}{2} A \cos 2\pi f_- t$$

$$= \frac{A}{2T} \frac{\cos \pi t}{\cos 2\pi f_c} t \tag{5.56}$$

$$\phi_Q(t) = - s_I(t) + s_Q(t) = - \frac{1}{2} A \cos 2\pi f_+ t + \frac{1}{2} A \cos 2\pi f_- t$$

$$= \frac{A}{2T} \frac{\sin \pi t}{\sin 2\pi f_c} t \tag{5.57}$$

这两个信号为正弦加权载波。它们再进一步由 $I(t)$ 和 $Q(t)$ 分别调制，然后相加得到最终的 MSK 信号。

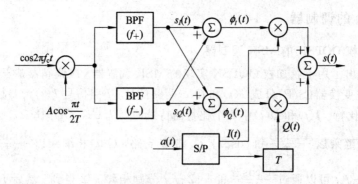

图 5 - 10　MSK 调制器（Ⅱ）

2. 基于 FSK 的 MSK 调制器

如图 5-11 所示的 MSK 调制器（Ⅲ）是用 $h=0.5$ 的差分编码 FSK 实现的。FSK 调制

器可以采用相干 FSK 调制器或非相干 FSK 调制器实现。两者唯一的区别在于差分编码器，差分编码器包括异或门(XOR)和将前一个编码输出 d_{k-1} 返回给异或门的 T 延迟器。

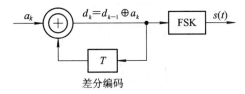

图 5-11　MSK 调制器(Ⅲ)

3. 基于 Rimoldi 分解的 MSK 调制器

根据式(5.40)~式(5.45)可以得到 CPM 的无记忆调制器，如图 5-12 所示。

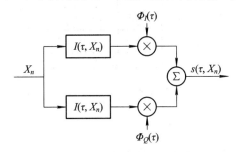

图 5-12　CPM 的无记忆调制器

需要注意的是，根据式(5.38)和式(5.39)可知，每个输入符号 X_n 的物理相位共有 PM^L 种可能的取值。同时根据式(5.36)知，在每个符号间隔的起始可以有 PM^{L-1} 种可能的相位状态。

根据式(5.46)得到连续相位编码器(CPE)的实现框图如图 5-13 所示，图中的求和模块是模 P 的。注意 CPE 是一个模 P 的整数环上的线性运算。定义 CPE 的状态为下面的 L 元组：

$$\sigma_n = [u_{n-1}, \cdots, u_{n-L+1}, v_n] \tag{5.58}$$

σ_n 可以取 $M^{L-1}P$ 个不同的值。

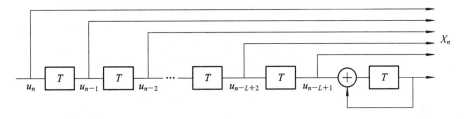

图 5-13　连续相位编码器(CPE)的实现框图

现在我们可以将任何一个 CPM 系统分解成连续相位编码器加无记忆调制器的形式。编码器为包含模 P 加法器和 L 个时延单元的时不变线性时序电路(LSC, Linear Sequential Circuit)，P 为调制指数的分母(调制指数约简为素数)，L 为相位响应 $q(t)$ 变化的码元间隔。

这样，基于 Rimoldi 分解的 MSK 调制系统如图 5-14 所示。

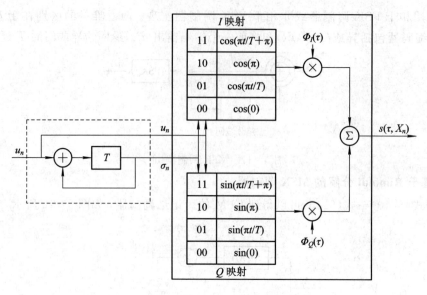

图 5 - 14   基于 Rimoldi 分解的 MSK 调制系统

5.1.4　MSK 的解调器

在第四章中，我们已经了解到对于 CPM 调制方案，由于其内在的记忆特性，需要一个有记忆类型的检测器，如 MLSE 检测器。但是 $h=0.5$ 的全响应调制如 MSK 实际上也可以采用无记忆的 $I-Q$ 形式的接收机。这主要是因为 MSK 调制可以用类似于 OQPSK 的 $I-Q$ 形式的发射机来实现。

1. 基于 $I-Q$ 的相干检测器

利用前面定义的两个基本函数，在第 k 个比特间隔，MSK 信号可以写为

$$s(t) = I_k \phi_I(t) + Q_k \phi_Q(t) \tag{5.59}$$

可以看到 $\phi_I(t)$ 和 $\phi_Q(t)$ 对于 $f_c = n/4T$（n 是不为 1 的整数）在一个周期 T 上是正交的。

证明：

$$\int_{kT}^{(k+1)T} \phi_I(t)\phi_Q(t)\,dt = \int_{kT}^{(k+1)T} A^2 \cos\left(\frac{\pi t}{2T}\right)\cos 2\pi f_c t \, \sin\left(\frac{\pi t}{2T}\right)\sin 2\pi f_c t \, dt$$

$$= \frac{1}{4}A^2 \int_{kT}^{(k+1)T} \sin\left(\frac{\pi t}{T}\right)\sin 4\pi f_c t \, dt$$

$$= \frac{1}{8}A^2 \int_{kT}^{(k+1)T} \left[\cos\left(4\pi f_c t - \frac{\pi t}{T}\right) - \cos\left(4\pi f_c t + \frac{\pi t}{T}\right)\right]dt \tag{5.60}$$

第一项积分为

$$\frac{A^2}{8}\frac{1}{4\pi f_c - \frac{\pi}{T}}\sin\left(\left(4\pi f_c - \frac{\pi}{T}\right)t\right)\Bigg|_{kT}^{(k+1)T} \tag{5.61}$$

当 $4\pi f_c - \dfrac{\pi}{T} = \dfrac{m\pi}{T}$（$m$ 是不为零的整数）时，该项为零，此时

$$f_c = \frac{(m+1)}{4T} = \frac{n}{4T}\,(n \text{ 是不为 1 的整数}) \tag{5.62}$$

在此条件下，第二项积分也为零。因此得证。

当 n 不为整数时，$\phi_I(t)$ 和 $\phi_Q(t)$ 在 $f_c \gg 1/T$（通常情况）时是正交的。这是因为式 (5.61) 中 sine 函数前的系数在 $f_c \gg 1/T$ 时是非常小的。以后对于所有实际应用，我们认为在一个周期 T 上 $\phi_I(t)$ 和 $\phi_Q(t)$ 是正交的，并且在周期 $2T$ 上 $\phi_I(t)$ 和 $\phi_Q(t)$ 也是正交的。

由于 $\phi_I(t)$ 和 $\phi_Q(t)$ 是正交的，MSK 的最佳相干解调器跟 QPSK 的解调器非常相似。图 5-15 为 MSK 的最佳相干解调器（怎样获得参考信号和比特定时将在下一节讨论）。由

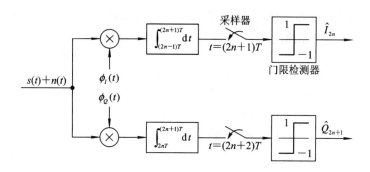

图 5-15　MSK 的最佳相干解调器

于 $I(t)$ 或 $Q(t)$ 的每个数据符号周期为 $2T$，因此解调器以 $2T$ 为基准工作。定义 $I(t)$ 和 $Q(t)$ 上的符号为 $\{I_k, k=0, 2, 4, \cdots\}$，$\{Q_k, k=1, 3, 5, \cdots\}$。对于第 k 个符号间隔，I 信道上的积分区间从 $(2n-1)T$ 到 $(2n+1)T$，Q 信道上的积分区间从 $2nT$ 到 $(2n+2)T$，其中 $n=0, 1, 2, \cdots$。这些间隔对应于相应的数据符号周期。I 信道积分器的输出为

$$\int_{(2n-1)T}^{(2n+1)T} s(t)\phi_I(t)\mathrm{d}t = \int_{(2n-1)T}^{(2n+1)T} \left[I_k\phi_I(t) + Q_k\phi_Q(t) \right]\phi_I(t)\mathrm{d}t$$

$$= \int_{(2n-1)T}^{(2n+1)T} I_k\phi_I^2(t)\mathrm{d}t \qquad \text{（由于正交性第二项为零）}$$

$$= \int_{(2n-1)T}^{(2n+1)T} A^2 I_k \cos^2\left(\frac{\pi t}{2T}\right)\cos^2 2\pi f_c t\ \mathrm{d}t$$

$$= \int_{(2n-1)T}^{(2n+1)T} A^2 I_k \frac{1}{2}\left(1+\cos\left(\frac{\pi t}{2T}\right)\right)\frac{1}{2}(1+\cos 4\pi f_c t)\mathrm{d}t$$

$$= \int_{(2n-1)T}^{(2n+1)T} \frac{1}{4}A^2 I_k\left(1+\cos\left(\frac{\pi t}{T}\right)+\cos 4\pi f_c t+\cos\left(\frac{\pi t}{T}\right)\cos 4\pi f_c t\right)\mathrm{d}t$$

$$= \frac{1}{2}A^2 T I_k \tag{5.63}$$

在上面的积分中，只有第一项的结果非零，第二项的积分正好为零，第三项和第四项的积分仅在 f_c 为 $1/4T$ 的整数倍（即两个信道的载波正交）时正好为零。因此我们通常选择 f_c 为 $1/4T$ 的整数倍。但是，即使 f_c 不是 $1/4T$ 的整数倍，第三项和第四项的积分不为零，但它们在 $f_c \gg 1/T$ 时与第一项相比是非常小的。因此我们可以得出结论：不管载波是否满足正交，I 信道的采样输出为 $A^2 T I_k/2$。类似地，我们可以得到 Q 信道的采样输出为 $A^2 T Q_k/2$。这两个信号经过门限检测器最终输出 I_k 和 Q_k。检测器的门限设为 0。

图 5-16 是另一种用两步实现的 MSK 解调器（Ⅱ）。它与图 5-15 是等效的。忽略噪声，I 信道第一个乘法器的输出为

$$s(t)\cos 2\pi f_c t = A\left[I(t)\cos\left(\frac{\pi t}{2T}\right)\cos 2\pi f_c t + Q(t)\sin\left(\frac{\pi t}{2T}\right)\sin 2\pi f_c t\right]\cos 2\pi f_c t$$

$$= \frac{1}{2}AI(t)\cos\left(\frac{\pi t}{2T}\right) + \frac{1}{2}AI(t)\cos\left(\frac{\pi t}{2T}\right)\cos 4\pi f_c t + \frac{1}{2}AQ(t)\sin\left(\frac{\pi t}{2T}\right)\sin 4\pi f_c t$$

$$(5.64)$$

经过低通滤波器后两个高频分量被滤除，输出仅为第一项。然后乘以加权函数并在 $2T(I(t)$ 和 $Q(t)$ 的符号长度)间隔内进行积分。由于 $I(t)$ 和 $Q(t)$ 的符号是交错的，所以积分限也是交错的。对于 I 信道，在 $t=(2n+1)T$ 时积分器的输出为

$$\int_{(2n-1)T}^{(2n+1)T}\frac{1}{2}AI_k\cos\left(\frac{\pi t}{2T}\right)\cos\left(\frac{\pi t}{2T}\right)\mathrm{d}t = \int_{(2n-1)T}^{(2n+1)T}\frac{1}{4}A\left[I_k + I_k\cos\left(\frac{2\pi t}{2T}\right)\right]\mathrm{d}t = \frac{1}{2}ATI_k$$

$$(5.65)$$

对应的数据比特 I_k 送给门限为 0 的检测器。在没有噪声或其他信道损伤时，检测器的输出就为数据比特 I_k。类似地，Q 信道积分器的输出为 $ATQ_k/2$，因此 Q 信道检测器可以恢复出 Q_k。当存在噪声或其他信道损伤，如带限、衰落时，会发生检测错误。后面会讨论 AWGN 信道下的比特错误概率。

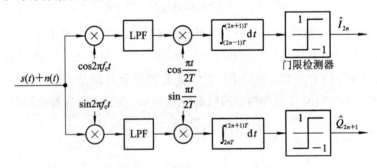

图 5-16 MSK 解调器(Ⅱ)

2. MLSE 检测器

由于 MSK 信号是 CPM 信号的一种，因此可以像 CPM 方案那样采用 Viterbi 算法的网格解调器来解调。前面给出了 CPM 信号的倾斜相位表示，由于倾斜相位网格与传统网格是等效的，因此在传统网格上所做的工作也可以在倾斜相位网格上完成。但是对相关算法的实现、简化进行分析时，采用倾斜相位描述的时不变过程是非常简单的。因此，对 MSK 的 Viterbi 检测，我们采用倾斜相位网格。

前面给出的基于 I-Q 的相干检测器在两个观测符号间隔上对接收信号做出判决，而通常的 Viterbi 算法要做出最佳判决似乎需要观测整个序列。下面我们给出用于 MSK 的 VA 解调器，它可以像上述相干检测器一样在两个观测符号间隔上给出最佳判决。

假定接收信号为

$$r(t) = s(t, \boldsymbol{\alpha}) + n(t) \tag{5.66}$$

其中 $s(t, \boldsymbol{\alpha})$ 为 MSK 调制系统的输出信号，$n(t)$ 为加性高斯白噪声。要最小化的度量是接收信号 $r(t)$ 与估计信号序列之间的欧氏距离。由于传输信号 $s(t, \boldsymbol{\alpha})$ 中每个符号间隔的能量是恒定的，我们可以最大化接收信号和估计信号之间的相关值。图 5-14 中 MSK 编码器的网格图如图 5-17 所示，图中分支上标注的是输出信号。

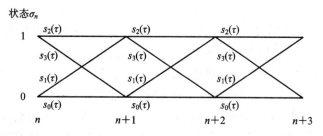

图 5-17　MSK 编码器的网格图

对于 MSK 而言，

$$\begin{cases} s_0(\tau) = -s_2(\tau) \\ s_1(\tau) = -s_3(\tau) \end{cases} \tag{5.67}$$

分支度量 $\lambda_n(s_i)$，$i = 0, 1, \cdots, 3$ 为第 n 个符号间隔内的接收信号 $r(t)$ 和相应分支的调制器输出信号之间的相关值，即

$$\lambda_n(s_i) = \int_{nT}^{nT+T} r(t)s_i(t-nT)\mathrm{d}t,\ i = 0, 1, \cdots, 3 \tag{5.68}$$

由式(5.67)可得

$$\begin{cases} \lambda_n(s_2) = -\lambda_n(s_0) \\ \lambda_n(s_3) = -\lambda_n(s_1) \end{cases} \tag{5.69}$$

可以得出结论：如果 $n+1$ 时刻网格的幸存路径是从 n 时刻相同的状态转移的，那么 $n+2$ 时刻网格的幸存路径也从 $n+1$ 时刻相同的状态转移。证明分两种情况。

情况 1：假定图 5-18 中 $n+1$ 时刻的幸存路径是从 n 时刻的 $\sigma_n = 0$ 转移来的。当且仅当在 $n+2$ 时刻 VA 删除到达状态 σ_{n+2} 的下面两条分支或上面两条分支（虚线所示）时，上述结论成立。当且仅当

$$\lambda_n(s_0) + \lambda_{n+1}(s_0) > \lambda_n(s_1) + \lambda_{n+1}(s_3) \tag{5.70}$$

成立时，到达 $\sigma_{n+2} = 0$ 的上面分支被删除。当且仅当

$$\lambda_n(s_0) + \lambda_{n+1}(s_1) > \lambda_n(s_1) + \lambda_{n+1}(s_2) \tag{5.71}$$

成立时，到达 $\sigma_{n+2} = 1$ 的上面分支被删除。式(5.69)表明式(5.70)和式(5.71)是同一个条件，因此结论成立。

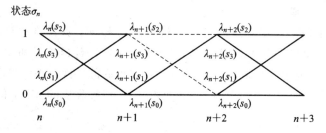

图 5-18　标注分支度量的 MSK 网格图

情况 2：假定图 5-18 中 $n+1$ 时刻的幸存路径是从 n 时刻的 $\sigma_n = 1$ 转移来的。到达 $\sigma_{n+2} = 0$ 和 $\sigma_{n+2} = 1$ 的上面两个分支被删除，当且仅当

$$\lambda_n(s_3) + \lambda_{n+1}(s_1) > \lambda_n(s_2) + \lambda_{n+1}(s_2) \tag{5.72}$$

和

$$\lambda_n(s_3) + \lambda_{n+1}(s_0) > \lambda_n(s_2) + \lambda_{n+1}(s_3) \tag{5.73}$$

分别成立时。式(5.69)表明式(5.72)和式(5.73)是同一个条件，因此 $n+2$ 时刻网格的幸存路径必须从 $n+1$ 时刻相同的状态转移过来。至此证毕。

由于在 $n=1$ 时，所有幸存路径都是从 $\sigma_0 = 0$ 出发的，因此我们可以得出结论：在任意 $n+1$ 时刻的幸存路径都是从 n 时刻相同的状态转移过来的。这样，VA 在观察了 $r(t)$ 的 n 个符号间隔时可以解调出到第 n 个节点的状态序列（即到第 $n-1$ 位输入序列），即延迟了一个符号。对于 MSK 的状态序列，我们已经证明了下面的 ML 解码准则：

$$\hat{\sigma}_n = 0：如果式(5.70)成立，那么 \hat{\sigma}_{n+1} = 0，否则 \hat{\sigma}_{n+1} = 1 \tag{5.74}$$

$$\hat{\sigma}_n = 1：如果式(5.71)成立，那么 \hat{\sigma}_{n+1} = 0，否则 \hat{\sigma}_{n+1} = 1 \tag{5.75}$$

其中 $\hat{\sigma}_n$ 表示 σ_n 的估计。然而式(5.74)和式(5.75)也是相同的，它们也服从式(5.69)。因此解码规则可以简化为

$$如果 \lambda_n(s_0) + \lambda_{n+1}(s_0) > \lambda_n(s_1) - \lambda_{n+1}(s_1)，那么 \hat{\sigma}_{n+1} = 0，否则 \hat{\sigma}_{n+1} = 1 \tag{5.76}$$

由此得到的 MSK 的最佳状态序列接收机如图 5-19 所示。给定状态序列，我们可以通过产生状态序列 σ_{n+1} 的逆运算确定符号序列。从图 5-14 可以看出该逆运算为

$$u_n = \sigma_{n+1} - \sigma_n \pmod 2 \tag{5.77}$$

因此

$$\hat{u}_n = \hat{\sigma}_{n+1} - \hat{\sigma}_n \pmod 2 \tag{5.78}$$

其中 $\hat{u}_n$ 表示 u_n 的估计值。因此，MSK 的 ML 接收机由图 5-19 和图 5-20 所示的电路级联组成，图 5-20 为 MSK 状态编码器的逆运算。

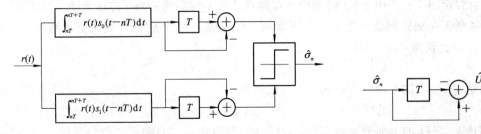

图 5-19 MSK 的最佳状态序列接收机　　　　图 5-20 MSK 状态编码器的逆运算

3. 相干差分检测器

除了相干检测以外，MSK 信号还可以进行差分检测，如图 5-21 所示为差分相干 MSK 接收机。图中叠加噪声的 MSK 信号与其经过 1 比特延迟单元和 90°相移以后的信号相乘。乘法器的结果通过一个低通滤波器去除载波频率的二次谐波。假定载波频率和数据速率为整数倍关系，即 $f_c T = n$，其中 n 为整数。输入到接收机的 MSK 信号为如式(5.18)

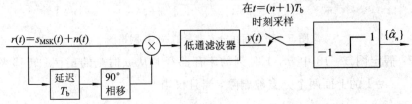

图 5-21 差分相干 MSK 接收机

和式(4.1)所定义的信号，即

$$s(t) = A\cos\left(2\pi f_c t + d_k \frac{\pi t}{2T} + \Phi_k\right) = A\cos(\Psi(t, \boldsymbol{\alpha})), \quad kT \leqslant t \leqslant (k+1)T$$

$$(5.79)$$

则差分相位 $\Delta\Psi \triangleq \Psi(t, \boldsymbol{\alpha}) - \Psi(t-T, \boldsymbol{\alpha})$ 由下式给出：

$$\Delta\Psi = 2\pi f_c T - (d_{k-1} - d_k)\frac{\pi}{2}\left(\frac{t}{T} - k\right) + d_{k-1}\frac{\pi}{2} \quad (5.80)$$

其中式(5.80)利用了式(5.20)的相位连续性条件。低通滤波器输出的平均值为

$$\overline{y(t)} \xrightarrow{\text{LP}} \overline{s(t)s(t-T)_{90^\circ}} = \frac{A^2}{2}\sin\Delta\Psi \quad (5.81)$$

其中 LP 表示低通滤波，$s(t-T)_{90^\circ}$ 表示 $s(t)$ 经过 1 比特延迟单元和 $90°$ 相移后的信号。结合式(5.80)和式(5.81)，低通滤波器输出在 $t=(k+1)T$ 时刻的采样值为

$$\overline{y((k+1)T)} = \frac{A^2}{2}\sin\left(d_k\frac{\pi}{2}\right) = \frac{A^2}{2}d_k \quad (5.82)$$

式(5.82)清楚地说明了对采样值采用硬限幅检测器可以恢复信息序列。图 5-22 给出了差分相干检测器中各点的波形。

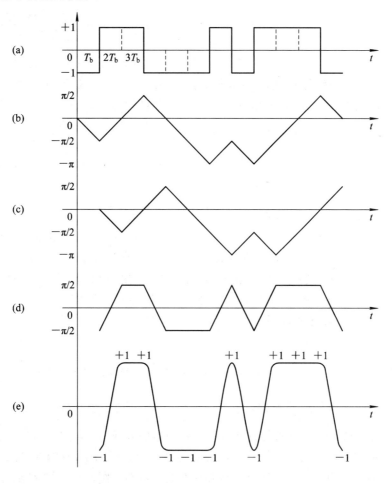

图 5-22　差分相干检测器的各点波形

MSK 信号也是 FSK 信号的一种，因此采用非相干解调时，功率利用率大约有 1 dB 的近似损失。解调序列为 $\{d_k\}$，通过解码规则 $a_k = d_k \oplus d_{k-1}$ 转换成原始数据 $\{a_k\}$。非相干解调器使得在接收信噪比不是非常高时可以简单地解调 MSK 信号，在某些系统中提供了一种低成本的选择。

5.1.5 MSK 的同步

图 5-15 的解调器中的参考载波 $\phi_I(t)$、$\phi_Q(t)$ 和在采样时需要的二分之一比特速率的时钟信号，由如图 5-23 所示的 MSK 的载波和符号定时恢复电路从接收信号中恢复出来（图 5-23 的电路加上小部分额外电路也可用于图 5-16 所示解调器的载波恢复）。

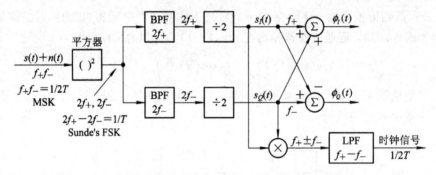

图 5-23　MSK 的载波和符号定时恢复电路

MSK 信号 $s(t)$ 没有可用于同步的离散分量（见图 5-7），但是当其经过一个平方器时会在 $2f_+$ 和 $2f_-$ 处产生很强的离散频谱分量，平方器的输出为：

$$
\begin{aligned}
s^2(t) &= A^2 \cos^2\left[2\pi f_c t \pm \frac{\pi t}{2T} + \Phi_k\right] \\
&= \frac{1}{2}A^2\left[1 + \cos\left(4\pi f_c t \pm \frac{\pi t}{T} + 2\Phi_k\right)\right] \\
&= \frac{1}{2}A^2\left[1 + \cos\left(4\pi f_c t \pm \frac{\pi t}{T}\right)\right]
\end{aligned}
\tag{5.83}
$$

其中 $2\Phi_k = 0 (\mathrm{mod} 2\pi)$。第二项就是 $h=1$、两个频率为 $2f_+$ 和 $2f_-$ 的 Sunde's FSK 信号。这个信号在 $2f_+$ 和 $2f_-$ 处有两个很强的离散频谱分量，并且包含了 FSK 信号全部能量的一半。这两个分量通过带通滤波器（实际中采用锁相环）提取出来，然后经过二分频得到 $s_I(t) = \cos 2\pi f_+ t$ 和 $s_Q(t) = \cos 2\pi f_- t$（假定幅度归一化为 1）。和信号 $s_I(t) + s_Q(t)$ 及差信号 $s_I(t) - s_Q(t)$ 就是参考载波 $\phi_I(t)$ 和 $\phi_Q(t)$（除去因子 A）。

将 $s_I(t)$ 乘以 $s_Q(t)$ 得到

$$
s_I(t)s_Q(t) = \cos 2\pi f_+ t \cos 2\pi f_- t = \frac{1}{2}\left[\cos\frac{\pi t}{T} + \cos 4\pi f_c t\right]
\tag{5.84}
$$

再将这个信号通过一个低通滤波器，输出为 $\frac{1}{2}\cos\dfrac{\pi t}{T}$，这是一个二分之一比特速率的正弦信号，可以很容易转化成积分器的方波时钟和解调器的采样信号。

式(5.84)的乘积信号通过一个高通滤波器的输出为 $\cos(4\pi f_c t)/2$。将其二分频再归一化，得到 $\cos 2\pi f_c t$ 即为图 5-16 所示解调器所需要的载波。图 5-16 中需要的基带正弦加权信号 $\cos \pi t/2T$ 也可以从式(5.84)的信号通过低通滤波器和二分频器提取。因此图 5-23

的载波和符号定时恢复电路可以用于图 5-15 和图 5-16 的解调器,图 5-16 的解调器还需要在此电路基础上增加一点额外电路。

由于涉及平方运算,载波恢复存在 180° 的相位模糊。由于 $[\pm s(t)]^2 = s^2(t)$,$s(t)$ 和 $-s(t)$ 将产生相同的参考载波 $\phi_I(t)$ 和 $\phi_Q(t)$,这就是 180° 的相位模糊。因此如果接收信号为 $-s(t)$,解调器 I 信道和 Q 信道的输出应分别为 $-I(t)$ 和 $-Q(t)$。解决这个问题的一个办法就是像 DPSK 那样在调制前将数据流进行差分编码。

如果 MSK 用 FFSK 来实现,那么调制器需要差分编码,解调器也需要差分解码。而如果 MSK 用加权 OQPSK 的方式实现,则不需要差分编解码器。但是,由于载波恢复中存在 180° 相位模糊,两种情况下差分编解码器都是需要的。在这个意义下,FFSK 和 MSK 从本质上来说是一样的。

5.1.6　错误概率

MSK 的误比特率的推导与 QPSK 是非常相似的。假定信道为 AWGN 信道,接收信号为

$$r(t) = s(t) + n(t) \tag{5.85}$$

其中 $n(t)$ 为加性高斯白噪声。参照图 5-9 或图 5-10 的解调器,MSK 信号在 I 信道和 Q 信道上解调。由于 MSK 信号的 I 分量和 Q 分量的正交性,在解调过程中它们不会相互干扰。但是噪声会导致检测器输出错误比特。我们关心比特错误概率(P_b)或误比特率(BER)。由于对称性,I 信道和 Q 信道具有相同的比特错误概率(即 $P_{bI} = P_{bQ}$),而且 I 信道和 Q 信道上的错误是统计独立的,从两个信道检测的比特直接串并变换成最终的数据序列。因此仅考虑 P_{bI} 就足够了,并且对于整个解调器来说,P_{bI} 就是 P_b。(有些人首先计算符号错误概率 P_s,然后从 P_s 得到比特错误概率 P_b,这是不必要的,严格地说并不正确,因为对于 MSK,在解调过程中我们没有检测符号,检测的是比特。)

参照图 5-16(图 5-15 亦可),在门限检测器输入端的 I 路信号为

$$y_{Ik} = \frac{1}{2} A T I_k + n_{Ik} \tag{5.86}$$

其中 $k = 2n$,噪声

$$n_{Ik} = \int_{(2n-1)T}^{(2n+1)T} n(t) \cos\left(\frac{\pi t}{2T}\right) \cos 2\pi f_c t \, \mathrm{d}t \tag{5.87}$$

为零均值的高斯变量,方差为

$$
\begin{aligned}
\sigma^2 &= E\{n_{Ik}^2\} = E\left\{\left[\int_{(2n-1)T}^{(2n+1)T} n(t) \cos\left(\frac{\pi t}{2T}\right) \cos 2\pi f_c t \, \mathrm{d}t\right]^2\right\} \\
&= \int_{(2n-1)T}^{(2n+1)T} \int_{(2n-1)T}^{(2n+1)T} E\{n(t)n(\tau)\} \cos\left(\frac{\pi t}{2T}\right) \cos 2\pi f_c t \cos\left(\frac{\pi \tau}{2T}\right) \cos 2\pi f_c \tau \, \mathrm{d}t \, \mathrm{d}\tau \\
&= \int_{(2n-1)T}^{(2n+1)T} \int_{(2n-1)T}^{(2n+1)T} \frac{N_0}{2} \delta(t-\tau) \cos\left(\frac{\pi t}{2T}\right) \cos 2\pi f_c t \cos\left(\frac{\pi \tau}{2T}\right) \cos 2\pi f_c \tau \, \mathrm{d}t \, \mathrm{d}\tau \\
&= \frac{N_0}{2} \int_{(2n-1)T}^{(2n+1)T} \cos^2\left(\frac{\pi t}{2T}\right) \cos^2 2\pi f_c t \, \mathrm{d}t \\
&= \frac{N_0 T}{4}
\end{aligned}
\tag{5.88}
$$

检测器的门限为零，I 信道的比特错误概率为

$$P_{bI} = \Pr\left[\frac{1}{2}AT + n_{Ik} < 0 \mid I_k = +1\right]$$

$$= \Pr\left[-\frac{1}{2}AT + n_{Ik} > 0 \mid I_k = -1\right]$$

$$= \Pr\left[n_{Ik} > \frac{1}{2}AT\right]$$

$$= \int_{\frac{1}{2}AT}^{\infty} \frac{1}{\sqrt{2\pi}\sigma} \exp\left(-\frac{u^2}{2\sigma^2}\right) du = \int_{\frac{AT}{2\sigma}}^{\infty} \frac{1}{\sqrt{2\pi}} \exp\left(-\frac{x^2}{2}\right) dx$$

$$= Q\left(\frac{AT}{2\sigma}\right) = Q\left(\frac{AT}{2\sqrt{N_0 T/4}}\right) = Q\left(\sqrt{\frac{A^2 T}{N_0}}\right) \tag{5.89}$$

发射 MSK 信号的比特能量 E_b 为

$$E_b = \int_{(k-1)T}^{kT} A^2 \cos^2\left[2\pi\left(f_c + d_k \frac{1}{4T}\right)t + \Phi_k\right]dt$$

$$= \frac{1}{2}A^2 \int_{(k-1)T}^{kT} \left\{1 + \cos\left[4\pi\left(f_c + d_k \frac{1}{4T}\right)t + 2\Phi_k\right]\right\}dt$$

$$= \frac{1}{2}A^2 T \tag{5.90}$$

式中第二项的积分为零。因此 P_{bI} 的表达式可以写成

$$P_{bI} = Q\left(\sqrt{\frac{2E_b}{N_0}}\right) \tag{5.91}$$

类似地，我们可以得到 P_{bQ}。结果跟 P_{bI} 是一样的。I 信道和 Q 信道上的错误是统计独立的，因此总的比特错误概率为 $P_b = (P_{bI} + P_{bQ})/2 = P_{bI} = P_{bQ}$。这要求噪声 n_{Ik} 和 n_{Qk} 是不相关的，因为它们是高斯变量，非相关的高斯随机变量是统计独立的。与 n_{Ik} 类似，在 Q 信道门限检测器输入端的噪声分量定义为

$$n_{Qk} = \int_{2nT}^{(2n+2)T} n(t) \sin\left(\frac{\pi t}{2T}\right) \sin 2\pi f_c t \, dt \tag{5.92}$$

n_{Ik} 和 n_{Qk} 的相关性为

$$E\{n_{Ik} n_{Qk}\} = E\left\{\int_{(2n-1)T}^{(2n+1)T} n(t) \cos\left(\frac{\pi t}{2T}\right) \cos 2\pi f_c t \, dt \int_{(2n)T}^{(2n+2)T} n(t) \sin\left(\frac{\pi t}{2T}\right) \sin 2\pi f_c t \, dt\right\}$$

$$= \int_{(2n-1)T}^{(2n+1)T} \int_{2nT}^{(2n+2)T} E\{n(t)n(\tau)\} \cos\left(\frac{\pi t}{2T}\right) \sin\left(\frac{\pi \tau}{2T}\right) \cos 2\pi f_c t \, \sin 2\pi f_c t \, dt \, d\tau$$

$$= \frac{N_0}{2} \int_{(2n-1)T}^{(2n+1)T} \int_{2nT}^{(2n+2)T} \delta(t-\tau) \cos\left(\frac{\pi t}{2T}\right) \sin\left(\frac{\pi \tau}{2T}\right) \cos 2\pi f_c t \, \sin 2\pi f_c \tau \, dt \, d\tau$$

$$= \frac{N_0}{2} \int_{2nT}^{(2n+2)T} \cos\left(\frac{\pi t}{2T}\right) \sin\left(\frac{\pi t}{2T}\right) \cos 2\pi f_c t \sin 2\pi f_c t \, dt$$

$$= 0 \tag{5.93}$$

其中最后一个积分成立是因为对于 $t \neq \tau$ 有 $\delta(t-\tau) = 0$。这样 n_{Ik} 和 n_{Qk} 是不相关的，而它们又是高斯变量，因此也是独立的。

整个解调器的比特错误概率 $P_b = P_{bI}$ 由下式给出

$$P_b = Q\left(\sqrt{\frac{2E_b}{N_0}}\right) \tag{5.94}$$

这和 BPSK、QPSK、OQPSK 的比特错误概率是完全一样的。

5.2 串行 MSK

5.1.3 小节和 5.1.4 小节讨论的 MSK 调制解调器是并行方式的，即串行数据流经过串并变换成偶数和奇数比特，然后在两个并行信道上调制和解调。MSK 的调制和解调也可以用串行方式实现。从理论性能上来说这两种方式是等效的。但是，在高速数据传输时串行实现优于并行实现。串行 MSK(SMSK，Serial Minimum Shift Keying)调制和解调的优点是其所有运算都是串行执行的，并行结构的正交信号要求的精确同步和均衡在这里并不需要。这对于高速数据传输是非常有益的。本节介绍串行 MSK 技术。

5.2.1 SMSK 的描述

串行 MSK 的调制器和解调器如图 5 - 24 所示。调制器包含一个载波频率为 $f_- = f_c - 1/4T$ 的 BPSK 调制器和一个冲激响应为 $h(t)$ 的带通变换滤波器，

$$h(t) = \begin{cases} \sin 2\pi f_+ t = \sin 2\pi \left(f_c + \dfrac{1}{4T} \right) t, & 0 \leqslant t \leqslant T \\ 0, & \text{其他} \end{cases} \tag{5.95}$$

该滤波器具有形如 $\sin(x)/x$ 的传输函数。后面我们会说明为什么这个运算可以产生 MSK 调制信号。

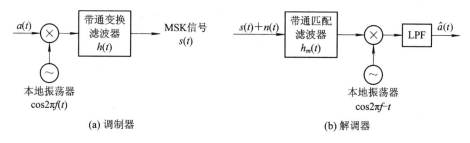

图 5 - 24　串行 MSK 的调制器和解调器

串行 MSK 解调器结构就是调制器的逆变换。它包含一个带通匹配滤波器跟一个相干解调器和一个低通滤波器，低通滤波器用于滤除混频器产生的倍频分量。匹配滤波器对于解调来说并不是必需的，但是它可以改善信噪比，从而提高误码性能。

匹配滤波器的冲激响应为

$$h_m(t) = \cos\left(\frac{\pi t}{2T} \right) \cos(2\pi f_c t), \quad 0 \leqslant t \leqslant 2T \tag{5.96}$$

其传输函数正比于 MSK 信号功率谱的平方根。后面我们会给出确定 $h_m(t)$ 的方法。

5.2.2 SMSK 的调制器

假定本地振荡为

$$f(t) = \sin(2\pi f_- t + \theta) \tag{5.97}$$

其中 θ 表示相对于 f_- 和数据变化的相位(图 5 - 24(a)中由于振荡器的输出为 $\cos 2\pi f_- t = \sin(2\pi f_- t + \pi/2)$，因此 $\theta = \pi/2$)。一个比特输入到变换滤波器的典型突发为

$$a_k f(t) = a_k \sin\left(2\pi f_- t + \frac{\pi}{2}\right), \quad kT \leqslant t \leqslant (k+1)T \tag{5.98}$$

其中 $a_k \in (-1, +1)$，表示数据。

变换滤波器的输出为 $h(t)$ 和 $a_k f(t)$ 的卷积，我们将其定义为 $a_k p_\theta(t)$（图 5-24(a) 中，对于 $\theta = \pi/2$，其定义为 $s(t)$）：

$$a_k p_\theta(t) = a_k \int_{-\infty}^{\infty} f(\tau) h(t-\tau) \mathrm{d}\tau$$

$$= \begin{cases} a_k \int_{kT}^{t} \sin(2\pi f_- \tau + \theta) \sin 2\pi f_+ (t-\tau) \mathrm{d}\tau, & kT \leqslant t \leqslant (k+1)T \\ a_k \int_{t-T}^{(k+1)T} \sin(2\pi f_- \tau + \theta) \sin 2\pi f_+ (t-\tau) \mathrm{d}\tau, & (k+1)T < t \leqslant (k+2)T \\ 0, & \text{其他} \end{cases}$$

$$\tag{5.99}$$

其持续时间为 $2T$。积分限的确定是由于在 $kT \leqslant t \leqslant (k+1)T$ 时，$f(\tau)$ 和 $h(t-\tau)$ 在 $[kT, t]$ 区间重叠，在 $(k+1)T < t \leqslant (k+2)T$ 时，$f(\tau)$ 和 $h(t-\tau)$ 在 $[t-T, (k+1)T]$ 区间重叠。

计算上面的积分，$p_\theta(t)$ 可以简化成

$$p_\theta(t) = \frac{1}{4\pi(f_+ - f_-)} \left[\sin(2\pi f_- t + \theta) - (-1)^k \sin(2\pi f_+ t + \theta) \right]$$

$$+ \frac{1}{4\pi(f_+ + f_-)} \left[\sin(2\pi f_- t + \theta) + (-1)^k \sin(2\pi f_+ t - \theta) \right],$$

$$kT \leqslant t \leqslant (k+2)T \tag{5.100}$$

对于奇数 $k (k = 2n+1)$，$p_\theta(t)$ 可进一步化简为

$$p_{\theta_o}(t) = \frac{T}{\pi} \left[\cos \frac{\pi t}{2T} \sin(2\pi f_c t + \theta) - \frac{1}{4Tf_c} \sin\left(\frac{\pi t}{2T} - \theta\right) \cos 2\pi f_c t \right] \tag{5.101}$$

其中 $f_c = (f_+ + f_-/2)$ 为发射波频率，为书写方便，后文用 P_o 代替 P_θ。对于偶数 $k (k = 2n)$，$p_\theta(t)$ 可进一步化简为

$$p_{\theta_e}(t) = \frac{T}{\pi} \left[-\sin \frac{\pi t}{2T} \cos(2\pi f_c t + \theta) + \frac{1}{4Tf_c} \cos\left(\frac{\pi t}{2T} - \theta\right) \sin 2\pi f_c t \right] \tag{5.102}$$

后文中的 p_e 即指 p_{θ_e}。当 $\theta = \pi/2$ 时，上述表达式变为

$$p_o(t) = \frac{T}{\pi} \frac{4Tf_c + 1}{4Tf_c} \cos \frac{\pi t}{2T} \cos 2\pi f_c t, \quad (2n+1)T \leqslant t \leqslant (2n+3)T \tag{5.103}$$

$$p_e(t) = \frac{T}{\pi} \frac{4Tf_c + 1}{4Tf_c} \sin \frac{\pi t}{2T} \sin 2\pi f_c t, \quad 2nT \leqslant t \leqslant (2n+2)T \tag{5.104}$$

$p_o(t)$ 和 $p_e(t)$ 的持续时间为 $2T$。它们之间有 T 时间的重叠。在任一比特间隔内，变换滤波器最终的输出为这两个分量和或差的一种：

$$s(t) = \pm \left[p_o(t) + p_e(t) \right] = \pm \frac{T}{\pi} \frac{4Tf_c + 1}{4Tf_c} \cos 2\pi f_- t \tag{5.105}$$

$$s(t) = \pm \left[p_o(t) - p_e(t) \right] = \pm \frac{T}{\pi} \frac{4Tf_c + 1}{4Tf_c} \cos 2\pi f_+ t \tag{5.106}$$

这就是 MSK 信号。显然 $p_o(t)$ 和 $p_e(t)$ 等效于并行 MSK 的 I 信道和 Q 信道分量。$p_o(t)$ 和 $p_e(t)$ 要满足正交的话，f_c 必须为 $1/4T$ 的整数倍。

综上所述，串行 MSK 的本质就是：变换滤波器将 BPSK 的一个比特的突发展宽到两个比特区间上，用半周期余弦或正弦函数加权包络，将载波频率由 f_- 变为 f_c。所有这些都是由卷积完成的。由于滤波器对奇数比特和偶数比特的作用是不一样的，最终的输出可以看成是相应于并行 MSK 的 I 信道或 Q 信道的两个输出的叠加。

需要注意的是，要产生准确的 SMSK 信号，BPSK 信号相位 θ 必须为 $\pi/2$。如果 $\theta \neq \pi/2$，式(5.101)和式(5.102)中的 $-\dfrac{1}{4Tf_c}\sin\left(\dfrac{\pi t}{2T}-\theta\right)\cos 2\pi f_c t$ 和 $+\dfrac{1}{4Tf_c}\cos\left(\dfrac{\pi t}{2T}-\theta\right)\sin 2\pi f_c t$ 就会不符合要求，使得最终的 SMSK 信号包络波动。但是，当 f_c 远大于数据速率时，因子 $1/4Tf_c$ 会使不期望的项消失，使最终的 SMSK 信号独立于 θ。

也可以在频域上证明 SMSK 的正确性。BPSK 的单边谱为

$$\Psi_{\mathrm{BPSK}}(f)=2T\,\mathrm{sinc}^2\big[(f-f_c)T+0.25\big] \tag{5.107}$$

变换滤波器的传输函数为

$$H(f)=T\,\mathrm{sinc}\big[(f-f_c)T-0.25\big]\exp(-\mathrm{j}\pi fT) \tag{5.108}$$

滤波器输出的功率谱是 $\Psi_{\mathrm{BPSK}}(f)$ 和 $|H(f)|^2$ 之积，可以化简为

$$\Psi_{\mathrm{MSK}}(f)=\frac{8T^3}{\pi^4}\left[\frac{\cos 2\pi T(f-f_c)}{1-(4T(f-f_c))^2}\right]^2 \tag{5.109}$$

除了系数因子外，这和前面式(5.52)得到的 MSK 功率谱是等价的。

5.2.3　SMSK 的解调器

SMSK 的解调器可以简单地由一个相干解调器构成，即将接收信号乘以频率为 f_- 的本地振荡信号，然后将混频器的输出通过低通滤波器去除倍频分量，也即是如图 5-24(b) 所示的解调器去掉匹配滤波器后的相干解调器。从下面的分析可以看出结果就是恢复出来的数据比特。

由于 SMSK 信号和并行 MSK 信号是一样的，混频器的输入信号表达式同式(5.2)，混频器的输出为

$$A\cos\left[2\pi f_c t+d_k\frac{\pi t}{2T}+\Phi_k\right]\cos 2\pi f_- t$$

$$=A\cos\left[2\pi f_c t+d_k\frac{\pi t}{2T}+\Phi_k\right]\cos\left(2\pi f_c t-\frac{\pi t}{2T}\right)$$

$$=\frac{1}{2}A\left[\cos\left(4\pi f_c t+d_k\frac{\pi t}{2T}+\Phi_k-\frac{\pi t}{2T}\right)+\cos\left(d_k\frac{\pi t}{2T}+\Phi_k+\frac{\pi t}{2T}\right)\right] \tag{5.110}$$

第一项是倍频分量，会被低通滤波器滤除。第二项(忽略常数因子 $A/2$)为

$$m(t)=\cos\left(d_k\frac{\pi t}{2T}+\Phi_k+\frac{\pi t}{2T}\right)=
\begin{cases}
\cos\dfrac{\pi t}{T}, & d_k=1,\ \Phi_k=0 \\[2mm]
-\cos\dfrac{\pi t}{T}, & d_k=1,\ \Phi_k=\pi \\[2mm]
1, & d_k=-1,\ \Phi_k=0 \\[2mm]
-1 & d_k=-1,\ \Phi_k=\pi
\end{cases} \tag{5.111}$$

如前所述，$d_k=-I_k Q_k$，$\Phi_k=\dfrac{\pi}{2}(1-I_k)$。在串行 MSK 中，$I_k=a_k$，$Q_k=a_{k-1}$。可以建立如

表 5-2 所示的关系。

表 5-2 SMSK 输入数据流和输出信号的关系

$I_k = a_k$	$Q_k = a_{k-1}$	d_k	Φ_k	$m(t)$
1	1	-1	0	1
1	-1	1	0	$\cos\pi t/T$
-1	1	1	π	$-\cos\pi t/T$
-1	-1	-1	π	-1

可以清楚地看到，四种不同低通滤波器的输出 $m(t)$，分别唯一地确定了四种不同的数据对 (a_k, a_{k-1})，因此完成了解调。

图 5-25 为用相干 BPSK 解调器实现的 MSK 解调的各阶段波形，图中给出了 BPSK 相干解调器如何从 MSK 信号恢复数据流。图 5-25(a) 是发送的数据流。图 5-25(b) 为发射的频率。每个比特的频率由 $d_k = -a_{k-1}a_k$ 决定。图 5-25(c) 给出了 MSK 信号相位和相对 f_c 相位的本地振荡相位。图 5-25(d) 给出了混频器的输出相位，即 MSK 信号相位和本地振荡相位的相位差。图 5-25(e) 是最终的解调信号，它是混频器输出相位差的余弦函数，和传输的数据流是类似的。

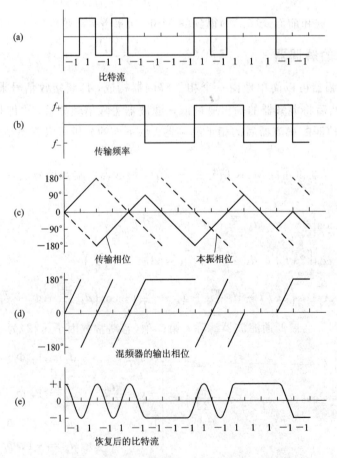

图 5-25 用相干 BPSK 解调器实现的 MSK 解调的各阶段波形

我们在串行 MSK 中讨论的这种解调方法显然也可以用于并行 MSK，因为不考虑信号如何产生的话它们得到的 MSK 信号是一样的。

前面提到，虽然匹配滤波器对于 SMSK 的解调不是必需的，但它可以改善信噪比。现在我们来确定匹配滤波器的冲激响应。

从串行 MSK 来看，MSK 信号可以看成是偶数比特分量和奇数比特分量的和，偶数比特分量和奇数比特分量等效于并行 MSK 信号的 I 信道分量和 Q 信道分量。匹配滤波器应该在同一时间匹配 I 信道和 Q 信道分量。考虑 MSK 信号的一个符号，如式(5.1)所示，它是 I 信道分量和 Q 信道分量的叠加，其中

$$\phi_I(t) = \cos\left(\frac{\pi t}{2T}\right)\cos(2\pi f_c t), \quad -T \leqslant t \leqslant T \tag{5.112}$$

和

$$\phi_Q(t) = \sin\left(\frac{\pi t}{2T}\right)\sin(2\pi f_c t), \quad 0 \leqslant t \leqslant 2T \tag{5.113}$$

分别是 I 信道和 Q 信道的基本符号函数。匹配滤波器似乎可以只选择去匹配其中的一个符号函数。但是我们会看到，只要关心基带输出，选择去匹配 $\phi_I(t)$ 的匹配滤波器也会匹配 $\phi_Q(t)$。

根据匹配滤波器理论，若要匹配 I 信道符号，则匹配滤波器的冲激响应为 I 信道符号函数的镜像，并延迟 $2T$，即

$$
\begin{aligned}
h_m(t) &= \alpha \cos\left(\frac{\pi}{2T}(2T-t)\right)\cos(2\pi f_c(2T-t)) \\
&= \alpha \cos\left(\pi - \frac{\pi}{2T}\right)\cos(m\pi - 2\pi f_c) \\
&= \alpha(-1)^{m+1}\cos\frac{\pi t}{2T}\cos 2\pi f_c t \\
&= \cos\frac{\pi t}{2T}\cos 2\pi f_c t, \quad T \leqslant t \leqslant 3T
\end{aligned}
\tag{5.114}
$$

其中假定 $f_c = m/4T$，$\alpha(-1)^{m+1}$ 只是一个比例常数，可以归一化为 1。匹配滤波器对 $\phi_I(t)$ 的响应为

$$y_I(t) = \phi_I(t) * h_m(t) \tag{5.115}$$

其中 * 表示卷积。然后将这个信号乘以本地载波，再通过低通滤波器得到最终的解调基带信号为

$$
m_I(t) = \begin{cases}
\dfrac{1}{4}\cos\dfrac{\pi t}{2T}\displaystyle\int_T^{T+t}\cos\dfrac{\pi}{2T}\tau\,\cos\dfrac{\pi}{2T}(t-\tau)\mathrm{d}\tau, & 0 \leqslant t \leqslant 2T \\[3mm]
\dfrac{1}{4}\cos\dfrac{\pi t}{2T}\displaystyle\int_{t-T}^{3T}\cos\dfrac{\pi}{2T}\tau\,\cos\dfrac{\pi}{2T}(t-\tau)\mathrm{d}\tau, & 2T < t \leqslant 4T
\end{cases}
\tag{5.116}
$$

计算积分(忽略因子 1/4)，得到最终的解调符号为

$$
m_I(t) = \begin{cases}
\cos\dfrac{\pi t}{2T}\left[\dfrac{1}{2}t\cos\dfrac{\pi t}{2T} - \dfrac{T}{\pi}\sin\dfrac{\pi t}{2T}\right], & 0 \leqslant t \leqslant 2T \\[3mm]
\cos\dfrac{\pi t}{2T}\left[\dfrac{1}{2}(4T-t)\cos\dfrac{\pi t}{2T} + \dfrac{T}{\pi}\sin\dfrac{\pi t}{2T}\right], & 2T < t \leqslant 4T
\end{cases}
\tag{5.117}
$$

如图 5-26(a)中实线所示。可以看到匹配滤波器将符号扩展到了 $4T$ 个周期，而匹配滤波

器的输出除了在脉冲中心不为零外，在其他采样时刻都为零。换言之，如果定时准确的话，匹配滤波器不会引起码间串扰。

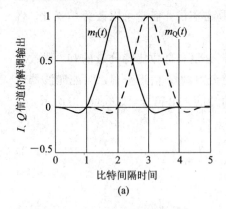
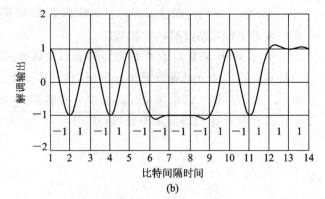

图 5-26　用匹配滤波器和相干 BPSK 解调器解调 MSK 信号

通过类似的步骤，Q 信道解调出的基带信号为（忽略常数因子 $1/4$）

$$m_Q(t) = \begin{cases} \sin\dfrac{\pi t}{2T}\left[\dfrac{1}{2}(t-T)\sin\dfrac{\pi t}{2T} + \dfrac{T}{\pi}\cos\dfrac{\pi t}{2T}\right], & T \leqslant t \leqslant 3T \\ \sin\dfrac{\pi t}{2T}\left[\dfrac{1}{2}(5T-t)\sin\dfrac{\pi t}{2T} - \dfrac{T}{\pi}\cos\dfrac{\pi t}{2T}\right], & 3T \leqslant t \leqslant 5T \end{cases} \qquad (5.118)$$

如图 5-26(a) 中虚线所示。可以看到 Q 信道解调出的基带信号只是 I 信道解调出的基带信号的时移形式。容易证明 $m_I(t-T) = m_Q(t)$。

直观上看，为什么匹配滤波器对 I 信道符号和 Q 信道符号的处理是相同的？可以解释如下：将 $\phi_Q(t)$ 左移 T 与 $\phi_I(t)$ 在时间轴上一致，即

$$\phi_Q(t+T) = \cos\left(\frac{\pi t}{2T}\right)\sin(2\pi f_c t + \theta) \qquad (5.119)$$

其中 $\theta = 2\pi f_c T$。这意味着 $\phi_Q(t)$ 和 $\phi_I(t)$ 具有相同的包络，尽管它们的载波相位不同。因为式(5.116)只涉及包络的卷积，因此对于 Q 信道是一样的。除了有一个时延 T，结果是相同的。图 5-26(b) 给出了图 5-25 中同样序列的最终解调结果。

低通等效匹配滤波器的传输函数为

$$\widetilde{H}_m(f) = F\{\widetilde{h}_m(t)\} = F\left\{\cos\left(\frac{\pi t}{2T}\right)\right\} = \frac{4T[\cos 2\pi Tf]}{\pi[1-(4Tf)^2]} \qquad (5.120)$$

这和 MSK 信号功率谱的平方根是成比例的。

5.2.4　带通变换和匹配滤波器的实现

串行 MSK 系统的关键部分为二相调制器、带通变换器、匹配滤波器和相干解调器（包括载波恢复）。调制器和解调同 BPSK 是一样的。这里特殊在于带通变换器和匹配滤波器，它们可以用声表面波（SAW）器件实现。SAW 器件的最大带宽约为中心频率的 10% 到 30%。对于 SAW 的制作来说，按照一般制造工艺，中心频率为几百兆赫兹就到了上限，如果采用激光微调和其他技术可以达到 1 GHz。因此假定采用一般制造工艺，使用 SAW 滤波器意味着数据速率上限约为 100 Mbps。

SAW 实现的一种代替方案是利用图 5-27 所示的 SMSK 的基带实现原理进行变换和

匹配滤波的等效基带 I/Q 来实现。图 5 - 27(a)中，数据被分成 I/Q 信道，在基带经滤波，然后调制到两个正交载波上。图 5 - 27(b)的解调器基本上是调制器的逆过程。注意所有的参考信号频率为 MSK 的两个频率中较小的那个频率 f_-。

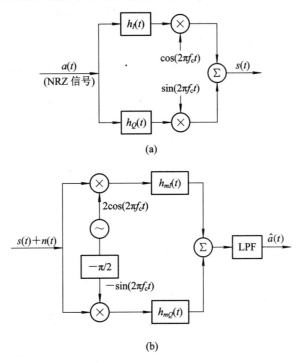

图 5 - 27　SMSK 的基带实现原理框图

文献[40]给出了基带变换滤波器和匹配滤波器的推导。I 信道变换滤波器的频率响应为

$$H_I(f) = \frac{T}{2}\left[\frac{\sin\pi(fT - 0.5)}{\pi(fT - 0.5)} + \frac{\sin\pi(fT + 0.5)}{\pi(fT + 0.5)}\right]\exp(-\mathrm{j}\pi fT) \tag{5.121}$$

Q 信道变换滤波器的频率响应为

$$H_Q(f) = \mathrm{j}\,\frac{T}{2}\left[\frac{\sin\pi(fT - 0.5)}{\pi(fT - 0.5)} - \frac{\sin\pi(fT + 0.5)}{\pi(fT + 0.5)}\right]\exp(-\mathrm{j}\pi fT) \tag{5.122}$$

变换滤波器的整个等效低通传输函数为

$$\widetilde{H}(f) = H_I(f) - \mathrm{j}H_Q(f) = T\,\frac{\sin\pi(fT - 0.5)}{\pi(fT - 0.5)}\exp(-\mathrm{j}\pi fT) \tag{5.123}$$

这些基带变换滤波器的频率响应如图 5 - 28 所示(没有包含因子 $\exp(-\mathrm{j}\pi fT)$ 或 $\mathrm{j}\exp(-\mathrm{j}\pi fT)$)，从图中可以看出 I 信道传输函数为低通滤波器，是频率的偶函数，Q 信道传输函数为高通滤波器，是频率的奇函数。整个传输函数的带通响应关于频率 $f_+ = f_c + 1/4T$ 偶对称。

I 信道匹配滤波器的频率响应为

$$H_{mI}(f) = \frac{T}{2}\left[\frac{2\sin(2\pi fT)}{2\pi fT} + \frac{\sin(\pi(2fT - 1))}{\pi(2fT - 1)} + \frac{\sin(\pi(2fT + 1))}{\pi(2fT + 1)}\right] \tag{5.124}$$

Q 信道匹配滤波器的频率响应为

$$H_{mQ}(f) = -\mathrm{j}\,\frac{T}{2}\left[\frac{\sin(\pi(2fT-1))}{\pi(2fT-1)} - \frac{\sin(\pi(2fT+1))}{\pi(2fT+1)}\right] \qquad (5.125)$$

整个低通等效匹配滤波器的响应为

$$\widetilde{H}_m(f) = H_{mI}(f) + \mathrm{j}H_{mQ}(f) = T\left[\frac{\sin(2\pi fT)}{2\pi fT} + \frac{\sin(\pi(2fT-1))}{\pi(2fT-1)}\right] \qquad (5.126)$$

基带匹配滤波器的频率响应如图 5-29 所示(不包括因子 j)。像转换滤波器一样，$H_{mI}(f)$ 为偶函数、低通滤波器，$H_{mQ}(f)$ 为奇函数、高通滤波器。整个传输函数 $\widetilde{H}_m(f)$ 是关于频率 f_c 偶对称的带通响应。

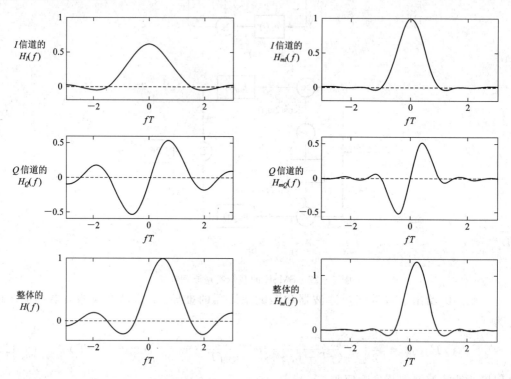

图 5-28 基带变换滤波器频率响应   图 5-29 基带匹配滤波器频率响应

这些基带滤波器可以由横向滤波器结构实现。在较高数据速率(如 550 Mbps)时，如文献[40]中 NASA 的高级通信技术卫星所报告的，这些滤波器可以用微带传输线来实现。

5.2.5 SMSK 的同步

有两种方法可以用于 SMSK 信号的载波恢复。一个是 5.1.5 小节介绍的并行 MSK 的同步电路，对接收信号平方产生 $2f_-$ 和 $2f_+$ 的频谱分量。由于 SMSK 主要是对于高速数据修改得来的，这种方法对已有的高频分量进行倍频，结果并不太令人满意。

另一个方法是采用图 5-30 所示的 SMSK 的 Costas 环路。由于经匹配滤波器实现得到了 I、Q 解调信号，这个结构主要适用于图 5-27(b)的 I/Q 解调器。图 5-30 中虚线右侧是 Costas 环需要的附加电路。

在载波恢复环路中，基带乘法器存在 $180°$ 的相位模糊。去除该相位模糊的一个方法是在数据调制前进行差分编码。

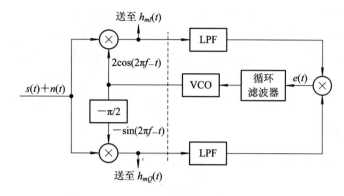

图 5-30　SMSK 的 Costas 环路

5.3　MSK 类调制方式

在提出了 MSK 调制方式后，很多研究者致力于寻找更高效的调制方案。为了改善带宽利用率并仍保持恒定包络，一个发展方向是具有恒定包络的连续相位调制，这是在第四章中已经介绍的一大类调制方案。另一个发展方向是通过在正交调制中采用脉冲成形改善频谱。换言之，新的方案仍旧基于像 MSK 那样的两个正交载波，但是符号成形脉冲不再是半正弦波，而是采用其他波形。这些方案称为 MSK 类调制。所有的 MSK 类调制信号可以表示为

$$s(t) = s_I(t)\cos 2\pi f_c t + s_Q(t)\sin 2\pi f_c t, \quad -\infty \leqslant t \leqslant \infty \qquad (5.127)$$

其中

$$s_I(t) = \sum_{k=-\infty}^{\infty} I_k p(t - 2kT) \qquad (5.128)$$

$$s_Q(t) = \sum_{k=-\infty}^{\infty} Q_k p(t - 2kT - T) \qquad (5.129)$$

其中 T 为相应于输入数据序列 $\{a_k \in (-1, +1)\}$ 的比特间隔，输入数据序列被分成 $\{I_k\}$ 和 $\{Q_k\}$。显然 I 路和 Q 路信道上每个符号的持续时间为 $2T$。每个数据用持续时间为 $2T$ 的脉冲成形函数 $p(t)$ 加权。像 MSK 一样，Q 信道引入延迟 T，即 I 路调制信号和 Q 路调制信号是交错的。与 MSK 一样，由于 I 路和 Q 路的交错，尽管 $s_I(t)$ 和 $s_Q(t)$ 的符号持续时间为 $2T$，MSK 类信号的符号持续时间为 T 而不是 $2T$。但是，解调需要在 $2T$ 区间上进行。

对于 MSK 类方案，图 5-9 和图 5-15 给出的基本 MSK 的调制器和解调器是适用的，只不过脉冲成形函数需要进行替换。因此这里我们不再重复介绍调制器和解调器。图 5-24 所示的串行 MSK 的调制器和解调器也可以用于 MSK 类方案，只要调制器中的变换滤波器重新设计并满足

$$\Psi_s(f) = |H(f)|^2 \Psi_{\text{BPSK}}(f) \qquad (5.130)$$

其中 $\Psi_s(f)$ 为 MSK 类信号的频谱，$H(f)$ 是变换滤波器的传输函数，$\Psi_{\text{BPSK}}(f)$ 是进入滤波器的 BPSK 信号的频谱。在串行解调器中，匹配滤波器必须匹配脉冲形状。

如果允许采用次佳接收机，那么所有的 MSK 类方案可以用 OQPSK 类解调器解调，此时忽略掉跟 $p(t)$ 的基带相关的或匹配 $p(t)$ 的匹配滤波。

通过选择不同的 $p(t)$，可以得到不同的调制方案。有时 $p(t)$ 由信号频率脉冲的选择间接确定。信号的频谱取决于脉冲 $p(t)$。在下面的部分，我们会介绍主要为卫星通信设计的各种脉冲成形技术。从这些调制方案中我们希望获得紧凑的频谱，经过非线性放大后频谱扩散小，具有较好的误码性能和简单的硬件实现。后面每一节我们介绍一种调制方案或一类调制方案。重点是脉冲成形和频谱特性，对错误性能也将进行评估，并与 MSK 进行比较。

5.3.1　SFSK 调制

Amoroso[41] 首先提出了一种符号脉冲波形，

$$p(t) = \begin{cases} \cos\left[\dfrac{\pi t}{2T} - \dfrac{1}{4}\sin\dfrac{2\pi t}{T}\right], & -T \leqslant t \leqslant T \\ 0, & \text{其他} \end{cases} \tag{5.131}$$

由于信号可以通过线性调频器将一个键控正弦波作用于线性积分器而合成，因此这个方案叫做 SFSK(Sinusoidal Frequency Shift Keying)。频谱对于脉冲成形的敏感性通过改变正弦函数前的因子来考查。通过比较不同因子时的频谱，发现取 1/4 时旁瓣最小。

图 5-31(a)给出了 SFSK 的脉冲。

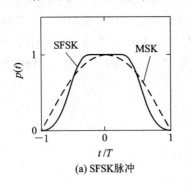
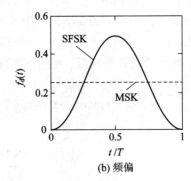

(a) SFSK脉冲　　　　　　　　(b) 频偏

图 5-31　SFSK 的脉冲和频偏

SFSK 具有恒定包络，因为在任一符号间隔内，如$[0, T]$，包络

$$\begin{aligned} A(t) &= \sqrt{[I_0 p(t)]^2 + [Q_0 p(t-T)]^2} \\ &= \sqrt{p^2(t) + p^2(t-T)} \\ &= \sqrt{\cos^2\left[\frac{\pi t}{2T} - \frac{1}{4}\sin\frac{2\pi t}{T}\right] + \sin^2\left[\frac{\pi t}{2T} - \frac{1}{4}\sin\frac{2\pi t}{T}\right]} = 1 \end{aligned} \tag{5.132}$$

SFSK 也具有连续的相位。与 MSK 类似，在$[kT, (k+1)T]$内，式(5.127)的 SFSK 信号可以写成

$$s(t) = \cos[2\pi f_c t + d_k \phi(t) + \Phi_k] \tag{5.133}$$

其中

$$d_k = -I_k Q_k \tag{5.134}$$

由交错的 I 路数据和 Q 路数据决定。

$$\phi(t) = \frac{\pi t}{2T} - \frac{1}{4}\sin\frac{2\pi t}{T} \tag{5.135}$$

为成形脉冲函数的幅角。相位 $\Phi_k = 0$ 或 π，对应于 $I_k = 1$ 或 -1。从式(5.133)可以看到，持

续的时间内整个相位是连续的。在比特转换时刻 $\phi(kT) = \dfrac{k\pi}{2}$，整个附加相位为

$$\Theta(kT) = d_k \frac{k\pi}{2} + \Phi_k \tag{5.136}$$

这满足 MSK 相位连续的条件。就像 MSK 一样，SFSK 信号的相位在任何时间都是连续的。

频偏为

$$f_d(t) = \frac{1}{2\pi} \frac{\mathrm{d}}{\mathrm{d}t} \big[d_k \phi(t) \big] = d_k \frac{1}{4T} \Big(1 - \cos \frac{2\pi t}{T} \Big) \tag{5.137}$$

如图 5-31(b) 所示。

式(5.133)说明 SFSK 可以用相位差为 $\phi(t)$ 的频率调制器产生。图 5-32 给出了 SFSK 调制器。假定输入为 $d_k A \sin 2\pi t / T$，则积分器的输出为

$$\int_{kT}^{kT+t} d_k A \sin \frac{2\pi t}{T} \mathrm{d}t = \frac{d_k AT}{2\pi} \Big[1 - \cos \frac{2\pi t}{T} \Big] \tag{5.138}$$

这个脉冲用于 VCO 的控制输入，VCO 的（角）频偏正比于输入电压，即

$$\frac{\mathrm{d}\Phi(t)}{\mathrm{d}t} = \frac{d_k AK_V T}{2\pi} \Big[1 - \cos \frac{2\pi t}{T} \Big] \tag{5.139}$$

其中 K_V 为 VCO 灵敏度。VCO 输出的附加相位为

$$\Phi(t) = \int_{kT}^{kT+t} \frac{d_k AK_V T}{2\pi} \Big[1 - \cos \frac{2\pi t}{T} \Big] \mathrm{d}t = \frac{d_k AK_V T}{2\pi} \Big[t - \frac{T}{2\pi} \sin \frac{2\pi t}{T} \Big] \tag{5.140}$$

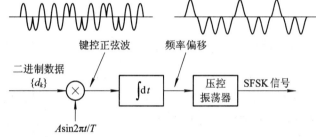

图 5-32　SFSK 调制器

令 $AK_V = \pi^2 / T^2$，上式变为

$$\Phi(t) = d_k \Big[\frac{\pi t}{2T} - \frac{1}{4} \sin \frac{2\pi t}{T} \Big] = d_k \phi(t) \tag{5.141}$$

设置 VCO 的中心频率为 f_c，则 VCO 的输出为

$$s(t) = \cos \big[2\pi f_c t + d_k \phi(t) + \Phi_k \big] \tag{5.142}$$

调制信号的功率谱由脉冲形状决定。而脉冲形状的频谱可以通过表示成 Bessel 函数之和经分析得到[41]。这里我们只给出结果，如图 5-33 所示即为 SFSK 和 MSK 的功率谱密度对比。可以看到，SFSK 的旁瓣比 MSK 要低很多。

因为 SFSK 的比特能量和 MSK 相同，所以 SFSK 的错误性能和 MSK 是一样的。这很容易证明：

$$E_b = \int_0^T \big[p(t) \cos(2\pi f_c t) + p(t-T) \sin(2\pi f_c t) \big]^2 \mathrm{d}t = \frac{1}{2} T \tag{5.143}$$

当 $A = 1$ 时式(5.143)和式(5.90)是一样的。

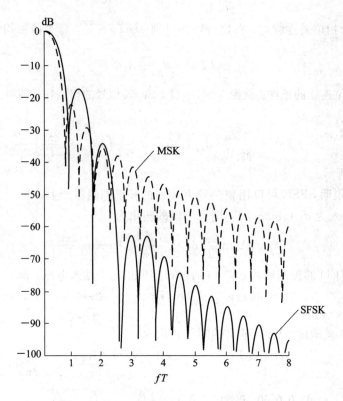

图 5-33　SFSK 和 MSK 的功率谱密度对比

5.3.2　Simon 符号成形脉冲

当把 MSK 看成是一种特殊的 FSK 时，式(5.16)意味着数据序列 $\{d_k\}$ 首先被变换成矩形脉冲成形的二进制数据波形，然后调制到载波频率上。Simon[42] 提出式(5.16)的一般化可以采用除了矩形频率成形脉冲以外的其他脉冲。

$$s(t) = A\cos\left[2\pi f_c t + \frac{\pi}{2T}(t-kT)f_k(t) + \Phi_k\right], \quad (k-1)T \leqslant t \leqslant (k+1)T$$

(5.144)

其中

$$f_k(t) = \begin{cases} d_{k-1}g_1(t-(k-1)T), & (k-1)T \leqslant t \leqslant kT \\ d_k g_2(t-kT), & kT < t \leqslant (k+1)T \end{cases}$$

(5.145)

为频率脉冲，仅在 $[0, T]$ 间隔内为非零。由于 $s(t)$ 定义在 $2T$ 间隔上，相位 Φ_k 在该间隔内需要保持不变，k 只能取奇数或偶数。从式(5.144)可以看出信号是恒定包络的。

经研究发现：对于 I 信道和 Q 信道上的偶对称载波包络，就像 MSK 那样，两个脉冲 $g_1(t)$ 和 $g_2(t)$ 必须是对方关于 $t=T/2$ 的镜像，即 $g_2(t)=g_1(T-t)$，$0 \leqslant t \leqslant T$。因此只需要定义一个脉冲。假定规定了 $g_2(t)$，那么

$$f_0(t) = \begin{cases} d_{-1}g_1(t+T), & -T \leqslant t \leqslant 0 \\ d_0 g_2(t), & 0 < t \leqslant T \end{cases}$$

$$= \begin{cases} d_{-1}g_2(-t), & -T \leqslant t \leqslant 0 \\ d_0 g_2(t), & 0 < t \leqslant T \end{cases}$$

(5.146)

$$f_k(t) = \begin{cases} d_{k-1} g_2(-t + kT), & (k-1)T \leqslant t \leqslant kT \\ d_k g_2(t - kT), & kT < t \leqslant (k+1)T \end{cases} \tag{5.147}$$

从上述表达式可以看到，当 $d_{k-1} = d_k$ 时，第 k 个码元间隔和第 $k-1$ 个码元间隔的频率脉冲是关于 $t = kT$ 对称的。考虑区间 $[-T, T]$，频率偏移为

$$\begin{aligned} f_d(t) &= \frac{1}{2\pi} \left[\frac{d}{dt} \left(\frac{\pi}{2T} t f_k(t) \right) \right] = \frac{1}{4T} \left[t \frac{d}{dt} f_k(t) + f_k(t) \right] \\ &= \begin{cases} \dfrac{1}{4T} d_{k-1} \left[t \dfrac{d}{dt} g_2(-t) + g_2(-t) \right], & -T \leqslant t \leqslant 0 \\ \dfrac{1}{4T} d_k \left[t \dfrac{d}{dt} g_2(t) + g_2(t) \right], & 0 < t \leqslant T \end{cases} \end{aligned} \tag{5.148}$$

如果 $g_2(t)$ 是偶函数，忽略数据比特，$f_d(t)$ 的表达式在 $[-T, 0]$ 和 $[0, T]$ 上是相同的，如果 $g_2(t)$ 是奇函数，则仅相差一个符号。在此情况下，我们通常只需要考虑 $[0, T]$ 或 $[kT, (k+1)T]$。

更进一步，由于同相和正交包络的连续变化率使得频谱旁瓣滚降更陡峭，要得到这个期望的特性，$g_1(t)$ 和 $g_2(t)$ 应满足如下约束：

$$g_1(T) = g_2(0) = 0 \tag{5.149}$$

如果要保证 I 信道和 Q 信道包络相同的话，需要进一步满足

$$\left(1 - \frac{t}{T} \right) g_2(T - t) = 1 - \frac{t}{T} g_2(t), \quad 0 \leqslant t \leqslant T \tag{5.150}$$

或者

$$\left(1 - \frac{t}{T} \right) g_1(t) = 1 - \frac{t}{T} g_1(T - t), \quad 0 \leqslant t \leqslant T \tag{5.151}$$

将 $t = T/2$ 代入式(5.150)和式(5.151)，得到

$$g_1\left(\frac{T}{2} \right) = g_2\left(\frac{T}{2} \right) = 1 \tag{5.152}$$

基于这些约束条件，我们只需要定义 $0 \leqslant t \leqslant T/2$ 间隔上的 $g_2(t)$，并确定 $T/2 \leqslant t \leqslant T$ 间隔上的 $g_2(t)$。$g_1(t)$ 也是类似的。假定

$$g_2(t) = \begin{cases} g_{21}(t), & 0 \leqslant t \leqslant \dfrac{T}{2} \\ g_{22}(t), & \dfrac{T}{2} < t \leqslant T \end{cases} \tag{5.153}$$

从图 5-34 所示的 $g_2(T-t)$ 和 $g_2(t)$ 的关系图可以看出

$$g_2(T - t) = \begin{cases} g_{22}(T - t), & 0 \leqslant t \leqslant \dfrac{T}{2} \\ g_{21}(T - t), & \dfrac{T}{2} < t \leqslant T \end{cases} \tag{5.154}$$

从式(5.150)和式(5.154)可以得到

$$g_2(T - t) = \frac{T - t g_2(t)}{T - t} = \begin{cases} \dfrac{T - t g_{21}(t)}{T - t}, & 0 \leqslant t \leqslant \dfrac{T}{2} \\ \dfrac{T - t g_{22}(t)}{T - t}, & \dfrac{T}{2} < t \leqslant T \end{cases} \tag{5.155}$$

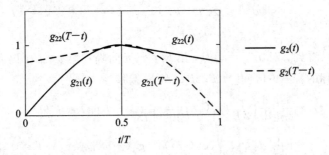

图 5-34　$g_2(T-t)$ 和 $g_2(t)$ 的关系图

将其与式(5.154)比较，可以得到

$$g_{21}(T-t) = \frac{T - t g_{22}(t)}{T-t}, \qquad \frac{T}{2} < t \leqslant T \tag{5.156}$$

或

$$g_{22}(t) = \frac{T - (T-t) g_{21}(T-t)}{t}, \qquad \frac{T}{2} < t \leqslant T \tag{5.157}$$

式(5.153)变为

$$g_2(t) = \begin{cases} g_{21}(t), & 0 \leqslant t \leqslant \dfrac{T}{2} \\ \dfrac{T - (T-t) g_{21}(T-t)}{t}, & \dfrac{T}{2} < t \leqslant T \end{cases} \tag{5.158}$$

因此利用上述表达式，$g_2(t)$ 的第二部分可以由第一部分 $g_{21}(t)$ 得出。

在上述约束下，可以将式(5.145)用 $g_2(t)$ 表示，并将式(5.144)展开成 I 信道和 Q 信道信号之和，然后我们可以确定 I 信道的符号成形脉冲为

$$p(t) = \begin{cases} \cos\left(\dfrac{\pi t}{2T} g_2(-t)\right), & -T \leqslant t \leqslant 0 \\ \cos\left(\dfrac{\pi t}{2T} g_2(t)\right), & 0 < t \leqslant T \end{cases} \tag{5.159}$$

Q 信道的符号成形脉冲为

$$p(t-T) = \begin{cases} \sin\left(\dfrac{\pi t}{2T} g_2(t)\right), & 0 \leqslant t \leqslant T \\ \sin\left(\dfrac{\pi(2T-t)}{2T} g_2(2T-t)\right), & T < t \leqslant 2T \end{cases} \tag{5.160}$$

当 $g_2(t) = 1$ 时，$p(t)$ 即为 MSK 的脉冲成形函数。

文献[42]也给出了 $g_2(t)$ 的一些脉冲形状。第一种是

$$g_2(t) = \begin{cases} 1 - \dfrac{\sin(2\pi t/T)}{(2\pi t/T)}, & 0 \leqslant t \leqslant T \\ 0, & \text{其他} \end{cases} \tag{5.161}$$

可用于产生 SFSK 信号。容易证明式(5.161)满足式(5.149)和式(5.150)。

第二种是多项式型

$$g_2(t) = \left(\dfrac{2t}{T}\right)^n, \qquad 0 \leqslant t \leqslant \frac{T}{2}, \ n = 1, 2, \cdots \tag{5.162}$$

在 $[T/2, T]$ 间隔的脉冲可以由式(5.158)确定。该脉冲当 n 为奇数时是奇函数，n 为偶数

时是偶函数。相应的频率偏移脉冲 $f_d(t)$ 可以由式(5.148)确定，即

$$f_d(t) = \begin{cases} \dfrac{d_k(n+1)}{4T}\left[\dfrac{2(t-kT)}{T}\right]^n, & kT \leqslant t \leqslant \left(k+\dfrac{1}{2}\right)T \\[4mm] \dfrac{d_k(n+1)}{4T}\left[\dfrac{2[T-(t-kT)]}{T}\right]^n, & \left(k+\dfrac{1}{2}\right)T < t \leqslant (k+1)T \end{cases}$$

(5.163)

幅度脉冲可以由式(5.159)和式(5.160)得到。

第三种为

$$g_2(t) = \frac{1}{2}\frac{1-\cos\pi t/T}{t/T}, \quad 0 \leqslant t \leqslant \frac{T}{2}$$

(5.164)

在 $[T/2, T]$ 间隔的成形脉冲可以由式(5.158)确定。该脉冲函数为奇函数。相应的频率偏移脉冲 $f_d(t)$ 为

$$f_d(t) = \frac{\pi d_k}{8T}\sin\frac{\pi(t-kT)}{T}, \quad kT \leqslant t \leqslant (k+1)T$$

(5.165)

幅度脉冲可以由式(5.159)和式(5.160)得到。

图 5-35 给出了上述的 Simon 符号成形脉冲，包括频率脉冲、相应的频率偏移脉冲和幅度脉冲(假定 $d_0=1$)。第二种类型的频率偏移脉冲为三角形，第三种类型的频率偏移脉冲为半正弦函数。尽管它们的频率偏移脉冲大不相同，但幅度脉冲是非常类似的。

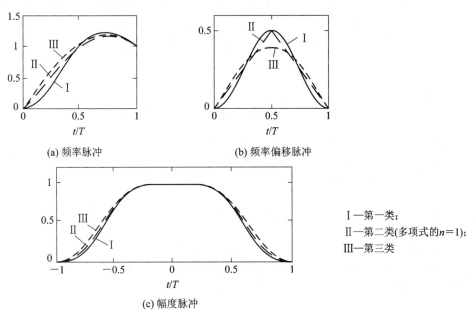

I—第一类；
II—第二类(多项式的 $n=1$)；
III—第三类

图 5-35　Simon 符号成形脉冲

这些幅度脉冲的频谱可通过数值计算得到，结果由如图 5-36 所示的几种调制脉冲的部分带外功率特性给出。结果表明 $n=1$ 的多项式成形脉冲和第三种脉冲具有相似的旁瓣滚降，后者更好一些。它们在 $BT=2.0$ 以内比 SFSK 下降得更快，但是在 $BT>2.0$ 时下降较慢。较大 n 值的滚降特性比 SFSK 还要差。$n=1$ 的多项式成形脉冲的频谱曲线介于 MSK 和 SFSK 之间。但是它具有实现简单的实际优势，即发射机振荡器的频率是线性偏移

的。

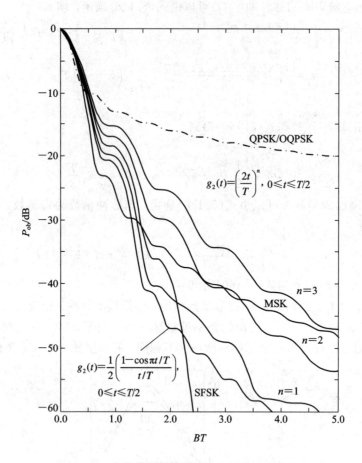

图 5-36   几种调制脉冲的部分带外功率特性

最后需要说明的是，当接收机匹配滤波器在 $2T$ 判决间隔上去匹配式(5.159)和式(5.160)的包络 $p(t)$ 和 $p(t-T)$ 时，由于采用式(5.161)、式(5.162)和式(5.164)所给定的脉冲形状信号的比特能量和 MSK 是相同的，因此错误性能也和 MSK 是一样的。

5.3.3   Rabzel 和 Pasupathy 符号成形脉冲

我们已经知道，如果脉冲 $p(t)$ 有 $(N-1)$ 阶连续导数，并且在脉冲的前边和后边为零，那么其傅里叶变换近似随 $f^{-(N+1)}$ 衰减，功率谱近似随 $f^{-(2N+2)}$ 衰减(由于功率谱关于 $f=0$ 对称，只需要考虑正的 f)。对于 $g(t)$ ，等价的条件为

$$g^{(i)}(T) = (-1)^i \frac{i!}{T^i}, \quad i = 0, 1, 2, \cdots, N-1 \tag{5.166}$$

对于 MSK 类信号，上述条件等价于

$$g^{(i)}(0) = 0, \quad i = 0, 1, 2, \cdots, N-1 \tag{5.167}$$

Rabzel 和 Pasupathy[43] 提出了一般类型的脉冲

$$G(t, \alpha, M) = 1 - \frac{\sum_{i=1}^{M} K_i \left[\sin\left(\alpha \frac{2\pi t}{T}\right) \right]^{2i-1}}{\left(\alpha \frac{2\pi t}{T}\right)}, \quad 0 \leqslant t \leqslant T \tag{5.168}$$

其中

$$K_i = \frac{(2i-2)!}{2^{2i-2}\left[(i-1)!\right]^2(2i-1)} \tag{5.169}$$

$\alpha = 1, 2, 3, \cdots$。K_i 为 sin 反函数的级数展开式的系数，即

$$\arcsin(x) = \sum_{j=1}^{\infty} K_j x^{2j-1} \tag{5.170}$$

前 10 个 K_i 为 1，0.167，0.075，0.045，0.03，0.022，0.017，0.014，0.012 和 0.0097。

由于信号由式(5.144)确定，故采用 $G(t, \alpha, M)$ 的 MSK 类信号具有恒定包络。

对于有限的 M，文献[43]表明当 $N = 2M+1$ 时，$G(t, \alpha, M)$ 满足式(5.150)和式(5.167)。因此采用这种类型频率成形脉冲的 MSK 类信号的功率谱近似随 $f^{-(4N+4)}$ 衰减。前面讨论的一些成形脉冲是式(5.168)的特例。特别的，$G(t, \alpha, 0) = 1$ 为 MSK 信号，其功率谱近似随 f^{-4} 衰减。式(5.164)定义的成形脉冲不属于这一类，其功率谱近似随 f^{-6} 衰减。

但是，当 $M = \infty$ 时，脉冲

$$G(t, 1, \infty) = \begin{cases} 0, & 0 \leqslant t \leqslant \dfrac{T}{4} \\[2mm] 2 - \dfrac{T}{2t}, & \dfrac{T}{4} < t \leqslant \dfrac{3T}{4} \\[2mm] \dfrac{T}{t}, & \dfrac{3T}{4} < t \leqslant T \end{cases} \tag{5.171}$$

具有不连续的一阶导数(和 MSK 一样)，因此其功率谱随 f^{-4} 衰减。

这类频率成形脉冲如图 5-37 所示，同相符号成形脉冲如图 5-38 所示。

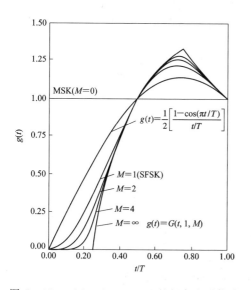
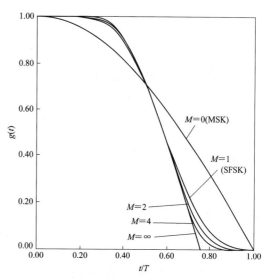

图 5-37 $g(t) = G(t, 1, M)$ 的频率成形脉冲　　图 5-38 $g(t) = G(t, 1, M)$ 的同相符号成形脉冲

采用 $g(t) = G(t, 1, M)$ 的 MSK 类信号的部分带外功率如图 5-39 所示。对于 $\alpha = 1$，M 越大(除过 $M = \infty$)，脉冲形状越平滑，带外功率越低。图 5-39 中的 $P_{\text{ob(min)}}$ 指的是 Prabhu[44] 对 $p(t)$ 采用最佳长球波函数计算的 P_{ob} 的下界。当 $M = 1$ 时即 $g(t)$ 上 $G(t, \alpha, 1)$

时 α 对部分带外功率的影响在图 5-40 中给出。可以看到当 α=1 时，BT 越大时 P_{ob} 越小；当 α 较大时，BT 越小时 P_{ob} 越小。但是，在 BT 较小时采用 MSK 是一种较好的选择，因为虽然其 P_{ob} 和 SFSK 的功率谱难以区分，但其系统复杂度较低。

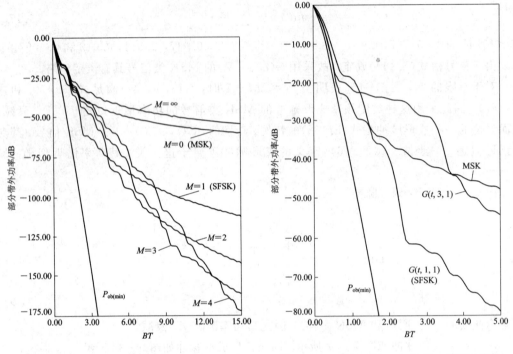

图 5-39　采用 $g(t)=G(t, 1, M)$ 的 MSK 类　　　图 5-40　$g(t)=G(t, α, 1)$ 时 α 对部分带外
　　　　　信号的部分带外功率　　　　　　　　　　　　功率的影响

采用 $G(t, α, M)$ 产生 MSK 类信号是图 5-32 给出方案的直接扩展。信号生成器采用频偏函数作为 VCO 的输入，VCO 的输出为 I 信道和 Q 信道符号脉冲 $p(t)$ 和 $p(t-T)$。符号脉冲生成器如图 5-41 所示，该结构基于频偏函数

$$f_d(t) = \frac{1}{4T} \frac{d}{dt}[tg(t)], \quad 0 \leqslant t \leqslant T \tag{5.172}$$

对于 $g(t)=G(t, α, M)$，有

$$f_d(t) = \frac{1}{4T}\left\{1 - \cos\left(\frac{α2πt}{T}\right) \sum_{i=1}^{M} B_i \left[\sin \frac{α2πt}{T}\right]^{2i-2}\right\} \tag{5.173}$$

其中

$$B_i = \frac{(2i-2)!}{2^{2i-2}\left[(i-1)!\right]^2} \tag{5.174}$$

前 4 个 B_i 为 1, 1/2, 3/8, 5/16。由于输入为键控正弦信号，图 5-32 中 VCO 的输出即为调制信号，而图 5-41 中 VCO 的输出为基带符号脉冲。键控在调制器中完成。

同样，最佳解调器和 MSK 在 $2T$ 判决间隔上匹配 I 信道和 Q 信道成形脉冲的匹配滤波器接收机是一样的。由于采用式(5.168)的脉冲形状的信号的比特能量和 MSK 是相同的，因此其错误性能也和 MSK 一样。

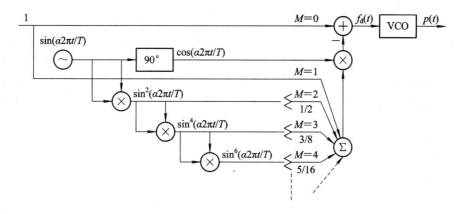

图 5-41　符号脉冲生成器

5.3.4　Bazin 符号成形脉冲

Bazin[45]提出了一类符合成形脉冲，式(5.168)给出的成形脉冲是其子类，因此 SFSK 也属于这一类波形。Bazin 定义的符号成形脉冲具有 N 阶连续导数，其功率谱近似随 f^{-2N-4} 衰减。为了产生恒定包络的 MSK 类信号，这一符号成形脉冲应为

$$p(t) = \cos\left[\frac{\pi t}{2T} - \sum_{k=1}^{N'} A_k \sin\frac{2\pi kt}{T}\right], \quad N' \geqslant \frac{N}{2} \tag{5.175}$$

系数 A_k 为某一线性系统的解，某些 A_k 系数可能为 0[45]。由于

$$p(t) = p(-t), \quad p^2(t) + p^2(t-T) = 1 \tag{5.176}$$

同相和正交脉冲包络向量和的幅度为常数。显然，SFSK 是 $k=1$、$N=2$、$A_1=0.25$ 的情况，因此功率谱近似随 f^{-8} 衰减。另外一个例子 DSFSK(Double SFSK)为 $N'=2$，$N=4$，脉冲为

$$p(t) = \cos\left[\frac{\pi t}{2T} - \frac{1}{3}\sin\frac{2\pi t}{T} + \frac{1}{24}\sin\frac{4\pi t}{T}\right] \tag{5.177}$$

其功率谱近似随 f^{-12} 衰减。将此脉冲和与其非常接近的 Rabel 脉冲进行比较。在式(5.168) 中令 $M=2$，$\alpha=1$，由 Rabel 频率脉冲得到的 Bazin 符号成形脉冲为

$$p(t) = \cos\left[\frac{\pi t}{2T} - \frac{9}{32}\sin\frac{2\pi t}{T} + \frac{1}{96}\sin\frac{6\pi t}{T}\right] \tag{5.178}$$

如图 5-42 所示。

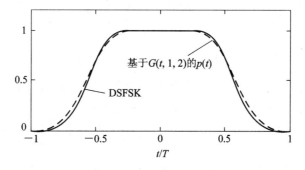

图 5-42　Bazin 符号成形脉冲

DSFSK 的功率谱如图 5-43 所示。DSFSK 的功率谱一般满足：在 $f = 4.75/T$ 以上随 f^{-12} 衰减，和 SFSK 在 $f = 4/T$ 的功率谱一致；在 $f = 1/T$ 到 $f = 3.75/T$ 两者分开，DSF-SK 的功率谱密度要大于 SFSK；在 $f = 3/T$ 两者的差距达到最大，大约为 20 dB。式 (5.178) 的脉冲信号的功率谱比 SFSK 大，在 $f = 3.75/T$ 以下与 DFSK 的功率谱接近，在 $f = 4.75/T$ 以上又接近 SFSK 的功率谱，但是其近似随 f^{-12} 变化的斜率在 $f = 6/T$ 以前并没有出现。

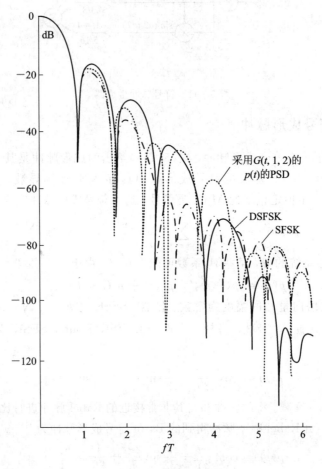

图 5-43　DSFSK 的功率谱

只要接收机采用匹配 I 信道和 Q 信道符号脉冲的匹配滤波器，上述方案的错误性能跟 MSK 是相同的。

5.3.5　MSK 类信号的频谱主瓣

虽然上述技术可以显著地降低 MSK 频谱的旁瓣，但是它们并不能减小 MSK 频谱的主瓣。对所有这些提出的符号成形脉冲的研究表明：

(1) 所有提出的 $p(t)$ 均为 $[-T, T]$ 区间的单调对称脉冲，$p(t) = p(-t)$，当 $0 < t < T$ 时 $p'(t) \leqslant 0$。

(2) 所有这些 $p(t)$ 的频谱主瓣总是比具有相同持续时间的矩形脉冲的主瓣要宽。实际上，采用有限区间 $[-T, T]$ 内的单调对称脉冲产生的 MSK 类信号，总是比采用相同持续时间双极性非归零脉冲的传统 PSK 信号的主瓣要宽。

5.4　部分响应调制技术——GMSK

由前面的讨论可知，MSK 信号具有较好的频谱特性和误比特率性能，但是仍然不能满足功率谱的邻道辐射低于主瓣峰值 60 dB 以上的要求。这是由于 MSK 的相位路径为折线，其功率谱旁瓣随着频率的增大而偏离中心频率的衰减还不够快。为了满足现代通信技术的需求，尤其是移动通信的要求，就需要在保持 MSK 基本特性的基础上，对 MSK 的带外频谱特性进行改进，使其衰减速度加快。前面的 MSK 类调制就属于这一类。另外，需要在 MSK 调制器前面增加一个预调制滤波器（高斯低通滤波器）来达到对 MSK 调制的改进，从而实现高斯滤波最小移频键控（GMSK）。由于双极性不归零矩形脉冲序列经过高斯低通滤波器之后，其信号波形得到平滑，将该平滑后的信号送至 MSK 调制器，则调制器输出的恒包络连续相位调制信号的相位路径将更为平滑，其功率谱旁瓣衰减得更快，基本可以满足移动通信和卫星通信对功率谱特性的要求。

GMSK 是首先由 Murota、Kinoshita 和 Hirada 在 1981 年提出的，该调制技术作为一种高带宽效率的恒包络调制方案用于 900 MHz 陆地移动通信环境下的通信，具有良好的性能。GMSK 可以简单地看成是一种调制指数 $h=0.5$ 的部分响应 CPM 调制方案，它是通过在载波频率调制之前利用具有高斯脉冲响应的滤波器对 MSK 信号的矩形频率脉冲进行滤波而实现的。因此，GMSK 的频率脉冲为两个时间移位（T_b 秒）的 Q 函数的差，即

$$g(t) = \frac{1}{2T_b}\left[Q\left(\frac{2\pi BT_b}{\sqrt{\ln 2}}\left(\frac{t}{T_b}-1\right)\right) - Q\left(\frac{2\pi BT_b}{\sqrt{\ln 2}}\frac{t}{T_b}\right)\right]$$

$$Q(x) = \int_x^\infty \frac{1}{\sqrt{2\pi}}\exp\left(\frac{y^2}{2}\right)\mathrm{d}y, \quad -\infty \leqslant t \leqslant \infty$$

(5.179)

其中，B 为高斯低通滤波器的 3 dB 带宽。BT_b 值越小，频谱将越密集，但是同时码间干扰（ISI）也越严重。因此，也就导致了比特错误概率（BEP）性能的下降。所以，对于一个给定的实际应用问题，BT_b 值的选择，必须在频谱效率和 BEP 性能之间进行折中。

由于高斯 Q 函数的取值范围为无穷小到无穷大，因此，为了实际应用的需要，常通过在时间域截断 GMSK 的频率脉冲来处理有限的 ISI。对于 $BT_b=0.25$，将式（5.179）中的 $g(t)$ 截断为四个比特时隙宽度是比较合适的，然而对于 $BT_b=0.3$（GSM 系统中的 GMSK 调制参数），如果只考虑相邻比特（时间截短到三个比特时隙）之间的 ISI，这个值已经足够了，参见图 5-44 所示的 GMSK 的频率脉冲。因此，在实际的 GMSK 实现中，经常取如下的近似式：

$$g(t) = \begin{cases} \frac{1}{2T_b}\left[Q\left(\frac{2\pi BT_b}{\sqrt{\ln 2}}\left(\frac{t}{T_b}-1\right)\right) - Q\left(\frac{2\pi BT_b}{\sqrt{\ln 2}}\frac{t}{T_b}\right)\right], & -\frac{(L-1)T_b}{2} \leqslant t \leqslant \frac{(L+1)T_b}{2} \\ 0, & \text{其他} \end{cases}$$

(5.180)

式（5.180）中 L 的选择和前面 BT_b 值的选择一样，也必须进行折中考虑，而且还要根据 BT_b 的值进行选取。尽管式（5.180）的 $g(t)$ 看起来具有高斯形状，但是在这里需要注意，在 GMSK 中的"高斯"是指滤波器的脉冲响应为高斯形状的，而且通过该滤波器输入的是矩形

脉冲序列，而不是频率脉冲的形状。从图 5 - 44 以及式(5.180)可以看出，BT_b 越大，$g(t)$ 的顶峰高度也就越接近于 1，而 $g(t)$ 的宽度也就越窄。

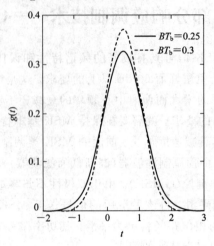

图 5 - 44　GMSK 的频率脉冲

5.4.1　GMSK 的连续相位调制表示

由于 GMSK 也是连续相位调制的一个特例，因此，由式(4.1)可以得到 GMSK 的 CPM 表达式为

$$s_{\text{GMSK}}(t) = \sqrt{\frac{2E_b}{T_b}} \cos\Big(2\pi f_c t + \frac{\pi}{2T_b} \sum_i \alpha_i \int \Big[Q\Big(\frac{2\pi BT_b}{\sqrt{\ln 2}}\Big(\frac{\tau}{T_b} - (i+1)\Big)\Big)$$

$$- Q\Big(\frac{2\pi BT_b}{\sqrt{\ln 2}}\Big(\frac{\tau}{T_b} - i\Big)\Big)\Big] \mathrm{d}\tau\Big), \quad nT_b \leqslant t \leqslant (n+1)T_b \tag{5.181}$$

与图 4 - 18 类似，GMSK 发射机(CPM)的实现框图如图 5 - 45(a)所示。如果输入信号利用它的等价不归零(NRZ)数据流表示(MSK 的频率脉冲流通常被输入到 FM 调制器)，则 GMSK 滤波器的脉冲响应 $h(t)$ 为高斯型的，即

$$h(t) = \frac{1}{\sqrt{2\pi\sigma^2}} \exp\Big(-\frac{t^2}{2\sigma^2}\Big), \quad \sigma^2 = \frac{\ln 2}{(2\pi B)^2} \tag{5.182}$$

相应的等效 GMSK 发射机(CPM 表达式)的实现框图如图 5 - 45(b)所示。

图 5 - 45(a)或(b)中的频率调制器通常用一个锁相环(PLL)合成器实现，PLL 压控振荡器(VCO)的输入就是调制器的注入点。因此，当数据中出现长的"0"序列和"1"序列串时，调制信号的频谱将延伸到直流。这会带来一个问题，上述实现的 PLL 合成器由于其固有的高通滤波器特性将对这种低频率信号没有响应，所以，VCO 输出(已调信号的位置)将不包含信息(调制)信号的低频成分。相比之下，如果调制信号被注入 PLL 之前的主振荡器(振荡器必须能够被电压信号调制)，那么由于振荡器不在环路里，因此 VCO 的输出将包括调制信号的低频分量(在环路带宽内)而不是高频分量。显然，若将这两种方法相结合，则不管环路的带宽是多少将会得到所需的恒定调制灵敏度。这种 FM 方案被称为是两点调制，对应于直流耦合 GMSK 调制器，在这里高斯滤波器的输入信号被分为两部分，一部分被送到 VCO 调制器的输入端，而另一部分被送到 PLL 主振荡器的输入端。

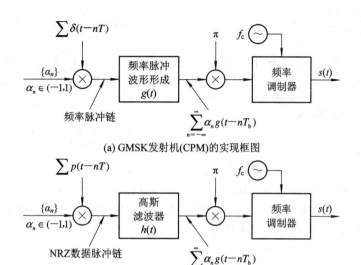

(a) GMSK发射机(CPM)的实现框图

(b) 等效GMSK发射机(CPM表达式)的实现框图

图 5 - 45　GMSK 发射机

5.4.2　GMSK 的等价 I - Q 表达式

当载波频率比较高时，GMSK 信号的直接合成如图 5 - 45(a)所示，由于要保持足够的抽样速率则需要足够高的工作频率，因此利用数字方法来实现是不实际的。但是，我们可以借助正交实现的方法生成包含相位信息的低通 I 路和 Q 路信号。与调制载波相位相比，低通 I 路和 Q 路信号的变换非常缓慢，这样就可以用数字的方式来实现。对式(5.181)利用简单的两角和的余弦展开公式，将会得到如下表达式：

$$s_{\text{GMSK}}(t) = \sqrt{\frac{2E_b}{T_b}}\left[\cos\phi(t,\alpha)\cos 2\pi f_c t - \sin\phi(t,\alpha)\sin 2\pi f_c t\right] \tag{5.183}$$

其中

$$\phi(t,\alpha) = \frac{\pi}{2T_b}\sum_i \alpha_i \int \left\{Q\left(\frac{2\pi BT_b}{\sqrt{\ln 2}}\left(\frac{\tau}{T_b}-(i+1)\right)\right) - Q\left(\frac{2\pi BT_b}{\sqrt{\ln 2}}\left(\frac{\tau}{T_b}-i\right)\right)\right\}d\tau$$

$$\tag{5.184}$$

因此从概念上讲，GMSK 的 I - Q 发射机可以按照下面的步骤来实现：首先，通过高斯滤波器生成 NRZ 数据流；其次，对滤波器的输出进行积分来产生式(5.184)的瞬时相位；最后，积分器的输出信号被送到正弦和余弦只读存储器(ROM)，该存储器的输出数据再调制到 I 支路和 Q 支路载波上，即可得到 GMSK 信号，如图 5 - 46 即为 GMSK 的 I - Q 发射机。该调制方案也称为正交交叉相关 GMSK。国外的有关商业公司和工业企业(如 Alcatel 和 Aerospace)已经在他们的 GMSK 调制解调器的发射机设计中采用数字方式实现了上述通用方法。在这些实现中，标有"高斯滤波器"的模块要么是一个与式(5.180)近似的高斯脉冲响应的滤波器，要么就是一个更为有效的 ROM 查找表，而标有"积分器"的模块通常由"相位累加器"实现。

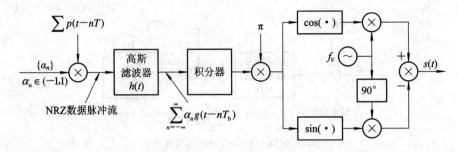

图 5-46 GMSK 的 I-Q 发射机

在文献[46]中，GMSK 调制器的高效 I-Q 实现跳过上面的序列产生步骤，而直接由二进制数据产生 I 和 Q 基带信号，因此消除了传统结构中滤波、相位截断和正余弦计算中的误差。下面以 $L=3$ 为例简要描述这种方法。

考虑 GMSK 的频率响应（脉冲序列）产生的是如式(5.184)的相位。如果我们加上条件——第 m 个比特间隔（$mT_b \leqslant t \leqslant (m+1)T_b$）的响应仅依赖于感兴趣的比特 α_m 和它相邻的两个比特 α_{m-1} 和 α_{m+1}，即只存在相邻的码间干扰（ISI），则下式必然满足：

$$\begin{cases} Q\left(\dfrac{2\pi BT_b}{\sqrt{\ln 2}}\right) \cong 0 \\ Q\left(-\dfrac{2\pi BT_b}{\sqrt{\ln 2}}\right) \cong 1 \end{cases} \tag{5.185}$$

如果式(5.185)成立，那么由于从 -1 到 1 变化的 NRZ 脉冲序列的响应叠加等价于从 0 到 2 变化减掉常数 1 的矩形脉冲序列的响应，上述间隔内的归一化频率响应可以表示为

$$g_m(t) \triangleq \sum_{i=m-1,\,m,\,m+1} (\alpha_i+1)\left[Q\left(\frac{2\pi BT_b}{\sqrt{\ln 2}}\left(\frac{t}{T_b}-(i+1)\right)\right) - Q\left(\frac{2\pi BT_b}{\sqrt{\ln 2}}\left(\frac{t}{T_b}-i\right)\right)\right] - 1$$

$$\cong (\alpha_{m-1}+1)Q\left(\frac{2\pi BT_b}{\sqrt{\ln 2}}\left(\frac{t}{T_b}-m\right)\right)$$

$$+ (\alpha_m+1)\left[Q\left(\frac{2\pi BT_b}{\sqrt{\ln 2}}\left(\frac{t}{T_b}-(m+1)\right)\right) - Q\left(\frac{2\pi BT_b}{\sqrt{\ln 2}}\left(\frac{t}{T_b}-m\right)\right)\right]$$

$$+ (\alpha_{m+1}+1)\left[1 - Q\left(\frac{2\pi BT_b}{\sqrt{\ln 2}}\left(\frac{t}{T_b}-(m+1)\right)\right)\right] - 1 \tag{5.186}$$

由于高斯 Q 函数可以用误差函数的形式表示为 $Q(x) = \left(\dfrac{1}{2}\right)\left[1 + \mathrm{erf}\left(\dfrac{x}{\sqrt{2}}\right)\right]$，令 $\alpha_i' = \left(\dfrac{1}{2}\right)(\alpha_i+1)$ 表示 $(0,1)$，等价于取 $(-1,1)$ 的 α_i，并且引入常数 $\beta \triangleq \pi B\sqrt{\dfrac{2}{\ln 2}}$，则式(5.186)可以重新写成下式：

$$g_m(t) \cong \alpha'_{m-1}\left[1 - \mathrm{erf}(\beta(t-mT_b))\right]$$

$$+ \alpha'_m\left[\mathrm{erf}(\beta(t-mT_b)) - \mathrm{erf}(\beta(t-(m+1)T_b))\right]$$

$$+ \alpha'_{m+1}\left[1 + \mathrm{erf}(\beta(t-(m+1)T_b))\right] - 1 \tag{5.187}$$

在式(5.187)中三个 α_i' 中的每一个都对应于 $(0,1)$，因此，总共有八种可能的波形 $f_i(t-mT_b)$，$i=0,1,2,\cdots,7$，这八种波形描述了在第 m 个比特时隙内的频率响应。为了简单起见，在这里假设 $m=0$，α_i' 的组合和相应的频率响应如表 5-3 所示。

表 5-3　在时隙 $0 \leqslant t \leqslant T_b$ 可能的频率响应

$\alpha'_{-1}, \alpha'_0, \alpha'_1,$	i	$f_i(t)$
000	0	-1
001	1	$\mathrm{erf}(\beta(t-T_b))$
010	2	$\mathrm{erf}(\beta t) - \mathrm{erf}(\beta(t-T_b)) - 1$
011	3	$\mathrm{erf}(\beta t)$
100	4	$-\mathrm{erf}(\beta t)$
101	5	$-\mathrm{erf}(\beta t) + \mathrm{erf}(\beta(t-T_b)) + 1$
110	6	$-\mathrm{erf}(\beta(t-T_b))$
111	7	1

观察上面的表格可以得出：只有三种独立的频率响应波形，即 $f_2(t)$、$f_3(t)$、$f_7(t)$，其余的五种频率响应波形可以通过这三种波形的简单运算得到，即

$$\begin{cases} f_0(t) = -f_7(t) \\ f_1(t) = f_3(t) - f_2(t) - f_7(t) = f_3(t-T_b) \\ f_4(t) = -f_3(t) \\ f_5(t) = -f_2(t) \\ f_6(t) = -f_1(t) \end{cases} \tag{5.188}$$

基于上面八种频率响应波形之间的关系，对应于式(5.184)的相位调制信号的频率调制信号可以表示成如下的数据脉冲序列的形式：

$$f(t, \boldsymbol{\alpha}) = \frac{1}{2\pi} \frac{\mathrm{d}}{\mathrm{d}t} \phi(t, \boldsymbol{\alpha}) = \frac{1}{4T_b} \sum_i f_{l(i)}(t-iT_b) p(t-iT_b) \tag{5.189}$$

其中，$p(t)$ 是时隙 $0 \leqslant t \leqslant T_b$ 内的单位幅度矩形脉冲，下标 $l(i) = 4\alpha_{i-1} + 2\alpha_i + \alpha_{i+1}$ 为影响第 i 比特间隔的 3 bits 二进制序列的等价十进制数值，该下标 $l(i)$ 按照表 5-2 确定该间隔的特定频率波形。相应的复相位调制信号可以写成如下形式：

$$\exp\{\phi(t, \alpha)\} = \exp\left\{ \sum_i \phi_{l(i)}(t-iT_b) p(t-iT_b) \right\},$$

$$\phi_i(t) = \frac{\pi}{2T_b} \int_0^t f_i(\tau) \mathrm{d}\tau + \phi_i(0) \tag{5.190}$$

其中 $\phi_i(0)$ 为初始相位值，它与过去的数据序列有关。与表 5-3 类似，在任一给定的比特时隙内，有八种可能的相位响应。文献[45]利用近似式(5.185)(误差函数重新表示为 $\mathrm{erf}(\beta T_b) \cong 1$，$\mathrm{erf}(-\beta T_b) \cong -1$)和误差函数的合适的渐进展开进行了评估。可以再一次得到如下结论：只有三个独立的相位响应波形，即 $\phi_2(t)$、$\phi_3(t)$ 和 $\phi_7(t)$，其余的五个波形可以通过对这三个波形进行简单运算处理而得到。

相位响应可用来确定相位网格图，但是在这里必须注意：可能的相位轨迹序列是由 3 bits数据序列产生的，在每一个比特时隙内中 3 bits 中只有一个比特从一个时隙到另一个时隙是变化的。例如，010 后边紧接着只会是 100 或 101。更进一步地，由于我们感兴趣的只是正弦和余弦的相位，因此可以将相位轨迹模 2π。利用这个网格，文献[45]给出 T_b 内

只需要四条曲线直接从输入数据序列产生该比特间隔的 I 路（相位的余弦）和 Q 路信号（相位的正弦）。这可以用存储四条基本曲线的查找表 ROM 来实现。

5.4.3 GMSK 的劳伦特表示

劳伦特（Laurent）[47]提出了一种用多个相移调幅脉冲（AMP）叠加的方法来表示 CPM，其中脉冲的数量取决于调制中的部分响应，部分响应可用频率脉冲的持续时间（以比特为单位）来描述。像 MSK 的全响应方案只需要一个具有复符号的单个脉冲就可以表示。由于二进制调制实现起来相对简单，这方面的研究工作早期主要集中在二进制调制方面。在这里介绍这种表示法有两个目的：其一，它可以使这类调制的自相关函数和功率谱密度的计算更加容易，尤其是 $h=n+1/2$（n 为整数）的半整数调制指数的方案可获得非常简单的结果；其二，可用单个最优脉冲波形（称为"主脉冲"）非常精确地近似 CPM，这样就提供了一种并不比 MSK 复杂的合成方法。

后来，Kaleh[48]运用 CPM 的劳伦特表示法得到这类调制相干接收机的简单实现，尤其是 GMSK 调制的相干接收机。这类接收机有两种形式，即简化的最佳 MLSE 接收机和线性 MSK 型接收机，两者与真正的最佳 MLSE 接收机的性能相比性能损失很小。本节将给出这些发射机的实现方案，并给出有关的主要结论而不是推导的细节。

1. GMSK 的精确 AMP 表示

下面，为了方便起见，使用的是信号 $s(t)$ 的复包络，即复基带信号 $\tilde{S}(t)$，它们之间的关系为，

$$s(t) = \mathrm{Re}\{\tilde{S}(t)\mathrm{e}^{\mathrm{j}2\pi f_c t}\} \tag{5.191}$$

因此，由式（4.1）我们可以得到对于二进制 CPM，有

$$\tilde{S}(t) = \sqrt{\frac{2E_b}{T_b}}\exp\{\mathrm{j}\phi(t, \alpha)\}, \quad nT_b \leqslant t \leqslant (n+1)T_b \tag{5.192}$$

对于 $h=0.5$ 的部分响应 CPM，其频率脉冲的持续时间为 LT_b（从前面的讨论可知，用于近似 GMSK 的 L 值是 BT_b 值的函数），经过大量运算后劳伦特证明式（5.192）的复包络可以表示为

$$\tilde{S}(t) = \sqrt{\frac{2E_b}{T_b}}\sum_{K=0}^{2^{L-1}-1}\left[\sum_{n=-\infty}^{\infty}\mathrm{e}^{\mathrm{j}\frac{\pi}{2}A_{K,n}}C_K(t-nT_b)\right]$$

$$\triangleq \sqrt{\frac{2E_b}{T_b}}\sum_{K=0}^{2^{L-1}-1}\left[\sum_{n=-\infty}^{\infty}\bar{a}_{K,n}C_K(t-nT_b)\right] \tag{5.193}$$

这样就得到了实 CPM 信号为

$$s(t) = \sqrt{\frac{2E_b}{T_b}}\sum_{K=0}^{2^{L-1}-1}\left[\sum_{n=-\infty}^{\infty}C_K(t-nT_b)\cos\left(2\pi f_c t + \frac{\pi}{2}A_{K,n}\right)\right] \tag{5.194}$$

即 $s(t)$ 是 2^{L-1} 个振幅/相位调制脉冲流的叠加。在式（5.193）中，$C_K(t)$ 是第 k 个 AMP 的等效脉冲波形，其确定方法如下。

首先，定义广义的相位脉冲函数为

$$\psi(t) = \begin{cases} \pi q(t), & 0 \leqslant t \leqslant LT_b \\ \dfrac{\pi}{2}[1-2q(t-LT_b)], & LT_b \leqslant t \end{cases} \tag{5.195}$$

该函数可通过取相位脉冲 $q(t)$ $(0 \leqslant t \leqslant LT_b)$ 的非常数部分，并将其关于 $t = LT_b$ 轴进行反折得到。因此，通过观察式(5.195)可以看出，$\psi(t)$ 是一个在间隔 $0 \leqslant t \leqslant 2LT_b$ 内非零并且关于 $t = LT_b$ 对称的波形。关于 $t = LT_b$ 轴的对称性假定：频率脉冲 $g(t)$ 是关于 $t = LT_b/2$ 偶对称的，而相位脉冲 $q(t)$ 在 $t = LT_b/2$ 处关于 $\pi/4$ 奇对称。下面定义

$$\begin{cases} S_0(t) \triangleq \sin\psi(t) \\ S_n(t) \triangleq S_0(t + nT) = \sin\psi(t + nT) \end{cases} \tag{5.196}$$

以及

$$C_K(t) = S_0(t) \prod_{i=1}^{L-1} S_{i+L\beta_{K,i}}(t), \quad 0 \leqslant K \leqslant 2^{L-1} - 1, \ 0 \leqslant t \leqslant T_{bK}$$

$$T_{bK} = T_b \times \min_{i=1,2,\cdots L-1} [L(2 - \beta_{K,i}) - i] \tag{5.197}$$

其中 $\beta_{K,i}$，$i = 1, 2, \cdots, L-1$ 是整数 K 的二进制表示式的系数，即

$$K = \sum_{i=1}^{L-1} 2^{i-1} \beta_{K,i} \tag{5.198}$$

从式(5.197)注意到，每一个等效脉冲波形 $C_K(t)$ 通常具有不同的持续时间，因此式(5.194)中的脉冲流是由重叠的脉冲组成的。

复相位系数 $\bar{\alpha}_{K,n} \triangleq \mathrm{e}^{\mathrm{j}(\pi/2)A_{K,n}}$ 与第 K 个脉冲的第 n 个 T 秒的平移 $C_K(t - nT)$ 有关，也可用式(5.198)给出的整数 K 的二进制表示式来表示。特别地，

$$\begin{cases} A_{K,n} = \sum_{i=-\infty}^{n} \alpha_i - \sum_{i=1}^{L-1} \alpha_{n-i} \beta_{K,i} = A_{0,n} - \sum_{i=1}^{L-1} \alpha_{n-i} \beta_{K,i} \\ A_{0,n} = \alpha_n + A_{0,n-1} \end{cases} \tag{5.199}$$

因此

$$\tilde{a}_{K,n} \triangleq \mathrm{e}^{\mathrm{j}(\pi/2)A_{K,n}}$$

$$= \exp\left[\mathrm{j}\frac{\pi}{2} \left(A_{0,n-L} + \sum_{i=0}^{L-1} \alpha_{n-i} - \sum_{i=1}^{L-1} \alpha_{n-i} \beta_{K,i} \right) \right]$$

$$= \tilde{a}_{0,n-L} \mathrm{e}^{\mathrm{j}(\pi/2)\alpha_n} \prod_{i=1}^{L-1} \mathrm{e}^{\mathrm{j}(\pi/2)\alpha_{n-i}[1 - \beta_{K,i}]} \tag{5.200}$$

在进一步讨论之前，我们举一个特定 L 值的例子来说明上述表示的描述。考虑 $L = 4$ 的情况，这足以表示 $BT_b \geqslant 0.25$ 的 GMSK。由式(5.197)可得，有 $2^{L-1} = 8$ 个不同的 $C_k(t)$，即 $C_0(t)$，$C_1(t)$，$\cdots$，$C_7(t)$，它们中的每一个都是基本脉冲波形 $S_0(t)$ 和 $L-1 = 3$ 个其他 $S_i(t)$ 的乘积，具体选择哪一个 $S_i(t)$ 是由索引 K 的二进制表示的系数来确定的。例如，当 $K = 3$ 时有

$$K = 3 = 2^0 \times 1 + 2^1 \times 1 + 2^2 \times 0 \Rightarrow \beta_{3,1} = 1, \ \beta_{3,2} = 1 \beta_{3,3} = 0 \tag{5.201}$$

因此

$$C_3(t) = S_0(t) \prod_{i=1}^{3} S_{i+4\beta_3,i}(t) = S_0(t)S_5(t)S_6(t)S_3(t), \quad 0 \leqslant t \leqslant T_{b3} = 2T_b \tag{5.202}$$

按照上面的方法，将八个波形汇总如下：

$$\begin{cases}
C_0(t) = S_0(t)S_1(t)S_2(t)S_3(t), & 0 \leqslant t \leqslant 5T_b \\
C_1(t) = S_0(t)S_2(t)S_3(t)S_5(t), & 0 \leqslant t \leqslant 3T_b \\
C_2(t) = S_0(t)S_1(t)S_3(t)S_6(t), & 0 \leqslant t \leqslant 2T_b \\
C_3(t) = S_0(t)S_3(t)S_5(t)S_6(t), & 0 \leqslant t \leqslant 2T_b \\
C_4(t) = S_0(t)S_1(t)S_2(t)S_7(t), & 0 \leqslant t \leqslant T_b \\
C_5(t) = S_0(t)S_2(t)S_5(t)S_7(t), & 0 \leqslant t \leqslant T_b \\
C_6(t) = S_0(t)S_1(t)S_6(t)S_7(t), & 0 \leqslant t \leqslant T_b \\
C_7(t) = S_0(t)S_5(t)S_6(t)S_7(t), & 0 \leqslant t \leqslant T_b
\end{cases} \tag{5.203}$$

根据式(5.200)可以得到和式(5.202)的 $C_3(t)$ 相应的第三脉冲序列的复相位系数集，即

$$\tilde{a}_{3,n} = \tilde{a}_{0,n-4} e^{j(\pi/2)a_n} \prod_{i=1}^{3} e^{j(\pi/2)a_{n-i}[1-\beta_{3,i}]} = \tilde{a}_{0,n-4} e^{j(\pi/2)a_n} e^{j(\pi/2)a_{n-3}} \tag{5.204}$$

所有八个脉冲序列的全部相位系数集如下：

$$\begin{cases}
\tilde{a}_{0,n} = \tilde{a}_{0,n-4} e^{j(\pi/2)a_n} e^{j(\pi/2)a_{n-1}} e^{j(\pi/2)a_{n-2}} e^{j(\pi/2)a_{n-3}} \\
\qquad = j^{a_n+a_{n-1}+a_{n-2}+a_{n-3}} \tilde{a}_{0,n-4} = j^{a_n}\tilde{a}_{0,n-1} \\
\tilde{a}_{1,n} = \tilde{a}_{0,n-4} e^{j(\pi/2)a_n} e^{j(\pi/2)a_{n-2}} e^{j(\pi/2)a_{n-3}} \\
\qquad = j^{a_n+a_{n-2}+a_{n-3}} \tilde{a}_{0,n-4} = j^{a_n}\tilde{a}_{0,n-2} \\
\tilde{a}_{2,n} = \tilde{a}_{0,n-4} e^{j(\pi/2)a_n} e^{j(\pi/2)a_{n-1}} e^{j(\pi/2)a_{n-3}} \\
\qquad = j^{a_n+a_{n-1}+a_{n-3}} \tilde{a}_{0,n-4} = j^{a_n+a_{n-1}}\tilde{a}_{0,n-3} \\
\tilde{a}_{3,n} = \tilde{a}_{0,n-4} e^{j(\pi/2)a_n} e^{j(\pi/2)a_{n-3}} = j^{a_n+a_{n-3}}\tilde{a}_{0,n-4} = j^{a_n}\tilde{a}_{0,n-3} \\
\tilde{a}_{4,n} = \tilde{a}_{0,n-4} e^{j(\pi/2)a_n} e^{j(\pi/2)a_{n-1}} e^{j(\pi/2)a_{n-2}} = j^{a_n+a_{n-1}+a_{n-2}}\tilde{a}_{0,n-4} \\
\tilde{a}_{5,n} = \tilde{a}_{0,n-4} e^{j(\pi/2)a_n} e^{j(\pi/2)a_{n-2}} = j^{a_n+a_{n-2}}\tilde{a}_{0,n-4} \\
\tilde{a}_{6,n} = \tilde{a}_{0,n-4} e^{j(\pi/2)a_n} e^{j(\pi/2)a_{n-1}} = j^{a_n+a_{n-1}}\tilde{a}_{0,n-4} \\
\tilde{a}_{7,n} = \tilde{a}_{0,n-4} e^{j(\pi/2)a_n} = j^{a_n}\tilde{a}_{0,n-4}
\end{cases} \tag{5.205}$$

需要强调的是，相比用有限 L 值的部分响应 CPM 来近似 GMSK，这种 AMP 表示法是准确的。对于 $L=4$ 的情况，根据计算机仿真：与脉冲串 $\{C_0(t-nT)\}$ 对应的第一个 AMP 分量包含总信号能量的 99.1944%；与脉冲串 $\{C_1(t-nT)\}$ 对应的第二个 AMP 分量包含总信号能量的 0.803%；而其余 6 个分量只包含总信号能量的 2.63×10^{-5}，可以忽略不计。因此可以得到以下结论：对于给定的 BT_b 值，用 $L=4$ 进行频率脉冲截短是合适的，此时相应于 $K=1$ 和 $K=2$ 的两个脉冲串的 AMP 表示足以近似 GMSK，即

$$\tilde{S}_{\mathrm{GMSK}}(t) = \sqrt{\frac{2E_b}{T_b}} \Big[\sum_{n=-\infty}^{\infty} \tilde{a}_{0,n} C_0(t-nT_b) + \sum_{n=-\infty}^{\infty} \tilde{a}_{1,n} C_1(t-nT_b) \Big] \tag{5.206}$$

其中 $C_0(t)$ 和 $C_1(t)$ 由式(5.203)的前两个式子确定，这两个 AMP 流的脉冲波形如图5-47所示。同样地，$\tilde{a}_{0,n}$ 和 $\tilde{a}_{1,n}$ 由式(5.205)的前两个式子确定。由于实际的数据符号 $\{a_n\}$ 在 ±1 之间取值，那么这两脉冲串中的每一个的偶数和奇数复符号的取值为

$$\begin{cases}
\{\tilde{a}_{0,2n}\} \in \{j, -j\}, \quad \{\tilde{a}_{0,2n+1}\} \in \{1, -1\} \\
\{\tilde{a}_{1,2n}\} \in \{1, -1\}, \quad \{\tilde{a}_{1,2n+1}\} \in \{j, -j\}
\end{cases} \tag{5.207}$$

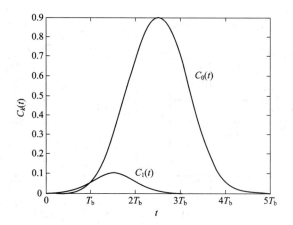

图 5-47　两个 AMP 流的脉冲波形

上面两式清楚地表明：GMSK 表达式是由两个 $I\text{-}Q$ 信号叠加组成的。注意序列 $\{\tilde{a}_{0,n}\}$ 和 $\{\tilde{a}_{1,n}\}$ 本身是不相关的而且它们之间也是不相关，即

$$E\{\tilde{a}_{0,k}\tilde{a}_{1,k-m}^{*}\}=E\{\mathrm{j}\alpha_k\mathrm{j}\alpha_{k-1}\cdots\mathrm{j}\alpha_{k-m-1}\tilde{a}_{0,k-m-2}\times(-\mathrm{j}\alpha_{k-m}\tilde{a}_{0,k-m-2}^{*})\}$$

$$=\pm E\{\alpha_k\alpha_{k-1}\cdots\alpha_{k-m-1}\alpha_{k-m}\}=0,\quad m>0 \tag{5.208}$$

此外，由于对于二进制 ±1 数据有 $\mathrm{j}^{\alpha_n}=\mathrm{j}\alpha_n$，那么式(5.205)的前两式变成

$$\begin{cases}\tilde{a}_{0,n}=\mathrm{j}\alpha_n\tilde{a}_{0,n-1}\\ \tilde{a}_{1,n}=\mathrm{j}\alpha_n\tilde{a}_{0,n-2}\end{cases} \tag{5.209}$$

显然可从输入数据的差分编码形式得到这两脉冲流的复符号。而这两脉冲流在 I 信道和 Q 信道上相应的实(±1)符号为

$$\begin{cases}a_{0,n}^{I}=\tilde{a}_{0,2n+1}=\mathrm{Re}\{\tilde{a}_{0,2n+1}\}\\ a_{0,n}^{Q}=-\mathrm{j}\tilde{a}_{0,2n}=\mathrm{Im}\{\tilde{a}_{0,2n}\}\\ a_{1,n}^{Q}=-\mathrm{j}\tilde{a}_{1,2n+1}=\mathrm{Im}\{\tilde{a}_{1,2n+1}\}\\ a_{1,n}^{I}=\tilde{a}_{1,2n}=\mathrm{Re}\{\tilde{a}_{1,2n}\}\end{cases} \tag{5.210}$$

由此可知，式(5.206)对应的实 GMSK 的两个脉冲流的近似式为

$$\begin{aligned}
s_{\mathrm{GMSK}}(t)=\sqrt{\frac{2E_b}{T_b}}\Big[&\sum_{n=-\infty}^{\infty}a_{0,n}^{I}C_0(t-(2n+1)T_b)\cos2\pi f_c t\\
&-\sum_{n=-\infty}^{\infty}a_{0,n}^{Q}C_0(t-2nT_b)\sin2\pi f_c t\\
&+\sum_{n=-\infty}^{\infty}a_{1n}^{I}C_1(t-2nT_b)\cos2\pi f_c t\\
&-\sum_{n=-\infty}^{\infty}a_{1,n}^{Q}C_1(t-(2n+1)T_b)\sin2\pi f_c t\Big]
\end{aligned} \tag{5.211}$$

该式对应的 GMSK 的双脉冲流 $I\text{-}Q$ 实现框图如图 5-48 所示。注意每个脉冲流都具有叠加脉冲的脉冲整形 OQPSK 调制形式，并且每个正交信道上实际的符号速率 $T_s=2T_b$。而且，第一个脉冲流的编码方式是常规的差分编码，而第二脉冲流则是输入数据流和第一脉冲流的差分编码输出延迟的乘积。因此，从数据编码的角度来看，第一脉冲流类似于 MSK，而第二脉冲流则不像 MSK。

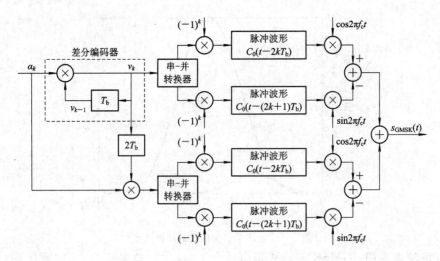

图 5-48　GMSK 的双脉冲流 I-Q 实现框图

2. 预编码 GMSK

由于第一个脉冲流和第二脉冲流的编码方式不同，通过预编码处理只能对两个脉冲流之一进行完全补偿。因此，按 MSK 的处理方法，如果在 GMSK 调制器之前加一个差分解码器（见图 5-49(a)），那么，就和 MSK 一样，其等效 I-Q 表示的第一个脉冲流将不再需要前端的差分编码器。预编码对等效 I-Q 表示的第二个脉冲流的作用是形成了一个特殊的前馈编码结构（见图 5-49(b)），可以证明这相当于一个二级差分解码器（见图 5-50）。文献[49-52]讨论了这种预编码的 GMSK 是如何提高接收机性能的。

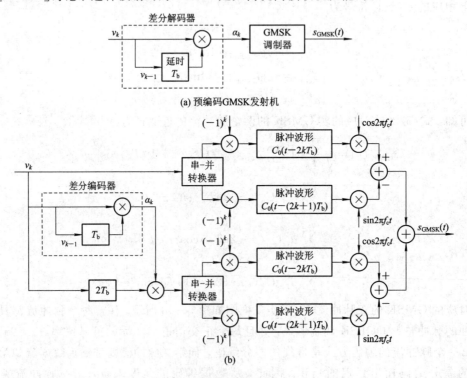

图 5-49　预编码 GMSK 的发射机和双脉冲流 I-Q 实现框图

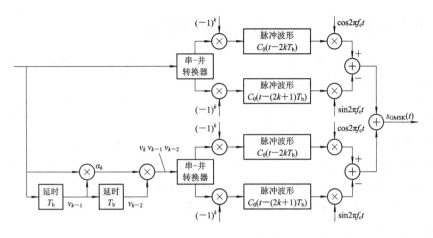

图 5-50　预编码 GMSK 的另一种双脉冲流 $I\text{-}Q$ 实现框图

5.4.4　功率谱密度

上一节介绍了劳伦特表示，它的一大优点就是可以提供一种简单的方法来估计功率谱密度。由于各脉冲流等效数据序列本身及相互之间都是不相关的，对于式（5.193）的复数 GMSK 信号，功率谱密度可简单表示为

$$S(f) = E_b \sum_{k=0}^{2^{L-1}-1} \frac{1}{T_b} \left| C_k(f) \right|^2, \quad C_k(f)$$
$$= F\{C_k(t)\} \qquad (5.212)$$

当 $L=4$ 时，式（5.206）中基于两个脉冲流近似式的功率谱密度为

$$S(f) = \frac{E_b}{T_b} \left[\left| C_0(f) \right|^2 + \left| C_1(f) \right|^2 \right] \qquad (5.213)$$

图 5-51 为用式（5.212）计算所得的 GMSK 的归一化功率谱密度（所有曲线在零频率处从零分贝开始），以比特为单位的频率脉冲长度 L 作为参数。选择 BT_b 值等于 L 的倒数。例如，$L=4$ 得到的是 $BT_b=0.25$ 的曲线，这种情况在前面讨论过。比较图 5-51 和图 5-7 可以看到，当 BT_b 值远小于 1 时，部分响应 CPM 调制（GMSK）比全响应 CPM 调制（MSK）在频谱效率方面会有显著的提高。最后要指出的是，预编码 GMSK 的功率谱密度和 GMSK 的功率谱密度是相同的。

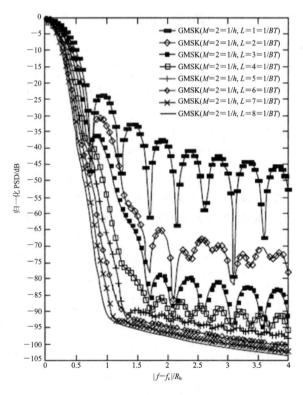

图 5-51　GMSK 的归一化功率谱密度（BT_b 为参数）

5.4.5 基于单脉冲流的 GMSK 近似 AMP 表示法

在讨论 GMSK 的各种接收机之前,进一步近似(简化)AMP 表示法是十分有益的,因为后面讨论的一种接收机结构就是基于这种近似。在式(5.193)或式(5.194)的 AMP 表示法中,主要项是对应于 $C_0(t)$ 的脉冲流(对于全响应 CPM,即 $L=1$,这是唯一的一项)。由于其持续时间最长(比其他任何脉冲分量至少长 $2T_b$),而且它的能量占信号总能量的绝大部分。尽管劳伦特并没有从数学上证明,但这一结论对于所有实际的 CPM 方案都是成立的。因此用单个脉冲流近似 AMP 表示法是可行的,对于 MSK 来说是准确的。这里,我们给出式(5.193)的一种近似,其中用于单个脉冲流 AMP 表示的脉冲形状 $P(t)$(文献[47]称为主脉冲)应与 $C_0(t)$ 的情况下具有相同的相位偏移,并且在信号最佳近似的意义下满足一定的优化准则,即

$$\hat{S}(t) = \sum_{n=-\infty}^{\infty} e^{j(\pi/2)A_{0,n}} P(t-nT_b) = \sum_{n=-\infty}^{\infty} e^{j(\pi/2)\sum_{i=0}^{n}\alpha_i} P(t-nT_b) \qquad (5.214)$$

劳伦特选择的优化准则是使完整信号和其近似信号之差的平均能量最小。文献[47]提出了两种方法来解决一般情况下调制指数为 h 的 CPM 的优化问题,其中第二种方法比较好,因为它说明了主脉冲的重要特性。特别是 $P(t)$ 被表示为持续时间有限的各分量 $C_i(t)$ 时间位移后的加权叠加。可进一步证明,对于 $h=0.5$(和 GMSK 一样),不管 L 值为多少,主脉冲仅由 $C_0(t)$ 给出,因此可得出结论:在上述均方能量意义下,只利用信号的第一个 AMP 分量得到的是最佳、最简单的可能近似。

5.4.6 相干 GMSK 接收机及其性能

文献[48,49,51,52]中介绍了种各种不同类型的 GMSK 相干检测接收机,其中大部分都是基于劳伦特表示并采用维特比算法(VA)。在讨论之初,我们首先考虑 GMSK 频率脉冲的持续时间为 L 比特的最佳接收机。

由于 CPM 具有内在的记忆特性,不论其采用何种数学表达方式,从最小化信息差错概率的观点来看,最佳接收机应为 MLSE 形式,通常用 VA 来实现。这种接收机用 $m = 2^{L-1}-1$ 个滤波器来和式(5.193)复基带 AMP 表示的 m 个脉冲波形的每一个进行匹配。这些滤波器作用于接收的复信号和噪声,而滤波器的输出输入给 VA,该 VA 的判决量度基于式(5.205)的等效数据流编码(见如图 5-52 所示的最佳 GMSK 接收机)。表示接收机特性的网格图的状态数量等于 2^L,如当 $L=4$ 时需要一个 16 态网格。

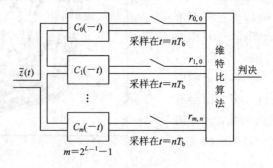

图 5-52 最佳 GMSK 接收机

1. 最佳接收机

当如式(5.194)所示的 GMSK 信号经加性高斯白噪声信道传输时,接收到的信号可表示为

$$z(t) = s(t) + n(t) \tag{5.215}$$

其中 $n(t)$ 是独立于信号的零均值高斯过程,其单边功率谱密度等于 $N_0(\text{W/Hz})$。由于对于长度为 N 的数据序列,所有 2^N 个可能的传输信号具有相等的能量和相同的概率,因此,使信息(序列)差错概率最小的最佳接收机应选择信息 i,使如下的度量达到最大:

$$\Lambda_i = 2\int_{-\infty}^{\infty} z(t)s_i(t)\mathrm{d}t = \mathrm{Re}\left\{\int_{-\infty}^{\infty} \widetilde{Z}(t)\widetilde{S}_i^*(t)\mathrm{d}t\right\} \tag{5.216}$$

其中,第二个等式忽略了二次谐波分量,$s_i(t)$ 是具有复包络 $\widetilde{S}_i(t)$ 的第 i 个数据序列所对应的信号,与式(5.191)类似,有

$$z(t) = \mathrm{Re}\{\widetilde{Z}(t)\mathrm{e}^{\mathrm{j}2\pi f_c t}\} \tag{5.217}$$

将式(5.193)代入式(5.216)得到一个具有累加形式的度量,即

$$\Lambda_i = \sqrt{\frac{2E_b}{T_b}}\sum_{n=0}^{N-1}\lambda_i(n) \tag{5.218}$$

其中 $\lambda_i(n)$ 为网格分支量度,由下式计算:

$$\lambda_i(n) = \mathrm{Re}\left\{\sum_{K=0}^{2^{L-1}-1} \bar{a}_{K,n}^{i\,*}\int_{-\infty}^{\infty} \widetilde{Z}(t)C_K(t-nT_b)\mathrm{d}t\right\} \triangleq \mathrm{Re}\left\{\sum_{K=0}^{2^{L-1}-1} \bar{a}_{K,n}^{i\,*} r_{K,n}\right\} \tag{5.219}$$

等效复数据符号的上标"i"表示第 i 个数据序列,即有 N 个符号与信号 $s_i(t)$ 相对应。相关值为

$$r_{K,n} = \int \widetilde{Z}(t)C_K(t-nT_b)\mathrm{d}t, \quad 0 \leqslant K \leqslant 2^{L-1}-1, 0 \leqslant n \leqslant N \tag{5.220}$$

它们是进行信息判决的充分统计量,对于任意固定的 n 值,在 $t = nT_b$ 时刻,对图 5-52 中的 2^{L-1} 个匹配滤波器组的输出进行采样即可获得这些相关值。

为了计算第 n 个分支量度必须知道等效复数据序列 $\{\bar{a}_{K,n}\}$。这可以根据当前数据符号 α_n 和向量 $(\bar{a}_{0,n-L}, \alpha_{n-L+1}, \alpha_{0,n-L+2}, \cdots, \alpha_{n-2}, \alpha_{n-1})$ 确定的状态得到。因此,判决规则可以将匹配滤波器输出的采样集合输入到 VA 中,并利用上述状态定义和当前符号来确定网格状态和状态间的转移来实现。VA 的复杂度与状态的数量成比例,如前所述,状态数量等于 2^L。

2. 简化(次佳)GMSK 接收机

利用 5.4.5 节所讨论的近似 AMP 表示法,Kaleh[48]首先推导了简化复杂度的维特比检测器,其性能接近最佳性能。所谓"简化复杂度"是指匹配滤波器的数量和 VA 状态数量比真正的最佳接收机所需要的要少一些。具体来说,仅由两个匹配滤波器和一个四态 VA 组成的接收机,在性能上只是相对非常复杂的最佳接收机下降了 0.24 dB。除了根据差错概率准则对最佳接收机进行简化,Kaleh 还根据最小均方误差准则(MMSE, Minimum Mean - Square Error)提出一种最佳相干线性接收机。这种接收机除了接收滤波器由匹配滤波器和维纳(Wiener)滤波器组成外,具有和用于 MSK 检测的接收机类似的一般形式。下面,我们将讨论这两种接收机。

如前所述,用较少数量的脉冲流来近似 AMP 表示,能降低最佳 MLSE 接收机的复杂

度。具体来看用其前 $\hat{K}$ 个脉冲来代替式(5.194)中的 2^{L-1} 个脉冲流的情况，其中 $\hat{K}$ 的选择使得剩余分量的累积能量非常小(式(5.206)就是 $\hat{K}=2$ 的一个特例)。这样，可以把发射信号写成如下近似的(简化)复基带形式：

$$\hat{\tilde{S}}(t)=\sqrt{\frac{2E_b}{T_b}}\sum_{K=0}^{\hat{K}-1}\left[\sum_{n=-\infty}^{\infty}e^{jn\pi hA_{K,n}}C_K(t-nT_b)\right]$$

$$\triangleq\sqrt{\frac{2E_b}{T_b}}\sum_{K=0}^{\hat{K}-1}\left[\sum_{n=-\infty}^{\infty}\tilde{a}_{K,n}C_K(t-nT_b)\right] \tag{5.221}$$

式中符号"∧"用来表示近似。然后根据(5.218)式，简化接收机计算的近似量度为

$$\hat{\Lambda}_i=\sqrt{\frac{2E_b}{T_b}}\sum_{n=0}^{N-1}\hat{\lambda}_i(n) \tag{5.222}$$

其中

$$\hat{\lambda}_i(n)=\text{Re}\left\{\sum_{K=0}^{\hat{K}-1}(\tilde{a}_{K,n}^i)^*\int_{-\infty}^{\infty}\hat{\tilde{Z}}(t)C_K(t-nT_b)dt\right\}$$

$$\triangleq\text{Re}\left\{\sum_{K=0}^{\hat{K}-1}(\tilde{a}_{K,n}^i)^*r_{K,n}\right\} \tag{5.223}$$

$\hat{\tilde{Z}}(t)$ 是 $\hat{\tilde{S}}(t)$ 对应的接收信号。由于 $r_{K,n}(K=\hat{K},\hat{K}+1,\cdots,2^{L-1}-1)$ 是不相关的，因此图 5-52 中所需的匹配滤波器数量可以从 2^{L-1} 减少到 $\hat{K}$。同样，状态的数量相应从 2^L 减少到 $2\hat{K}$，这样大大降低了 VA 的复杂度。

现在详细讨论 $\hat{K}=2$ 的情况，式(5.223)的偶数分支量度为

$$\begin{aligned}\hat{\lambda}_i(2n)&=\text{Re}\{(\tilde{a}_{0,2n}^i)^*r_{0,2n}+(\tilde{a}_{1,2n}^i)^*r_{1,2n}\}\\&=\text{Re}\{(\tilde{a}_{0,2n}^i)^*r_{0,2n}\}+\text{Re}\{j\alpha_{2n}^i(\tilde{a}_{0,2n-2}^i)^*r_{1,2n}\}\\&=\tilde{a}_{0,2n}^i\text{Re}\{r_{0,2n}\}+\text{Re}\left\{\frac{\tilde{a}_{0,2n}^i}{\tilde{a}_{0,2n-1}^i}(\tilde{a}_{0,2n-2}^i)^*r_{1,2n}\right\}\\&=\tilde{a}_{0,2n}^i\text{Re}\{r_{0,2n}\}+\text{Re}\{\tilde{a}_{0,2n}^ij\tilde{a}_{0,2n-1}^i\tilde{a}_{0,2n-2}^ir_{1,2n}\}\end{aligned}$$

$$=\underbrace{a_{2n}^i}_{\text{当前比特}}\text{Re}\{r_{0,2n}\}-\underbrace{a_{2n}^i}_{\text{当前比特}}\underbrace{a_{2n-1}^ia_{2n-2}^i}_{\text{前2个比特}}\text{Im}\{r_{1,2n}\} \tag{5.224}$$

而奇数分支量度为

$$\hat{\lambda}_i(2n-1)=\underbrace{a_{2n-1}^i}_{\text{当前比特}}\text{Im}\{r_{0,2n-1}\}-\underbrace{a_{2n-1}^i}_{\text{当前比特}}\underbrace{a_{2n-2}^ia_{2n-3}^i}_{\text{前2个比特}}\text{Re}\{r_{1,2n-1}\} \tag{5.225}$$

其中，

$$a_n=\begin{cases}\tilde{a}_{0,n}, & n\text{ 为偶数}\\-j\tilde{a}_{0,n}, & n\text{ 为奇数}\end{cases} \tag{5.226}$$

为取值为 ±1 的等效实符号。因此，在任意时刻 nT_b，状态向量可以由 $\{a_{n-2}^i,a_{n-1}^i\}$ 定义，得到图 5-53 所示的 GMSK 的简化维特比接收机的四状态网格图($BT_b=0.25$)。VA 对等效实比特 a_n 进行判决得到 $\hat{a}_n$，然后通过差分解码运算得到实际发送比特的判决值：

$$\begin{cases}\hat{\alpha}_{2n}=-\hat{a}_{2n}\hat{a}_{2n-1}\\\hat{\alpha}_{2n+1}=\hat{a}_{2n+1}\hat{a}_{2n}\end{cases} \tag{5.227}$$

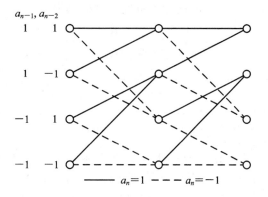

图 5-53　GMSK 的简化维特比接收机的四状态网格图（$BT_b = 0.25$）

文献[48]根据信号集最小欧氏距离的上限计算了简化维特比接收机的性能。特别地，对于利用格型解码算法特性的调制方法，误比特率的上界为

$$P_b(E) \leqslant CQ\left(\frac{d_{\min}}{\sqrt{2N_0}}\right) \tag{5.228}$$

其中 C 为一常数，它取决于星座图中与该发送信号最临近的信号个数，$d_{\min}$ 则是传输信号之间的最小欧氏距离。利用这种性能度量方法，文献[31]表明使用两个匹配滤波器和一个四态 VA 的简化维特比接收机与需要八个匹配滤波器和十六态 VA 的最佳维特比接收机相比，性能下降不到 0.24 dB。

接下来，来看如图 5-54 所示的 GMSK 的简化 MSK 型线性接收机的基带模型。此类接收机是无记忆的，对发送数据逐比特进行判决。实际的 MSK 中，接收机是在没有码间干扰的情况下工作的，因此接收滤波器仅对发送的幅度脉冲波形进行匹配，即 $C_0(t) = S_0(t) = \sin \pi t/2T_b$。即使对于 $h = 0.5$ 的广义 MSK，接收机仍然是在没有码间干扰的情况下工作的，仍使用与 $C_0(t)$ 相应的匹配滤波器，其中 $C_0(t)$ 由式(5.195)和式(5.196)确定，即

$$C_0(t) = S_0(t) = \begin{cases} \sin(\pi q(t)), & 0 \leqslant t \leqslant T_b \\ \sin\left(\frac{\pi}{2}[1 - 2q(t - T_b)]\right), & T_b \leqslant t \leqslant 2T_b \end{cases} \tag{5.229}$$

在介绍如何对此类接收机进行修改以用于 GMSK 之前，首先回顾一下它在 MSK 中的应用情况。

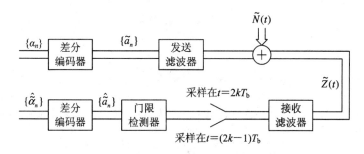

图 5-54　GMSK 的简化 MSK 型线性接收机的基带模型

对于 $L=1$ 的 MSK，式(5.223)的分支量度可以简化为

$$\lambda_i(n) = \text{Re}\{\tilde{a}_{0,n}^{i}{}^* r_{0,n}\} = \text{Re}\{\tilde{a}_{0,n}^{i}\}\text{Re}\{r_{0,n}\} + \text{Im}\{\tilde{a}_{0,n}^{i}\}\text{Im}\{r_{0,n}\}$$

$$= \begin{cases} a_{0,n}\text{Re}\{r_{0,n}\}, & n \text{ 为偶数} \\ a_{0,n}\text{Im}\{r_{0,n}\}, & n \text{ 为奇数} \end{cases} \tag{5.230}$$

其中

$$r_{0,n} = \int_{-\infty}^{\infty} \widetilde{Z}(t)C_0(t-nT_b)\,\mathrm{d}t, \quad 0 \leqslant n \leqslant N \tag{5.231}$$

是与 $C_0(t)$ 匹配的单个滤波器在 $t=nT_b$ 时刻的采样输出。由于分支量度仅取决于当前符号，因此无记忆接收机适用于对等效实数据比特 $\{a_{0,n}\}$ 进行判决。因此，如果间隔 T_b 交替对匹配滤波器输出的实部和虚部采样，就可以得到对这些比特进行无符号间干扰的判决。在这些判决后再进行式(5.227)的差分解码运算就能获得实际的数据比特。

对于 GMSK，叠加的 I-Q 表示法仍是可行的。但是，由于等效脉冲波形扩展到多个符号间隔上而且不止一个 AMP 分量存在，为了考虑信号中固有的符号间干扰和其他 AMP 分量产生的干扰，图 5-54 中的接收滤波器必定比单个简单匹配滤波器要复杂得多。

下面来讨论为适应这些额外损失需要对接收滤波器进行的修改。

考虑式(5.221)所描述的传输信号，为与上述 GMSK 的近似相一致，将 $\hat{K}=2$ 直接代入。在此，忽略 $\widetilde{S}(t)$ 上方的"∧"以简化标记，可以得到

$$\widetilde{S}(t) = \sqrt{\frac{2E_b}{T_b}}\sum_{n=-\infty}^{\infty}\tilde{a}_{0,n}C_0(t-nT_b) + \sqrt{\frac{2E_b}{T_b}}\sum_{n=-\infty}^{\infty}\tilde{a}_{1,n}C_1(t-nT_b) \tag{5.232}$$

其相应的接收信号为

$$\widetilde{Z}(t) = \widetilde{S}(t) + \widetilde{N}(t) \tag{5.233}$$

式(5.232)中的第二项可以看成干扰项。由于我们讨论如图 5-54 所示的线性接收机型，故可先忽略该干扰项，并且设计的接收滤波器只与式(5.232)中两个 AMP 分量的前一个分量匹配。因此，考虑到式(5.230)，我们构造输出统计量 $\text{Re}\{r_{0,2k}\}$ 和 $\text{Im}\{r_{0,2k+1}\}$，这两个量可以通过对匹配滤波器(冲激响应 $h(t)=C_0(t)$)输出的实部和虚部间隔 T_b 交替采样得到，其中 $C_0(t)$ 的定义见式(5.203)。将式(5.232)和式(5.233)代入式(5.231)，化简后得到

$$\text{Re}\{r_{0,2k}\} = \sqrt{\frac{2E_b}{T_b}}\Big[\sum_m \tilde{a}_{0,2k-2m}p_{00}(2mT_b) + \sum_m \tilde{a}_{1,2k-2m+1}p_{10}(2mT_b)\Big] + \text{Re}\{w_{2k}\}$$

$$\text{Im}\{r_{0,2k+1}\} = \sqrt{\frac{2E_b}{T_b}}\Big[\sum_m \text{Im}\{\tilde{a}_{0,2k-2m+1}\}p_{00}(2mT_b) + \sum_m \text{Im}\{\tilde{a}_{1,2k-2m+2}\}p_{10}(2mT_b)\Big] + \text{Im}\{w_{2k+1}\}$$

$$\tag{5.234}$$

其中

$$\begin{cases} p_{00}(t) \triangleq \int C_0(\tau)\,C_0(\tau-t)\,\mathrm{d}\tau \\ p_{10}(t) \triangleq \int C_1(\tau)\,C_0(\tau-t)\,\mathrm{d}\tau \\ w_k \triangleq \int \widetilde{N}(t)\,C_0(t-kT)\,\mathrm{d}t \end{cases} \tag{5.235}$$

注意，即使忽略式(5.232)中的干扰项，也就是假设所有的 $\tilde{a}_{1,k}$ 都等于零，式(5.234)中的

量度分量仍包含由 $\bar{a}_{0,k}$ 符号引起的码间干扰项，这是因为当 $m\neq0$ 时 $p_{00}(2mT_b)\neq0$。因此，根据 $r_{0,k}$ 的逐比特判决并不是最佳的。而且，当考虑式(5.232)中的干扰项时，基于 $r_{0,k}$ 的逐位判决更是次最佳的。文献[48]表明，采用 MMSE 准则，在匹配滤波器和门限判决器之间插入一个维纳估计器能够改善线性接收机的性能，该维纳估计器具有有限冲击响应(FIR)滤波器的形式。这个结果并不让人感到意外，因为我们知道，对于任一个包含符号间干扰并经加性高斯白噪声信道传送的二进制脉冲流来说，这种滤波器组合是最佳的(在均方误差意义下)。具有实系数 $\{c_k, -N\leqslant k\leqslant N\}$ 的维纳滤波器的输入-输出采样特性具有下面的数学形式：

$$y_n = \sum_{k=-N}^{N} c_k r_{0,n-2k} \tag{5.236}$$

等价地，这个滤波器的传输函数由下式给出：

$$C(e^{j2\pi f(2T_b)}) = \sum_{k=-N}^{N} c_k e^{j2\pi fk(2T_b)} \tag{5.237}$$

因此，用 $\mathrm{Re}\{y_{2k}\}$ 和 $\mathrm{Im}\{y_{2k+1}\}$ 代替式(5.230)中的 $\mathrm{Re}\{r_{0,2k}\}$ 和 $\mathrm{Im}\{r_{0,2k+1}\}$ 进行逐位判决。系数 $\{c_k\}$ 通过求解包含 $p_{00}(t)$ 和 $p_{10}(t)$ 的维纳-霍夫(线性)方程组的解得到，即

$$\begin{cases} \sum_{k=-N}^{N} \Psi_{ik} c_k = \left(\sqrt{\frac{2E_b}{T_b}}\right)^{-1} p_{00}(-2iT_b), \quad -N\leqslant i\leqslant N \\ \Psi_{ik} = \sum_m p_{00}(2mT_b) p_{00}(2(m+k-i)T_b) \\ \quad + \sum_m p_{10}((2m-1)T_b) p_{10}(2(m+k-i-1)T_b) + \frac{N_0 T_b}{2E_b} p_{00}(2(k-i)T_b) \end{cases} \tag{5.238}$$

不必采用两个单独的滤波器实现，匹配滤波器和维纳滤波器可合并成一个具有如下冲激响应的最佳滤波器：

$$h_0(t) = \Gamma^{-1}\{F\{C_0(-t)\}C(e^{j2\pi f(2T_b)})\} = \sum_{k=-\infty}^{\infty} c_k C_0(-t+2kT_b) \tag{5.239}$$

间隔 T_b 秒对式(5.239)的输出 $h_0(t)$ 的实部和虚部交替采样，将得到判决 $\{a_{0,n}\}$ 所需的 $\mathrm{Re}\{y_{2k}\}$ 和 $\mathrm{Im}\{y_{2k+1}\}$ 值。式(5.239)给定的最佳接收滤波器的冲激响应和匹配接收滤波器的冲激响应(即 $h(t)=C_0(-t)$)的比较结果如图 5-55 所示。在 $BT_b=0.25$ 时，最佳接收滤波器输出端的信号眼图如图 5-56 所示。

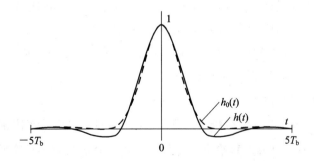

图 5-55　最佳接收滤波器和匹配接收滤波器的冲激响应(垂直坐标已归一化)

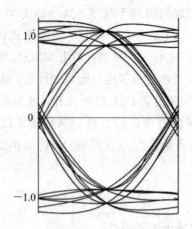

图 5-56　最佳接收滤波器输出端的信号眼图（坐标已归一化）

文献[48]推导了 GMSK 的 MSK 型线性接收机的差错概率的上限和下限，以两个具有相应自变量的高斯概率积分之和的形式给出。该性能限的计算对 $BT_b = 0.25$ 和 FIR 滤波器系数 $N = 11$ 的情况进行了评估。可以得出如下结论：四态 VA 接收机的性能确实要比线性接收机好，这是因为前者的第二项 AMP 分量被认为是含有信号能量的项，而在线性接收机中则被当成干扰处理，但两者之间的性能差异非常小。GMSK 情况下这两者性能差别很小是因为第二项 AMP 分量的能量很小。对于调制指数不等于 0.5 的其他有理数调制指数 CPM，使用简化 VA 方案可以获得更大的改善。

5.4.7　GMSK 的同步

AMP 表示的优点除了前面讨论的可以应用到频谱估计和理想接收机实现以外，它在接收机的载波同步方面也具有明显的优势。Mengali 和 Andrea[53]主要讨论了在单脉冲近似的情况下用 Laurent 表示来描述 CPM，由此得到了和用于 MSK 类似的判决引导（decision-directed）的相位估计同步结构。文献[50]也给出了用于预编码 CPM（尤其是 GMSK）符号定时和载波相位跟踪估计的判决引导（数据辅助）方法。

在本节中，为了找到更好的解决方法，我们将载波同步问题进一步扩展。首先考虑由 Kaleh 建议的双脉冲流近似法而不是单（主）脉冲流近似法。其次利用载波相位估计的 MAP 方法，就像将其用于存在符号间干扰的脉冲流调制的那样，可以得到一个最佳的闭环结构，该结构并不限于判决引导模式，而且在其实现方案中将考虑符号间干扰。最后根据均方相位误差来评价这个最佳结构的跟踪性能。

1. 载波相位的 MAP 估计

考虑接收信号 $y(t)$ 是由 $s(t; \theta)$ 和加性高斯白噪声 $n(t)$（单边功率谱密度为 $N_0(\text{W/Hz})$）组成的，其中 $s(t; \theta)$ 由式(5.211)给出，并在每个载波分量中附加一个均匀分布的相位 θ。根据在时隙 $0 \leqslant t \leqslant T_0$ 内观测的 $y(t)$（这里任意假设 T_0 是比特时间 T_b 的偶数倍，比如 K_b 倍，那么 $K_s = K_b/2$ 是符号时间 $T_s = 2T_b$ 的整数倍），我们希望找到 θ 的 MAP 估计值，即

找到使后验概率 $p(\theta|y(t))$ 最大的 θ 值，或者说当假定 θ 为均匀分布时，使得条件概率 $p(y(t)|\theta)$ 最大的 θ 值。对于单边噪声功率谱密度为 N_0 (W/Hz) 的加性高斯白噪声信道，$p(y(t)|\theta)$ 具有如下形式：

$$p(y(t)|\boldsymbol{\alpha}_0^I,\boldsymbol{\alpha}_0^Q,\boldsymbol{\alpha}_1^I,\boldsymbol{\alpha}_1^Q,\theta)=C\exp\left(-\frac{1}{N_0}\int_0^{T_0}(y(t)-s(t;\theta))^2\,\mathrm{d}t\right) \quad (5.240)$$

其中 C 为归一化常数，而且在条件中加上了 $s(t;\theta)$ 对双脉冲流独立同分布的 I 和 Q 数据序列的隐含相关性。对于一个恒包络（能量）信号，如 GMSK，仅考虑涉及 $y(t)$ 和 $s(t;\theta)$ 相关性的项就足够了，而把剩余各项合并到归一化常数中。因此，式 (5.240) 可重写为

$$p(y(t)|\boldsymbol{\alpha}_0^I,\boldsymbol{\alpha}_0^Q,\boldsymbol{\alpha}_1^I,\boldsymbol{\alpha}_1^Q,\theta)=C\exp\left(\frac{2}{N_0}\int_0^{T_0}y(t)s(t;\theta)\mathrm{d}t\right) \quad (5.241)$$

为方便起见，我们仍用 C 来表示归一化常数。

文献[54,55]给出了将式 (5.241) 用于单脉冲流的 $s(t;\theta)$，如有码间干扰的 BPSK 的估计。其结果可以直接推广到用于一对正交二进制脉冲流的 $s(t;\theta)$，如 QPSK，并且在 I 和 Q 信道有相同的符号间干扰。式 (5.211) 中 GMSK 的 AMP 表示是两对偏移正交二进制脉冲流，而且每对具有不同程度的符号间干扰。（$C_0(t)$ 是一个宽度为 $5T_b$ 的脉冲，而 $C_1(t)$ 是宽度为 $3T_b$ 的完全不同的另一个脉冲）。将式 (5.211) 代入式 (5.241)，并对四个独立同分布的分量数据序列 $\boldsymbol{\alpha}_0^I$，$\boldsymbol{\alpha}_0^Q$，$\boldsymbol{\alpha}_1^I$，$\boldsymbol{\alpha}_1^Q$ 进行平均，可得

$$p(y(t)|\theta)=C\prod_{\substack{k=-3\\k\text{为奇数}}}^{K_b-1}\cosh\{I_c(k,0,\theta)\}\prod_{\substack{k=-4\\k\text{为偶数}}}^{K_b-2}\cosh\{I_s(k,0,\theta)\}$$

$$\times\prod_{\substack{k=-2\\k\text{为偶数}}}^{K_b-2}\cosh\{I_c(k,1,\theta)\}\prod_{\substack{k=-1\\k\text{为奇数}}}^{K_b-1}\cosh\{I_c(k,1,\theta)\} \quad (5.242)$$

其中

$$\begin{cases}I_c(k,l,\theta)\triangleq\dfrac{2\sqrt{2E_b/T_b}}{N_0}\int_0^{K_bT_b}r(t)\cos(w_ct+\theta)C_l(t-kT_b)\mathrm{d}t\\[3mm]I_s(k,l,\theta)\triangleq\dfrac{2\sqrt{2E_b/T_b}}{N_0}\int_0^{K_bT_b}r(t)\sin(w_ct+\theta)C_l(t-kT_b)\mathrm{d}t\end{cases} \quad (5.243)$$

注意由于每个分量脉冲流中都存在符号间干扰，所有双曲余弦项的变量是在整个观测间隔 $0\leqslant t\leqslant K_bT_b$ 内的积分，而不是像不存在符号间干扰时通常仅在单个比特间隔内进行积分。实际上 $C_0(t-kT_b)$ 和 $C_1(t-kT_b)$ 的有限持续时间将这些积分截短到一个比观测时间间隔短、但仍比比特间隔长的时间间隔内（取决于 k 的值）。最后，θ 的 MAP 估计即 θ_{MAP} 是使式 (5.242) 最大化的 θ 值。

2. GMSK 的闭环载波同步

和过去常常在开环 MAP 估计的基础上完成闭环载波同步一样，先对似然比求自然对数，再求其关于 θ 的导数，然后把它用作闭环结构中的误差信号 $e(\theta)$。之所以这样处理，是由于当 $\theta=\theta_{\mathrm{MAP}}$ 时，$e(\theta)$ 将等于零，于是对应于开环 MAP 相位估计的点处，闭环将为零。按这种方式可得

$$e(\theta) \triangleq \frac{\mathrm{d}}{\mathrm{d}\theta} \ln p(y(t)|\theta)$$

$$= \prod_{\substack{k=-3 \\ k\text{为奇数}}}^{K_b-1} I_s(k,0,\theta) \tanh\{I_c(k,0,\theta)\} - \prod_{\substack{k=-4 \\ k\text{为偶数}}}^{K_b-2} I_c(k,0,\theta) \tanh\{I_s(k,0,\theta)\}$$

$$+ \prod_{\substack{k=-2 \\ k\text{为偶数}}}^{K_b-2} I_s(k,1,\theta) \tanh\{I_c(k,1,\theta)\} - \prod_{\substack{k=-1 \\ k\text{为奇数}}}^{K_b-1} I_c(k,1,\theta) \tanh\{I_s(k,1,\theta)\}$$

$$\triangleq e_0(\theta) + e_1(\theta) \tag{5.244}$$

这里利用了这样一个事实：式(5.243)得到的 $I_c(k,l,\theta)$ 和 $I_s(k,l,\theta)$ 是互为倒数的。

由式(5.244)得出的结果意味着误差信号为两个环路的叠加，每个环路各自提供了一个误差信号分量，并对应于 GMSK 的双脉冲流 AMP 表示中相应的脉冲流。图 5 - 57(a)和图 5 - 57(b)给出了式(5.244)要求的两个环路分量经过叠加得到的 GMSK 闭环载波同步器。

该方案是我们给出的"最佳"（基于 MAP 的角度）GMSK 载波同步器。通常，双曲正切的非线性在低信噪比和高信噪比下可以分别用一个线性限幅器或硬限幅器来近似。环路更新其载波相位估计的速率可从每 T_b 秒变化到每 $K_b T_b$ 秒变化。在每 $K_b T_b$ 秒变化的极端情况下，每个载波相位估计所用的观测间隔不会重叠，因此环路是一种依次逐块实现的 MAP 开环估计器。而在每 T_b 秒变化的情况下，用于每个载波相位估计的观测间隔重叠了 $(K_b-1)T_b$ 秒，因此，该环路表示的是一个滑窗 MAP 相位估计器。

3. 基于单脉冲 AMP 表示的 GMSK 环路性能

下面将主要讨论仅将单个脉冲用于 GMSK 的 AMP 表示时，前面推导的闭环的均方误差性能。这样，仅用式(5.244)四项中的前两项输出来描述误差信号，得到如图 5 - 57(a)所示的实施方案，即没有来自图 5 - 57(b)的分量对误差信号的影响。在估计环路性能时，我们使用线性环路模型，模型中用线性函数代替双曲正切非线性函数。

为获得均方相位误差性能，可参照文献[56,57]的方法，得到下式：

$$\sigma_{2\phi}^2 = \frac{N_E B_L}{K_g^2} \tag{5.245}$$

其中 B_L 是环路带宽，N_E 为扰乱环路的等效噪声过程的平坦单边功率谱密度，K_g 为环路 S 曲线在原点处的斜率（相对于 2ϕ）。这里略去详细的推导，K_g 由下式给出：

$$K_g = PT_s^2 \sum_{i=-K_s+1}^{2} \sum_{j=-K_s+1}^{2} \left[-I_{i-(1/2),j}^2 + I_{i-(1/2),j-(1/2)}^2 + I_{i,j}^2 - I_{i,j-(1/2)}^2 \right] \tag{5.246}$$

其中 $P = E_b/T_b$ 为信号功率，$I_{i,j}$ 为码间干扰参数，其定义如下：

$$I_{i,j} \triangleq \frac{1}{T_s} \int_0^{K_s T_s} C_0(t+iT_s) C_0(t+jT_s) \mathrm{d}t = I_{j,i} \tag{5.247}$$

此外，N_E 的计算如下：

$$N_E = 2N_0^2 T_s^3 \beta + 4PN_0 T_s^4 \alpha \tag{5.248}$$

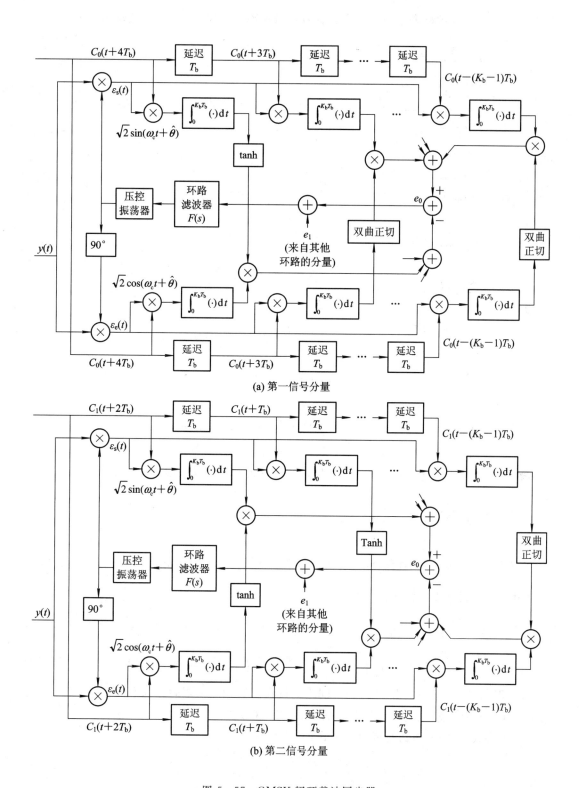

(a) 第一信号分量

(b) 第二信号分量

图 5-57 GMSK 闭环载波同步器

其中 $T_s = 2T_b$ 仍表示每个正交信道中的有效符号速率，系数 α 和 β 由下式给出：

$$\alpha = \sum_{i=-K_s+1}^{2} \sum_{l=-K_s+1}^{2} \left[I_{i-(1/2),\, l-(1/2)}^2 + I_{i,\, l}^2 - 2I_{i,\, l-(1/2)}^2 \right]$$

$$+ 2\sum_{n=1}^{K_s-1} \sum_{i=-K_s+1}^{2} \sum_{l=-K_s+1}^{2} \left[J_{i-(1/2),\, j-(1/2)}^2(n) + J_{i,\, l}^2(n) - J_{i,\, l-(1/2)}^2(n) - J_{i-(1/2),\, l}^2(n) \right]$$

$$(5.249)$$

和

$$\beta = \sum_{i=-K_s+1}^{2} \sum_{l=-(K_s+n)+1}^{2} \left[I_{i-(1/2),\, l-(1/2)} \times \sum_{j=-K_s+1}^{2-n} \left(I_{i-(1/2),\, j-(1/2)} I_{l-(1/2),\, j-(1/2)} + I_{i-(1/2),\, j} I_{l-(1/2),\, j} \right) \right.$$

$$- I_{i-(1/2),\, l} \sum_{j=-K_s+1}^{2} \left(I_{i-(1/2),\, j-(1/2)} I_{l,\, j-(1/2)} + I_{i-(1/2),\, j} I_{l,\, j} \right)$$

$$+ I_{i,\, l} \sum_{j=-K_s+1}^{2} \left(I_{i,\, j} I_{l,\, j} + I_{i,\, j-(1/2)} I_{l,\, j-(1/2)} \right)$$

$$\left. - I_{i,\, l-(1/2)} \sum_{j=-K_s+1}^{2} \left(I_{i,\, j} I_{l-(1/2),\, j} + I_{i,\, j-(1/2)} I_{l-(1/2),\, j-(1/2)} \right) \right]$$

$$+ 2\sum_{n=1}^{K_s-1} \sum_{i=-K_s+1}^{2} \sum_{l=-(K_s+n)+1}^{2-n} \left[J_{i-(1/2),\, l-(1/2)}(n) \right.$$

$$\times \sum_{j=-K_s+1}^{2} \left(I_{i-(1/2),\, j-(1/2)} I_{l-(1/2),\, j-(1/2)}(n) + I_{i-(1/2),\, j} I_{l-(1/2),\, j}(n) \right)$$

$$- J_{i-(1/2),\, l}(n) \sum_{j=-K_s+1}^{2} \left(I_{i-(1/2),\, j-(1/2)} I_{l,\, j-(1/2)}(n) + I_{i-(1/2),\, j} I_{l,\, j}(n) \right)$$

$$+ J_{i,\, l}(n) \sum_{j=-K_s+1}^{2} \left(I_{i,\, j} I_{l,\, j}(n) + I_{i,\, j-(1/2)} I_{l,\, j-(1/2)}(n) \right)$$

$$\left. - J_{i,\, l-(1/2)}(n) \sum_{j=-K_s+1}^{2} \left(I_{i,\, j} I_{l-(1/2),\, j}(n) + I_{i,\, j-(1/2)} I_{l-(1/2),\, j-(1/2)}(n) \right) \right]$$

$$(5.250)$$

其中附加的码间干扰参数定义如下：

$$I_{i,\, j}(k) \triangleq \frac{1}{T_s} \int_{kT_s}^{(k+K_s)T_s} C_0(t+iT_s) C_0(t+jT_s) \mathrm{d}t = I_{j,\, i}(k) \tag{5.251}$$

$$J_{i,\, j}(k) \triangleq \frac{1}{T_s} \int_{kT_s}^{K_s T_s} C_0(t+iT_s) C_0(t+jT_s) \mathrm{d}t = J_{j,\, i}(k) \tag{5.252}$$

式(5.252)与式(5.251)中 $I_{i,\, j}(k)$ 的不同之处仅在于其积分上限固定为 $K_s T_s = K_b T_b$，并且与 k 无关。还应注意，根据式(5.247)的定义，$J_{i,\, j}(0) = I_{i,\, j}(0) = I_{i,\, j}$。

通常将式(5.245)重新写成以下形式：

$$\sigma_{2\phi}^2 = \frac{4N_0 B_L}{PS_L} = \frac{4}{\rho_{\mathrm{PLL}} S_L} \tag{5.253}$$

其中 $\rho_{\mathrm{PLL}} = P/(N_0 B_L)$ 表示锁相环(PLL)的环路信噪比，S_L 表示所谓的平方损失，即在误差信号中由于 $S \times S$、$S \times N$ 和 $N \times N$ 分量的存在而引起的环路信噪比的额外恶化。联立

式(5.245)和式(5.253)可以得平方损失的表达式如下:

$$S_L = \frac{\left\{ \sum\limits_{i=-K_s+1}^{2} \sum\limits_{j=-K_s+1}^{2} \left[-I_{i-(1/2),\,j}^2 + I_{i-(1/2),\,j-(1/2)}^2 + I_{i,\,j}^2 - I_{i,\,j-(1/2)}^2 \right] \right\}^2}{\dfrac{N_E}{4PN_0T_s^4}} \tag{5.253}$$

根据式(5.248),可以将等效归一化平坦噪声功率谱密度写为

$$\frac{N_E}{4PN_0T_s^4} = \alpha + \frac{\beta}{2PT_s/N_0} = \alpha + \frac{\beta}{2E_s/N_0} \tag{5.254}$$

其中 E_s/N_0 为符号能量与噪声功率谱密度之比。最后将式(5.254)代入式(5.253),得到平方损失的预期结果为

$$S_L = \frac{\left\{ \sum\limits_{i=-K_s+1}^{2} \sum\limits_{j=-K_s+1}^{2} \left[-I_{i-(1/2),\,j}^2 + I_{i-(1/2),\,j-(1/2)}^2 + I_{i,\,j}^2 - I_{i,\,j-(1/2)}^2 \right] \right\}^2}{\alpha + \dfrac{\beta}{2E_s/N_0}} \tag{5.255}$$

上式完全用符号能量噪声比和由式(5.247)、式(5.251)和式(5.252)定义的 ISI 参数来表示,根据主脉冲波形 $C_0(t)$ 很容易计算出所有的参数。

对于 $BT_b = 0.25(L=4)$ 的 GMSK(相应的脉冲波形 $C_0(t)$ 如图 5-47 所示),图 5-58 给出了 OQPSK 和 GMSK 环路的平方损失性能,即由式(5.255)计算的平方损失(以 dB 为单位)和 $E_b/N_0 = (1/2)E_s/N_0$(以 dB 为单位)的关系曲线,观测时间间隔内的符号数目 K_s 作为参数。由于 GMSK 的 AMP 表示中的主脉冲长度为 5 比特(2.5 个符号),所以观测时间扩大到脉冲持续时间(即 $K_s > 3$)之外并不能进一步提高性能。实际上,$K_s = 2$ 和 $K_s = 3$ 的结果差别并不明显。因此,对于选定的 BT_b 值,使用以 $K_s = 2$ 构成的环路就足够了,从而也降低了实现复杂度(复杂度随着 K_s 的增加而增加)。然而需要注意的是,以 $K_s = 2(K_b = 4)$ 建立的结构比,$K_s = 1(K_b = 2)$ 可显著提高性能。

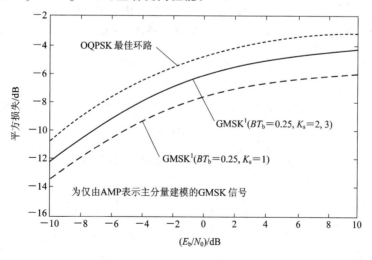

图 5-58　OQPSK 和 GMSK 环路的平方损失性能

为便于比较,图 5-58 中还给出了相应的 MAP 激励(最佳)的 OQPSK 载波同步环的性能(其采用持续时间为 T_s 的矩形脉冲,不受码间干扰的影响)。尽管 OQPSK 环优于

GMSK环，但可以看到两者(按平方损失或者等效环路信噪比)之间的差异仅为 1 dB 多一点。两个环路的差别在 E_b/N_0 的很大范围内(—10～10 dB)保持不变，而 GMSK 仅付出较小的代价就能在带宽效率上比 OQPSK 获得较大的改进。特别重要的是，实际上在非常低的 E_b/N_0 下环路能够捕获和跟踪 GMSK 调制信号，这个特性在高功率效率的纠错编码，如卷积码或 turbo 码)被加入系统的应用中是非常重要的。

由于平方损失是一个不能由计算机仿真确定的物理量，为了证明仿真和分析之间的一致性，如图 5-59 所示的 OQPSK 和 GMSK 环路的环路信噪比直接给出了等效线性环路信噪比(即利用式(5.253)计算的均方相位误差的倒数)相对于 E_b/N_0(以 dB 为单位)的曲线，其中的参数和图 5-58 中的参数值相同，并且环路带宽-比特时间乘积为 $B_L T_b = 0.001$。在此，讨论了几种不同的 GMSK 方案。所有的分析计算结果都是假定载波环路的实现是基于对应于一个主脉冲的传输 GMSK 的 AMP 近似。这种情况下，可以看到仿真结果和分析计算结果是一致的。计算机仿真中也考察了另一种方案，其传输的是真正的 GMSK 信号(需要 8 个 AMP 分量来完全表示发送波形)。当然，接收机和发射机之间有一点不匹配，因为载波环路只和组成 GMSK 调制的 8 个 AMP 分量中的一个进行匹配。因此，当信噪比较高时(信号相对于噪声占主要优势)，仿真表明有少许性能恶化。如同前面所建议的，可以通过在接收机中加入和第二个 AMP 分量对应的第二层，将两个分量相加得到最终的误差信号，就能减少这种性能恶化。尽管在某些应用中，这样做会增加实施方案的复杂度，但这也是很值得的。

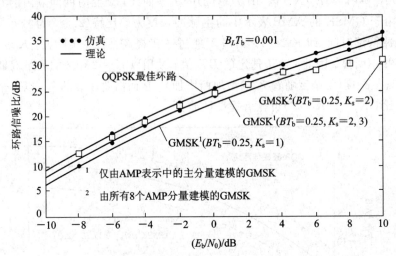

图 5-59 OQPSK 和 GMSK 环路的环路信噪比

第 6 章

语音信号调制

　　早期的语音信号处理及传输均是以模拟的方式进行的。20 世纪 30 年代末，脉冲编码调制(PCM，Pulse Code Modulation)原理和声码器(Vocoder)概念被提出后，语音数字编码便一直沿着这两个方向发展。语音数据压缩的目的是能在尽可能低的传输速率上获得高质量的语音效果，即希望语音信号可以在带宽较窄的信道中传输而语音质量下降的不多或尽可能不下降。语音编码系统早期用的是波形编码方法，也叫波形编码(或非参数编码)，其目的是力图使重建的语音波形保持原语音信号的波形形状。而声码器则是不同于波形编码器的高效编码方式。声码器又称参数编码(或模型编码)，它主要是对提取的语音信号特征参数进行编码，目的主要是使重建的语音信号具有尽可能高的可懂度，而不是要求重建波形保持原语音波形的形状。因此，可能出现的情况是：即使重建语音的可懂度高，但其时域波形与原语音的时域波形有较大的差别。混合编码技术在参数编码的基础上引入了一些波形编码的特性，在编码率增加不多的情况下，能较大幅度地提高传输语音的质量。

6.1　波形编码调制

　　波形编码是对离散处理后的语音信号样值进行编码，其编码可以在时域或变换域中进行。时域编码主要有脉冲编码、差值脉冲编码和子带编码等方式。变换编码是将语音信号的时域值通过某种变换在另一域进行编码，以期获得更好的处理效果或去除更大的信号冗余度。

6.1.1　脉冲编码调制

　　脉冲编码是在时域按照某种方法将离散语音信号样值变换成一个一定位数的二进制码组的过程，由量化和编码两部分构成，如图 6-1 所示。量化是将样值幅度离散化的过程，也就是按某种规律将一个无穷集合的值压缩到一个有限集合中去。量化有两类：标量量化和矢量量化。在脉冲编码中主要采用标量量化。标量量化又有均匀量化和非均匀量化之分。与其对应，脉冲编码也可以分成两类：线形编码和非线性编码。采用脉冲编码对信号数字化并传输的方式称为脉冲编码调制(PCM，Pulse Code Modulation)。

图 6-1　脉冲编码

1. 线性编码

如上所述，线性编码是先对样值进行量化，再对量化值进行简单的二进制编码，即可获得相应码组。

所谓均匀量化，即以等间隔对任意信号值量化，亦即将信号样值幅度的动态（变化）范围$(-U \sim U)$等分成 N 个量化级（间隔），记作 Δ，即

$$\Delta = \frac{2U}{N} \tag{6.1}$$

式中，U 称作信号过载点电压。

根据量化的原则，若样值幅度落在某一量化级内，则由该级的中心值来量化。如图 6-2 所示为均匀量化曲线，图 6-2(a) 中量化器的输入 u 与输出 v 之间的关系是一个均匀阶梯波的关系。由于 u 在一个量化级内变化时，v 值不变，因此量化器输入与输出间的差值称为量化误差，记作

$$e = v - u \tag{6.2}$$

其图形如图 6-2(b) 所示。由图可见，当样值落在量化级中心时，误差为零；落在量化级两个边界上时，误差最大，为 $\pm \frac{\Delta}{2}$。均匀量化的误差在 $0 \sim \pm \frac{\Delta}{2}$ 之间变化。

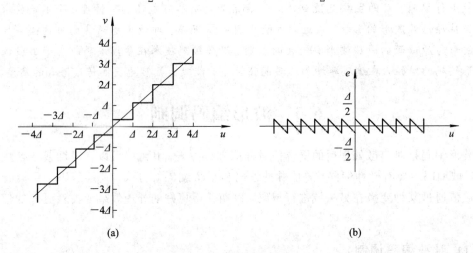

(a)   (b)

图 6-2　均匀量化曲线

获得量化值后，再用 n 位二进制码对其进行编码即可。码组的长度 n 与量化级数 N 之间的关系为

$$N = 2^n \tag{6.3}$$

通过推导，线性编码在输入信号未过载时的量化信噪比为

$$\left(\frac{S}{N_q}\right)_{dB} = 10 \lg\left(3N^2 \frac{u_e^2}{U^2}\right) = 4.77 + 6n + 20 \lg u_e - 20 \lg U (dB) \tag{6.4}$$

式中，$N_q = \dfrac{U^2}{3N^2}$ 为量化噪声（误差），$S = u_e^2$ 为信号功率，u_e 为输入信号电压有效值。

2. 非线性编码

线性编码简单，实现容易，但是线性编码采用均匀量化，它在量化时对大、小信号采用相同的量化级。这样，对于小信号而言，量化的相对误差将比大信号大，即均匀量化的

小信号量化信噪比小，大信号的量化信噪比大，这对小信号是很不利的。从统计角度来看，语音信号中小信号是大概率事件，因此，如何改善小信号的量化信噪比是语音信号量化编码所需要研究的问题。解决的方法是采用非均匀量化，使得量化器对小信号的量化误差小，对大信号的量化误差大，进而使量化器对大、小信号的量化信噪比基本相同。

1) 非均匀量化

目前在语音信号中常用的非均匀量化方法是压扩量化。实现压缩量化编码的原理框图如图 6-3(a)所示，压扩原理可用图 6-3(b)解释。从框图中可以看到，信号经过一个具有压扩系统特性的放大系统后，再进行均匀量化。压扩系统对小信号的放大增益大，对大信号的放大增益小，这样可以使小信号的量化信噪比大为提高，使得在动态编码范围内，大、小信号的量化信噪比大体一致。与发端对应，在收端解码后，要进行对应的反变换，还原成原始的样值信号。

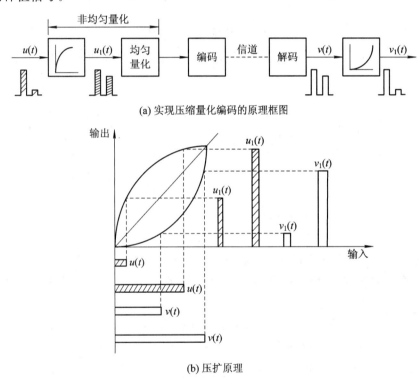

(a) 实现压缩量化编码的原理框图

(b) 压扩原理

图 6-3 非均匀量化原理示意图

下面进一步讨论压扩特性。从压扩特性要求对大、小信号量化信噪比一致的条件出发，可以导出压扩特性所满足的以下对数方程：

$$y = 1 + \frac{1}{k} \ln x \tag{6.5}$$

式中，$x = \dfrac{u}{U}$ 和 $y = \dfrac{v}{U}$ 分别是量化器的归一化输入和输出，k 为常数。压扩特性曲线如图 6-4(a)所示，定义域为$(0, \infty)$，曲线不过原点。我们知道，语音信号是双极性的，即应允许在 $x \leqslant 0$ 时它的曲线同 $x > 0$ 的曲线是关于原点对称的，所以，理想压扩曲线应是通过原点，并关于原点对称，即应如图 6-4(b)所示。由此可见，式(6.5)给出的曲线需要修正。

修正的目标主要有两点，即曲线通过原点并关于原点对称。修正的方法不同，导出的特性曲线方程也将不同。目前 ITU-T 推荐两种方法：A 压扩律和 μ 压扩律。下面分别对它们进行简介。

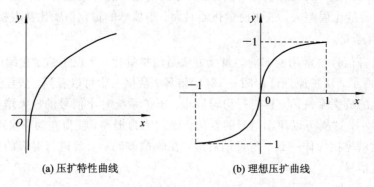

(a) 压扩特性曲线 **(b) 理想压扩曲线**

图 6-4 理想对数压扩特性

对图 6-4(a)中曲线作通过原点的切线，再考虑曲线的对称性，可以得到 A 压扩律方程为

$$y = \begin{cases} \dfrac{A\,|\,x\,|}{1+\ln A}\mathrm{sgn}(x) & 0 \leqslant x \leqslant \dfrac{1}{A} \\[2mm] \dfrac{1+\ln A\,|\,x\,|}{1+\ln A}\mathrm{sgn}(x) & \dfrac{1}{A} < |\,x\,| \leqslant 1 \end{cases} \tag{6.6}$$

式中

$$\mathrm{sgn}(x) = \begin{cases} 1, & x > 0 \\ 0, & x = 0 \\ -1, & x < 0 \end{cases} \tag{6.7}$$

为符号函数。压扩程度和曲线形状由参数 A 的大小确定：当 $A=1$ 时，$y=x$，为线性关系，是量化级无穷小时的均匀量化特性；当 $A>1$ 时，随着 A 的增大，压扩特性越显著，对小信号量化信噪比的改善程度越大。

令式(6.5)中常数 $k=\ln\mu$，并将该式分子由 $\ln\mu x$ 修改为 $\ln(1+\mu\,|\,x\,|)$，分母由 $\ln\mu x$ 修改为 $\ln(1+\mu)$ 得 μ 压扩律方程为

$$y = \frac{\ln(1+\mu\,|\,x\,|)}{\ln(1+\mu)}\mathrm{sgn}(x), \quad -1 \leqslant x \leqslant 1 \tag{6.8}$$

式中，$\mu>0$。通过分析易知，压扩程度决定于 μ，μ 越大，压扩效越高；$\mu=0$ 时，$y=x$，为量化级无穷小时的均匀量化特性。

2) μ 律，A 律的折线实现

μ、A 压扩律从理论上讲可以实现，但 μ 律是连续曲线，A 律为分段连续曲线，要用电路实现是相当困难的。为了使实现容易，通常用折线去逼近压扩特性曲线，即要求：

(1) 用折线逼近非均匀量化压扩特性曲线；

(2) 各段直线的斜率应随 x 增大而减小；

(3) 相邻两折线段斜率之比保持为常数；

(4) 相邻的判定值或量化间隔成简单的整数比关系。

按照上述要求，设用 N_μ 条折线去逼近 μ 律压扩曲线，并设相邻两折线斜率之比为 m，可以求出各折线端点坐标为

$$\begin{cases} x_k = \dfrac{m^k - 1}{m^{\frac{N_\mu}{2}} - 1}, & k = 0, 1, \cdots, \dfrac{N_e}{2} \\ y_k = k\dfrac{2}{N_\mu} \end{cases} \tag{6.9}$$

为了使折线各端点在 μ 律曲线上，要求满足如下条件：

$$\mu = m^{\frac{N_\mu}{2}} - 1 \tag{6.10}$$

采用二进制编码时，通常取 $m = 2$，若取 $N_\mu = 16$，则有 $\mu = 2^8 - 1 = 255$，即在 x 为 $(-1, 0)$ 和 $(0, 1)$ 内各用 8 段斜率之比为 2 的折线段构成的折线可逼近 $\mu = 255$ 的 μ 压扩律。由于折线是关于原点对称的，所以靠近原点的两条折线斜率是相同的，实为一条折线。因此实际上有 15 条折线，故称之为 $\mu_{255/15}$ 折线压扩律。

图 6-5 给出了 $\mu_{255/15}$ 折线正半轴压扩率曲线，表 6-1 给出了 $\mu_{255/15}$ 折线段端点坐标值和斜率。

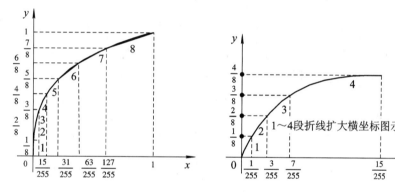

图 6-5　$\mu_{255/15}$ 折线正半轴压扩率曲线

表 6-1　$\mu_{255/15}$ 折线段端点坐标值和斜率

分类 ＼ 折线段		1	2	3	4	5	6	7	8
$\mu_{255/15}$ 折线	x	0	$\dfrac{1}{255}$	$\dfrac{3}{255}$	$\dfrac{7}{255}$	$\dfrac{15}{255}$	$\dfrac{31}{255}$	$\dfrac{63}{255}$	$\dfrac{127}{255}$ 1
	y	0	$\dfrac{1}{8}$	$\dfrac{2}{8}$	$\dfrac{3}{8}$	$\dfrac{4}{8}$	$\dfrac{5}{8}$	$\dfrac{6}{8}$	$\dfrac{7}{8}$ 1
折线斜率		32	16	8	4	2	1	$\dfrac{1}{2}$	$\dfrac{1}{4}$

μ 压扩律各相邻折线段横坐标长度间的比值为 m，而折线段端点间的关系不是 m 的倍数关系。为了使实现更容易，A 压扩律将折线段端点也设计为 $m = 2$ 的倍数，即

$$\frac{x_{k+1}}{x_k} = \frac{m^{k+1} - 1}{m^k - 1} = \frac{2^{k+1} - 1}{2^k - 1}, \quad k = 1, 2, \cdots, \frac{N_A}{2} - 1$$

式中，$N_A = 16$。容易证明，各折线段长度之比为

$$\frac{\Delta_{k+1}}{\Delta_k} = \begin{cases} 1, & k = 1 \\ 2, & k = 2, 3 \cdots, \dfrac{N_A}{2} - 1 \end{cases} \qquad (6.11)$$

即

$$\begin{cases} \Delta_1 = \Delta_2 \\ \Delta_{k+1} = m\Delta_k, & k = 2, 3, \cdots, \dfrac{N_A}{2} - 1, m = 2 \end{cases}$$

这样，A 压扩律折线靠近原点的四条折线具有同一斜率，实为一条折线，因此，16 条折线实际合成为 13 条折线.

与求解 μ 律折线端点类似，可以求出 A 律各折线段端点坐标为

$$x_1 = \frac{m-1}{m^{\frac{N_A}{2}-1} + m - 2}, \ x_2 = \frac{2m-2}{m^{\frac{N_A}{2}-1} + m - 2}, \ \cdots, \ x_k = \frac{m^k}{m^{\frac{N_A}{2}}}, \quad k = 3, 4, \cdots, \frac{N_A}{2}$$

$$(6.12)$$

由于 A 律曲线是分段连续曲线，若要求所有折线端点仍在曲线上，则应有：在 $0 \leqslant x \leqslant \dfrac{1}{A}$ 区域内，$A = 87.6$；在 $\dfrac{1}{A} < x \leqslant 1$ 区域内，$A = 94.2$。即在两段曲线上，A 应取不同的常数值。为了使实现简单，通常牺牲一点大信号的精度，在两段曲线区域内取同一常数 $A = 87.6$，所以常称之为 A 律 87.6/13 折线。其折线示意图形如图 6-6 所示，主要参数由表 6-2 给出。

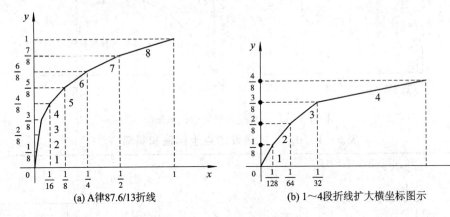

(a) A律87.6/13折线　　　　　(b) 1~4段折线扩大横坐标图示

图 6-6　A 律 87.6/13 折线示意图

上面讨论了 A 律 13 折线和 μ 律 15 折线这两种国际上主要采用的压扩律，前者在欧洲各国的 PCM-30/32 路系统中采用，后者是美国、加拿大和日本等国的 PCM-24 路系统所采用的。我国采用欧洲标准，即 A 律 13 折线。

下面比较 A、μ 律特性各自的特点：

（1）μ 律折线的所有端点均落在压扩曲线上，而 A 律折线只有在 $0 \leqslant x \leqslant \dfrac{1}{A}$ 内的端点落在压扩曲线上，从这个意义上说，μ 律折线逼近得好些。

（2）A 律折线端点坐标间也呈 2 的倍数关系，电路实现更容易。

（3）输入信号在 $-20 \sim -40$ dB 范围内，A 律的量化信噪比比 μ 律稍高；在低于 -40 dB 的情况下，μ 律的量化信噪比比 A 律高。

表 6 – 2　A(87.6)律 13 折线段端点坐标和斜率

分类 ＼ 折线段		1	2	3	4	5	6	7	8
x	0	$\frac{1}{128}$	$\frac{1}{64}$	$\frac{1}{32}$	$\frac{1}{16}$	$\frac{1}{8}$	$\frac{1}{4}$	$\frac{1}{2}$	1
y(13 折线)	0	$\frac{1}{8}$	$\frac{2}{8}$	$\frac{3}{8}$	$\frac{4}{8}$	$\frac{5}{8}$	$\frac{6}{8}$	$\frac{7}{8}$	1
y(A 律曲线)	0	$\frac{1}{8}$	$\frac{1.91}{8}$	$\frac{2.92}{8}$	$\frac{3.94}{8}$	$\frac{4.94}{8}$	$\frac{5.97}{8}$	$\frac{6.97}{8}$	1
折线斜率	16	16	8	4	2	1	$\frac{1}{2}$	$\frac{1}{4}$	

一般来说，语音信号电平通常在 $0 \sim -40$ dB 这一范围内动态变化，故无论采用 A 律或 μ 律均可获得良好的压扩效果，满足 ITU – T 标准规定的质量要求。

3）非线性 PCM 编码技术

如前所述，根据语音信号的特点，为了提高语音信号编码的编码效率，通常采用非线性 PCM 编码方式。实现非线性 PCM 编码的方法有多种。本节首先讨论非线性 PCM 码字的基本特性，再重点介绍两种编码方法：代码变换法和直接编码法。考虑到我国采用欧洲制式，故在下面的讨论中均以 A 律 13 折线特征为例。μ 律 15 折线编码的实现方法也类似。

（1）码字安排。

基于增强传输抗干扰能力和电路易实现的考虑，非线性 PCM 码字采用二进制折叠码。从语音质量、频带利用率和实现难度等方面综合考虑，用 8 位码表示一个语音样值。码位的具体安排是：用 1 位码表示信号的极性（正信号为"1"，反之为"0"），称为极性码；用 3 位码表示 13 折线的 8 段，同时表示 8 种相应的段落起点电平，称为段落码；用 4 位码表示折线段内的 16 个小段，称为段内码。由于各折线段长度不一，故各段内的小段所表示的量化值大小也不一样，如第 1、2 段的长度为 1/128，等分后每小段为 $\frac{1/128}{16} = \frac{1}{2048}$，它是所有段中的最小量化单位，称为最小量化级（＝2048），常将其作为量度单位。这样，各段的长度和段内量化级大小如表 6 – 3 所示。

表 6 – 3　各段落长度和段内量化级

折线段序号	1	2	3	4	5	6	7	8
段落长度/Δ	16	16	32	64	128	256	512	1024
各段量化级/Δ	1	1	2	4	8	16	32	64

综上所述，8 位码的安排如下：

极性码	段落码	段内码
A_1	$A_2 A_3 A_4$	$A_5 A_6 A_7 A_8$

段落码、各段段落起点电平和各段段内码所对应的电平值由表 6 – 4 所示的段落与电平关系给出。很显然，非线性编码的整个 8 位码可描述的信号动态范围为 $-2048 \sim 2048$，它与 12 位线性编码的动态范围相同。

表 6 - 4　段落与电平关系

段落序号	段落码 A_2	A_3	A_4	段落起点 电平/Δ	段内码对应电平/Δ A_5	A_6	A_7	A_8	段落长度/Δ
1	0	0	0	0	8	4	2	1	16
2	0	0	1	16	8	4	2	1	16
3	0	1	0	32	16	8	4	2	32
4	0	1	1	64	32	16	8	4	64
5	1	0	0	128	64	32	16	8	128
6	1	0	1	256	128	64	32	16	256
7	1	1	0	512	256	128	64	32	512
8	1	1	1	1024	512	256	128	64	1024

（2）编码方法。

常用的非线性 PCM 编码方法有两种。一种称作代码变换法，它先进行 12 位线性编码，然后再利用数字逻辑电路或只读存储器按折线的规律实现数字压扩，将 12 位代码变换成 8 位非线性代码，其编码步骤为：

① 将样值编成 12 位线性码；

② 将 11 位线性幅度码按照非线性码与线性码电平关系转换成 7 位非线性码，非线性码与线性码电平关系见表 6 - 5。

表 6 - 5　非线性与线性代码电平关系表

段落 序号	起点 电平/Δ	A_2/M_2	A_3/M_3	A_4/M_4	A_5/M_5	A_6/M_6	A_7/M_7	A_8/M_8	B_1 1024	B_2 512	B_3 256	B_4 128	B_5 64	B_6 32	B_7 16	B_8 8	B_9 4	B_{10} 2	B_{11} 1
1	0	0	0	0	8	4	2	1	0	0	0	0	0	0	0	M_5	M_6	M_7	M_8
2	16	0	0	1	8	4	2	1	0	0	0	0	0	0	1	M_5	M_6	M_7	M_8
3	32	0	1	0	16	8	4	2	0	0	0	0	0	1	M_5	M_6	M_7	M_8	0
4	64	0	1	1	32	16	8	4	0	0	0	0	1	M_5	M_6	M_7	M_8	0	0
5	128	1	0	0	64	32	16	8	0	0	0	1	M_5	M_6	M_7	M_8	0	0	0
6	256	1	0	1	128	64	32	16	0	0	1	M_5	M_6	M_7	M_8	0	0	0	0
7	512	1	1	0	256	128	64	32	0	1	M_5	M_6	M_7	M_8	0	0	0	0	0
8	1024	1	1	1	512	256	128	64	1	M_5	M_6	M_7	M_8	0	0	0	0	0	0

例 1　设一语音样值为 276Δ，用代码变换法将其编成 PCM 码。

解　（1）因样值极性为正，故极性码 $B_0 = 1$。

（2）将 276 转换成二进制，得

$$(276)_{10} = (100010100)_2$$

即求得该样值的 12 位线性码为 100100010100。

（3）由表 6 - 5 知线性代码除第一段外，其幅度代码的首位均为"1"。为了求得样值所在的折线段 D，需先求得二进制幅度码有效位长 W，再由

$$k = \begin{cases} 11-W, & W \geqslant 4 \\ 7, & W < 4 \end{cases} \tag{6.13}$$

$$D = 7 - k, \quad (D)_{10} = (D)_2 \tag{6.14}$$

求得样值的段落码。

这里，容易求得：$W=9$，$k=11-9=2$，$D=7-2=5$，$(5)_{10}=(101)_2$，即样值在第 5 段，段落码为 $A_2A_3A_4=101$。

(4) 由表 6-5 知，线性代码的幅度码的第一个"1"后紧跟着的 4 位代码就是非线性代码中的段内码。

这里，容易求得 $A_5A_6A_7A_8=0001$。

由此可得，该样值的 PCM 码字为 11010001。所代表的量化电平为 $256\Delta+16\Delta=272\Delta$，编码误差为 $276\Delta-272\Delta=4\Delta<\Delta'=\dfrac{256\Delta}{16}=16\Delta$，式中 Δ' 为第 6 段段内的量化级。

另一种方法是直接对信号样值进行线性编码。编码器本身能产生一些特定数值作为判决值，再利用比较器来确定信号样值所在的段落和段内位置，从而实现 8 位非线性编码。目前，直接编码法最常用的实现方法是逐次反馈比较法，图 6-7 给出了逐次反馈编码器的原理方框图。图中，输入语音信号样值同时加到极性判决和逐次反馈编码电路中，信号加到极性判决电路，在 D_1 时序脉冲时刻进行判决，并产生极性码 A_1：样值为正，$A_1=1$；样值为负，$A_1=0$。另一路信号经放大、整流进入保持电路，使样值幅度在一个编码周期内保持恒定以与本地解码器输出进行比较，其比较是按时序脉冲时刻 $D_2 \sim D_8$ 逐位进行的。根据比较结果形成 $A_2 \sim A_8$ 个码位的编码。本地解码器将 $A_2 \sim A_8$ 各码位逐位反馈，经串/并编码变换记忆在 $M_2 \sim M_8$ 中再经过 7/11 变换电路得出相应的 11 位二进制线性码组，最后经 11 位线性解码网络输入 I_s。

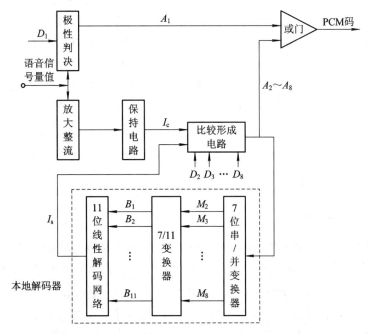

图 6-7　逐次反馈编码器的原理方框图

由此可以总结逐次反馈比较编码法的编码步骤如下：

① 由极性判决电路确定信号电平的极性，给出极性码 A_1。$I_c > 0$ 时，$A_1 = 1$；反之，$A_1 = 0$。

② 对整流后的信号样值幅值，用三次中值比较编出段落码 $A_2A_3A_4$，求出对应的段落起点电平。

③ 再用四次中值比较，确定样值在所处段落中的位置，从而获得段内码 $A_5A_6A_7A_8$ 及相应的电平。

④ 在各次比较编码的同时输出编出的码组。

下面通过一个例子来说明其编码的过程。

例2 仍考虑例1中给出的信号样值 276Δ，用逐次反馈比较法编出相应的 PCM 码组。

解 D_1 时刻，因为 $I_c > 0$，所以极性码 $A_1 = 1$。

D_2 时刻，本地解码器输出 $I_s = 128\Delta$（第一次比较，固定输出 128Δ），也即是第 4、5 段的分界电平；因 $I_c > I_s$，故比较器输出"1"，即 $A_2 = 1$，说明信号处在第 5～8 段。

D_3 时刻，因为 $A_2 = 1$，所以本地解码器输出 $I_s = 512\Delta$，也即为第 6、7 段的分界电平，因 $I_c < I_s$，故比较器输出"0"，即 $A_3 = 0$，说明信号处在第 5～6 段。

D_4 时刻，因为 $A_3 = 0$，本地解码器输出 $I_s = 256\Delta$，也即为第 5、6 段的分界电平，因为 $I_c > I_s$，故比较输出"1"，即 $A_4 = 1$，说明信号处在第 6 段。

由此编得段落码为"101"，信号在第 6 段，段落起点电平为 256Δ。下面再通过四次比较编码确定信号在段内的位置及相应的段内码。

D_5 时刻，本地解码器输出 $I_s = 256\Delta + 128\Delta = 384\Delta$，即由段落起点电平和 A_5 位电平构成，因 $I_c < I_s$，故比较输出"0"，即 $A_5 = 0$。

D_6 时刻，因为 $A_5 = 0$，故 A_5 位电平不保留，本地解码器输出 $I_s = 256\Delta + 64\Delta = 320\Delta$，即由段落起点电平和 A_6 位电平构成，因 $I_c < I_s$，故比较输出"0"，即 $A_6 = 0$。

D_7 时刻，因为 $A_6 = 0$，故 A_6 位电平不保留，本地解码器输出 $I_s = 256\Delta + 32\Delta = 288\Delta$，即由段落起点电平和 A_7 位电平构成，因 $I_c < I_s$，故比较输出"0"，即 $A_7 = 0$。

D_8 时刻，因为 $A_7 = 0$，故 A_7 位电平不保留，本地解码器输出 $I_s = 256\Delta + 16\Delta = 272\Delta$，即由段落起点电平和 A_8 位电平构成，因 $I_c > I_s$，故比较输出"0"，即 $A_8 = 1$。

由此编得段内码为"0001"，进而得到 PCM 码组为"11010001"，它所代表的电平为 $256\Delta + 16\Delta = 272\Delta$，编码误差为 $276\Delta - 272\Delta = 4\Delta < \Delta' = \dfrac{256\Delta}{16} = 16\Delta$，其中，$\Delta'$ 为第 6 段的段内量化级。结果与例 1 所得结果相同。

6.1.2 差值脉冲编码

差值脉冲编码是对当前信号抽样值的真值与预估值的幅度差值进行量化编码调制。在实际编码系统中，对当前时刻的信号样值 $f(nT_s)$ 与以过去样值为基础得到的估值信号样值 $\hat{f}(nT_s)$ 之间的差值进行量化编码。由分析知，语音、图像等信号在时域有较大的相关性。对这样的样值进行脉冲编码就会产生一些对信息传输并非绝对必要的编码，它们是由于信号的相关性使抽样信号中包含有一定的冗余信息所产生的。如能在编码前消除或减少这种冗余性，就可以得到较高效率的编码。根据相关性原理，这一差值的幅度范围一定小于原信号的幅度范围，因此，对差值进行编码可以压缩编码速率，即提高编码效率。

差值脉冲编码的原理框图如图 6－8 所示。在发送端，输入样值与语音预测值相减，求得差值，再把差值信号量化编码后传输。接收端解码后所得的信号仅是差值信号，因此在接收端还需加上发送端减去的估值信号才能恢复发送端原来的样值信号。图 6－8 中，在接收端利用一个预测估值的预测器求出当前时刻样值的估值，最后将解码所得的差值信号与估值信号相加获得原来的输入样值信号。

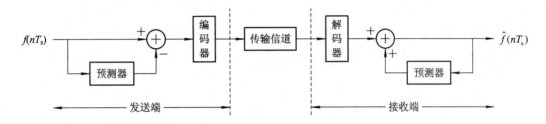

图 6－8　差值脉冲编码的原理框图

增量调制（DM 或 M－Delta Modulation）是差值编码中的一种，下面介绍它的原理。

输入语音信号的当前样值对前一输入信号样值的增量（增加量或减少量），可用一位二进制进行编码传输，此方法称作增量调制，简称为 DM 或 ΔM。它是编码调制的一种特例。

通常在话音 PCM 传输中采用 8 kHz 的取样频率，每个样值用 8 位二进制码来表示。若使用远大于 8 kHz 的取样频率对话音取样，则相邻样值之差（即增量）将随着取样率的提高而变小，以致可用一位二进制码表示增量。例如，当增量大于 0 时，用"1"码表示；增量小于 0，用"0"码表示，从而实现增量信号的数字表示。将这种增量编码进行传输，收端解码后利用这个增量可以很好地逼近前一时刻样值，并获得当前时刻样值，进而恢复发端原始模拟信号。

图 6－9(a)给出了 DM 的构成原理框图，发端主要由减法电路，判决、码形成和本地解码器组成。

图中，$f_s(t)$ 为输入信号，本地解码器由先前编出的 DM 码预测输出信号估值 $f'_d(t)$，本地解码器可用积分器（如简单的 RC 电路）实现。当积分器输入端上加上"1"码（＋E）时，在一个码位终了时刻其输出电压上升 Δ；当输入端上加上"0"码（－E）时，在一个码位终了时刻其输出电压下降 Δ。收端解码器与本地解码器相同，其输入就是收端解码结果。相减电路输出为 $e(t)=f_s-f'_d(t)$。$s(t)$ 为时钟脉冲序列，其频率 f_p 与取样频率相同，$T=\dfrac{1}{f_p}$ 为取样间隔，判决和码形成电路在时钟到来时刻 $iT(i=0, 1, 2, \cdots)$ 对 $e(t)$ 的正负进行判决和编码。当 $e(t)>0$ 时，判决为"1"码，码形成电路输出＋E 电平；当 $e(t)<0$ 时，判决为"0"码，码形成电路输出为 －E 电平。

DM 的工作过程可结合图 6－9(b)～(d)说明。设输入信号波形如图 6－9(b)所示，积分器初始状态为零，即 $\hat{f}^1_d(0)=0$，则有：

(1) 当 $t=0$ 时，预测值 $f^1_d(0)=0$，故

$$e(0) = f_s(0) - f^1_d(0) > 0, \quad f_d(0) = +E$$

编码为"1"；

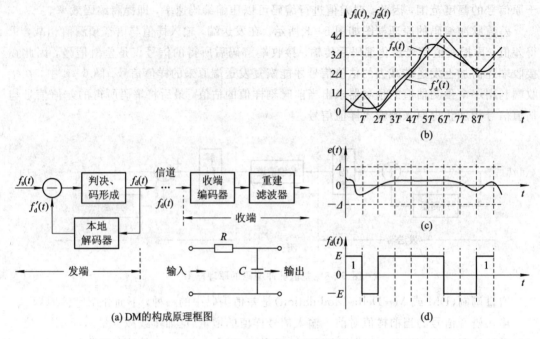

(a) DM的构成原理框图

图 6-9 简单 DM 原理与编码过程

(2) 当 $t = T$ 时，预测值 $f'_d(T) = \Delta$，故

$$e(T) = f_s(T) - f'_d(T) < 0, \quad f_d(T) = -E$$

编码为"0"；

(3) 当 $t = 2T$ 时，预测值 $f'_d(2T) = 0$，故

$$e(2T) = f_s(2T) - f'_d(2T) > 0, \quad f_d(2T) = +E$$

编码为"1"；

(4) 当 $t = 3T$ 时，预测值 $f'_d(3T) = \Delta$，故

$$e(3T) = f_s(3T) - f'_d(3T) > 0, \quad f_d(3T) = +E$$

编码为"1"；

(5) 当 $t = 4T$ 时，预测值 $f'_d(4T) = 2\Delta$，故

$$e(4T) = f_s(4T) - f'_d(4T) > 0, \quad f_d(4T) = +E$$

编码为"1"；

(6) 当 $t = 5T$ 时，预测值 $f'_d(5T) = 3\Delta$，故

$$e(5T) = f_s(5T) - f'_d(5T) > 0, \quad f_d(5T) = +E$$

编码为"1"；

(7) 当 $t = 6T$ 时，预测值 $f'_d(6T) = 4\Delta$，故

$$e(6T) = f_s(6T) - f'_d(6T) > 0, \quad f_d(6T) = -E$$

编码为"0"；

(8) 当 $t = 7T$ 时，预测值 $f'_d(7T) = 3\Delta$，故

$$e(7T) = f_s(7T) - f'_d(7T) > 0, \quad f_d(7T) = -E$$

编码为"0"；

(9) 当 $t = 8T$ 时，预测值 $f'_d(8T) = 2\Delta$，故

$$e(8T) = f_s(8T) - f'_d(8T) > 0, \quad f_d(8T) = +E$$

编码为"1"。

由此可得 DM 发端的编码序列为"101111001"，预测信号 $f'_d(t)$、误差信号 $e(t)$ 和编码器输出信号波形见图 6-9(b)~(d)。接收端解码器与发端本地解码器一样，也是一个 RC 积分器，只要在传输中无误码，收端解码输出亦为 $f'_d(t)$，再经过重建滤波器滤除高频分量，对波形进行平滑，即可得到与发端输入信号 $f_s(t)$ 近似波形。

与 PCM 相比，DM 在语音质量、频率响应、抗干扰性能等方面有其自身特点：

(1) 在码率低于 40 kb/s 时，DM 的信噪比高于 PCM；当码率高于 40 kb/s 时，PCM 的信噪比高于 DM。

(2) DM 编码动态范围随码位增加的速率比 PCM 慢，PCM 每增加一位码，动态范围扩大 6dB，而 DM 当码速率增加一倍时，动态范围才扩大 6 dB。

(3) DM 系统频带与输入信号电平有关，电平升高，通带变窄，而 PCM 系统频带较为平坦。

(4) DM 的抗信道误码性能好于 PCM，PCM 要求信道误码为 10^{-6}，而 DM 在信道误码为 10^{-3} 时尚能保持满意的通话质量。

(5) DM 设备简单，容易实现；PCM 设备比较复杂。

6.1.3 差值脉冲编码调制(DPCM)

DM 调制用一位二进制码表示信号样值差，若将该差值量化、编码成 n 位二进制码，则这种方式称为差值脉冲编码调制(DPCM)。DM 可看作 DPCM 的一个特例。

基本的 DPCM 系统原理框图如图 6-10 所示。图中，$Q[\cdot]$ 为多电平均匀量化器，预测器产生预测信号 $f'_d(t)$。差值信号 $e(t)$ 为

$$e(t) = f_s(t) - f'_d(t) \tag{6.15}$$

经过量化器后被量化为 2^n 个电平的信号 $e'(t)$。$e'(t)$ 中的一路送至线性 PCM 编码器编成 n 位 DPCM 码；另一路与 $f'_d(t)$ 相加反馈到预测器，产生下一时刻编码所需的预测信号。收端解码器中的预测器与发端的预测器完全相同，因此，在传输无误码情况下，收端重建信号 $f'_s(t)$ 与发端 $f_s(t)$ 信号相同。

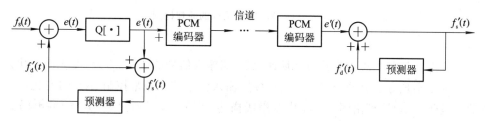

图 6-10 基本的 DPCM 系统原理框图

DPCM 的基本特性有：

(1) DPCM 码速率为 $n f_s$，f_s 为取样率；

(2) DPCM 信噪比有以下特点：

① 信噪比是 n、f_s、信号频率 f_s、信号频带最高频率分量 f_m 的函数；

② 信噪比优于 DM 系统，而且 n 越大，信噪比越大；

③ $n=1$ 时信噪比与 DM 相同，即 DM 可看作 DPCM 的特例；

④ n 和 $\frac{f_s}{f}$ 较大时，信噪比优于 PCM 系统。

(3) DPCM 系统的抗误码能力不如 DM，但却优于 PCM 系统。

DPCM 编码方式在数字图像通信中有广泛的应用。

如前所述，DPCM 利用差值编码可以降低信号传输效率，但其重建语音的质量却不如PCM，究其原因，主要有：量化是均匀的，即量化阶是固定不变的；预测信号波形是阶梯波或近似阶梯波，与输入信号的逼近较差。

因此，在 DPCM 系统基础上，若能做到如下两点则可提高语音传输质量：根据差值的大小，随时调整量化阶的大小，使量化的效率最大（实现方法为自适应量化）；提高预测信号的精确度，使输入信号 $f_s(t)$ 与预测信号 $f_d'(t)$ 之间的差值最小，使编码精度更高（实现方法为自适应预测）。

上述改进的 DPCM 系统称作自适应差值脉冲编码调制（ADPCM）系统。ADPCM 系统的原理框图如图 6-11 所示。下面主要通过介绍自适应量化和自适应预测原理来说明ADPCM系统的基本原理。

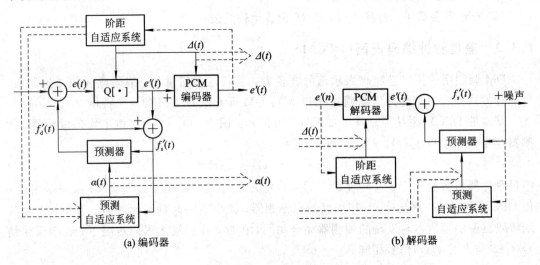

图 6-11　ADPCM 系统的原理框图

1) 自适应量化

自适应量化的基本思想是让量化阶距 $\Delta(t)$ 随输入信号的能量（方差）变化而变化。常用的自适应量化实现方案有两类：一类是直接用输入信号的方差来控制 $\Delta(t)$ 的变化，称为前馈自适应量化（实现原理由图 6-11 中双虚线描述）；另一类是通过编码器的输出码流来估算出输入信号的方差，控制阶距自适应调整，称为反馈自适应量化（其实现原理由图 6-11中单虚线描述）。

按 ITU-TG.721 协议的规定，自适应量化器应根据输入信号的时变性质调整量化阶距的变化速度，以使量化阶的变化与输入信号的变化相匹配。对于语音信号这类波动较大的差值信号，常采用快速自适应调整方式；对于话带数据、信令等产生较小波动的差值信号则采用慢速自适应调整方式。量化自适应算法的调整速度由标度因子控制，标度因子通过测试信号差值变化来确定，即取差值信号的短时平均和长时平均两个值，从这个值的差异来确定信号的性质，进而确定标度因子。

自适应量化的两类实现方案的阶距调整算法是类似的。反馈型控制的主要优点是量化阶距信息由码字提供，所以无需额外存储和传输阶距信息，由于控制信息在传输的 ADPCM 码流中，因而该方案的传输误码对接收端信号重建的质量影响较大。前馈型控制除了传输信号码流外，还要传输阶距信息，增加传输宽带和复杂度，但是这种方案可以通过选用优良的附加信道或采用差错控制使得阶距信息的传输误码尽可能少，从而可以大大改善接收端所重建的高误码率信号的质量。

无论采用反馈型还是前馈型，自适应量化都可以改善系统的动态范围和信噪比。理论和实践表明，在量化电平数相同条件下采用自适应量化，相对固定量化系统而言，性能可以改变 $10\sim12$ dB。

2）自适应预测

从前面的讨论可知，自适应量化使量化阶距适应信号的变化，可以大大提高系统性能，由此可直观地联想到，若输入信号的预测值 $f'_d(t)$ 也能匹配于信号的变化，使差值动态范围更小，在一定的量化电平数条件下，可以更精确的描述差值，肯定能进一步改善系统的传输质量和性能。实现这种想法的方法就是自适应预测。如图 6-11 给出了自适应预测在 ADPCM 系统中的位置。与自适应量化类似，自适应预测也存在前馈型和反馈型两类自适应的预测方案（双虚线表示前馈型，单虚线表示反馈型），它们的优缺点不难仿照讨论自适应量化的思路得到。

由预测器和预测自适应系统构成的预测自适应器实质上就是一个加权系数随信号变化而变化的自适应滤波器，大多用横截型 FIR 滤波器实现。它的加权系数以数个短时间间隔周期性地调整，通常间隔取 $10\sim30$ ms，并以某种最佳准则（如估计误差能量的最小准则）来获取更新系数。

ADPCM 是语音波形压缩编码传输广泛采用的一种调制方式，一般来说，32 kb/s 的 ADPCM 可以做到与 64 kb/s 的 PCM 相媲美的质量。ITU-TG.721 协议提出了与现有 PCM 数字电话网兼容的 32kb/s ADPCM 的算法。其主要技术指标满足 ITU-T 对 64 kb/s PCM 的语音质量要求（G.712），如图 6-12 所示即为 G.721 ADPCM 编/解码器框图。编码器的输入信号为 64 kb/s 的 PCM 码流，为了便于进行数字运算，首先将 8 位非线性 PCM 码转换成 12 位线性码 $x(n)$，自适应预测器输出的预测信号为 $\tilde{x}(n)$，$x(n)$ 与它相减得到差值信号 $d(n)$，$d(n)$ 经量化、编码后成为 4 位码的 ADPCM 码流 $c(n)$。如前所述，标度因子自适应和自适应速度控制电路控制系统根据不同信号（如语音、话带内数据和信令等）的不同统计特性设置不同的自适应调整速度，但自适应量化器能适应各类传输信号。解码器电路与编码器中的本地解码电路相同，只是多了一个同步编码调整，它的作用是使多级同步级联（即 PCM/ADPCM→ADPCM/PCM→PCM/ADPCM→…ADPCM/PCM 链路连接）工作时不产生误码积累。

目前 G.721 算法的 32 kb/s ADPCM 编/解码系统已有相应的用数字信号处理器（DSP）和专用超大规模集成电路实现的芯片，它主要用于把 60 路 PCM 码流（2×2048 kb/s）变换成 2046 kb/s 的 ADPCM 码流，从而将信道利用率提高一倍。

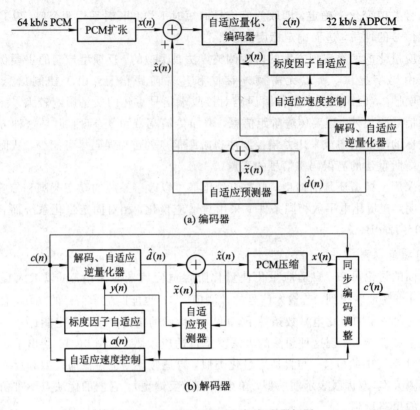

(a) 编码器

(b) 解码器

图 6-12　G.721 ADPCM 编/解码器框图

6.1.4　连续可变斜率调制(CVSD)

连续可变斜率调制(CVSD, Continuously Variable Slope Delta)是一种简单的易于实现的编码方法, 主要实现对语音信号的编码以及相应的解码算法。

CVSD 是一种量阶 δ 随着输入语音信号平均斜率大小而连续变化的增量调制方式。它的工作原理是使用多个连续可变斜率的线段来逼近语音信号, 当斜率为正时, 对应的数字编码为 1; 当斜率为负时, 对应的数字编码为 0。当 CVSD 工作于编码方式时, 其编码系统框图如 6-13 所示。语音输入信号 $f_{in}(t)$ 经采样得到数字信号 $f(n)$, 数字信号 $f(n)$ 与积分器输出信号 $g(n)$ 比较后输出偏差信号 $e(n)$, 偏差信号经判决后输出数字编码 $y(n)$, 该信号同时作为积分器输出斜率的极性控制信号和积分器输出斜率大小逻辑的输入信号。在每个时钟周期内, 若语音信号大于积分器输出信号, 则判决输出为 1, 积分器输出上升一个量阶 δ; 若语音信号小于积分器输出信号, 则判决输出为 0, 积分器输出下降一个量阶 δ。

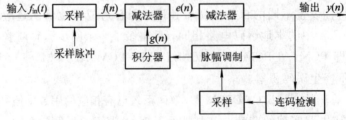

图 6-13　CVSD 编码系统框图

　　当 CVSD 工作于解码方式时，其解码系统框图如图 6 - 14 所示。在每个时钟周期内，数字编码 $y(n)$ 被送到连码检测器，然后送到斜率幅度控制电路以控制积分器输出斜率的大小。若数字编码 $y(n)$ 输入为 1，则积分器的输出上升一个量阶 δ；若数字输入为 0，则积分器的输出下降一个量阶 δ，这相当于编码过程的逆过程。积分器的输出通过低通滤波器平滑滤波后将重现输入语音信号 $f_{in}(t)$。

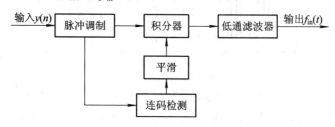

图 6 - 14　CVSD 解码系统框图

　　可见输入信号的波形上升越快，输出的连 1 码就越多，同样下降越快连 0 码越多，CVSD 编码能够很好地反映输入信号的斜率大小。为使积分器的输出能够更好地逼近输入语音信号，量阶 δ 随着输入信号斜率大小而变化，当信号斜率绝对值很大，编码出现 3 个连 1 或连 0 码时，则量阶 δ 加一个增量，当不出现上述码型时，量阶则相应地减少。

　　为了减少编码及译码的偏差，要求编码和译码过程使用相同的时钟频率，而且采样频率应符合奈奎斯特采样定理，即至少为语音输入频率的两倍。

　　CVSD 通过不断改变量阶 δ 大小来跟踪信号的变化以减小颗粒噪声与斜率过载失真，量阶 δ 调整是基于过去的 3 个或 4 个样值输出。具体编码流程如图 6 - 15 所示，具体解码流程如图 6 - 16 所示。编解码后的语音信号和原始信号的比较如图 6 - 17 所示。

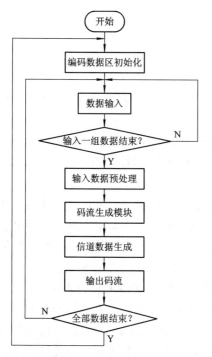

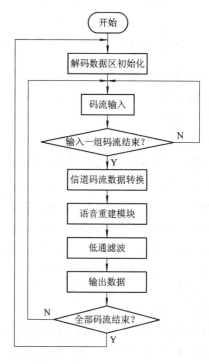

图 6 - 15　CVSD 编码流程图　　　　　　　图 6 - 16　CVSD 解码流程图

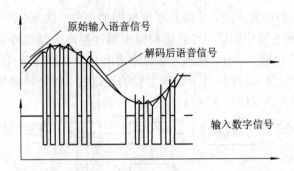

图 6-17 编解码后的语音信号和原始信号的比较

从图 6-17 可以看出，编解码后的信号和原始的信号存在一定的误差，这是因为编码必然丢失语音信号的部分信息。但解码后的信号和原始信号在波形和幅度上还是能很好地吻合，不会影响语音信号的效果。

6.2 参 数 编 码

对所有发音机理的研究表明，语音信号可用一些描述语言的参数表征。分析提取语音的这些参数，对它们量化、编码、传输，收端解码后用这些参数去激励一定的发声模型即可重构发端语音，这种通过对语音参数编码来传输语音的方式称为语音参数编码。一般而言，参数编码可以用比波形编码小得多的码速率传输语音。用参数编码技术实现的语音传输系统称为声码器(Vocoder)。本节在介绍了语音产生模型和主要语音特征参数后，将对声码器，特别是对应用较多的线性预测编码(LPC，Linear Prediction Code)声码器进行简介。

6.2.1 语音产生模型及特征参数

1. 语音信号模型

经过几十年的理论和实验研究，现已建立起一个近似信号模型，并被广泛地应用于语音信号处理中。

从声学的观点来看，不同的语音是由于发音器官中的声音激励源和口腔声道的不同引起的。根据声道源和声道模型的不同，语音可以被粗略地分成浊音和清音。

1) 浊音及基音

浊音，又称有声音。发浊音时声带在气流作用下准周期地开启和闭合，从而在声道内激励起准周期的声波，如图 6-18 所示为浊音声波波形图。由图可见，声波有明显的准周期，这个周期称为基音周期 T_p，若 f_p 为基音频率，则 $f_p = 1/T_p$。通常，基音频率在 $60 \sim 400$ Hz 范围内，相当于基音周期为 $2.5 \sim 16$ ms。一般女声较小，男声较大。

由于语音信号具有非平稳性和随机性，只能用短时傅氏变换求它的频谱(功率谱)。图 6-19 给出了采用汉明窗函数截短的浊音段及典型频谱。频谱图上有许多小峰点，它们对应着基音的谐波频率。"尖峰"形状频谱说明浊音信号的能量集中在各基音谐波频率附近，而且主要集中于低于 3000 Hz 的范围内。由随机信号功率谱与信号时域相关性的关系和频谱的不均匀性，可以看出浊音信号具有较强的相关性。

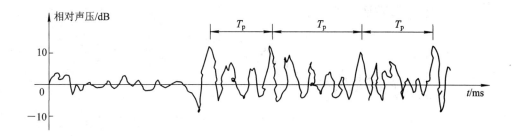

图 6 - 18　浊音声波波形图

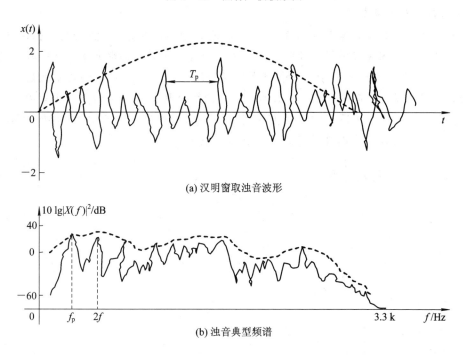

(a) 汉明窗取浊音波形

(b) 浊音典型频谱

图 6 - 19　采用汉明窗函数截短的浊音段及典型频谱

2) 清音

清音又称无声音。由声学和流体力学知，当气流速度达到某一临界速度时，就会引起湍流，此时声带不振动，声道相当于被随机波激励，产生较小幅度的声波，其波形与噪声很像，这就是清音，其波形如图 6 - 20 所示。显然，清音信号没有准周期性。

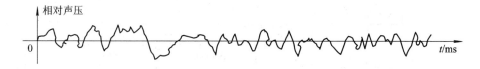

图 6 - 20　清音波形

清音信号的典型频谱如图 6 - 21 所示，其频谱没有明显的小尖峰存在，即无准周期的基音和其谐波，而且能量主要集中在比浊音更高的频段范围内。

227

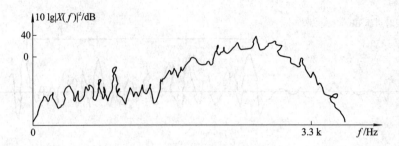

图 6-21　清音信号的典型频谱

3）共振峰及声道参数

由流体力学分析知，声道频率特性（唇口声速 u 与声门声速 u 之比）与谐振曲线类似，图 6-22 给出了声道频率特性。频率特性对应的谐振点叫做共振峰频率。共振峰出现在浊音频谱中，如图 6-19（b）所示，频谱包络（虚线表示）中峰值所对应的频率就是共振峰频率。清音频谱中没有共振峰存在。声道频率特性曲线反映了该段语音发声时，声道振动的规律，将该段语音信号用适当的分析方法可获得一组描述发声声道特性的声道参数 $\{\alpha_i\}$，由这组参数即可控制一个时变线性系统仿真声道发声。

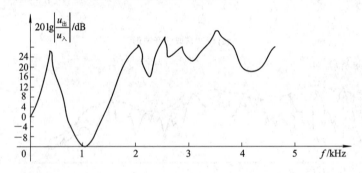

图 6-22　声道频率特性

4）语音信号产生模型

根据上面对实际的发音器官和发音过程的分析，可将语音信号发生过程抽象为图 6-23 所示的语音信号产生模型。图中，周期信号源表示浊音激励源，随机噪声信号源表示清音激励源，根据语音信号的种类，由清/浊音判决开关决定接入哪一种激励源。声道特性可以用一个由声道参数 $\{\alpha_i\}$ 控制的时变线性系统来实现。增益控制用来控制语音的强度。

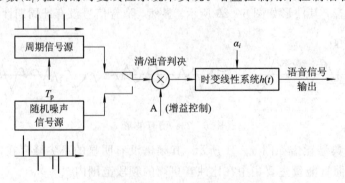

图 6-23　语音信号产生模型

2. 语音特征参数及提取方法

由前面的讨论知，要用参数编码技术传输语音信号，首先需要对语音信号样值进行分析，以获得诸如基音周期，共振峰频率、清/浊音判决和语音强度等语音信号的特征参数，才有可能对这些参数进行编码和传输。在接收端再根据所恢复的这些参数，通过语音信号产生模型合成(恢复)语音。所以，在参数编码中，语音参数的提取是重要的和基本的。

语音信号是非平稳随机信号，但由于受发音器官的惯性限制，其统计特性不可能随时间变化很快，所以，在大约 10～30 ms 的时间内可以近似认为是不变的，因而可以将语音信号分成约 10～30 ms 一帧，用短时傅氏分析方法分析处理。

基音周期和清/浊音判决可以同时获得，其方法主要有三大类：

(1) 时域法，指直接用语音信号波来估计的方法，主要有自相关法(AUTO)、平均幅度差值函数法(AMDF)、平行处理法(PPROC)、数据减少法(DARD)等。

(2) 频域法，指将语音信号变换到频域来估计的方法，如倒谱法(CEP)等。其主要特点是较充分地利用了浊音信号频谱所具有的尖峰状特性，尽管算法较复杂，但效果较好。

(3) 混合法，指综合利用语音信号的频域和时域特性来估计的方法，如简单逆滤波法(SIFT)、线性预测法(LPC)等。其主要做法是：先用语音信号提取声道参数，然后再利用它做逆滤波，得到音源序列，最后再用自相关法或 AMDF 法求得基音周期。

声道参数和语音强度等特征参数通过语音分析器或合成器中的线性预测分析系统获取。线性预测分析根据信号参数模型的概念，利用适当的算法分析求得描述该信号的模型参数。

6.2.2　声码器简介及发展

以前述的语音信号模型为基础，在发端提取表征音源和声道的相关特征参数，通过适当的量化编码方式将这些参数传输到接收端，在收端再利用这些参数重新合成发端语音信号的过程，称语音信号的分析合成。实现这一过程的系统称为声码器(Vocoder)。

自从 1939 年美国贝尔(Bell)实验室的 H. Dudley 发明了第一个声码器以来，现已发展出许多不同种类的声码器系统，如通道声码器、相位声码器、共振峰声码器、线性预测(LPC)声码器，等等。在这些声码器中，研究和应用最多、发展最快的要数 LPC 声码器。在这里，先对早期发展的简单声码器作一下介绍，再对 LPC 声码器及其改进作比较详细的介绍。

1. 相位声码器

相位声码器的概念最早是 1966 年由 Flanagan 提出来的，其实现方式有点类似子带编码。所不同的是：相位声码器中的通道数一般较大，大约每 100 Hz 一个通道，因而可以近似地认为每个通道带宽中只有一个谐波成分；另外，它不像子带编码那样对子带编码信号进行自适应编码，而是估计各通道的幅度和相位导数，并对它们编码传输。

图 6-24 为相位声码器单通道的实现框图。图中，ω_k 为通道波滤器的中心频率，$W_k(n)$ 是分析窗函数，输入信号 $s(n)$ 经分析窗口得到信号的实部和虚部，对他们进行简单运算，即可转换成对应的幅度信号 $X_n(\omega_k)$ 和相应的导数信号 $\theta_n(\omega_k)$，然后再进行量化编码传输。接收端实现发端的逆过程，将各通道的合成信号叠加起来，即可得到最后的合成语音。

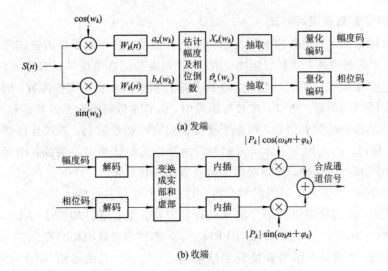

(a) 发端

(b) 收端

图 6-24　相位声码器单通道的实现框图

相位声码器的缺点是：收端合成时要对相应导数信号 $\theta_n(\omega_k)$ 积分。这将引入积分的初值问题，若简单地处理初始值，将可能使相位特性失真，从而造成语音混响失真。

2. 通道声码器

通道声码器是最早发明的一种实用声码器，它与相位声码器类似，而且更加简化。图 6-25 为通道声码器的原理框图。通道声码器利用了人耳对相位特性的不敏感性，只传送语音信号的幅度，而不考虑相位信息。若把每个通道看成是中心频率的带通滤波器，那么其输出信号幅度 $|X_n(\omega_k)|$ 可用滤波器输出的包络来逼近，通道声码器就是按这个思想设计的。在发端，带通滤波器的脉冲响应为 $W(n)\cos(\omega,n)$，整流器和低通滤波器组成近似包络检波器，这样每个通道的输出就是 $|X_n(\omega_k)|$ 的平均值。通道声码器一般有 $14\sim38$ 个通道，各通道带宽非均匀分割，带宽大致在 $100\sim400$ Hz 内，低通滤波器的带宽由编码取样率确定，如取样率为 40 Hz(即每秒传送 40 个样值)，则要求低通截止频率为 20 Hz。在接收端，根据清/浊音判决，决定产生相应的激励信号类型，各通道的输入信号幅度加权后通过相应的带通波滤器恢复各通道频段的语音，最后求和得到合成语音。

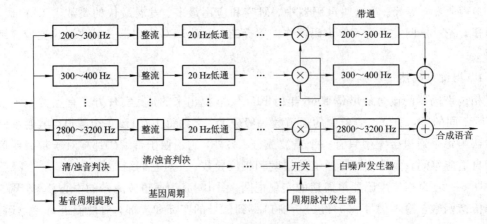

图 6-25　通道声码器原理框图

通道声码器充分利用了人耳对语音相位的不敏感性，可大大降低传输数码率。它的主要缺点是需要提取基音周期和清/浊音判决信息，使声码器的复杂度增加了，而且由于采用简单的二元语音模型和粗糙的基音提取，使合成语音的质量大大下降。

3. 共振峰声码器

如前所述，共振峰是反映语音特征的主要参数，采用共振峰作为语音特征传输参数的声码器称为共振峰声码器。共振峰声码器所需的传输数码率较低，通常只需 1.2～2.4 kb/s，最低可达 600 b/s。

图 6-26 为通用共振峰声码器原理框图。发端提取的语音参数有基音周期(T)、清/浊音判决(uv/v)、语音强度(G)和共振峰参数。通常需提取 3～4 个共振峰参数，图 6-26 中，F_1～F_3 为共振峰频率，A_1～A_3 为相应的共振峰强度。提取共振峰的方法有很多，如 FFT 法、求根法等。通常，每个共振峰的参数所需编码数约为 4～5 比特/帧，若取三个共振峰，再加上其他参数的编码，共振峰声码器编码数约需 36 比特/帧，即声码器总数码率约为 1836 b/s。共振峰声码器数码率比较低，虽然其语音清晰度还可以接受，但相对而言其语音音质较差。

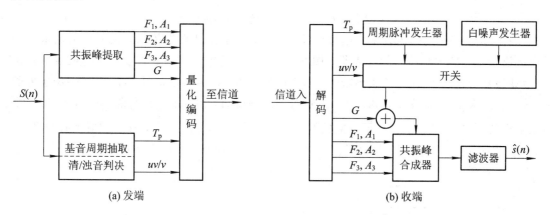

图 6-26 通用共振峰声码器原理框图

除上面介绍的几种声码器外，早期还有同态声码器、图样匹配声码器，不过应用最多、研究最广、发展最快的还是 LPC 声码器，特别是在 LPC 声码器基础上发展起来的各种采用混合编码的声码技术已经成为语音编码的一类重要方法，已广泛应用于移动通信、IP 电话和多媒体通信之中。

6.2.3 线性预测编码(LPC)声码器

声码器是建立在前述的二元语音信号产生模型(参见图 6-23)的基础上的。如前所述，若将语音信号简单地分成清音、浊音两大类，根据语音线性预测模型，清音可以模型化为由白色随机噪声激励产生；而浊音的激励信号可采用准周期脉冲序列，其周期为基音周期。用语音的短时分析及基音周期提取方法，可将语音逐帧用少量特征参数，如清/浊音判决(uv/v)、基音周期(T_p)、声道参数($\{a_i\}$，$i=1, 2, \cdots, M$)和语音强度 G 来表示。因此，假若一帧语音有 N 个原始值，则可以用上述 $M+3$ 个语音的特征参数来表示，一般而言，$N \gg M$，亦即只需用少量的数码来表示。

图 6-27 是 LPC 声码器的基本原理框图。在发端,对语音信号样值 $s(n)$ 逐帧进行线性预测分析,并作相应的清/浊音判决和基音周期提取。分析前的预加重是为了加强语音频谱中的高频共振峰,使语音短时谱及线性预测分析中的余数谱变得更为平坦,从而提高信号预测参数 $\{a_i\}$ 估值的精确度。线性预测大多采用自相关法,为了减少信号截断(分帧)对参数估值的影响,一般要对信号施加适当的窗函数,如汉明(Hamming)窗。

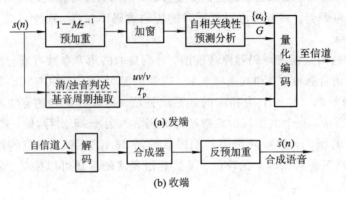

图 6-27   LPC 声码器的基本原理框图

在收端,按假定的语音生成模型组成语音合成器,由从发端传输来的特征参数来控制合成语音。LPC 声码器中的合成器如图 6-28 所示,其中 $\{\hat{\alpha}_i\}$ 参数控制一个时变线性系统(由滤波器实现),实现声道频率特性,仿真声道发声。声道激励信号 $\hat{e}(n)$ 由发端传送来的 $u\hat{v}/v$、$\hat{T}_p$ 和 $\hat{G}$ 等参数控制和产生。由短时傅氏分析知,在发端只需每隔 1/2 窗宽($N/2$ 个语音样值)分析一次,从而特征参数的取样率是 f_s 的 $2/N$ 倍。所以,在合成器中必须将 $\hat{G}$、$\{\hat{\alpha}_i\}$ 用内插的方法由发端预测分析时的低取样率恢复到原始取样率 f_s。

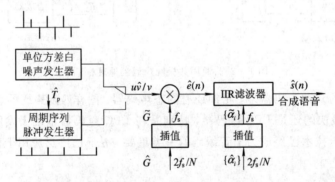

图 6-28   LPC 声码器中的合成器

6.3   混合编码

如前所述,在语音编码技术中,波形编码的语音质量高,但一般所需编码速率较高,参数编码可以实现较低编码速率的传输,但其音质较差。由此,人们提出综合两者的优点,在满足一定语音质量的前提下,实现较低码率的传输。混合编码技术就是在这一思想基础上产生的另一类编码技术。混合编码技术在参数编码的基础上引入了一些波形编码的特性,在编码率增加不多的情况下,能较大幅度地提高传输语音质量。

6.3.1 线性预测编码声码器的主要缺陷及改进方法

LPC 声码器利用了语音信号模型，能够在保证可读懂的情况下，大幅度地降低传输码率，然而也带来了一些缺点：

（1）损失了语音自然度。由于声码器采用的二元语音模型过于简单，它仅将激励信号分成白噪音和周期脉冲两种，而实际上，相当一部分语音的激励既非周期脉冲序列，又非随机噪音，所以，有时合成语音听起来不自然。

（2）降低了方案的可靠性。二元清/浊音判决和共振峰在语音中的重要作用，使得语音分类和基音提取可能变得不准确，而且易受噪声影响，降低了方案的抗干扰能力。

（3）易引起共振峰位置失真。当基音周期 T_p 很小时（如女声或童声），基音频率 $f_p = 1/T_p$ 很大并与谱包络中的第一共振峰频率 f_1 接近，可能被错估成一个能量更大的共振峰，造成合成语音失真。

（4）带宽估值误差大。由于 LPC 对谱的谷点估计精度不高，因此，LPC 估计出的带宽误差较大，从而影响了参数的精度。

尽管此法有一些缺点，但由于具有合成简单，可自动进行参数分析等优点，仍具有较大的吸引力。人们在实践中针对它的缺点提出了一些改善方案，使它更趋于实用化。

波形自适应预测编码（APC）在压缩数码率（约 32 kb/s 左右）的同时，又能获得较高质量的重构语音。而从线性预测的角度看，APC 与 LPC 声码器同属一族，它们的主要区别在于：前者是波形编码，或者是参数编码。将 APC 作为质量准绳与 LPC 声码器相比较，不难看出 LPC 声码器大幅度降低数码率和导致合成语音质量下降的原因，从中可以找到改善 LPC 声码器语音质量的方向。图 6-29 给出了 APC 与 LPC 方案的比较。图 6-29(a) 是 APC 方案，它用由线性预测分析估计的 M 个 LPC 参数 $\{a_{ai}\}$ 组成的 M 阶 FIR 滤波器对语音样值进行自适应预测，得到预测误差信号（余数信号）$e_a(n)$，然后将 $\{a_{ai}\}$ 和 $e_a(n)$ 量化编码送入信道传输；在收端，根据解码后的 LPC 参数 $\{\hat{a}_{ai}\}$ 和余数信号 $\hat{e}_a(n)$，利用滤波器恢复出语音信号。图 6-29(b) 是我们已经熟悉的 LPC 方案。将图(a)与图(b)比较，容易发现

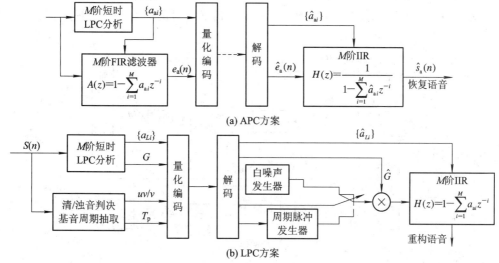

图 6-29 APC 与 LPC 方案的比较

233

二者的主要差别在于传送到收端并加到滤波器 IIR 上的激励信号不同。APC 将包含完整原始语音的信息分成两部分：谱包络 $\{a_{ai}\}$ 和余数信号 $e_a(n)$。它们被量化编码后传送到收端并用来构成和激励 IIR 滤波器，从而恢复高质量语音。与其不同，LPC 并不传送余数信号，而只传送根据假定的语音模型从信号中分析出的短时参数：谱包络 $\{a_{Li}\}$、基音周期 T_p、清/浊音判决 uv/v 及语音强度 G；在收端，根据 T_p 和 uv/v 合成出 IIR 滤波器的激励信号，由 $\{a_{Li}\}$ 构成 IIR 滤波器，进而重构语音。

LPC 声码器扔掉了内容丰富的余数信号，尽管其数码率能大大降低，但同时也损失了语音自然度，降低了系统可靠性。显而易见，LPC 声码器重构语音的低质量和系统的低可靠性要归罪于语音重构模型的激励信号的机理简单。

从上面的分析知，要改善 LPC 声码器的质量，就必须从改善收端 IIR 的激励信号入手。具体地说，就是要抛弃简单的二元清/浊音语音信号激励模型的假定。通常改善的途径有两种：一是采用较复杂的语音信号激励模型，如浊音声门波激励模型或多脉冲激励模型等；二是利用一部分余数信号，例如将余数信号和语音谱中的一小部分传送到收端，并由它们与其他 LPC 参数一同产生出 IIR 滤波器的激励信号。改善收端激励信号的结果是既提高了语音的自然度，又增大了系统的可靠性，但也付出了增大传输速率的代价。通常为了获得较为自然的语音质量，约需十几 kb/s 的传输数码率。

6.3.2　余数激励线性预测编码声码器(RELPC)

余数激励声码器用语音余数信号低频谱中的一部分(基带余数信号)代替清/浊音判决和基音周期传送到收端作为激励信号，其系统原理框图如图 6-30 所示。发端用低通滤波器滤出低频余数信号，一般而言，它的带宽只是全带余数信号频谱的一小部分(如 $1/L$)，所以，基带余数信号的抽样率可以从原始抽样率 f_s 降至 f_s/L。这个工作由抽取完成，最后将预测参数 a_{Ri} 和基带余数信号 $e_a(n)$ 量化编码传送到收端。在收端，首先用差值将抽取后的基带余数信号 $\hat{e}_a(n)$ 的取样率恢复成 f_s，然后通过高频再生处理再生出余数信号的高频成分，再将其与基带余数信号合成出激励 IIR 滤波器的全带余数信号。高频再生可采用整流、切割、频域再生等方法实现。从原理上讲，任何对信号的非线性变换或切割都会产生高频分量，使信号谱扩展延伸。

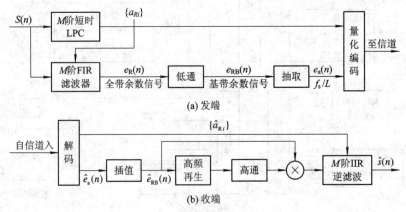

(a) 发端

(b) 收端

图 6-30　RELPC 系统原理框图

对余数激励声码器而言，基带余数信号的获取以及收端再生出全带余数信号是关键，它们的性能决定了语音信号的质量。

6.3.3　多脉冲激励线性预测编码声码器(MPC)

通过研究语音模型的激励形式可以发现：

(1) 将语音信号简单地分成单一的清、浊音两大类是不完全的。在一些语音场合中，帧内语音激励既非白随机噪声型又非周期脉冲型，而是介于两者之间的混合型，或是交替型。

(2) 当语音为浊音时，在声门开、闭间隔内以及当声门闭合后，有时会出现若干种脉冲。也就是说，即使对于典型的浊音语音，其激励也常常不是单个脉冲的周期序列。

针对以上事实，多脉冲激励 LPC(MPC，Muti - Pulse LPC)声码器方案可以很好地解决这些问题。在这个方案中，无论是合成清音还是浊音，都采用一个数目有限、幅度和位置可以调整的脉冲序列作为激励源。

MPC 避免了普通 LPC 声码器中硬性的二元清浊音判决，从而改善了语音的自然度和系统可靠性。然而，由于一般多脉冲激励每 10 ms 需要 8 个脉冲代表，所以，需要更高的传输速率。

图 6 - 31 为 MPC 算法原理框图。方案采用合成分析法进行激励参数估值。合成分析法的原理是把合成器(图 6 - 31(a)中虚线框部分)引入发端，根据合成语音 $\hat{s}(n)$ 与原始语音 $s(n)$ 间的均方误差最小准则，用递推的方法分析出一组多脉冲参数(位置及幅度)，然后与 LPC 参数 $\{a_{Mi}\}$ 一起量化编码，送入信道。分析、迭代、递推求出最佳多脉冲信息的过程是一个优化过程，实现这一优化过程的算法很多，这里不作具体介绍，读者可以参考相关文献。

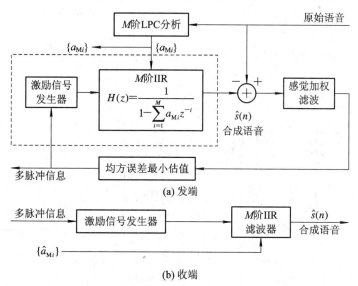

图 6 - 31　MPC 算法原理框图

MPC 声码器能保证较好的自然度和可靠性，一般工作速率在 9.6 kb/s 左右。它的最大缺点是分析多脉冲信息时的运算量很庞大，使它较难实现并因此妨碍了它的推广应用。尽管如此，由于灵活的多脉冲激励使 LPC 声码器能比较自然地适应各种语言过渡情况，这一优越性促使人们研究更有效的简化算法。近年来，随着相当多高速有效算法的出现和数字信号处理实现水平的不断提高，MPC声码器已经能有效地实现，并得到了较广泛的应用。

6.3.4 规则激励长时预测(RPE－LTP)编码方案

规则激励长时预测语音编码方案是欧洲数字移动特别通信工作组(GSM)提出的供数字移动通信用的语音编码方案。它是余数LPC和多脉冲激励LPC两种算法的综合，RPE－LTP编码方案的编码净比特率为13 kb/s，加上信道抗干扰编码为22.8 kb/s，再加上其他管理信息等冗余码，其信道传输速率为24.7 kb/s。

通过前面的讨论，我们知道余数激励LPC将余数信号样点量化编码，可以获得较高的合成语音质量，但通常编码速率较高，一般在16 kb/s以上；多脉冲激励LPC能保证较高质量的语音，其编码速率也可以在9.6 kb/s左右，但缺点是运算量非常大，实现困难。RPE－LTP方案综合了两者的优点，改善了各自的缺点，从而使得这种算法获得了GSM的推荐。

RPE－LTP方案用一组由余数信号获得的间距相等、相位与幅度优化的规则脉冲代替余数信号，从而使合成语音波段尽量逼近原始语音信号，而运算量却比多脉冲激励方式小得多。在GSM推荐的RPE－LTP方案中，直接用余数信号的3∶1抽取序列作为规则激励信号，并且认为可能的几种3∶1抽取序列中能量最大的一个对原语音波形产生的贡献最大，其他序列的样点作用较小，可以忽略。因此就采用能量最大的余数抽取序列作为规则码激励信号，这样，就使所要传输的余数信号样点相对余数LPC压缩了2/3，大大降低了编码速率。同时，由于这种算法相对简单，与多脉冲激励LPC相比计算量大大地减少，也更容易实现。

下面通过GSM给出的13 kb/s RPE－LTP编码器原理框图来简要说明RPE－LTP方案的基本原理。如图6－32所示为GSM RPE－LTP编码原理框图，RPE－LTP方案主要由预处理、分析、短时分析滤波、长时预测和规则激励编码五大部分构成。

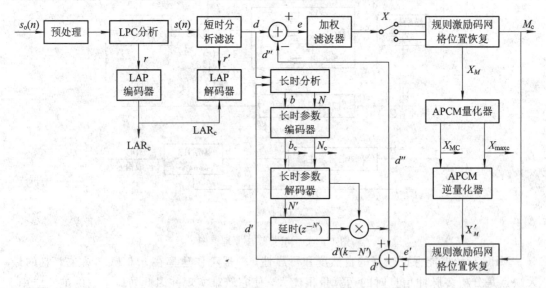

图 6－32　GSM RPE－LTP 编码原理框图

预处理：对进入编码器前的语音信号 $s_o(n)$ 先进行预处理。预处理主要完成两个功能：一是去除 $s_o(n)$ 中的直流分量；二是进行高频分量预加重，目的是为了更好地进行 LPC 分析。

LPC 分析：对经预处理后的语音信号进行 LPC 分析，以提取 LPC 参数。LPC 分析按帧进行处理，每 20 ms(160 个样点)为一帧，计算、提取一次 LPC 反射系数 γ。通常的计算方法为：先求出信号的自相关系数，其数目由短时分析滤波器阶数决定。例如，短时分析滤波器为 8 阶，则自相关系数有 9 个，自相关系数为

$$R(i) = \sum_{j=i}^{159} s(j)s(j-i), \quad i = 0, 1, \cdots 8 \tag{6.16}$$

然后再按适当的算法(如 Schur 迭代算法)求出前 8 阶反射系数 γ。反射系数一方面作为边带信息传送到收端；另一方面提供给发端短时分析滤波使用。为了减小量化误差的影响，对反射系数先取对数面积比参数后经量化编码传输。对数面积比参数变换公式为

$$\text{LAR}(i) = \lg \frac{1+\gamma(i)}{1-\gamma(i)}, \quad i = 1, 2, \cdots, 8 \tag{6.17}$$

式中，$\gamma(i)$ 为反射系数，$\text{LAR}(i)$ 为对应的对数面积比参数。最后对 $\text{LAR}(i)$ 量化编码即得 LAR 参数码 LAR_c，LAR 参数量化编码比特分配见表 6-6。

表 6-6　LAR 参数量化编码比特分配

LAR 参数序号	1、2	3、4	5、6	7、8
量化编码比特数	6	5	4	3

短时分析滤波：这部分对信号做短时预测分析，产生短时余数信号。通常短时预测滤波器采用 8 阶格形滤波器，其反射系数 γ' 通过 LAR_c 解码得到。LAR_c 解码器的主要功能是确保编码器使用的是解码器上的相同信息：首先对 LAR_c 码解码得到相应的 LAR' 参数；其次，为了使经处理后的各帧语言信号之间更好地衔接，需对预测参数进行插值平滑；最后，对所得 LAR 参数按式(6.17)作反变换，得到用于格形短时预测滤波的反射系数 γ'。

长时预测：语音信号经短时预测分析后，其余数信号 d 进入长时预测，进一步去除信号的冗余度，以便压缩编码比特。长时预测按子帧进行处理，即每一帧分成 4 个子帧，每子帧 5 ms，含有 40 个样点。长时预测也分成两部分：一部分为长时分析，估计出预测系数 b 和预测最佳延时样点数 N，然后将它们作为边带信息经编码后(得 b_c 和 N_c)传送到收端，同时在本端用于对 d 信号进行预测。第二部分是利用恢复出的本子帧的长时预测系数 N'、b' 和短时余数信号 d' 对当前子帧的余数信号 d'' 进行预测，其预测方程为

$$d''(k) = b' \cdot d'(k-N') \tag{6.18}$$

式中，k 为余数信号样点的动态时标。

规则激励编码：长时预测之后的余数信号 e 进入这部分后进行两项工作，首先进行规则码序列提取，然后对所确定的序列进行量化编码。规则激励编码也按子帧处理，每子帧 40 个余数信号量 e 的样点经过加权滤波后产生 40 个加权余数信号 X。然后进行四次 3∶1 抽取，每次比上次延时一个样点，交错排列成 4 个序列，图 6-33 给出了 3∶1 抽取获得的 4 个序列，每个序列只含有 13 个原序列样值。选取它们中能量最大的那个序列作为规则码激励脉冲序列，将选中的序列号 M_c 以及其他所包含的 13 个原序列样值 X_M 量化编码，传

送到对端及本端的解码器。规则码激励脉冲序列的样点采用 APCM 方式量化编码，具体方法是先找到序列的最大非零样点，并用 6 比特量化编码得到的 X_{maxc}，然后将它解码，解码后的样值作为归一化因子，对该序列的所有的 13 个样点做归一化处理，每个处理后的样值用 3 比特量化编码产生 X_{MC}。X_{MC} 和 X_{maxc} 一方面传送到对端去，另一方面送入本端解码器解码，以产生经逆量化后恢复的规则码激励脉冲序列 e'，e' 再与长时预测值 d'' 相加得到 d'，供下一帧长时预测使用。

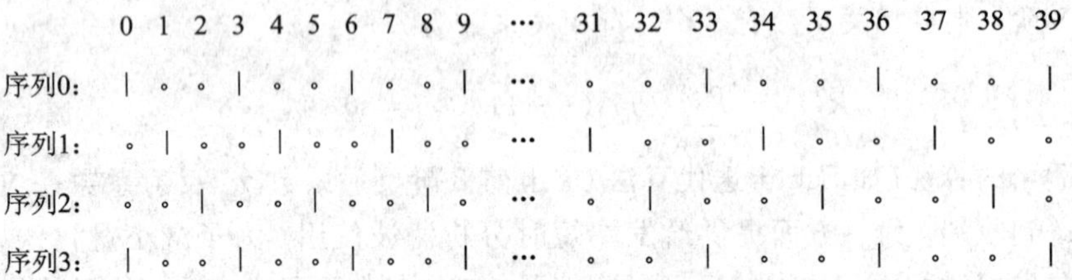

```
              0 1 2 3 4 5 6 7 8 9  …  31 32 33 34 35 36 37 38 39
序列0:  | · · | · · | · · | · · · | · · | · · | · · |
序列1:  · | · · | · · | · · | · · · · | · · | · · | · · |
序列2:  · · | · · | · · | · · | · · · · · | · · | · · | · · |
序列3:  · · · | · · | · · | · · | · · · · · · | · · | · · | · ·
```

图 6-33 3:1 抽取获得的 4 个序列

GSM RPE-LTP 方案的一帧中各参数编码比特分配如表 6-7 所示。每帧 20 ms，共用 260 比特量化编码，所以方案净编码速率为 13 kb/s。

表 6-7 GSM RPE-LTP 方案参数编码分配表

参　　　数	量化编码比特数
8 个 LPC 参数 LAR(i)	36
4 个 LTP 系数 b	8
4 个 LTP 最佳时延 N	28
4 个码激励序列编号 M_c	8
4 个子帧最大样值 X_{maxc}	24
4 * 13 个 RPE 码激励序列样值 X_M	156
总　　　计	260

收端解码器工作过程与发端编码器相反，先得到 e'，再得 d'，然后让 d' 通过合成格形滤波器合成恢复语音信号，然后去加重，得到最后的合成语音。由于解码器的许多功能方框已包含在编码器内，且其实现原理基本相同，这里就不详细介绍了。

6.3.5 矢量和激励线性预测(VSELP)编码方案

在混合编码技术的基础引入矢量量化技术，既可保证语音的合成质量，又可以进一步压缩编码速率。矢量和激励线性预测编码就是矢量量化技术应用于余数 LPC 的结果，它是码本激励线性预测编码(CELP)方式中一种。VSELP 是美国电子工业协会(EIA)下属的电信工业协会(TIA)提出的用于北美数字移动通信的，编码速率为 8 kb/s 的语言编码方案。

VSELP 算法是对余数信号进行矢量量化技术，从事先确定了的一组脉冲序列(称为激励矢量码本)中挑选出一个最佳序列(激励矢量)代替余数信号，使由其合成的语音波形与原始语音波形的加权均方误差最小，VSELP 只需要将选中的激励矢量在码本中的序列和其他边带信息传输到收端，收端解码器就能恢复出高质量的语音信号。因此，它的编码效率很高，是 8 kb/s 以下高质量语音压缩编码的优选方法之一。VSELP 与传统的 CELP 相比还在搜寻最佳激励矢量等方面大大降低了运算量，使算法实现变得更容易。

图 6-34 给出了 EIA/TIA VSELP 方案的实现原理框图。VSELP 方案的关键是获取最佳激励矢量码本，这里我们着重讨论矢量和激励的产生。为了简便起见，图中与获取矢量码本无直接关系的部分，如语音信号的 LPC 分析、短时预测、长时预测等没有画出，它们的实现原理与前面介绍的 RELPC，MPC 和 RPE-LTP 方案类似，这里就不赘述了。

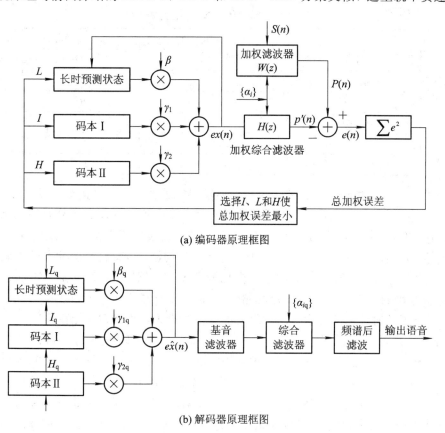

(a) 编码器原理框图

(b) 解码器原理框图

图 6-34 EIA/TIA VSELP 方案的实现原理框图

VSELP 方案仍采用分帧处理，20 ms 一帧，共 160 个样点，一帧进行一次 LPC 参数提取，用迭代法求出 10 阶反射系数，并按表 6-8 的比特分配方案量化编码传送到收端，供本端相关滤波器使用。

表 6-8 LPC 反射参数量化比特分配表

反射系数阶号	1	2	3	4	5	6	7	8	9	10
量化比特数	6	5	5	4	4	3	3	3	4	2

在编码器中除了提取 LPC 参数外，主要工作是确定长时预测状态和短时激励矢量。这些工作是按子帧进行的，每一帧分为 4 个子帧，一子帧 5 ms，含有 40 个样点。如图 6-34 (a) 所示，经过短时、长时预测之后的语音余数信号 $s(n)$ 通过加权滤波器后得到信号 $p(n)$，$p(n)$ 与由矢量和激励信号通过加权综合滤波器恢复的余数信号 $p'(n)$ 相减得到误差信号 $e(n)$，再利用加权误差和最小的准则来确定长时预测状态和短时预测激励矢量。

由图 6-34(a) 易见，综合滤波器的激励信号 $ex(n)$ 由三部分合成：一个是长时状态(最

佳延时 L 和增益 β），另两个为短时激励矢量。在 VSELP 方案中是根据加权误差最小的原则，分别选取激励信号和相应的增益因子的。

VSELP 方案在一子帧中的量化比特分配由表 6-9 给出。每 20 ms（一帧）用 159 bits，相当于编码速率为 7.95 kb/s，加上每帧保留的 1 bit，其总编码速率为 8 kb/s。

表 6-9　VSELP 方案量化比特分配

参数	b/每子帧	b/每帧
10 个 LPC 参数	—	38
帧能量 $R(0)$	—	5
I、H 与 L	7+7+7	84
G_s、P_0、P_1	8	32
保留	—	1
总计	29	160

图 6-34(b) 中，解码器的主要工作是根据发端传送过来的长时状态 (L_q)、码本 I 和码本 II 的序号 (I_q 和 H_q) 在三个码本中确定激励矢量，然后各自乘以解码恢复后的增益因子 β_q、γ_{1q}、γ_{2q}，再相加，构成激励序列 $\hat{ex}(n)$，经过基音滤波以增强基音周期性，再送入综合滤波器恢复出语音。最后的合成语音还要经过频谱后滤波，以提高语音的主观质量。

EIT/TIA 提出的 VSELP 方案是一个比较理想的 CELP 实现方案，它不仅保留了 CELP 高效编码的优点，而且它的运算量比通常的 CELP 方案降低了许多。另外，由于 VSELP 采用了长时预测和对增益因子用矢量量化等措施，使该方案能在 8 kb/s 编码速率上获得相当满意的语音质量。表 6-10 列出了一些语音编码方案的平均评价分（MOS，Mean Opinion Score）。MOS 评分是一种常用的语音质量的主观评价方法，共分 5 个等级，最高 5 分，最低 1 分。表中，IMBE 为增强型多带激励编码方案，它是多带激励（MBE）编码方案的改进型（MBE 原理将在后面介绍）。由表可见，VSELP 的 MOS 评分为 3.45 分，基本上与 GSM 采用的 RPE-LTP 的质量相仿。该方案采用了加权误差最小准则，具有波形编码的特点，因此对有噪声干扰及多人讲话环境不敏感。由于方案对余数信号采用了矢量量化，从理论上讲，该方案的高频能力及对带内非语音信号的编码能力要比对余数信号采用抽取量化的方案强。

表 6-10　一些语言编码方案的 MOS 评分

编码方案	标准	编码速率	MOS 评分
PCM	G.711	64 kb/s	4.3
ADPCM	G.721	32 kb/s	4.1
RPE-LTP	GSM	13 kb/s	3.47
VSELP	IS-54	8 kb/s	3.45
LD-CELP	G.728	16 kb/s	4.0
IMBE	INMARSAT-M	4.15 kb/s	3.4
CELP	F-1016	4.8 kb/s	3.2
LPC-	F-1015	2.4 kb/s	2.3

采用矢量和激励的方法即将码本矢量分解成基矢量叠加的方法不仅使方案的运算量下降得很多，还使方案的抗误码性能得到了提高。因为当误码引起某个基矢量发生错误时，对总的激励信号影响不太大。EIA/TIA VSELP 方案在 10^{-2} 误码率条件下，仍能给出较好的语音质量，加上信道差错控制编码后，该方案的传输速率为 13 kb/s，在 10^{-1} 误码率环境中，其语音质量并无大的下降。

6.3.6 低时延码激励线性预测(LD-CELP)编码方案

该方案是 ITU-T 关于进入长话网的 16kb/s 声码的标准算法，已作为 ITU-T G.728 协议推荐方案。该方案语音质量与 G.721 32 kb/s ADPCM 相当而编码速率只有 16 kb/s，编码时延仅 2 ms，同时做到了高质量、低码率和低时延是该方案的突出特点。

图 6-35 为 LD-CELP 原理框图，其中，(a)图是发端编码器，(b)图是收端解码器。在发端，为了提高计算精度，需要将非线性 PCM 码恢复成压扩前的线性码，输入的 64 kb/s 的 PCM 信号码流经过非线性/线性转化，变换成均匀量化的 PCM 信号。当输入是 A 律信号时，经转换后得 13 比特/样值的均匀量化信号；而当输入是 μ 律信号时，则转化成 15 比特/样值的信号。然后以 5 个样值组成一个信源矢量，存入缓冲器中，由于每次只存一个矢量，编码引入的时延就较小，一般不大于 2 ms。图 6-35 虚线框内的部分实际上就是一个解码器，它产生一个与输入语音样值相比，误差最小的合成语音样值，其中，5 维激励码本是一个有 1024 个 5 维码矢量的码书，该码书按两级编排：一级是矢量长度，共 8 种，4 负 4 正，需 3 比特编码；另一级是 5 维单位矢量，共 128 种，需要 7 比特编码。在码书中取一码字作为激励信号，经增益控制和综合滤波器后合成语音样值，与在缓冲器中的输入语音矢量比较，所得的误差信号再经感觉加权滤波，计算该误差的均方值，通过搜索码本中各码字，以使此误差均方值最小，就可将与最小均方误差对应的码字编号用 10 位二进制编码输出，形成 16 kb/s 的参数码流，传送到接收端。

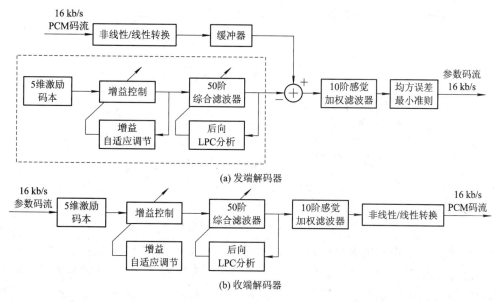

(a) 发端解码器

(b) 收端解码器

图 6-35 LD-CELP 原理框图

在接收端，根据发端传送来的码字编号在与发端相同的码本中取出激励矢量。增益控制用来调整码本输出矢量脉冲的幅度。增益自适应调节计算、调整增益预测值，每个矢量调整一次。根据增益控制以前的值计算当前所需值，并采用混合技术以充分利用以前的数据。综合滤波器是合成语音信号所需的滤波器，其预测值系数由后向 LPC 分析提供。感觉加权滤波器根据人耳的频率特性设计，其目的是使失真引起的主观感觉最好。解码器最后一个方框用 A 律或 μ 律对合成的语音信号样值进行再变换，它为发端非线性/线形转换的反变换，以便可用一般芯片恢复声音信号。

通常的声码编码方案都是按帧处理的，编码时延为 40~100 ms。LD-CELP 方案采用了低维码本（5 维）及后向预测（从输入码流中提取预测参数）等方法解决了这一问题，时延仅 2 ms。LD-CELP 方案的语音质量与 32kb/s ADPCM 相当。LD-CELP 方案没有采用常规的基音预测，而将 LPC 参数的预测阶段由通常的 10 阶提高到 50 阶，增强了抗信道误码能力。

6.3.7 多带激励线性预测(MBE)编码方案

MBE 算法的关键是提出了一种基于频域的、新的语音信号产生模型——多带激励模型，进而提高了合成语音的自然度。图 6-36 给出了 MBE 语音信号产生模型，这是一个频域模型，也就是说，它致力于对原始语音谱结构的分析和拟合。在这个模型中，并不是简单的将一帧语音的频谱分成若干个谐波带，而是按基音各谐波频率，将一帧语音的频谱分成若干个谐波带，再将数个谐波带划为一组进行分带，分别对各带进行清/浊音判决。对于浊音带，用以基音周期为周期的脉冲序列谱作为激励信号谱；对于清音带，则使用白噪声谱作为激励信号谱，本帧总的激励信号由各带激励信号相加构成。激励信号谱与原始语音中提取的谱包络相乘以确定激励谱在各谐波带的相对幅度和相位（在该模型中，认为每一谐波带内谱包络为常数），起到了将这种混合激励信号映射成语音谱的作用。这种模型使得合成语音谱同原语音谱在细致结构上能够拟合得很好，更符合实际语音的特性，所以其收端的语音质量必然就高。

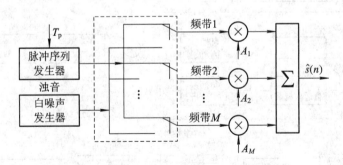

图 6-36 MBE 语音信号产生模型

MBE 模型参数分析提取过程如图 6-37 所示。此算法采用了合成分析法和感觉加权两项行之有效的提高参数分析精度的技术来提取语音周期 T_p 和谱包络参数。利用平滑技术对初估出的基音周期进行基音跟踪，提高基音周期精度。根据合成谱与原始谱间的拟合误差来确定某个谐波带的清/浊音判决信息。在确定了 uv/v 后，就可确定各谐波的幅度

X_m。对于浊音带，谱幅度就等于最佳包络模值；对于清音带，谱幅度就是原语音谱中该谐波带的平均谱幅度值。

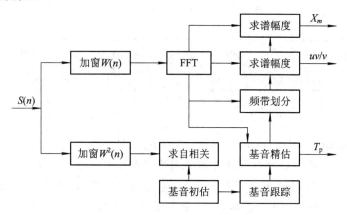

图 6 - 37 MBE 模型参数分析提取过程

MBE 算法对收端语音合成采用时频域混合合成算法，分别在时域和频域进行浊音和清音的合成，再将它们相加得到最后的合成语音，如图 6 - 38 所示为 MBE 方案语音合成过程。清/浊音谱包络分离按清/浊音判决信息进行谱包络分离。在浊音谱包络中，对所有判为清音的谐波频带，令其包络值为零；在清音谱包络中，对所有判为浊音的谐波频带，令其包络值为零。清音合成采用频域方法，首先由白噪声序列发生器生成一个白噪声序列，然后通过一个合成窗，取出一个一定长度的样本，再将其进行 FFT，得到激励谱，并归一化到幅值。激励谱乘以经线性内插后的清音包络就得到了合成清音谱。对它进行 FFT 反变换即得本帧的清音合成语音。为了保持合成语音间的连续性，一般采用的窗长大于一帧语音长度，因此需要加权重叠相加来平滑相邻帧的边界，最后得到实际的合成清音。浊音采用时域合成的方法来合成。由于浊音在频谱上是分散的，可用一组正弦振荡器实现合成。计算出每个谐波的谐波函数和相位函数后，即可通过正弦振荡器形成浊音语音。将分别合成的清音和浊音相加起来，就得到了最后的合成语音。

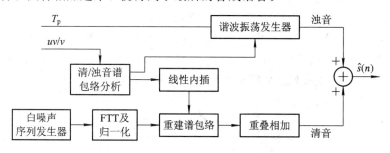

图 6 - 38 MBE 方案语音合成过程

第 7 章

多 载 波 调 制

多载波调制(MCM, Multicarrier Modulation)采用了多个载波信号。它把数据流分解为若干个子数据流,从而使子数据流具有低得多的传输比特速率,再利用这些数据分别去调制若干个载波。所以,在多载波调制信道中,数据传输速率相对较低,码元周期较长,只要时延扩展与码元周期相比小于一定的比值,就不会造成码间干扰。因而多载波调制对于信道的时间弥散性不敏感。多载波调制可以通过多种技术途径来实现,如多音实现(Multitone Realization)、正交频分复用(Orthogonal Frequency Division Multiplexing)、多载波码分多址(MC-CDMA)和编码多载波调制 (Coded MCM)。其中,正交频分复用可以抵抗多径干扰,是当前研究的一个热点,可缩写为 OFDM。

OFDM 的思想可以追溯到 20 世纪 60 年代,当时人们对多载波调制做了许多理论上的工作,论证了在存在码间干扰的带限信道上采用多载波调制可以优化系统的传输性能;1970 年 1 月,有关 OFDM 的专利被首次公开发表;1971 年,Weinstein 和 Ebert 在 IEEE 杂志上发表了用离散傅里叶变换实现多载波调制的方法;20 世纪 80 年代,人们对多载波调制在高速调制解调器、数字移动通信等领域中的应用进行了较为深入的研究,但是由于当时技术条件的限制,多载波调制没有得到广泛的应用;进入 20 世纪 90 年代,由于数字信号处理技术和大规模集成电路技术的进步,OFDM 技术在高速数据传输领域受到了人们的广泛关注。现在 OFDM 已经在欧洲的数字音视频广播(如 DAB 和 DVB)、欧洲和北美的高速无线局域网系统(如 HIPERLAN2、IEEE 802.11a)、高比特率数字用户线(如 ADSL、VDSL)以及电力线载波通信(PLC)中得到了广泛的应用。

OFDM 是多载波传输方案的实现方式之一,利用快速傅里叶逆变换(IFFT, Inverse Fast Fourier Transform)和快速傅里叶变换(FFT, Fast Fourier Transform)来分别实现调制和解调,是实现复杂度最低、应用最广的一种多载波传输方案。

7.1 正交频分复用

7.1.1 OFDM 系统的基本原理

OFDM 是一种多载波调制技术,其原理是用 N 个子载波把整个信道分割成 N 个子信道,即将频率上等间隔的 N 个子载波信号调制并相加后同时发送,实现 N 个子信道并行传输信息。这样每个符号的频谱只占用信道带宽的 $1/N$,且使各子载波在 OFDM 符号周期 T 内保持频谱的正交性。

如图 7-1(a)所示为 OFDM 子载波时域图,从时域角度刻画了 4 个载波独立的波形和迭加后的信号。其中，所有的子载波都具有相同的幅值和相位，但迭加之后的 OFDM 符号的幅度范围却变化很大，这也就是 OFDM 系统具有高峰均比的现象。从图 7-1(a)中可以看出，每个子载波在一个 OFDM 符号周期内都包含整数个周期，而且各个相邻的子载波之间相差 1 个周期。这一特性可以用来解释子载波间的正交性，即满足

$$\frac{1}{T}\int_0^T e^{jw_n t} \cdot e^{-jw_m t}\, dt = \begin{cases} 1, & n=m \\ 0, & n \neq m \end{cases} \tag{7.1}$$

这种正交性还可以从频域角度来解释，如图 7-1(b)所示的 OFDM 子载波频域图给出了互相覆盖的各个子信道内经过矩形波成型得到的符号 sinc 函数频谱。每个子载波频率最大值处，所有其他子信道的频谱值恰好为零。因为在对 OFDM 符号进行解调的过程中，需要计算这些点上所对应的每个子载波频率的最大值，所以可以从多个互相重叠的子信道符号中提取每一个子信道符号，而不会受到其他子信道的干扰。从图 7-1(b)中可以看出，OFDM 符号频谱实际上可以满足奈奎斯特准则，即多个子信道频谱之间不存在互相干扰。因此这种一个子信道频谱出现最大值而其他子信道频谱为零的特点可以避免载波间干扰(ICI, Inter - Channel Interference)的出现。

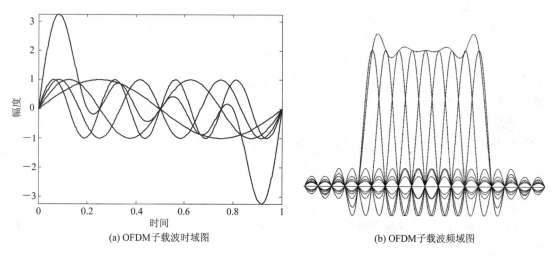

(a) OFDM子载波时域图 (b) OFDM子载波频域图

图 7-1   DFDM 子载波的时域图和频域图

在发送端，串行码元序列经过数字基带调制、串并转换，将整个信道分成 N 个子信道。N 个子信道码元分别调制在 N 个子载波频率 f_0, f_1, $\cdots$, f_n, $\cdots$, f_{N-1} 上。设 f_c 为最低频率，相邻频率相差 $1/N$，则 $f_n = f_c + n/T$, $n = 0, 1, 2, \cdots, N-1$，角频率为 $w_n = 2\pi f_n$, $n = 0, 1, 2, \cdots, N-1$。

待发送的 OFDM 信号 $D(t)$ 为

$$D(t) = \mathrm{Re}\Big(\sum_{n=0}^{N-1} X(n) \cdot e^{jw_n t}\Big) = \cos 2\pi f_c t \cdot \mathrm{Re}\Big(\sum_{n=0}^{N-1} X(n) \cdot e^{j2\pi nt/T}\Big)$$

$$- \sin 2\pi f_c t \cdot \mathrm{Im}\Big(\sum_{n=0}^{N-1} X(n) \cdot e^{j2\pi n\frac{t}{T}}\Big), \quad t \in [0, T] \tag{7.2}$$

接收端对接收到的信号进行如下解调：

$$X'(m) = \frac{1}{T} \int_0^T D(t) \cdot \mathrm{e}^{-\mathrm{j}2\pi f_m t} \, \mathrm{d}t = \frac{1}{T} \int_0^T \sum_{n=0}^{N-1} X(n) \cdot \mathrm{e}^{\mathrm{j}w_n t} \cdot \mathrm{e}^{-\mathrm{j}w_m t} \, \mathrm{d}t$$

$$= \sum_{n=0}^{N-1} X(n) \cdot \frac{1}{T} \int_0^T \mathrm{e}^{\mathrm{j}w_n t} \cdot \mathrm{e}^{-\mathrm{j}w_m t} \, \mathrm{d}t, \quad t \in [0, T] \tag{7.3}$$

由于 OFDM 符号周期内各子载波是正交的,正交关系如式(7.1)所示。所以,当 $n=m$ 时,调制载波 w_m 与解调载波 w_n 为同频载波,满足相干解调的条件,$X(m) = X(n)$,$m = 0$,1,2,$\cdots$,$N-1$,能恢复出原始信号;当 $n \neq m$ 时,接收到的不同载波之间互不干扰,无法解调出信号。这样就在接收端完成了信号的提取,实现了信号的传输。

在式(7.2)中,设

$$y(t) = \sum_{n=0}^{N-1} X(n) \cdot \mathrm{e}^{\mathrm{j}2\pi n t / T}, \quad t \in [0, T] \tag{7.4}$$

若在 1 个 T 内 $y(t)$ 以采样频率 $f_s = \frac{1}{\Delta t}$(其中 $\frac{1}{\Delta t} = \frac{T}{N}$)被采样,则可得 N 个采样点。设 $t = k\Delta t, \frac{nt}{T} = \frac{nk}{N}$,则

$$y(k) = \sum_{n=0}^{N-1} X(n) \cdot \mathrm{e}^{\mathrm{j}2\pi nk / N}, \quad k = 0, 1, 2, \cdots, N-1 \tag{7.5}$$

式(7.5)正是序列$\{X(n), n=0, 1, 2, \cdots, N-1\}$的 N 点离散傅里叶反变换(IDFT)的结果,这表明 IDFT 运算可完成 OFDM 基带调制过程。而其解调过程可通过离散傅里叶变换(DFT)实现。因此,OFDM 系统的调制和解调过程等效于 IDFT 和 DFT。在实际应用中,一般用 IFFT/FFT 来代替 IDFT/DFT,这是因为 IFFT/FFT 变换与 IDFT/DFT 变换的作用相同,并且有更高的计算效率,适用于所有的应用系统。

7.1.2 系统组成

OFDM 系统组成框图如图 7-2 所示。其中,上半部分对应于发射机链路,下半部分对应于接收机链路,整个系统主要包含信道编/解码、数字调制/解调、IFFT/FFT、加/去保护间隔和数字上/下变频。

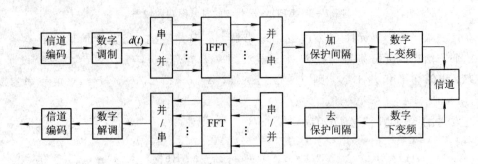

图 7-2 OFDM 系统组成框图

输入比特序列完成信道编码后,根据采用的调制方式,完成相应的调制映射,形成调制信息序列$\{X(n)\}$,对$\{X(n)\}$进行 IFFT,将数据的频谱表达式变换到时域上,得到 OFDM 已调信号的时域抽样序列,加上保护间隔(通常采用添加循环前缀的方式),再进行数字变频,

得到 OFDM 已调信号的时域波形。接收端先对接收信号进行数字下变频,去掉保护间隔,得到 OFDM 已调信号的抽样序列,对该抽样序列做 FFT 即可得到原调制信息序列 $\{X(n)\}$。

1. 信道编码

为了提高数字通信系统的性能,信道编码(通常还伴有交织)是普遍采用的方法。在 OFDM 系统中,如果信道衰落不是太严重,均衡是无法再利用信道的分集特性来改善系统性能的,因为 OFDM 系统自身具有利用信道分集特性的能力,一般的信道特性信息已经被 OFDM 这种调制方式本身所利用了。但是,OFDM 系统的结构却为在子载波间进行编码提供了机会,形成了 COFDM(前置编码 OFDM)方式。该编码方式可以采用各种码,如分组码、卷积码等,其中卷积码的效果要比分组码好,但分组码的编解码实现更为简单。

2. 子载波调制

传输信号进行信道编码后,要先进行子载波的数字调制将其转换成载波幅度和相位的映射,数字调制一般采用 QAM 或 MPSK 方式。各子载波不必采用相同的状态数(进制数),甚至不必采用相同的调制方式。这使得 OFDM 支持的传输速率可以在一个较大的范围内变化,并可以根据子信道的干扰情况,在不同的子信道上采用不同状态数的调制,甚至采用不同的调制方式。调制信号星座图在 IFFT 之前根据调制模式形成。

3. 保护间隔

应用 OFDM 的一个重要原因在于它可以有效地对抗多径时延扩展。把输入数据流串并变换到 N 个并行的子信道中,使得每一个调制子载波的数据周期可以扩大为原始数据符号周期的 N 倍,因此时延扩展与符号周期的数值比也同样降低 N 倍。另外,通过在每个 OFDM 符号间插入保护间隔(GI, Guard Interval)可以进一步抵制符号间干扰(ISI),还可以减少在接收端的定时偏移错误。这种保护间隔是一种循环复制,增加了符号的波形长度。在符号的数据部分,每一个子载波内有一个整数倍的循环,此种符号的复制产生了一个循环的信号,即将每个 OFDM 符号的后 T_g 时间中的样点复制到 OFDM 符号的前面,形成循环前缀(CP, Cyclic Prefix),在交接点没有任何的间断。因此,将一个符号的尾端复制并补充到起始点增加了符号时间的长度。

图 7-3 为 OFDM 系统中保护间隔的添加示意图,进一步说明了多径传播对 OFDM 符号所造成的影响。图中主径表示第一条路径到达的信号,多径干扰信号表示其他路径到达的时延信号。实际上,OFDM 接收机所能看到的只是所有这些信号之和,但是为了更加清楚地说明多径的影响,还是分别给出了每个子载波信号。

OFDM 符号的总长度为 $T_s = T_g + T_{FFT}$,其中 T_g 为抽样的保护间隔长度,T_{FFT} 为 FFT 变化产生的无保护间隔的 OFDM 符号长度,则在接收端抽样开始的时刻 T_x 应该满足下式:

$$\tau_{max} < T_x < T_g$$

其中 τ_{max} 是信道的最大多径时延扩展。当抽样满足该式时,由于前一个符号的干扰只会存在于 $[0, \tau_{max}]$,所以当子载波个数比较大时,OFDM 的符号周期 T_x 相对于信道的脉冲响应长度 τ_{max} 很大,则 ISI 的影响很小,甚至会没有 ISI;而如果相邻 OFDM 符号之间的保护间隔满足 $T_g > \tau_{max}$ 的要求,则可以完全克服 ISI 的影响。同时,由于 OFDM 延时副本内所包含的子载波的周期个数也为整数,所以时延信号不会破坏子载波间的正交性,在 FFT 解调过程中就不会产生载波间干扰(ICI)。

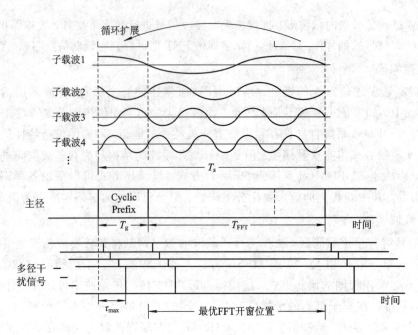

图 7-3　OFDM 系统中保护间隔的添加示意图

4. 数字上下变频

OFDM 调制器的输出产生了一个基带信号，发射机将此基带信号与所需传输的频率进行上变频操作，接收机需要对中频进行接收，之后进行 OFDM 基带解调。上下变频部分可由模拟技术或数字技术完成，两种技术虽然完成同样的操作，但是由于数字调制技术提高了 I、Q 信道间的匹配性和数字 I、Q 调制器的相位准确性，因而混频结果将会更精确。另外，上下变频中通常伴有基带成型滤波器和采样率转换器等，采用数字技术更利于实现。

7.1.3　OFDM 的优点

1. 频谱利用率较高

OFDM 技术可以被看做是一种调制技术，也可以被当作一种复用技术。传统的频分复用（FDM）多载波调制技术（如图 7-4(a)所示）中各个子载波的频谱是互不重叠的，同时，为了减少各子载波之间的相互干扰，子载波之间需要保留足够的频率间隔，频谱利用率较低；而 OFDM 多载波调制技术（如图 7-4(b)所示）中各子载波的频谱是互相重叠的，并且

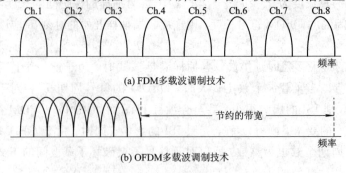

图 7-4　FDM 和 OFDM 调制技术

在整个符号周期内满足正交性，不但减小了子载波间的相互干扰，还大大减少了保护带宽，提高了频谱利用率。

2. 抗码间干扰能力强

码间干扰是数字通信系统中除噪声干扰之外最主要的干扰，它与加性的噪声干扰不同，是一种乘性的干扰。造成码间干扰的原因有很多，实际上，只要传输信道的频带是有限的，就会造成一定的码间干扰。OFDM 通过在传输的数据块之间插入一个大于信道脉冲响应时间的保护间隔，消除了由于多径时延扩展引起的码间干扰。

3. 抗频率选择性衰落和窄带干扰能力强

在单载波系统中，一次衰落或者干扰会导致整个链路失效，但是在多载波系统中，某一时刻只会有少部分的子信道受到深衰落的影响。OFDM 把信息通过多个子载波传输，在每个子载波上的信号时间就相应地比同速率的单载波系统上的信号时间长很多倍，使 OFDM 对脉冲噪声和信道快速衰落的抵抗力更强。同时，通过子载波的联合编码，达到了子信道间的频率分集的作用，也增强了对脉冲噪声和信道快速衰落的抵抗力。OFDM 还可以根据每个子载波的信噪比来优化分配每个子载波上传送的信息比特，自动控制各个子载波的使用，有效地避开噪声干扰以及频率选择性对数据传输可靠性的影响，实现对信道的自适应性。通过软件编程，OFDM 可以有效地屏蔽某些子载波，实现对民用或军用重要频点的保护。在电力线通信中，OFDM 通过把电力线分为许多窄带子信道，使得各个子信道呈现相对性和平坦特性，不仅消除了由于电力线的低通效应和传递函数的剧烈波动而引起的失真，而且无须复杂的信道均衡系统，实现比较简单，成本比较低廉。

7.1.4 OFDM 的缺点

由于 OFDM 系统存在多个正交的子载波，而且其输出信号是多个子信道的叠加，因此与单载波系统相比，存在如下缺点。

1. 易受频率偏差的影响

由于子信道的频谱相互覆盖，这就对它们之间的正交性提出了严格的要求。在传输过程中出现的信号频谱偏移或发射机与接收机本地振荡器之间存在频率偏差，都会使 OFDM 系统子载波之间的正交性遭到破坏，导致子信道间干扰(ICI)，这种对频率偏差的敏感性是 OFDM 系统的主要缺点之一。

2. 存在较高的峰值平均功率比

多载波系统的输出是多个子信道信号的叠加，因此如果多个信号的相位一致时，所得到的叠加信号的瞬时功率就会远远高于信号的平均功率，导致较大的峰值平均功率比(PAPR，Peak-to-Average Power Ratio)。这就对发射机内放大器的线性度提出了很高的要求，因此可能带来信号畸变，使信号的频谱发生变化，从而导致各个子信道间的正交性遭到破坏，产生干扰，使系统的性能恶化。

7.1.5 OFDM 的关键技术

1. 时域和频域同步

OFDM 块是由保护间隔和有用数据信息组成的，因此 OFDM 中的定时同步就是要确定 OFDM 块有用数据信息的开始时刻，也可以称为确定 FFT 窗的开始时刻。定时的偏移会引起子载波相位的旋转，而且相位旋转角度与子载波的频率有关，频率越高，旋转角度越大。如果定时的偏移量与最大时延扩展的长度之和大于循环前缀的长度，这时一部分数据信息就丢失了，而且最为严重的是子载波之间的正交性被破坏了，由此带来了 ISI 和 ICI，这是影响系统性能的关键问题之一。

频率偏移是由收发设备的本地载频之间的偏差、信道的多普勒频移等引起的，并由子载波间隔的整数倍偏移和子载波间隔的小数倍偏移构成。频率偏移破坏了子载波间的正交性，导致子载波之间产生干扰。

OFDM 中的同步算法有很多种，目前，OFDM 系统中的定时同步的主要解决方法有循环前缀法、PN 前缀法和特殊训练符号法等，频偏估计的方法有最大似然估计法等。

2. 降低峰值平均功率比

由于 OFDM 信号时域上表现为 N 个正交子载波信号的叠加，当这 N 个信号恰好均以峰值相加时，OFDM 信号也将产生最大峰值（如图 7－5 所示），该峰值功率是平均功率的 N 倍。尽管峰值功率出现的概率较低，但为了不失真地传输这些高峰值平均功率比（PAPR）的 OFDM 信号，发送端对高功率放大器（HPA）的线性度要求很高，从而导致发送效率极低，接收端对前端放大器以及 A/D 转换器的线性度要求也很高。因此，高的 PAPR 使得 OFDM 系统的性能大大下降，甚至直接影响实际应用。目前，已有很多文献讨论了 OFDM 中降低 PAPR 的算法，这些方法主要有三类：信号畸变技术、编码方法（包括分组码、格雷互补码和多相互补序列等）和基于信号空间扩展的方法。

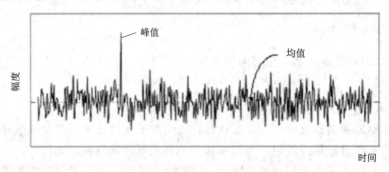

图 7－5　存在 PARP 问题的 OFDM 信号（$N=512$）

3. 信道编码

在无线衰落环境下，如果不采用适当的前向纠错编码技术，要想得到满意的差错性能几乎是不可能的。在实际信道上传输数字信号时，为了克服信道特性不理想及加性噪声的影响，首先应该考虑合理设计基带信号、选择调制解调方式、采用时域频域均衡等技术使误比特率降低。更进一步地，应该采用差错控制编码技术来降低误比特率以满足系统指标要求。

例如，由于脉冲噪声的存在产生的错误往往是突发错误或突发错误与随机错误并存。为了纠正比较长的突发错误，或者利用码的纠随机错误能力来纠正突发错误，常常使用交织技术。采用交织方法构造出来的码称为交织码。交织的作用是减小信道中错误的相关性，把长的突发错误离散成短的突发错误或随机错误。交织深度越大，则离散程度越高。在系统中，可以从时域和频域两个角度来对抗频率选择性衰落和时间选择性衰落。为了达到这个目的，通常使用的一种技术是交织编码技术。近几年兴起了若干新型编码技术，如 Turbo 码、网格编码技术、空时编码技术等，也都在系统中得到了应用。

7.2 OFDM 中峰均功率比的抑制方法

7.2.1 OFDM 信号的 PAPR 及其分布

与任何多载波调制系统一样，OFDM 也面临着峰均功率比过大的问题。对于一个 OFDM 系统而言，由于复合包络是多个子载波信号的叠加，所以它将会有大的包络变化范围，因此会产生很大的 PAPR（相对于单载波系统而言）。通常，PAPR 与子载波数之间呈现正比的关系。因此，在 OFDM 技术日益得到广泛应用的今天，很多学者正在致力于研究如何找出一套合理的理论和方法，来降低 OFDM 系统中所存在的高峰均比问题。中心极限理论阐述了独立同分布的、均值为零的随机变量，在变量数据量趋向于无穷时，其线性组合可以近似看做是一种均值为零的高斯分布。对于 OFDM 信号而言，一般当子载波数 $N \geqslant 64$ 时就认为符合上述规律。在 OFDM 中，实际发射的信号是多个子载波信号的叠加，这将不可避免地导致信号的包络变化非常剧烈，如果 N 个子载波的信号均以相同的相位相加时，就会产生一个 OFDM 信号的峰值功率，这个峰值功率是平均功率的 N 倍，也就是说，最大峰值功率与平均功率的比值为 N。通常，我们将在一段时间内最大峰值功率与平均功率的比值称为峰值平均功率比。当子载波数很大时，这种剧烈的发射功率变化对射频放大器的设计提出了很高的要求，阻碍 OFDM 技术的实际应用。因此在 OFDM 系统中，PAPR 的分析和降低就变得尤为重要。

1. PAPR 的定义

与单载波系统相比，由于 OFDM 符号是由多个独立的、经过调制的子载波信号相加而成的，这样的合成信号有可能产生比较大的峰值功率，由此带来较大的峰值平均功率比，简称峰均比。OFDM 系统中峰均比的定义为

$$PAPR(dB) = 10 \cdot \lg \frac{\max\{|x_n|^2\}}{E\{|x_n|^2\}} \tag{7.6}$$

其中，x_n 表示经过 IFFT 运算之后所得到的输出信号，即 $x_n = \frac{1}{\sqrt{N}} \sum_{k=0}^{N-1} X_k W_N^{nk}$。

对于包含 N 个子信道的 OFDM 系统来说，当 N 个子信号都以相同的相位求和时，所得到的信号的峰值功率就会是平均功率的 N 倍，因而基带信号的峰均比可以为 PAPR＝ $10 * \lg N$，对于未经过调制的载波来说，其 PAPR＝0 dB。

2. PAPR 的统计特性

对于包含 N 个子载波的 OFDM 系统来说，经过 IFFT 计算得到的功率归一化的复基带符号是 $x(t) = \frac{1}{N} \sum_{k=0}^{N-1} X_k e^{jk\Delta ft}$，其中 X_k 表示第 k 个子载波上的调制符号。例如，对于 QPSK 调制来说，$X_k \in \{1, -1, j, -j\}$。根据中心极限定理，对于较大子载波数 N，信号 $x(t)$ 的实部和虚部的样点都服从均值为 0、方差为 0.5 的高斯分布，因此，OFDM 符号的幅度服从瑞利分布，功率服从有中心的、两个自由度的 χ^2 分布（均值为 0，方差为 1），其累

积分布函数为 $P_{power}(y) = e^{-y}$，所以，可以得到其累积分布函数（CDF）为：

$$P_{power}(z) = \int_0^z e^{-y}\, dy = 1 - \exp(-z)$$

假设 OFDM 符号周期内每个采样值之间是不相关的，则在 OFDM 符号周期内的 N 个采样值当中，每个样值的 PAPR 都小于门限值 z 的概率分布为 $P\{PAPR, z\} = (1 - e^{-z})^N$。对 OFDM 符号周期内进行过采样有助于更加准确地反映符号的变化情况，特别是对 PAPR 而言，由于最后送到放大器中的应该是经过 D/A 变换的连续信号，因此过采样更加有助于收集到较大的峰值功率，从而可以更加准确地衡量 OFDM 系统内的 PAPR 特性。所以，对 OFDM 符号实施过采样是非常必要的，但是这样做会使采样符号之间的非相关性遭到破坏，也就是说，使采样符号之间存在一定的相关性。但是如果基于符号之间的相关性来考虑 PAPR 的准确表达式比较困难，就可以假设利用对 αN 个子载波进行非过采样来近似描述对 N 个子载波的过采样，其中 $\alpha > 1$。因此，对 OFDM 符号实施过采样，就可以看做添加一定数量相互独立的样本值。PAPR 的概率分布可以表示为 $P\{PAPR, z\} = (1 - e^{-z})^{\alpha N}$，实施过采样可以更加准确地反映 OFDM 系统内 PAPR 的分布情况，而且当 $N \geqslant 64$ 时，上式比较能够反映真实的状况。或者，可以从另一个角度来衡量 OFDM 系统的 PAPR 分布，即计算峰均比超过某一门限值 z 的概率，得到互补累积分布函数 CCDF：

$$P\{PAPR > z\} = 1 - P\{PAPR, z\} = 1 - (1 - e^{-z})^N$$

CCDF 曲线是 x 的平滑非递增函数，体现了信号功率高于给定功率电平的统计情况。它的 X 坐标表示信号峰值功率高出平均功率的 dB 电平值，Y 坐标表示当信号峰值功率大于或等于 X 坐标所指定的某一功率电平时所占用的时间比率。在随后的讨论中，我们采用互补累积分布函数（CCDF）来衡量 OFDM 系统中的 PAPR 分布。

3. 高 PAPR 产生的原因及问题

OFDM 系统中产生高 PAPR 的主要原因是 OFDM 信号在时域上表现为 N 个正交子载波的叠加，当子载波个数达到一定程度后，根据中心极限定理，OFDM 符号的波形将是一个高斯随机过程，其包络具有不稳定性，当这 N 个子载波恰好均以峰值点相加时将产生最大的峰值，从而形成高的 PAPR。这种现象将导致 OFDM 信号通过放大器时容易产生非线性失真，破坏子载波之间的正交性，从而恶化传输性能。对多载波系统而言，峰均比主要取决于子载波的个数，它随着子载波个数的增加而增大。高 PAPR 带来最严重的影响是在发射端和接收端的功率放大器上。

由于一般的功率放大器都不是线性的，而且其动态范围也是有限的，所以当 OFDM 系统内这种变化范围较大的信号通过非线性部件（如进入放大器的非线性区域）时，信号会产生非线性失真，产生谐波，造成较明显的频谱扩展干扰以及带内信号畸变，导致整个系统性能下降，而且同时还会增加 A/D 和 D/A 转换器的复杂度并且降低它们的准确性。

AM/AM 放大器的一般模型可表示为

$$O(x) = \frac{x}{(1 + x^{2p})^{1/2p}}$$

在现有的实用放大器中，p 的取值范围一般介于 2 到 3 之间。对于较大的 p 值来说，放大器可以近似地被看做限幅器，即只要小于最大输出值，该放大器就是线性的，一旦超过了最大输出门限值，则需要对该峰值信号进行限幅。因此 PAPR 较大是 OFDM 系统所面临的一个问题，所以必须要考虑如何减少大峰值功率信号的出现概率，从而避免非线性失真的出现。

7.2.2 降低 PAPR 的常用方法

目前，降低 OFDM 信号 PAPR 的方法很多，大体可以分成三大类：信号预畸变技术、编码类技术和概率类技术。这三种方法各有特色和着眼点，但每类方法都存在着缺陷。信号预畸变技术直接对信号的峰值进行非线性操作，它最为直接简单，但会带来带内噪声和带外干扰，降低系统的误比特率性能和频谱效率。编码类技术利用编码将原来的信息码字映射到一个具有较好 PAPR 特性的传输码集上，避开了那些会出现信号峰值的码字。该类技术为线性过程，不会使信号产生畸变。但是，编码类技术的技术复杂度非常高，编解码都比较麻烦。更重要的是，这类技术的信息速率降低得很快，因此只适用于子载波数比较少的情况。概率类技术不像编码类技术那样完全避开信号的峰值，而是着眼于努力降低信号峰值出现的概率。该类技术采用的方法也为线性过程，不会使信号产生畸变，并能够很有效地降低信号的 PAPR 值，它的缺点在于计算复杂度太大。

下面就常见的几种算法作简要介绍。

1. 信号预畸变

信号预畸变技术包括限幅类技术和压缩扩张变换。

1）限幅

限幅是最简单的信号预畸变方法，它采用非线性过程，直接在 OFDM 信号幅度峰值或附近采用非线性操作来降低信号的 PAPR 值，适用于任何数目子载波构成的系统。限幅相当于对原始信号加一矩形窗，如果 OFDM 信号的幅值小于预先给定的门限值，该矩形窗函数的幅值就为 1，否则，矩形窗函数的幅值就小于 1。限幅会不可避免地产生信号畸变。由于存在信号失真（信号有所畸变），因而限幅法不可避免地会产生一种自干扰，并必然造成系统 BER 性能的下降。其次，限幅还会因为信号的非线性畸变导致带外频谱的辐射或称为频谱泄漏（带外辐射功率的增大），虽然带外频谱的辐射可以通过应用非矩形的窗函数来解决（如 Gaussian、Kaiser 和 Hamming 窗等），但效果都不是很明显。

2）压缩扩张变换

借用语音处理中基于 μ 律非均匀量化的一种非线性变换函数，压缩扩张变换实现起来非常简单，计算复杂度也不会随着子载波数的增加而增加。压缩扩张变换主要是对较小幅值信号的功率进行放大，而保持较大幅值信号的功率不变，以增大整个系统的平均功率为代价来达到降低 PAPR 的目的。因而其弊端在于：一方面系统的平均发射功率要增大；另一方面使得符号的功率值更加接近高功率放大器的非线性变化区域，易造成信号的失真。

2. 编码类技术

编码类技术主要是利用不同编码产生不同的码组，并选择 PAPR 较小的码组作为 OFDM 符号进行数据信息的传输，从而避免了信号峰值的出现。此类技术为线性过程，不会使信号产生畸变，但其计算复杂度非常高，编解码都比较复杂，而且信息速率降低很快，因此，只适用于子载波数比较少的情况。其主要方法有：分组编码法（Block Coding）、格雷补码序列（GCS，Golay Complementary Sequences）和雷德密勒（Reed-Muller）码等。

基于分组编码降低 OFDM 系统 PAPR 方法的基本思想是：在对比特流进行 IFFT 运算之前，先进行特殊的编码处理（如应用奇偶校验位），使得输出的比特流经过 OFDM 调制后具有较低的 PAPR。精心设计的分组编码方法不仅可以有效地降低 PAPR，同时还可以起到类似于信道编码的作用，使系统具有前向检错和纠错的能力。

应用格雷互补序列的方法就是把 GCS 作为 IFFT 的输入，其输出信号就会有比较低的 PAPR 值，并且在时/频域中具有较好的信道估计和纠错能力。应用 GCS 序列的最大的优点就是不论子载波数多少，PAPR 可以降到 3 dB 以内。但是，由于子载波数目的逐渐增多，寻找最佳生成矩阵和相位旋转向量的难度显著上升，因而目前的 GCS 法并不适用于子载波数很多的 OFDM 系统。

应用编码方法降低 PAPR 的优点是系统相对简单、稳定，降低 PAPR 的效果好。但是，它的缺点也非常明显，一是受编码调制方式的限制，比如分组编码只适用于 PSK 的调制方式，而不适用于基于 QAM 调制方式的 OFDM 系统；二是受限于子载波个数，随着子载波数的增加，计算复杂度增大，系统的吞吐量严重下降，带宽的利用率显著降低；三是数据的编码速率有所减小，这是因为大部分的编码方法都要引入一定的冗余信息。

3. 概率类技术

概率类技术并不着眼于降低信号幅度的最大值，而是降低峰值出现的概率。一般的概率类技术都将带来一定的信息冗余。这类技术主要包括选择映射方法（SLM，Selective Mapping）及部分序列传输方法（PTS，Partial Transmit Sequence）。

1）选择映射（SLM）

SLM 方法的基本思想是用 D 个统计独立的向量 $\boldsymbol{Y}_d$ 表示相同的信息，选择其时域符号 y_d 具有最小 PAPR 值的一路用于传输，SLM 原理图如图 7-6 所示。其中，D 路相互独立的向量 $\boldsymbol{Y}_d$ 是由 D 个固定的但完全不同的旋转向量 $\boldsymbol{A}_d (1 \leqslant d \leqslant D)$ 产生的，可以设定第一路信号 $\boldsymbol{Y}_1$ 为原始信号 X，也就是说设定 $\boldsymbol{A}_1$ 为单位向量，这并不会带来任何的性能损失。具体操作过程

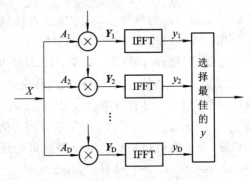

图 7-6 SLM 原理图

是：当原始数据向量发送后，所有 D 路并行计算其对应的时域信号 y_d，并选择具有最小 PAPR 值的一路进行传送。由于其需要 D 个并行的 IFFT 操作，因此，采用该种方法的系统成本比较大。

对 SLM 方法，在接收端必须进行与发送端相反的操作以恢复出传输的原始信息，因此，接收端必须知道发送端选择的是哪一路信号。最简单的解决方法是将选择的支路序号 d 作为边带信息一起传送到接收端。由于这种边带信息对接收端正确恢复传送的原始信息至关重要，因此一般采用信道编码以保证其可靠传送。通常对 D 路 SLM 发送机需要传送 $\mathrm{lb}(D-1)$ 比特的边带信息。

2）部分传输序列（PTS）

PTS 也是基于与 SLM 相同的原理，但其转换向量具有不同的结构。PTS 方法首先将

进来的数据向量划分为 V 个互不重叠的子向量 $\boldsymbol{X}_v$，则每个子向量的长度变为 N/V。由于它们互不重叠，因此有 $X = \sum\limits_{v=1}^{V} \boldsymbol{X}_v$。

子向量 $\boldsymbol{X}_v$ 中的每个子载波都乘以相同的旋转因子 $\boldsymbol{R}_d^{(v)}$，不同子向量的旋转因子是统计独立的。这就意味着旋转向量只包含 V 个独立的元素。由此有

$$y_d = \mathrm{IFFT}\Big(\sum_{v=1}^{V}(\boldsymbol{Y}_d^{(V)})\Big) = \Big(\sum_{v=1}^{V}\mathrm{IFFT}(\boldsymbol{Y}_d^{(v)})\Big)$$

$$= \Big(\sum_{v=1}^{V}\mathrm{IFFT}(\boldsymbol{Y}_d^{(v)})\Big) = \sum_{v=1}^{V}\boldsymbol{R}_d^{(v)} \cdot \mathrm{IFFT}(\boldsymbol{X}_d^{(v)}) \qquad 1 \leqslant d \leqslant D \qquad (7.7)$$

式(7.7)的推导利用了 IFFT 的线性性质，这也显示了这种方法的优越性：d 个时域向量 y_d 可以在 IFFT 操作后进行构造，从而每次迭代就不需要再进行 IFFT 操作。

在发送端，具有最小 PAPR 值的信号 y_d 被传送，接收端为了恢复发送端发送的信号，必须知道其传送的信号采用了哪个旋转向量。因此需要额外传送 $(V-1)\mathrm{lb}W$ 比特的边带信息。

7.2.3 基于改进脉冲成形技术的 PAPR 抑制方法

脉冲成形技术(PS)的思想是将原始数据序列和成形脉冲矩阵相乘产生新序列，使多载波的各子载波符号间具有一定的相关性，从而改善信号的 PAPR 特性。只需恰当选择各子载波的时域波形从而避开额外的 IFFT 过程，就可在有效保持系统带宽效率的情况下为信道编码留下余地，因此，PS 是一种非常有效的 PAPR 抑制方法。

本节先重点讲述 PS 技术抑制 OFDM 信号 PAPR 的理论证明，其中采用了 Nyquist 脉冲成形技术，并仿真验证了该技术的 PAPR 抑制性能和该技术对 OFDM 信号的影响。

1. 系统模型

基于 PS 技术的 OFDM 系统发射机原理框图如图 7-7 所示。MPSK 或 MQAM 基带数据序列通过串/并变换后，先分别乘上 N 个成形脉冲，再调制 N 个正交子载波。以 T 表示 OFDM 符号周期，$a_n(n=0, 1, \cdots, N-1)$ 表示每个子载波的调制数据，f_n 表示第 n 个子载波频率，$p_n(t)$ 表示周期为 T，作用于子载波 f_n 的成形脉冲。$0 \leqslant t \leqslant T$ 内的 OFDM 复信号可表示为

$$s(t) = \sum_{n=0}^{N-1} a_n p_n(t)\exp(\mathrm{j}2\pi f_n t) \qquad 0 \leqslant t \leqslant T \qquad (7.8)$$

其中子载波 $f_n = n/T$。$s(t)$ 的实部和虚部分别对应于 OFDM 信号的同相和正交分量，在实际系统中可以分别与相应子载波的同相分量和正交分量相乘，合成最终的 OFDM 信号。

PS 中周期为 T 的成形脉冲 $p_n(t)(n=0, 1, \cdots, N-1)$ 必须满足下列四个条件：

$$\text{等能量：} \int_0^T |p_n(t)|^2 \mathrm{d}t = T \qquad (7.9)$$

$$\text{时限：} p_n(t) = 0, \ |t - \frac{T}{2} > \frac{T}{2}| \qquad (7.10)$$

$$\text{带限：} P_n(f - \frac{n}{T}) \approx 0, \ |f - B| > B(1+\beta) \qquad (7.11)$$

其中 $P_n(f)$ 为 $p_n(t)$ 的频率响应，$B = 1/2T_s$，$T_s = T/N$ 为 Nyquist 采样频率，$0 < \beta < 1$ 为与

子载波数和发送滤波器相关的系数。

$$正交：\int_0^T p_m(t)p_n*(t)\exp[j2\pi(f_m-f_n)t]dt = \begin{cases} T, & m=n \\ 0, & m\neq n \end{cases} \tag{7.12}$$

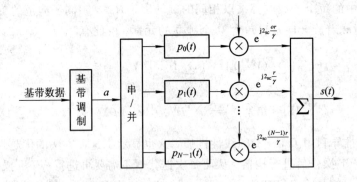

图 7 - 7 基于 PS 技术的 OFDM 发射机原理框图

2. 基于 PS 技术的 PAPR 抑制原理

OFDM 信号的 PAPR 为

$$\text{PAPR} = \max_{0\leqslant t\leqslant T}\frac{|s(t)|^2}{E_T[|s(t)|^2]} \tag{7.13}$$

当子载波的调制相位一致时，OFDM 信号的峰值将叠加产生很大的峰值功率，导致高 PAPR。如果能够使子载波符号间具有一定的相关性，那么将降低相位一致情况发生的概率，结果使 PAPR 得到抑制。

从 OFDM 符号各采样值的角度出发，考查互相关函数：

$$R_s(t_1, t_2) = \sum_{n=0}^{N-1}\sum_{m=0}^{N-1}E[a_n a_m^*]p_n(t_1)p_m^*(t_2)\exp\left[\frac{j2\pi(nt_1-mt_2)}{T}\right] \tag{7.14}$$

由式(7.14)可以看出 OFDM 符号各采样值之间的互相关函数是基带数据和成形脉冲波形的函数。因此，引入采样值间的相关性有两条途径：

(1) 引入基带数据间的相关性，也就是通过对输入信息编码来实现。编码方法会不可避免地引入冗余信息，使系统带宽效率降低。

(2) 引入子载波波形间的相关性，也就是采用成形脉冲对各子载波进行脉冲成形，它在保持子载波间正交性的同时，不影响系统带宽效率，不需要额外的带外信息。

下面详细介绍第二种途径。

1) 相同成形脉冲

若每个子载波采用相同的成形脉冲波形，即 $p_n(t)=p(t)(n=0, 1, \cdots, N-1)$，那么式(7.14)可写为

$$R_s(t_1, t_2) = \sigma^2\sum_{n=0}^{N-1}\sum_{m=0}^{N-1}p_n(t_1)p_m^*(t_2)\exp\left[\frac{j2\pi(nt_1-mt_2)}{T}\right]$$

$$= \begin{cases} \sigma^2 N^2 p(t_1)p^*(t_2), & t_1=t_2 \\ \sigma^2 p(t_1)p^*(t_2)\left(\dfrac{1-e^{j2\pi t_1 N/T}}{1-e^{j2\pi t_2 N/T}}\right), & t_1\neq t_2 \end{cases} \tag{7.15}$$

其中 $E[|a_n|^2]=\sigma^2$。从式(7.15)可看出，在采样点 $kT_s(k\in Z)$ 上，Z 为整数，互相关函数的值永远为零，因此 OFDM 符号内的 N 个采样值为独立同分布的高斯随机变量，这也是从采样值相关性角度出发解释高 PAPR 出现的原因。采用相同的成形脉冲对各个子载波进行脉冲成形不会影响采样值之间的这种互相关特性，只会增加或保持传输信号的峰值幅度，使 PAPR 增大或保持不变。

定理 7.1 对于 N 个子载波的 OFDM 系统，若每个子载波采用相同的成形脉冲，即 $p_n(t)=p(t)(n=0,1,\cdots,N-1)$，则 OFDM 信号 PAPR 的最大值满足：

$$\mathrm{PAPR}_{\max} \geqslant N$$

当且仅当矩形脉冲时取等号。

证明： 若采用相同成形脉冲，式(7.13)的最大值为

$$\mathrm{PARP}_{\max} = \frac{1}{N} \max_{0\leqslant t\leqslant T}\Big(\sum_{n=0}^{N-1}|p_n(t)|\Big)^2 = N\max_{0\leqslant t\leqslant T}|p(t)|^2 \tag{7.16}$$

由等能量的条件，有下列不等式：

$$\int_0^T |p(t)|^2\,\mathrm{d}t = T \leqslant \max_{0\leqslant t\leqslant T}|p(t)|^2 T \tag{7.17}$$

将上式代入式(7.16)，定理 7.1 得证。

2）不同成形脉冲

若每个子载波采用不同的成形脉冲，那么式(7.14)可写为

$$R_s(t_1,t_2) = \sigma^2\sum_{n=0}^{N-1}\sum_{m=0}^{N-1}p_n(t_1)p_m^*(t_2)\exp\Big[\frac{\mathrm{j}2\pi(nt_1-mt_2)}{T}\Big] \tag{7.18}$$

此时的互相关函数在采样点上的值完全由各子载波上的成形脉冲波形决定，因此适当地选择成形脉冲将增大 OFDM 符号各采样点之间的互相关值，从而达到抑制 PAPR 的目的。

定理 7.2 N 个子载波的 OFDM 系统，若每个子载波采用一组不同的成形脉冲，即 $\{p_0(t),p_1(t),\cdots p_{N-1}(t)\}$，且有

$$p_n(t) = \begin{cases} w(t-nT_s), & 0\leqslant t\leqslant T = NT_s \\ 0, & \text{其他} \end{cases} \tag{7.19}$$

其中 $w(t)$ 为周期和能量为 T 的周期信号，即有

$$\int_0^T |w(t)|^2\,\mathrm{d}t = T$$

则 OFDM 信号 PAPR 最大值满足：

$$\mathrm{PAPR}_{\max} \geqslant N$$

当且仅当矩形脉冲时取等号。

证明： 若采用不同的成形脉冲，式(7.13)的最大值为

$$\mathrm{PAPR}_{\max} = \frac{1}{N}\max\Big(\sum_{n=0}^{N-1}|w(t-nT_s)|\Big)^2 = \frac{1}{N}\Big(\sum_{n=0}^{N-1}|w(nT_s)|\Big)^2 \tag{7.20}$$

对于较大子载波数 N，有

$$\sum_{n=0}^{N-1}|w(nT_s)| = \frac{N}{T}\int_0^T|w(t)|\,\mathrm{d}t \tag{7.21}$$

则式(7.20)变为

$$\text{PAPR}_{\max} = \frac{N}{T^2} \Big(\int_0^T |w(t)| \, \mathrm{d}t \Big)^2 \tag{7.22}$$

利用施瓦茨不等式,可得

$$\Big(\int_0^T |w(t)| \, \mathrm{d}t \Big)^2 \geqslant T \int_0^T |w(t)|^2 \, \mathrm{d}t = T^2 \tag{7.23}$$

将上式代入式(7.22),定理 7.2 得证。

从式(7.23)可以看出,只有采用一组矩形脉冲时,OFDM 信号的 PAPR 最大值达到上界,这就是一般的 OFDM 系统。只要采用一组其他的不同成形脉冲对各个子载波进行脉冲成形就会降低传输信号的峰值幅度,使 PAPR 减小。

3. Nyquist 脉冲成形

上面的分析和证明为 PS 技术抑制 PAPR 提供了理论基础。下面要讨论的是如何构造有效的成形脉冲集合。

首先必须明确集合内的成形脉冲都要满足前文中提到的四个条件,然后根据思想:将一个主脉冲通过循环移位组成的成形脉冲集合能使各子载波峰值不在同一时刻出现。最常用的脉冲是使用 Nyquist 脉冲,此处定义 Nyquist 脉冲集合如下:

$$p_m(t) \mathrm{e}^{\mathrm{j}2\pi\frac{m}{T}t} = p_n(t - \tau_{m-n}) \mathrm{e}^{\mathrm{j}2\pi\frac{n}{T}(t-\tau_{m-n})}, \qquad n, m = 0, 1 \cdots, N-1 \tag{7.24}$$

其中 $\tau_{m-n} = [(m-n)\bmod N]T_s$, $p_n(t)(n=0, 1, \cdots, N-1)$ 为 Nyquist 脉冲,具有 ISI 性质:

$$p_n(kT_s) = \begin{cases} 1, & k = 0 \\ 0, & k \neq 0 \end{cases}, \qquad k \in Z \tag{7.25}$$

由条件式 7.23 定义的 Nyquist 脉冲集合对应的 OFDM 信号的 PAPR 最大值为

$$\text{PAPR}_{\max} = \frac{1}{N} \max_{0 \leqslant t \leqslant T} \Big(\sum_{n=0}^{N-1} |p_n(t)| \Big)^2 \geqslant \frac{1}{N} \Big(\sum_{n=0}^{N-1} \max_{0 \leqslant t \leqslant T} |p_n(t)| \Big)^2 = N \tag{7.26}$$

当且仅当成形脉冲为矩形脉冲时 PAPR 有最大值 N。

式(7.26)的推导是利用了 Nyquist 脉冲的 ISI 性质(式(7.25))。这个结论与定理 7.2 也是相符合的,而且表明所有按上述方式构造的 Nyquist 脉冲集合都能用于 OFDM 信号的 PAPR 抑制。

由于成形脉冲 $p_n(t)(n=0, 1, \cdots, N-1)$ 都是符号周期 T 内的时限信号,所以可用 Fourier 级数近似,即

$$p_n(t) \approx \sum_{l=-L}^{N+L-1} c_{n, l} \mathrm{e}^{\mathrm{j}2\pi\frac{l}{T}t}, \qquad 0 \leqslant t \leqslant T \tag{7.27}$$

其中 $L = [N \cdot \alpha/2]$(取整),$\alpha(0 \leqslant \alpha \leqslant 1)$ 为滚降系数。$c_{n, l}$ 为 $p_n(t)$ 的 Fourier 级数的系数:

$$c_{n, l} = \frac{1}{T} \int_0^T p_n(t) \mathrm{e}^{-\mathrm{j}2\pi\frac{l}{T}t} \, \mathrm{d}t = \frac{1}{T} P_n\Big(\frac{l}{T}\Big) \tag{7.28}$$

将式(7.28)代入式(7.27),可得

$$p_n(t) = \sum_{l-L}^{N+L-1} c_{n, l} \mathrm{e}^{-\mathrm{j}2\pi\frac{ml}{N}} \mathrm{e}^{\mathrm{j}2\pi\frac{l-n}{T}t} \tag{7.29}$$

将上式表达的各子载波波形代入式(7.9),得

$$s(t) = \sum_{n=0}^{N-1} \alpha_n p_n(t) \mathrm{e}^{\mathrm{j}2\pi\frac{n}{T}t} = \sum_{n=0}^{N-1} a_n \sum_{l=-L}^{N+L-l} c_{n,l} \mathrm{e}^{-\mathrm{j}2\pi\frac{nl}{N}} \mathrm{e}^{\mathrm{j}2\pi\frac{l-n}{T}t} \mathrm{e}^{\mathrm{j}2\pi\frac{t}{T}}$$

$$= \sum_{n=0}^{N-1} a_n \sum_{l=-L}^{N+L-1} c_{n,l} \mathrm{e}^{-\mathrm{j}2\pi\frac{nl}{N}} \mathrm{e}^{\mathrm{j}2\pi\frac{l}{T}t} = \sum_{l=-L}^{N+L-1} \left[\sum_{n=0}^{N-1} a_n c_{n,l} \mathrm{e}^{-\mathrm{j}2\pi\frac{nl}{N}} \right] \mathrm{e}^{\mathrm{j}2\pi\frac{l}{T}t}$$

$$= \sum_{l=-L}^{N+L-1} b_l \mathrm{e}^{\mathrm{j}2\pi\frac{l}{T}t} = \mathrm{IFFT}(\boldsymbol{b}) \tag{7.30}$$

其中 $b_l = \sum\limits_{n=0}^{N-1} a_n c_{n,l} \mathrm{e}^{-\mathrm{j}2\pi\frac{nl}{N}}$，$\boldsymbol{b} = \{b_l\}$ 为包含 $N+2L$ 个元素的向量。令 $p_{n,l} = c_{n,l} \mathrm{e}^{-\mathrm{j}2\pi\frac{nl}{N}}$（$n=0$，$1$，$\cdots$，$N-1$；$l=-L$，$\cdots$，$N+L-1$），则 $\boldsymbol{P} = (p_{n,l})$ 代表 $N \times (N+2L)$ 的正交矩阵，称为成形矩阵。

常见的 Nyquist 脉冲有升余弦脉冲，可采用两种改进的 Nyquist 脉冲设计成形脉冲集合，应用于 OFDM 信号的 PAPR 抑制。

升余弦脉冲的频率响应和时域信号分别为

$$P_1(f) = \begin{cases} 1, & |f| \geqslant B(1-a) \\ \dfrac{1}{2}\left\{1 + \cos\left[\dfrac{\pi}{2aB}(|f| - B(1-a))\right]\right\}, & B(1-a) < |f| < B(1+a) \\ 0, & |f| \leqslant B(1+a) \end{cases} \tag{7.31}$$

$$p_1(t) = \mathrm{sinc}\left(\dfrac{t}{T_s}\right) \dfrac{\cos(2\pi at/T_s)}{1 - 4a^2 t^2/T_s^2} \tag{7.32}$$

改进的 Nyquist 脉冲的频率响应和时域信号分别为

$$P_1(f) = \begin{cases} 1, & f = B(1-a) \\ \mathrm{e}^{\lambda[B(1-a)-|f|]}, & B(1-a) < |f| \leqslant B \\ 1 - \mathrm{e}^{\lambda[|f|-B(1+a)]}, & B < |f| < B(1+a) \\ 0, & |f| = B(1+a) \end{cases} \tag{7.33}$$

$$p_2(t) = \dfrac{1}{T_s} \mathrm{sinc}\left(\dfrac{t}{T_s}\right) \dfrac{4\lambda\pi t\sin(\pi at/T_s) + 2\lambda^2\cos(\pi at/T_s) - \lambda^2}{(2\pi t)^2 + \lambda^2} \tag{7.34}$$

其中参数 $\lambda = \dfrac{\ln 2}{aB}$。

上面两种 Nyquist 脉冲都是实的对称信号，且在 Nyquist 采样频率处为零，具有无 ISI 性质。虽然由式(7.34)可以看出改进脉冲的时域波形拖尾是渐近 t^{-2} 衰减的，比升余弦脉冲渐进 t^{-3} 衰减得慢，但是它的旁瓣幅度比升余弦脉冲要小，也就是不同采样时刻叠加起来对其他值的干扰要少。

7.3 OFDM 系统的同步设计

7.3.1 OFDM 系统中的同步问题

从频域和时域两大方面考虑，一般在 OFDM 系统中，同步问题可分为载波频率同步和时间同步，而时间同步又可以进一步分为符号定时同步和采样时钟同步。因此在 OFDM 系统中需要考虑三部分同步：符号定时同步、载波频率同步和采样时钟同步。

符号定时同步就是确定 OFDM 符号的起始位置，即每个 FFT 窗的位置。若符号同步的起始位置在循环前缀(CP)长度内，各个子载波之间的正交性依旧保持，而此时符号同步的偏差可以看做由信道引入的相位旋转，如果符号同步的偏差超过了保护间隔，就会引入子载波间干扰(ICI)。

采样时钟同步用于在进行 A/D 转换时，确定接收端与发送端具有相同的采样时钟。采样时钟频率误差会引起 ICI。

载波频率同步主要用于估计并校正数据流中存在的频率偏移。由于收发双方本振频率不匹配，加上多普勒效应导致接收信号的载波频率发生偏差，会使得子载波间正交性受到破坏。它对码元的直接影响导致信号幅度衰落，并且给系统带来载波间干扰，严重影响系统的性能。

各种同步对于系统的影响是不一样的，有的仅仅使接收端信号产生一定的相位偏移，有的则会导致接收信号的采样点不是一个完整的 OFDM 符号信息，严重的会直接影响整个传输系统的性能。所以，需要根据系统的要求，设计相关的同步算法。

7.3.2　同步偏差对 OFDM 信号的影响

为了设计 OFDM 通信系统同步的方法，这里先简单分析频率偏差和定时偏差对 OFDM 信号造成的影响。

1. 频率偏差对信号的影响

发送的数字信号可以表示为 $s_n = \sum_{i=0}^{N-1} d_i \cdot e^{j\frac{2\pi}{N}in}$，$n=0,1,\cdots,N-1$。假设信号通过加性的高斯白噪声信道，信道的离散时域和频域响应分别记为 h_n 和 H_n，并且接收符号同步理想。设接收机与发射机之间的频率差为 ΔF，定义频偏系数为 $\alpha = \dfrac{\Delta F}{1/T_{FFT}}$，则接收机接到的信号可以表示为

$$r_n = (s_n * h_n) \cdot e^{j\frac{2\pi}{N}\alpha n} = \frac{1}{N_s}\sum_{i=0}^{N_s-1} d_i H_i e^{j\frac{2\pi}{N}(i+\alpha)n} + w_n \tag{7.35}$$

经过解调，即 FFT 变换得到：

$$R_i = \sum_{n=0}^{N-1} r_n e^{-j\frac{2\pi}{N}ni} = d_i\left(\frac{H_i}{N_s}\sum_{n=0}^{N-1}e^{j\frac{2\pi}{N}\alpha n}\right) + \frac{1}{N_s}\sum_{n=0}^{N-1}\sum_{\substack{m=0\\m=i}}^{N-1}d_m H_m e^{j\frac{2\pi}{N}(m+\alpha-1)n} + W_i$$

$$= d_i\lambda_i + I_i + W_i \qquad i=0,1,\cdots,N_s-1 \tag{7.36}$$

一般而言，要使 OFDM 系统可以正常通信，并且使频偏造成的信噪比损失较小(小于 0.1 dB)，频率同步的要求是使频偏系数 α 小于 1%。

2. 定时偏移对信号的影响

定时的偏移会引起子载波相位的旋转，而且相位旋转角度与子载波的频率有关，频率越高，旋转角度越大，这可由傅里叶变换的性质来解释：时域的频偏对应于频域的相位旋转。设解调的 FFT 窗口的起始位置为 $n=n_0-\Delta n$，其中 Δn 表示定时偏移，则定时偏移造成的影响可以用数学模型表示为

$$R_k = d_k \mathrm{e}^{\mathrm{j}2\pi k\Delta n}$$

如果定时的偏移量与最大时延扩展的长度之和仍小于循环前缀的长度，此时子载波的正交性仍然成立，没有 ISI 和 ICI，对解调出来的数据信息符号的影响只是一个相位旋转。

7.3.3 OFDM 同步算法概述

现有的关于 OFDM 同步的算法从利用数据方面而言，主要沿袭下面两条思路：

（1）数据辅助型，即基于导频符号。这类算法的优点是捕获快、精度高，适合分组数据通信，具体的实现是在分组数据包的包头加一个专门用来做定时、频偏估计的 OFDM 训练符号。

（2）非数据辅助型，即盲估计。它利用 OFDM 信号的结构，例如，由于加循环前缀使 OFDM 的前端与后端有一定的相关性、利用虚子载波来做估计以及利用数据经过成形滤波之后的循环平稳性等方法来做估计。

基于训练符号的同步算法是在时域上将已知信息加入待发 OFDM 符号。通常置于 OFDM 符号前或由多个 OFDM 符号构成的帧的前部。训练符号的加入可以同时完成同步和信道估计。而对基于训练符号的同步算法的研究主要是两个方面：训练符号的结构组成和训练符号的码型。

OFDM 信号的同步也可以充分利用信号本身的特点展开，所谓的非数据辅助型同步算法就是基于这种思路。由于 OFDM 符号之间存在循环前缀 CP，考查相隔为 N 的两个接收样本点之间的相关性。如果这两个样本点中一个属于前缀，一个属于同一个 OFDM 码元之内的复制信息，则两者的相关性大；如果一个属于 CP，一个属于不相关信息，则两者的相关性较小。基于 CP 的同步算法正是采用这样的思想。实际中的典型算法是最大似然估计算法（ML，Maximum Likelihood）。

对于数据辅助型的同步算法而言，频偏估计是通过使用导频符号或训练序列得到的，系统传输效率因而受到了损失，但其估计精度要比非数据辅助型同步算法高很多。

OFDM 系统的同步实现的典型框图如图 7-8 所示。

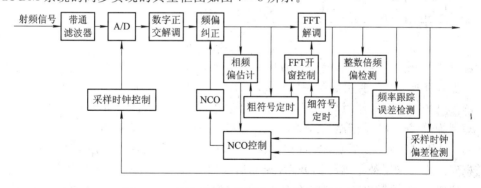

图 7-8 OFDM 系统的同步实现的典型框图

首先利用训练序列或者插在数据前面的保护间隔做同步定时粗估计，得到时域信号的同步头的位置，同时粗略估计出频率偏差。通过定时/频偏控制单元校正接收到的数据，同时用估计到的同步起始位置定出 FFT 数据处理窗口。数据经过 FFT 变换后，首先利用数据内插的频域导频（Pilot）做整数倍频偏估计，然后利用导频的相位变化信息估计出小数倍子载波间隔的细频偏，并将这两个估计出的频偏送到定时/频偏控制单元和先前估计出的粗频偏一起去频偏校正单元做数据频偏校正。利用数据间内插的频域导频，还可以估计出用于定时同步估计偏差引起的数据相位偏转、公共相位误差及 A/D 采样钟偏移，将估计的值分别送到 FFT 开窗控制单元、相位校正单元和晶振单元去校正相应的误差。

7.3.4 OFDM 系统的同步设计

基于 OFDM 技术的通信系统经常应用于突发数据业务，一般需要在很短的时间内捕获时偏和频偏，要求在解调各个子载波之前去除 ICI，这就需要利用 FFT 之前的训练序列来达到快速同步。在突发传输系统中，系统子载波数比较少，传输的数据帧比较短，可以不用考虑采样时钟频率误差对系统的性能影响，同时也不用考虑定时跟踪。因此在 OFDM 信号进行解调之前，必须至少先完成定时同步和载波同步。本系统采用的同步方案是利用时域的训练序列做定时、频偏的联合估计。

在设计合理的同步方案时需要考虑一些实际的问题：首先是时偏和频偏的相互影响，如定时的准确是以频率偏移已纠正为前提条件，频率偏移的估计算法又是以定时准确为前提等；其次，要使同步算法的性能与开销矛盾得到折中；最后是同步引导与系统的有效载荷矛盾，由于增加同步引导虽然可以使同步性能上升，但系统效率会下降，要尽量使得最少的同步引导达到最好的同步性能。

下面主要参考了一些已有的同步算法及协议，提出一种适用于突发传输机制的 OFDM 系统的同步方案，方案中包括帧结构的设计、各种同步算法、具体的同步流程。

1. 帧结构设计

利用训练序列进行同步，首先要构造帧的前导结构。其基本结构类似于 IEEE 802.11a 的帧的前导结构，但是由于传输速率的不同与同步流程的差异，在具体的结构上是有区别的。实际系统考虑使用尽量少的同步帧头开销来达到系统同步的要求，基于 OFDM 的通信系统的前导结构如图 7-9 所示。

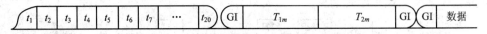

| t_1 | t_2 | t_3 | t_4 | t_5 | t_6 | t_7 | ⋯ | t_{20} | GI | T_{1m} | T_{2m} | GI | GI | 数据 |

图 7-9　基于 OFDM 的通信系统的前导结构

从图 7-9 中可以看到前导序列的长度为两个 OFDM 符号，每个 OFDM 符号包括 320 个样值点，前面两帧主要用于实现同步。

图 7-9 中 t_1 到 t_{20} 是短训练符号，T_{1m} 和 T_{2m} 是各自的子载波个数为 128 的长训练符号。每个短训练符号由 16 个子载波组成，是由伪随机序列经过数字调制后插 0，再经过 IFFT 得到的。具体过程如下：首先采用抽头系数为[1 0 0 1]的 4 级移位寄存器产生长度为 15 的伪随机序列之后末尾补 0，经过 QPSK 调制后的伪随机序列只在 16 的整数倍位置上出现，其余的位置补 0，产生长度为 128 的序列，此序列再补 128 个 0，经过数据搬移后做 256 点的 IFFT 变换就得到 16 个以 16 为循环的训练序列，短训练序列的实虚部波形分别如图 7-10 及图 7-11 所示，经过加循环前后缀，就会产生 20 个相同的短训练序列。

T_{1m} 和 T_{2m} 的产生与短训练序列过程基本一样，使用抽头系数为[1 0 0 0 0 0 1]的 7 级移位寄存器产生长度为 127 的伪随机序列，然后末尾补 0，经过数字调制之后的序列只出现在 2 的整数倍位置上，其后的过程与短训练序列方式一样，经 IFFT 输出的 T_{1m} 和 T_{2m} 的实虚部波形分别如图 7-12 及图 7-13 所示。

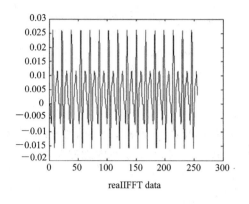

reaIIFFT data

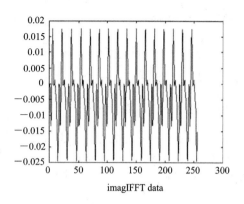

imagIFFT data

图 7 - 10　短训练序列的实部波形　　　　图 7 - 11　短训练序列的虚部波形

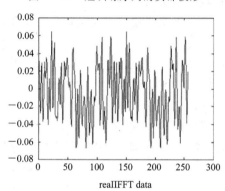

reaIIFFT data

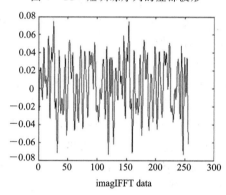

imagIFFT data

图 7 - 12　T_{1m} 和 T_{2m} 的实部波形　　　　图 7 - 13　T_{1m} 和 T_{2m} 的虚部波形

系统中十个短训练符号主要完成定时粗同步和频率粗估计，而 T_{1m} 和 T_{2m} 主要完成定时细同步与频率细估计。

2. 定时同步算法及其仿真

基于突发数据业务的定时同步主要包括定时粗同步和定时细同步，其中粗同步又称为帧捕获，用于检测帧的到来，定时细同步是检测帧头的精确位置，以确定解调端 FFT 的开窗位置。

1）定时粗同步

利用前导结构中短训练序列周期性做定时粗同步，最典型的算法就是延时自相关算法，其实现框图如图 7 - 14 所示，其中：滑动窗口 C 计算接收信号和接收延时 D 个采样点的互相关系数，延时 D 等于短训练符号周期；滑动窗口 P 计算接收信号的能量。

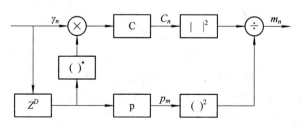

图 7 - 14　延时自相关算法的实现框图

图 7-14 中的参数 c_n 和 p_n 分别通过式(7.28)与式(7.29)计算得到：

$$c_n = \sum_{k=0}^{L-1} \gamma_{n+k}\gamma_{n+k+D}^*, \qquad p_n = \sum_{k=0}^{L-1} \gamma_{n+k+D}\gamma_{n+k+D}^* \sum_{k=0}^{L-1} |\gamma_{n+k+D}|^2$$

其中，L 为短训练符号的长度($L-D$)。

帧检测的判决函数为 $m_n = \dfrac{|c_n|^2}{(p_n)^2}$。

由于经过了归一化处理，上述判决函数的大小与接收信号功率无关。在工程实现的时候，c_n 和 p_n 的计算可以通过移动递归求和来实现，以降低计算的复杂度和硬件资源开销。递归求和的计算公式如下：

$$c_{n+1} = c_n + \gamma_{n+L}\gamma_{n+2L}^* - \gamma_n\gamma_{n+L}^*$$

开始阶段，由于没有进行频率同步，收发端载波频率偏差会比较大，但是通过式(7.28)与式(7.29)可见，自相关算法可以很好地克服较大频率偏差带来的影响，适合起始阶段的帧捕获。

图 7-15 为高斯白噪声信道下(SNR＝20 dB)延时自相关检测的仿真图，可以看出，在数据开始的附近，判决函数迅速跳变为最大值，并保持一个平台期。

在信噪比较低的情况下，判决函数的平台将发生一定的抖动，如图 7-16 所示。

从图 7-16 中可以看出，即使在 SNR＝0 dB 的情况下，判决的平台仍能保持得较好。可以通过设定合适的门限，检测有连续 M 个样值点超过门限值时就判决训练帧位置的出现。通过短训练序列的周期性，可对较大范围的频率偏差进行调整，使得频率偏差限定在较小的范围内。

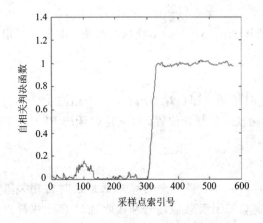

图 7-15　高斯白噪声信道下(SNR＝20 dB)
延时自相关检测的仿真图

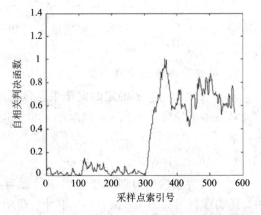

图 7-16　高斯白噪声信道下(SNR＝0 dB)
延时自相关检测的仿真图

2）定时细同步

通过短训练帧的帧捕获，可以知道帧出现的大概位置，但是不能确定精确位置。为了实现定时的细同步，长训练帧的 T_{1m} 和 T_{2m} 与本地存储的训练符号进行相关运算，以确定 FFT 的窗口位置。本地存储的长训练符号为 s_long$_i$，$i=0, 1, \cdots, L-1$(L 为本地存储的 T_{1m} 和 T_{2m} 符号的长度)，互相关检测的判决函数为

$$m_n = \left| \sum_{k=0}^{L-1} \gamma_{k+n} \cdot \text{s\_long}_k^* \right| \tag{7.37}$$

图 7-17 为高斯白噪声信道大信噪比下本地互相关检测的仿真图。

由于信道衰减和 AGC 的影响，互相关检测的峰值会产生波动，一种解决的办法是先对接收信号进行量化，然后再进行相关检测，量化器如下：

$$\Theta(x) = \text{sign}(\text{Re}\{x\}) + \text{j} \cdot \text{sign}(\text{Im}\{x\}) \tag{7.38}$$

式中，$\text{sign}(x) = \begin{cases} +1, & x \geqslant 0 \\ -1, & x < 0 \end{cases}$

高斯白噪声信道大信噪比下经量化后的本地互相关检测仿真图如图 7-18 所示，可以看出仿真结果与图 7-17 基本一致。因此量化操作也可以降低互相关检测算法在硬件实现时的复杂度和硬件资源开销。

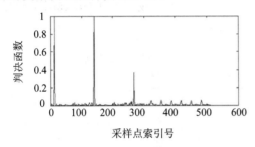

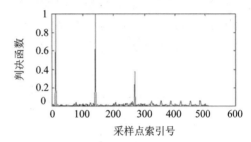

图 7-17　高斯白噪声信道大信噪比下本地　　　图 7-18　高斯白噪声信道大信噪比下经量化后的
　　　　　互相关检测的仿真图　　　　　　　　　　　　　本地互相关检测仿真图

系统将第一个过门限值的本地互相关峰值检测位置定为精确定时点，并以此确定 FFT 的开窗位置。

通过前导结构中两个训练帧的延时自相关算法和本地互相关检测，可以实现精确度非常高的定时同步。

3. 载波同步算法及仿真

发送端和接收端振荡器振荡频率的不匹配性或因为热漂移产生的振荡频率的抖动，导致接收中频信号或基带信号的相位与对应的发送信号之间存在相位差，这种相位差与频率差有关：频率偏差越大，相位差也越大。而且这种频差对相差的影响具有累加性，前一个符号的相位差会直接传给后一个符号。本节主要介绍设计系统所采用的频率同步算法及相位补偿算法。

1）频率同步

根据第 7.3.3 节的介绍，频率同步可以粗略地分为数据辅助和非数据辅助两大类。下面主要介绍数据辅助的算法。

此处训练序列至少需要包括两个重复的符号。当发送时域数据信号 x_k 时，重复的通频带等效信号为 $s_k = x_k \text{e}^{\text{j}2\pi f_{\text{tx}} k T_{\text{g}}}$。其中，$f_{\text{tx}}$ 为发送载波频率。

在接收端忽略噪声的情况下，重复的基带等效信号为 $\gamma_k = x_k \text{e}^{\text{j}2\pi f_{\text{rx}} k T_{\text{g}}} \text{e}^{-\text{j}2\pi f_{\text{tx}} k T_{\text{g}}} = x_k \text{e}^{\text{j}2\pi \Delta f k T_{\text{g}}} = x_k \text{e}^{\text{j}\frac{2\pi k\varepsilon}{N}}$。其中，$f_{\text{rx}}$ 为接收载波频率，$\varepsilon = N\Delta f T_{\text{s}} = N(f_{\text{tx}} - f_{\text{rx}}) T_{\text{s}}$ 为归一化载波频率偏差。

定义两个连续重复符号之间的延时为 D 个采样点，符号长度为 L，定义中间变量：

$$R = \sum_{k=0}^{L-1} \gamma_k \gamma_{k+D}^* = \mathrm{e}^{-\mathrm{j}\frac{2\pi D\tau}{N}} \sum_{k=0}^{L-1} x_k x_{k+D}^* = \mathrm{e}^{-\mathrm{j}\frac{2\pi D\tau}{N}} \sum_{k=0}^{L-1} |x_k|^2 \qquad (7.39)$$

从而得到归一化载波频率偏差的估值为 $\hat{\varepsilon} = -\dfrac{N}{2\pi D} \angle R$，频偏估计范围为 $|\varepsilon| < N/2D$。

由式(7.39)可知，频偏的估计范围由 N、D 来决定。在本系统中，短训练序列中 $N=320$、$D=16$、$L=128$，因此频偏估计范围为 $|\varepsilon| < 10(2000\ \mathrm{Hz})$；若取长训练序列，则 $N=320$、$D=16$、$L=128$，频偏估计范围为 $250\ \mathrm{Hz}$。前一个方法有较大的纠偏范围，但是得到的方差较大；后一个方法的纠偏范围较小，但是得到的方差较小。因此，可以将上述两种方法相结合，应用前导序列的短训练符号作频率粗估计，应用长训练符号作频率细估计，频率跟踪可以用循环前后缀的周期重复性并使用上述方法来完成，其中 $D=256$、$L=48$，频偏估计范围为 $125\ \mathrm{Hz}$。这样就完成了系统的频率同步。

本系统的频率同步算法实现结构如图 7-19 所示。

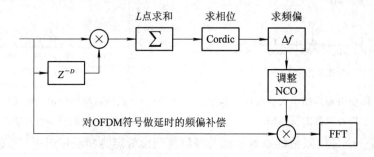

图 7-19 频率同步算法实现结构

频率粗同步、频率细同步及频率跟踪对应的 D、L 是不同的，但实际的 ASIC 设计中可以采用流水线的方式，所以乘法器和累加器只需要一套。可以使用数控振荡器(NCO)来纠正频率偏移，NCO 采用 Cordic 算法来实现，这样可以简化硬件的复杂程度。

2) 相位补偿

图 7-19 的这个锁频环路只能纠正频率的偏差，不能纠正相位的偏差，如图 7-20 所示的 OFDM 系统在 QPSK 调制下未经相位补偿的接收端星座图给出了本系统所设计的 OFDM 系统在 QPSK 调制方式下且载波频率误差在 0.5% 以下时，由于相位误差而使星座图发生偏转的情况。

在频域，系统需要导频所提供的信息来做相位补偿，进而消除相位偏差对系统的影响，若记相应的相位偏差为 θ，那么经过 FFT 之后可得：

$$Y_{i,k} = P_{i,k} H_{i,k} \mathrm{e}^{\mathrm{j}\theta}$$

假设接收信道的估计结果完全正确，定义中间变量：

$$R = \sum_{k \in c} Y_{i,k} (P_{i,k} H_{i,k})^* = \mathrm{e}^{\mathrm{j}\theta} \sum_{k \in c} |P_{i,k} H_{i,k}|^2$$

则可以得到残余相位偏差的估计值为 $\hat{\theta} = \angle R$。

经过相位补偿后，从星座图上来看，QPSK 调制的数据已经基本上旋转回星座图上 $45°$ 的位置，如图 7-21 所示即为 OFDM 系统在 QPSK 调制下经过相位补偿的接收端星座图。

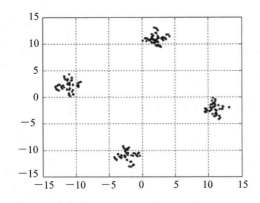

图 7-20 *OFDM* 系统在 *QPSK* 调制下未经
相位补偿的接收端星座图

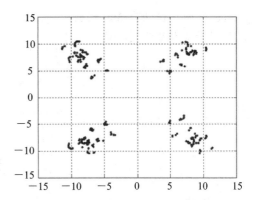

图 7-21 OFDM 系统在 QPSK 调制下经过
相位补偿的接收端星座图

7.4 OFDM 系统中的比特和功率分配

7.4.1 比特分配

本节的问题是在平稳、非平坦的线性信道上通过对所传输信号在各个子载波上比特和功率的分配的优化来提高整个 OFDM 系统的性能。我们可以在给定的错误率上使总的比特率最大，也可以在给定的比特上使得错误率最小，这里首先研究第一个问题。最大的比特率为

$$R_b = \frac{1}{T} \sum_j b_j \tag{7.40}$$

其中，b_j 是第 j 个子信道上所传输的比特率。本节主要研究信噪比较高的情况，此时错误概率低。

假定总的传输功率是一定的，并假定多载波信号由大量相互不交叠的子信道构成，频率间隔为 $\Delta f = 1/T$；假定 Δf 足够的小，使得信道增益 $H_j(f)$ 和噪声功率谱密度在每个子信道上可看做常数。这样，第 j 个子信道的信道增益和噪声功率谱密度可分别记为 H_j 和 N_j。假定噪声是高斯的，在信道为电缆的大多数情况下，噪声主要是由串音引起的。虽然这一假设是有问题的，然而在存在大量串音或者信号通过窄带滤波器的情况下（正如在 OFDM 系统中），这一假设有效。

需要进行优化的变量是每个子信道上的发射功率 P_j 和星座图的点数 M_j。幸好这些优化是可以分别进行的。我们首先对发射功率进行优化，限制条件为

$$\sum_j P_j = P \tag{7.41}$$

一般认为在总的错误概率受限的条件下，要达到最大的信道容量，每个子信道的错误概率应该相同。这在低错误率情况下是对的，但目前的研究表明，一般情况下，这是次优的。对其进一步的简化通常是限制每个子信道的码元错误概率而不是比特错误概率为目标值。这是令人很悲观的，但是在非常低的错误概率或使用了网格编码的情况下使用两种优化方法所得的信噪比的差别不大。如果需要非常严格的话，就要考虑使用针对误比特率和

码元错误率两种优化方法的差别。

令码元错误率为目标值 p，则

$$KQ\left(\sqrt{\frac{3P_j\,|\,H_j\,|^2}{N_j(M_j-1)}}\right)=p \tag{7.42}$$

其中，$Q(x)=\dfrac{1}{\sqrt{2\pi}}\displaystyle\int_x^\infty \exp\left[-\dfrac{t^2}{2}\right]\mathrm{d}t$，$x\geqslant 0$，$K$ 是最接近此点的平均星座点数。

我们定义

$$\Gamma^2=\frac{3P_j\,|\,H_j\,|^2}{N_j(M_j-1)} \tag{7.43}$$

为常数，因此

$$Q(\Gamma)=\frac{P}{K} \tag{7.44}$$

子信道发射功率的优化问题类似于信息论中的典型问题：设线性信道的传输函数为 $H(f)$，高斯噪声的功率谱密度为 $N(f)$，发射功率限制为 P，为使信道容量最大，求发射功率在频率上是如何分配的。答案是著名的水池问题。

$$P(f)=\begin{cases}\lambda-\dfrac{N(f)}{|\,H(f)\,|^2}, & f\in F\\[2mm] 0, & f\notin F\end{cases} \tag{7.45}$$

其中

$$F=\left\{f:\frac{N(f)}{|\,H(f)\,|^2}\leqslant\lambda\right\} \tag{7.46}$$

并且 λ 为使

$$\int_F P(f)\mathrm{d}f=P \tag{7.47}$$

成立的值。

如图 7 - 22 所示为根据水池理论的最优的发射功率分布，$N(f)/|\,H(f)\,|^2$ 的曲线可以看作是一个水池，倒入其中的水量是分配的总传输功率。水的高度为 λ，水面和曲线的距离是最优的发射功率谱。可分配的频率的范围为简单起见是连续的。但一般来说，实际上不一定这样。

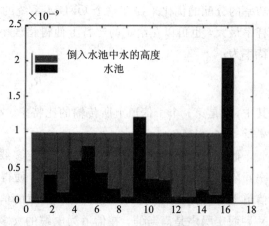

图 7 - 22 根据水池理论的最优的发射功率分布

在以上的假定条件下，有最优的多载波系统的发射功率谱，它有类似的形式：

$$P_j=\begin{cases}\lambda-\dfrac{N_j\Gamma^2}{3P\,|\,H_j\,|^2}, & j\in F\\[2mm] 0, & j\notin F\end{cases} \tag{7.48}$$

其中

$$F=\left\{j:\frac{N_j\Gamma^2}{3P\,|\,H_j\,|^2}\leqslant\lambda\right\} \tag{7.49}$$

选 λ 值使得

$$\sum_j P_j = P \tag{7.50}$$

注意到在 $N_j/|H_j|^2$ 较小的一个范围内，P_j 几乎为常数 λ。在实际系统中错误概率通常较小，当某个子信道的 $N_j/|H_j|^2$ 较大，在给定的错误概率下，不能实现仅有 4 个点的星座图时就将此子信道废弃不用。结果是在一个略小于 F 的频率范围内，几乎平坦的发射功率谱，当错误率很小的时候，其结果与最优的分配方案仅有很小的差别。

因此得到了一种多载波系统的次优设计方案，将所有不能支持最小点数星座图的子载波删除，然后，至少在一开始将总的发射功率平均地分配给剩下的子信道。另一个问题就是为这些子信道选择合适大小的星座图。

首先，我们将星座图的大小看做是连续值。限制 M_j 为整数，这是当然的，对结果没有任何影响。另一方面，限制 $b_j = \mathrm{lb} M_j$ 为整数，这是为了方便起见，不是必须的。解方程(7.43)得

$$M_j = 1 + \frac{3 P_j |H_j|^2}{N_j \Gamma^2} \tag{7.51}$$

取小于它的最大整数，我们就找到了前文第一个问题，即在给定的错误率上使总的比特率最大的近似解。结果比特率为

$$R_b = \frac{1}{T} \sum_j \mathrm{lb} \left[1 + \frac{3 P_j |H_j|^2}{N_j \Gamma^2} \right] \tag{7.52}$$

由于子信道间的间隔是紧密的，上式求和能近似地用积分取代

$$R_b = \int_F \mathrm{lb} \left[1 + \frac{3 P(f) |H_j|^2}{N(f) \Gamma^2} \right] \mathrm{d}f \tag{7.53}$$

上式与著名的信道容量公式相同，其中信噪比为

$$\rho(f) = \frac{P(f) |H_j|^2}{N(f)} \tag{7.54}$$

与信道容量公式的形式相比，式(7.53)多了一个 $\dfrac{3}{\Gamma^2}$ 因子。这一因子被称为"差距"因子。换言之，在给定错误率，给定的信道下使用未编码的多载波系统实际实现的信息率等于相同信道下信噪比除去了一个"差距"因子后的信道容量。

式(7.53)与相同信道下使用理想的判决反馈均衡器(DFE)所达到的信息率除了积分范围略有不同之外是一致的。这样导致了一个非常有趣的结果，在低错误率情况下，最优的多载波系统的性能与使用理想的 DFE 的单载波系统的性能几乎相同。如果将其与 MMSE DFE 相比时更是这样，而和迫零 DFE 相比则相反。在高错误率的情况下，多载波系统的性能会更好一些。

重写式(7.52)为

$$R_b = \frac{1}{T} \sum_j \mathrm{lb} \left[1 + \frac{3 \rho_j}{\Gamma^2} \right] = \frac{1}{T} \mathrm{lb} \left\{ \prod_j \left[1 + \frac{3 \rho_j}{\Gamma^2} \right] \right\} \tag{7.55}$$

现定义平均信噪比 $\bar{\rho}$ 使得

$$R_b = \frac{1}{T} \mathrm{lb} \left[1 + \frac{3 \bar{\rho}}{\Gamma^2} \right] \tag{7.56}$$

那么，若子信道数为 n，则

$$\bar{\rho} = \frac{\Gamma^2}{3} \left\{ \left(\prod_{j=1}^{n} \left[1 + \frac{3 \rho_j}{\Gamma^2} \right] \right)^{\frac{1}{n}} - 1 \right\} \tag{7.57}$$

在高信噪比条件下有

$$\bar{\rho} = \Big[\prod_{j=1}^{n} \rho_j \Big]^{\frac{1}{n}} \tag{7.58}$$

因此在高信噪比情况下，最优的多载波系统的平均信噪比是各子信道信噪比的几何平均。这是一个重要的量，是信道特性的很好的度量。上式的积分形式与使用 DFE 的单载波系统的性能分析中相同。

我们没有要求每个子信道上所分配的比特数为整数。我们可以将多个子信道整体看做一个高维空间上的星座图，并对这一高维空间上的星座图分配一个整数的比特数，这样一来实现某些子信道上分配的比特数为小数，为避免这样的复杂性，通常要求为整数。使用上述的简单的优化方法，并对 b_j 进行舍入将导致平均每个子信道 1/2 比特的损失。

以上损失可通过略微调整子信道功率来弥补。某些舍入较大的子信道应将其功率略微增大以多传输一个比特。某些舍入较小的子信道应将其功率略微降低以维持其传输的比特数。在功率重新分配的过程中，重要的是要保证总功率满足限制条件。在这一过程完成后，功率变化在 3 dB 左右。

通过对每个子信道的误比特率而不是符号错误率进行优化，可以再略微提高传输的比特率。这就需要对系统的每个子信道的符号错误率进行优化后计算其误比特率。满足误比特率要求的子信道就可以增加传输一个比特，使星座图相应的扩大。

7.4.2 对固定比特率的比特和功率分配算法

一种更一般的要求是在比特率一定的条件下使误比特率最小。其中错误概率必须小于一个目标值。同样地，我们假定发射功率有限，每个子信道的比特数是整数。解决这一问题有很多种算法，有不同的精度、复杂性和计算时间。

与上节相似，我们首先求 $\varGamma$，使 $Q(\varGamma) = p/K$，其中 p 是给定的错误率，选为每个子信道的最大的误符号概率。未量化的总比特率为

$$R_b = \frac{1}{T} \sum_j \mathrm{lb}\Big[1 + \frac{3P_j \,|H_j|^2}{N_j \varGamma^2} \Big] \tag{7.59}$$

检查未量化的总比特率是否大于所要求的比特率，否则不能达到所要求的性能。另外，如果 $R_b - B \geqslant \dfrac{A}{T} J$，其中 B 为给定的比特率，A 为正整数，J 为所使用的子载波的数量，那么，从每个子载波中减去 A 个比特。这一步增加了 3 dB 的噪声容限。

经以上步骤之后，每个子载波上的比特数减少到最少。最后的比特率 R' 与 B 相比：如果 $R' > B$，则每个减少量最少的子载波再减少一个比特；如果 $R' < B$，则每个减少量最多的子载波再增加一个比特。最后，总功率要保持不变，以使每个子载波的错误率相同。

第 8 章

多天线调制技术

　　传统的无线通信系统中发射端和接收端各采用一根天线，也就是单输入单输出（SISO）天线系统。著名的 Shannon 信道编码定理描述了 SISO 系统的信道容量极限公式，确定了在保证误码率任意小的条件下的最大传输速率。随着移动通信应用的日益广泛，人们对其提出了更高传输速率和更高传输质量的要求，如手机上网、视频传输等。在这种背景下，提高移动通信的信道容量十分迫切。一种全新的通信系统结构——多输入多输出（MIMO，Multiple - Input Multiple - Output）系统（在无线链路收发端都采用多根天线，实现了数据流在相同时间和相同频带的传输和接收）是无线移动通信领域智能天线技术的重大突破。上世纪九十年代中后期 Bell 实验室的 E. Telatar 和 G. J. Foschini 证明了：MIMO 系统的信道容量随着发射天线数的增加呈近似线性增长。该信道容量突破了传统的单输入单输出信道容量的瓶颈，将传统的香农信息论扩展到更加广义的 MIMO 信息理论。这为 MIMO 通信方式在移动通信中的应用提供了坚实的理论基础。

8.1　接收分集技术

　　分集技术是一项典型的抗衰落技术，衰落效应是影响无线通信质量的主要因素之一。其中的快衰落深度可达 $30 \sim 40$ dB，如果想利用加大发射功率、增加天线尺寸和高度等方法来克服这种深衰落是不现实的，而且会造成对其他电台的干扰。而采用分集方法，即在若干个支路上接收相互间相关性很小的载有同一消息的信号，然后通过合并技术再将各个支路信号合并输出，便可在接收终端上大大降低深衰落的概率。相应地，还需要采用分集接收技术减轻衰落的影响，以获得分集增益，提高接收灵敏度。这种技术已广泛应用于包括移动通信、短波通信等在内的随参信道中。在第二代和第三代移动通信系统中，分集接收技术都已得到了广泛应用。本节主要讨论分集的基本原理、典型的分集技术和合并技术。

8.1.1　典型的分集技术

　　分集的基本原理是通过多个信道（时间、频率或者空间）接收承载相同信息的多个副本。由于多个信道的传输特性不同，信号多个副本的衰落也就不相同。接收机使用多个副本包含的信息能比较正确地恢复出原发送信号。如果不采用分集技术，在噪声受限的条件下，发射机必须要发送较高的功率，才能保证信道情况较差时链路能正常连接。在移动无线环境中，由于手持终端的电池容量非常有限，所以反向链路中所能获得的功率也非常有限，而采用分集方法可以降低发射功率，这在移动通信中非常重要。

分集技术包括两个方面：一是分散传输，使接收机能够获得多个统计独立的、携带同一信息的衰落信号；二是集中处理，即把接收机收到的多个统计独立的衰落信号进行合并以降低衰落的影响。因此，要获得分集效果最重要的条件是各个信号之间应该是"不相关"的。

总结起来，分集技术的实质可以认为是涉及到空间、时间、频率、相位和编码多种资源相互组合的一种多天线技术。根据所涉及资源的不同，分集技术可分为如下几个大类。

1. 空间分集

我们知道在移动通信中，空间略有变动就可能出现较大的场强变化。当使用两个接收信道时，它们受到的衰落影响是不相关的，且二者在同一时刻受深衰落谷点影响的可能性也很小，因此这一设想引出了利用两副接收天线的方案，它们独立地接收同一信号，再合并输出，衰落的程度被大大减小，这就是空间分集。

空间分集是利用场强随空间的随机变化来实现的，空间距离越大，多径传播的差异就越大，所接收场强的相关性就越小。这里所提的相关性是一个统计术语，表明信号间的相似程度，因此必须确定必要的空间距离。经过测试和统计，ITU－R 建议为了获得满意的分集效果，移动单元两天线间距应大于 0.6 个波长，即 $d>0.6\lambda$，并且最好选在 1/4 的奇数倍附近。若减小天线间距，即使小到 1/4，也能起到相当好的分集效果。

空间分集分为空间分集发送和空间分集接收两个系统。其中空间分集接收是在空间不同的垂直高度上设置几副天线，同时接收一个发射天线的微波信号，然后合成或选择其中一个强信号，这种方式称为空间分集接收。接收端天线之间的距离应大于波长的一半，以保证接收天线输出信号的衰落特性是相互独立的，也就是说，当某一副接收天线的输出信号幅度很低时，其他接收天线的输出则不一定在这同一时刻也出现幅度低的现象，经相应的合并电路从中选出信号幅度较大、信噪比最佳的一路，得到一个总的接收天线输出信号。这样就降低了信道衰落的影响，改善了传输的可靠性。

空间分集接收的优点是分集增益高，缺点是还需另外设置单独的接收天线。

1) 极化分集

在移动环境下，两副在同一地点、极化方向相互正交的天线发出的信号呈现出不相关的衰落特性。利用这一特点，在收发端分别装上垂直极化天线和水平极化天线，就可以得到两路衰落特性不相关的信号。所谓定向双极化天线就是把垂直极化和水平极化两副接收天线集成到一个物理实体中，通过极化分集接收来达到空间分集接收的效果，所以极化分集实际上是空间分集的特殊情况，其分集支路只有两路。

这种方法的优点是它只需一根天线，结构紧凑，节省空间，缺点是它的分集接收效果低于空间分集接收天线，并且由于发射功率要分配到两副天线上，将会造成 3dB 的信号功率损失。分集增益依赖于天线间不相关特性的好坏，通过在水平或垂直方向上天线位置间的分离来实现空间分集。

而且若采用交叉极化天线，同样需要满足这种隔离度要求。对于极化分集的双极化天线来说，天线中两个交叉极化辐射源的正交性是决定微波信号上行链路分集增益的主要因素。该分集增益依赖于双极化天线中两个交叉极化辐射源是否在相同的覆盖区域内提供了相同的信号场强。两个交叉极化辐射源要求具有很好的正交特性，并且在整个 120°扇区及切换重叠区内保持很好的水平跟踪特性，代替空间分集天线所取得的覆盖效果。为了获得好的覆盖效果，要求天线在整个扇区范围内均具有高的交叉极化分辨率。双极化天线在整个扇区范围内的正交特性，即两个分集接收天线端口信号的不相关性，决定了双极化天线总的分集效果。为了在双极化天线的两个分集接收端口获得较好的信号不相关特性，两个端口之间的隔离度通常要求达到 30 dB 以上。

2）角度分集

在空间分集中，由于在接收端采用了 N 副天线，若它们的尺寸、形状、增益相同，那么空间分集除了可以获得抗衰落的分集增益以外，还可以获得由于设备能力的增加而获得的设备增益，比如二重空间分集的两套设备，可获 3 dB 的设备增益。

2. 频率分集

频率分集是采用两个或两个以上具有一定频率间隔的微波频率同时发送和接收同一信息，然后进行合成或选择，利用位于不同频段的信号经衰落信道后在统计上的不相关特性，即不同频段衰落统计特性上的差异，来实现抗频率选择性衰落的功能。实现时可以将待发送的信息分别调制在频率不相关的载波上发射，所谓频率不相关的载波是指当不同的载波之间的间隔 Δf 大于频率相干区间 ΔF 时，载波频率的间隔应满足：

$$\Delta f \geqslant \Delta F \approx \frac{1}{L} \tag{8.1}$$

式中，L 为接收信号的时延功率谱宽度。

当采用两个微波频率时，称为二重频率分集。同空间分集系统一样，在频率分集系统中要求两个分集接收信号的相关性较小（即频率相关性较小），只有这样，才不会使两个微波频率在给定的路由上同时发生深衰落，并获得较好的频率分集改善效果。在一定的范围内，两个微波频率 f_1 与 f_2 相差（即频率间隔 $\Delta f = f_2 - f_1$）越大，两个不同频率信号之间衰落的相关性越小。

频率分集与空间分集相比较，其优点是在接收端可以减少接收天线及相应设备的数量，缺点是要占用更多的频带资源，所以，一般又称它为带内（频带内）分集，并且在发送端可能需要采用多个发射机。

3. 时间分集

时间分集是将同一信号在不同时间区间多次重发，只要各次发送时间间隔足够大，则各次发送间隔出现的衰落将是相互统计独立的。时间分集正是利用这些衰落在统计上互不相关的特点，即时间上衰落统计特性上的差异，来实现抗时间选择性衰落的功能。时间分集与空间分集相比较，优点是减少了接收天线及相应设备的数目，缺点是占用时隙资源，增大了开销，降低了传输效率。

8.1.2　典型的合并技术

分集技术是研究如何充分利用传输中的多径信号能量，以改善传输的可靠性，它也是一项研究和利用信号的基本参量在时域、频域与空域中，如何分散开又如何收集起来的技术。"分"与"集"是一对矛盾，在接收端取得若干条相互独立的支路信号以后，可以通过合并技术来得到分集增益。从合并所处的位置来看，合并可以在检测器以前，即在中频和射频上进行合并，且多半是在中频上合并，合并也可以在检测器以后，即在基带上进行合并。合并时采用的准则与方式主要分为四种：最大比值合并（MRC，Maximal Ratio Combining）、等增益合并（EGC，Equal Gain Combining）、选择式合并（SC，Selection Combining）和切换合并（Switching Combining）。

1. 最大比值合并

如图 8-1 所示为最大比值合并接收的原理图，在接收端有多个分集支路，经过相位调整后，按照适当的增益系数加权，同相相加，再送入检测器进行检测。在接收端，各个不相关的分集支路经过相位校正，并按适当的可变增益加权再相加后送入检测器进行相干检测。实际中可以设定第 i 个支路的可变增益加权系数为该分集之路的信号幅度与噪声功率之比。

最大比值合并方案在收端只需对接收信号做线性处理，再利用最大似然检测即可还原出发端的原始信息。其译码过程简单、易实现。合并增益与分集支路数 N 成正比。

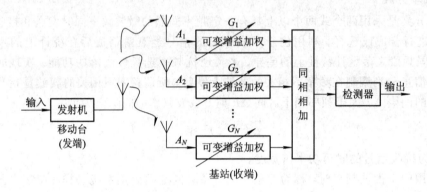

图 8-1 最大比值合并接收的原理图

2. 等增益合并(EGC)

等增益合并也称为相位均衡，仅仅对信道的相位偏移进行校正而对幅度不做校正。等增益合并不是任何意义上的最佳合并方式，只有在假设每一路信号的信噪比相同的情况下，在信噪比最大化的意义上，它才是最佳的。它输出的结果是各路信号幅值的叠加。对 CDMA 系统，它维持了接收信号中各用户信号间的正交性状态，即认可衰落在各个通道间造成的差异不影响系统的信噪比。当在某些系统中对接收信号的幅度测量不便时可选用 EGC。

当 N(分集重数)较大时，等增益合并与最大比值合并后的效果相差不多，约仅差 1 dB 左右。等增益合并实现比较简单，其设备也简单。

3. 选择式合并

如图 8-2 所示为选择式合并接收原理图，采用选择式合并技术时，N 个接收机的输出信号先送入选择逻辑，选择逻辑再从 N 个接收信号中选择具有最高基带信噪比的基带信号作为输出。每增加一条分集支路，对选择式分集输出信噪比的贡献仅为总分集支路数的倒数倍。

4. 合并技术的比较

最大比值合并、等增益合并、选择式合并这三种主要的分集合并方式的性能比较如图 8-3 所示。可以看出，在这三种合并方式中，最大比值合并(a)的性能最好，选择式合并(c)的性能最差。当 N 较大时，等增益合并(b)的合并增益接近于最大比值合并的合并增益。

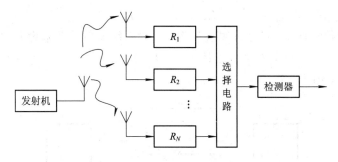

图 8-2　选择式合并接收原理图

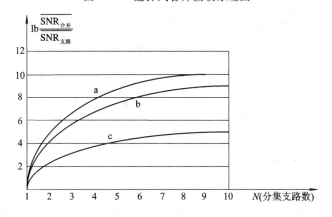

图 8-3　三种主要分集合并方式性能比较

8.2　多天线信息论

多天线分集接收是抗衰落的传统技术手段，但对于多天线分集发送，长久以来学术界并没有统一的认识。Telatar 首先推导出高斯信道下多天线发送系统的信道容量和差错指数函数，他假定各个通道之间的衰落是相互独立的。几乎同时，Foschini 和 Gans 得到了在准静态衰落信道条件下的截止信道容量(Outage Capacity)。此处的准静态是指信道衰落在一个长周期内保持不变，而周期之间的衰落相互独立，也称这种信道为块衰落信道(Block Fading)。

Foschini 和 Gans 的工作以及 Telatar 的工作是多天线信息论研究的开创性文献。在这些著作中，他们指出：在一定条件下，采用多个天线发送、多个天线接收(MIMO)系统可以成倍提高系统容量，信道容量的增长与天线数目成线性关系。

8.2.1　MIMO 系统信号模型

假设点到点 MIMO 系统具有 n_T 个发送天线，n_R 个接收天线。我们考虑采用空时编码的离散时间复基带线性系统模型。MIMO 系统信号模型如图 8-4 所示。假设每个符号周期内系统发送的信号为 $n_T \times 1$ 维列向量 $\boldsymbol{x}$，其中第 i 个分量 x_i 表示从第 i 个天线发送的信号。由信息理论可知，对于高斯信道，最优的输入信号分布也为高斯分布。因此假设发送信号向量的每个分量都服从 0 均值独立同分布(i.i.d.)高斯随机变量。发送信号协方差矩阵可以表示为

$$\boldsymbol{R}_{xx} = E(\boldsymbol{x}\boldsymbol{x}^{\mathrm{H}}) \tag{8.2}$$

其中，$E(\cdot)$表示数学期望，H 表示共轭转置。假设系统发射总功率为 P，则 P 可以表示为

$$P = \mathrm{Tr}(\boldsymbol{R}_{xx}) \tag{8.3}$$

其中，$\mathrm{Tr}(\cdot)$表示矩阵的迹。

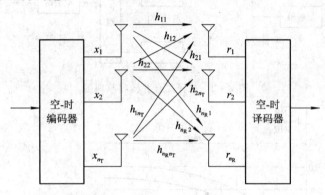

图 8-4   MIMO 系统信号模型

一般地，接收机的信道响应未知，因此可以假设每个天线的发射功率都为 P/n_{T}。则发射信号的协方差矩阵可以表示为

$$\boldsymbol{R}_{xx} = \frac{P}{n_{\mathrm{T}}}\boldsymbol{I}_{n_{\mathrm{T}}} \tag{8.4}$$

其中，$\boldsymbol{I}_{n_{\mathrm{T}}}$ 表示 $n_{\mathrm{T}} \times n_{\mathrm{R}}$ 维单位矩阵。为了简化表示，假设发送信号带宽足够窄，则系统信道响应为平坦衰落。

信道响应矩阵可以表示为 $n_{\mathrm{T}} \times n_{\mathrm{R}}$ 维的复矩阵 $\boldsymbol{H}$。矩阵中的每个元素 h_{ij} 表示从第 j 个发送天线到第 i 个接收天线的信道响应系数。为了归一化，假设每个接收天线的接收信号功率等于所有发送天线的信号总功率。也就是说，忽略大尺度衰落、阴影衰落和天线增益造成的信号放大或衰减。由此可以得到信道响应矩阵的归一化约束为

$$\sum_{j=1}^{n_{\mathrm{T}}} |h_{ij}|^{2} = n_{\mathrm{T}}, \quad i = 1, 2, \cdots, n_{\mathrm{R}} \tag{8.5}$$

上式对于固定衰落系数或随机衰落均成立，若信道衰落是随机变化的，则上式左端需要取数学期望。

接收机的噪声向量可以表示为 $n_{\mathrm{R}} \times 1$ 维列向量 $\boldsymbol{n}$。该向量的分量都是 0 均值独立同分布的高斯随机变量，实部与虚部相互独立，且具有相同的方差，则接收噪声向量的协方差矩阵可表示为

$$\boldsymbol{R}_{nn} = E(\boldsymbol{n}\boldsymbol{n}^{\mathrm{H}}) = \sigma^{2}\boldsymbol{I}_{n_{\mathrm{R}}} \tag{8.6}$$

接收信号也可以表示为 $n_{\mathrm{R}} \times 1$ 维列向量 $\boldsymbol{r}$，每个分量表示一个接收天线收到的信号。由于每个天线的接收功率等于所有天线的发送总功率，因此可以定义系统信噪比为总发送功率与每个天线的噪声功率之比，它独立于发送天线数目 n_{T}，可以表示为

$$\mathrm{SNR} = \frac{P}{\sigma^{2}} \tag{8.7}$$

因此接收向量可以表示为

$$\boldsymbol{r} = \boldsymbol{H}\boldsymbol{x} + \boldsymbol{n} \tag{8.8}$$

从而接收信号的协方差矩阵为

$$R_{rr} = E(rr^H) = HR_{xx}H^H + R_{nn} = \frac{P}{n_T}HH^H + \sigma^2 I_{n_R} \tag{8.9}$$

8.2.2　MIMO 系统信道容量的推导

根据信息论的表述,系统信道容量可以定义为在差错概率任意小的条件下,系统获得的最大数据速率。一般地,假设接收机的信道响应矩阵未知,而接收机却可以精确估计信道衰落。对信道响应矩阵 H 进行奇异分解可得:

$$H = UDV^H \tag{8.10}$$

其中,D 是 $n_R \times n_T$ 维的非负对角矩阵,U 和 V 分别 $n_R \times n_R$ 维和 $n_T \times n_T$ 维的酉矩阵。这两个矩阵满足条件 $UU^H = I_{n_R}$ 和 $VV^H = I_{n_T}$。对角矩阵 D 的元素是矩阵 HH^H 的特征值的非负平方根。

定义矩阵 HH^H 的特征值为 λ,即满足如下关系式:

$$HH^H y = \lambda y \tag{8.11}$$

其中 $n_R \times 1$ 维向量 y 是特征向量。将 H 矩阵的分解形式代入接收信号的矩阵表达式得:

$$r = UDV^H x + n \tag{8.12}$$

引入如下的矩阵变换:

$$\begin{cases} r' = U^H r \\ x' = V^H x \\ n' = U^H n \end{cases} \tag{8.13}$$

可以将式(8.13)化简为

$$r' = Dx' + n' \tag{8.14}$$

令矩阵 H 的奇异值为 $\sqrt{\lambda_i}$,$i = 1, 2, \cdots, r$,r 为 H 的秩,代入式(8.14),得到如下关系式:

$$\begin{cases} r'_i = \sqrt{\lambda_i}x'_i + n'_i, & i = 1, 2, \cdots, r \\ r'_i = n'_i, & i = r+1, r+2, \cdots, n_R \end{cases} \tag{8.15}$$

由式(8.15)可知,接收信号分量 $r'_i(i = r+1, r+2, \cdots, n_R)$ 并不依赖于发送信号,即信道增益为 0。而只有 r 个信号分量 $r'_i(i = 1, 2, \cdots, r)$ 与发送信号有关。因此,上述 MIMO 系统可以看作 r 个独立的并行子信道的叠加,每个子信道的增益为 H 矩阵的一个奇异值。

信号向量 r'、x' 以及 n' 的协方差矩阵与迹如下:

$$\begin{cases} R_{r'r'} = U^H R_{rr} U \\ R_{x'x'} = V^H R_{xx} V \\ R_{n'n'} = U^H R_{nn} U \end{cases} \tag{8.16}$$

$$\begin{cases} \mathrm{Tr}(R_{r'r'}) = \mathrm{Tr}(R_{rr}) \\ \mathrm{Tr}(R_{x'x'}) = \mathrm{Tr}(R_{xx}) \\ \mathrm{Tr}(R_{n'n'}) = \mathrm{Tr}(R_{nn}) \end{cases} \tag{8.17}$$

可见矩阵变换前后信号向量的功率相同。

如前所述,假设每个天线的发送功率为 P/n_T,利用仙农信道容量公式,可得 MIMO 系统的信道容量为

$$C = W \sum_{i=1}^{r} \mathrm{lb}\left(1 + \frac{\lambda_i P}{n_\mathrm{T} \sigma^2}\right) = W \ \mathrm{lb} \prod_{i=1}^{r} \left(1 + \frac{\lambda_i P}{n_\mathrm{T} \sigma^2}\right) \tag{8.18}$$

其中，W 是每个子信道的带宽，$\sqrt{\lambda_i}$ 是信道矩阵 $\boldsymbol{H}$ 的奇异值。由此可见，MIMO 信道容量与信道响应矩阵有关。

令 $\boldsymbol{Q}$ 满足下式：

$$\boldsymbol{Q} = \begin{cases} \boldsymbol{HH}^\mathrm{H}, & n_\mathrm{R} < n_\mathrm{T} \\ \boldsymbol{H}^\mathrm{H}\boldsymbol{H}, & n_\mathrm{R} \geqslant n_\mathrm{T} \end{cases} \tag{8.19}$$

令 $\boldsymbol{Q}$ 矩阵的特征值 m 满足下式：

$$m = \min(n_\mathrm{R}, n_\mathrm{T}) \tag{8.20}$$

则有

$$|\lambda \boldsymbol{I}_m - \boldsymbol{Q}| = 0 \tag{8.21}$$

求解上述方程组，就可以得到信道矩阵的奇异值。

令 $p(\lambda) = |\lambda \boldsymbol{I}_m - \boldsymbol{Q}|$ 为 $\boldsymbol{Q}$ 矩阵的特征多项式，该多项式的阶数为 m，可以分解为如下的形式：

$$p(\lambda) = |\lambda \boldsymbol{I}_m - \boldsymbol{Q}| = \prod_{i=1}^{m} (\lambda - \lambda_i) \tag{8.22}$$

其中 λ_i 是特征多项式的根，也是信道响应矩阵的奇异值。

将 $\lambda = -\dfrac{n_\mathrm{T} \sigma^2}{P}$ 代入上式可得

$$\prod_{i=1}^{m} \left(1 + \frac{\lambda_i P}{n_\mathrm{T} \sigma^2}\right) = \left| \boldsymbol{I}_m + \frac{P}{n_\mathrm{T} \sigma^2} \boldsymbol{Q} \right| \tag{8.23}$$

因此 MIMO 信道容量公式也可以表示为

$$C = W \ \mathrm{lb} \left| \boldsymbol{I}_m + \frac{P}{n_\mathrm{T} \sigma^2} \boldsymbol{HH}^\mathrm{H} \right| \tag{8.24}$$

下面介绍另一种 MIMO 信道容量的推导方法。一般地，MIMO 信道容量可以表述为如下通用表达式：

$$C = W \ \mathrm{lb} \frac{|\boldsymbol{R}_{xx}| \cdot |\boldsymbol{R}_{rr}|}{|\boldsymbol{R}_{uu}|} \tag{8.25}$$

其中，向量 $\boldsymbol{u} = (\boldsymbol{x}^\mathrm{T}, \boldsymbol{r}^\mathrm{T})^\mathrm{T}$，则该向量的协方差矩阵可以表示为

$$\boldsymbol{R}_{uu} = E(\boldsymbol{uu}^\mathrm{H}) = E\left[\begin{pmatrix} \boldsymbol{x} \\ \boldsymbol{r} \end{pmatrix} (\boldsymbol{x}^\mathrm{H} \boldsymbol{r}^\mathrm{H}) \right] = \begin{bmatrix} E(\boldsymbol{xx}^\mathrm{H}) & E(\boldsymbol{xr}^\mathrm{H}) \\ E(\boldsymbol{rx}^\mathrm{H}) & E(\boldsymbol{rr}^\mathrm{H}) \end{bmatrix} \tag{8.26}$$

定义向量 $\boldsymbol{x}$ 与 $\boldsymbol{r}$ 的协方差矩阵为

$$\boldsymbol{R}_{xr} = E(\boldsymbol{xr}^\mathrm{H}) = E\left[\boldsymbol{x}(\boldsymbol{x}^\mathrm{H} \boldsymbol{H}^\mathrm{H} + \boldsymbol{n}^\mathrm{H}) \right] = \frac{P}{n_\mathrm{T}} \boldsymbol{H}^\mathrm{H} \tag{8.27}$$

上面的推导用到了 $\boldsymbol{x}$ 与 $\boldsymbol{n}$ 相互独立的假设。

一般地，对于分块矩阵，有如下的行列式计算定理：

$$\begin{vmatrix} \boldsymbol{A} & \boldsymbol{C} \\ \boldsymbol{B} & \boldsymbol{D} \end{vmatrix} = |\boldsymbol{A}| \cdot |\boldsymbol{D} - \boldsymbol{CA}^{-1}\boldsymbol{B}| \tag{8.28}$$

故有

$$|\boldsymbol{R}_{uu}| = \left| \begin{bmatrix} \boldsymbol{R}_{xx} & \boldsymbol{R}_{xr} \\ \boldsymbol{R}_{xr}^{\mathrm{H}} & \boldsymbol{R}_{rr} \end{bmatrix} \right| = \left| \begin{matrix} \dfrac{P}{n_{\mathrm{T}}} \boldsymbol{I}_{n_{\mathrm{T}}} & \dfrac{P}{n_{\mathrm{T}}} \boldsymbol{H}^{\mathrm{H}} \\ \dfrac{P}{n_{\mathrm{T}}} \boldsymbol{H} & \dfrac{P}{n_{\mathrm{T}}} \boldsymbol{H}\boldsymbol{H}^{\mathrm{H}} + \sigma^2 \boldsymbol{I}_{n_{\mathrm{R}}} \end{matrix} \right|$$

$$= \left| \frac{P}{n_{\mathrm{T}}} \boldsymbol{I}_{n_{\mathrm{T}}} \right| \cdot \left| \frac{P}{n_{\mathrm{T}}} \boldsymbol{H}\boldsymbol{H}^{\mathrm{H}} + \sigma^2 \boldsymbol{I}_{n_{\mathrm{R}}} - \frac{P}{n_{\mathrm{T}}} \boldsymbol{H}^{\mathrm{H}} \cdot \frac{n_{\mathrm{T}}}{P} \boldsymbol{I}_{n_{\mathrm{T}}} \cdot \frac{P}{n_{\mathrm{T}}} \boldsymbol{H} \right| \tag{8.29}$$

$$= \left| \frac{P}{n_{\mathrm{T}}} \boldsymbol{I}_{n_{\mathrm{T}}} \right| \cdot \left| \sigma^2 \boldsymbol{I}_{n_{\mathrm{R}}} \right|$$

代入 MIMO 信道容量通用公式得

$$C = W \, \mathrm{lb} \, \frac{\left| \dfrac{P}{n_{\mathrm{T}}} \boldsymbol{H}\boldsymbol{H}^{\mathrm{H}} + \sigma^2 \boldsymbol{I}_{n_{\mathrm{R}}} \right|}{\left| \sigma^2 \boldsymbol{I}_{n_{\mathrm{R}}} \right|} = W \, \mathrm{lb} \, \left| \boldsymbol{I}_{n_{\mathrm{R}}} + \frac{P}{n_{\mathrm{T}} \sigma^2} \boldsymbol{H}\boldsymbol{H}^{\mathrm{H}} \right| \tag{8.30}$$

8.2.3　随机信道响应的 MIMO 系统容量

在实际系统中，信道响应矩阵常常是随机矩阵。一般地，矩阵的每个系数服从 Rayleigh 分布或 Rice 分布。我们主要讨论的信道类型有：

（1）信道响应矩阵是随机矩阵，在每个符号周期内保持不变，而在符号之间随机变化，这种信道称为快衰落信道；

（2）信道响应矩阵是随机矩阵，在固定数目的符号周期内保持不变，且持续时间远小于整个发送时间，这种信道称为块衰落信道；

（3）信道响应矩阵是随机矩阵，且在整个发送时间都保持不变，这种信道称为慢衰落或准静态衰落信道。

我们主要分析这三种信道下的 MIMO 系统信道容量。首先考察单发单收快（块）衰落系统。此时信道响应服从自由度为 2 的 χ_2^2 分布，可以表述为 $y = \chi_2^2 = z_1^2 + z_2^2$，其中 z_1 和 z_2 都是 0 均值独立高斯随机变量，方差都为 $1/2$。则这种单发单收系统信道容量可以表示为

$$C = E\left[W\mathrm{lb}\left(1 + \chi_2^2 \frac{P}{\sigma^2} \right) \right] \tag{8.31}$$

求数学期望是对随机变量 χ_2^2 进行的。

对于 MIMO 快衰落信道，采用奇异值分解方法得到的系统容量为

$$C = E\left[W\mathrm{lb} \left| \boldsymbol{I}_r + \frac{P}{n_{\mathrm{T}} \sigma^2} \boldsymbol{Q} \right| \right] \tag{8.32}$$

其中 $\boldsymbol{Q}$ 矩阵定义为

$$\boldsymbol{Q} = \begin{cases} \boldsymbol{H}\boldsymbol{H}^{\mathrm{H}}, & n_{\mathrm{R}} < n_{\mathrm{T}} \\ \boldsymbol{H}^{\mathrm{H}}\boldsymbol{H}, & n_{\mathrm{R}} \geqslant n_{\mathrm{T}} \end{cases} \tag{8.33}$$

对于快衰落信道，由于信道响应是遍历随机过程，因此可以对随机矩阵 $\boldsymbol{H}$ 取数学期望。当天线数目较大时，为了便于 MIMO 信道容量的计算，可以利用拉盖尔（Laguerre）多项式展开得

$$C = W \int_0^\infty \mathrm{lb}\Big(1 + \frac{P}{n_T \sigma^2}\lambda\Big) \sum_{k=0}^{m-1} \frac{k!}{(k+n+m)!}\big[L_k^{n-m}(\lambda)\big]^2 \lambda^{n-m} \mathrm{e}^{-\lambda}\,\mathrm{d}\lambda \qquad (8.34)$$

其中 $m = \min(n_T, n_R)$，$n = \max(n_T, n_R)$，$L_k^{n-m}(x)$ 表示 k 阶拉盖尔多项式，定义为

$$L_k^{n-m}(x) = \frac{1}{k!}\mathrm{e}^x x^{m-n} \frac{\mathrm{d}^k}{\mathrm{d}x^k}(\mathrm{e}^{-x} x^{n-m+k}) \qquad (8.35)$$

记 $\tau = \dfrac{n}{m}$，增加 m 和 n 而保持 τ 不变，则用 m 归一化的信道容量可以表示为

$$\lim_{n \to \infty} \frac{C}{m} = \frac{W}{2\pi} \int_{v_1}^{v_2} \mathrm{lb}\Big(1 + \frac{Pm}{n_T \sigma^2}v\Big)\sqrt{\Big(\frac{v_2}{v}-1\Big)\Big(1-\frac{v_1}{v}\Big)}\,\mathrm{d}v \qquad (8.36)$$

其中，

$$v_1 = (\sqrt{\tau}-1)^2$$

$$v_2 = (\sqrt{\tau}+1)^2$$

接着，考察准静态信道的 MIMO 系统容量。在准静态信道响应条件下，整个发送时间内只有一个信道响应矩阵，因此这种信道是非遍历随机过程。严格意义上的仙农信道容量为 0。但如果引入截止(Outage)概率，即表征系统能够达到某个容量的概率，则仍然可以刻画这种信道的系统容量。因此，对于准静态信道，需要引入截止容量概念。

对于给定系统发送容量 R，系统的截止容量可以定义为

$$P_{\mathrm{outage}}(R) = P\Big\{W\,\mathrm{lb}\Big|\boldsymbol{I}_r + \frac{P}{n_T \sigma^2}\boldsymbol{Q}\Big| < R\Big\} \qquad (8.37)$$

这就是 Foschini 等人引入的截止容量的概念。在高信噪比条件下，截止容量概率与误帧率相同。

在准静态衰落信道下，可以通过 Monte Carlo 方法进行仿真，求得信道容量。图 8-5 给出了 SNR 为 15 dB 的条件下，随着天线数目的增加，达到指定信道容量的概率的变化趋势。图 8-6 给出了 $n_T = n_R = 8$ 的条件下，随着信噪比的增加，达到指定信道容量的概率的变化趋势。

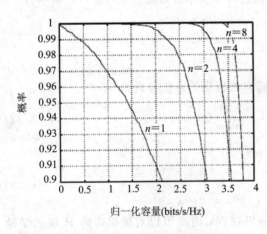

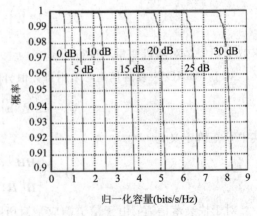

图 8-5　SNR 为 15 dB 时，不同天线数　　　　图 8-6　$n_T = n_R = 8$ 时，不同信噪比
　　　　　对应的信道容量概率　　　　　　　　　　　　　对应的信道容量概率

8.3　空时块编码(STBC)

前面介绍了 MIMO 系统信息论的一些基础知识,本节开始介绍一类高性能的空时编码方法——空时块编码(STBC, Space Time Block Code)。STBC 编码最先是由 Alamouti 引入的,采用了简单的两天线发送分集编码的方式。这种 STBC 编码最大的优势在于:采用简单的最大似然译码准则,可以获得完全的天线增益。Tarokh 进一步将两天线 STBC 编码推广到多天线形式,提出了通用的正交设计准则。

8.3.1　Alamouti STBC 编码

在 Alamouti STBC 编码方案中,每组 m 比特信息首先调制为 $M = 2^m$ 进制符号。然后编码器选取连续的两个符号,根据下述变换将其映射为发送信号矩阵:

$$\boldsymbol{X} = \begin{bmatrix} x_1 & -x_2^* \\ x_2 & x_1^* \end{bmatrix} \tag{8.38}$$

天线 1 发送信号矩阵的第一行,而天线 2 发送信号矩阵的第二行。Alamouti 空时块编码器结构如图 8-7 所示。

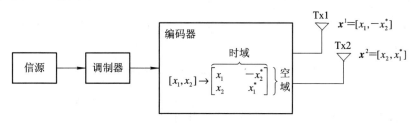

图 8-7　Alamouti 空时块编码器结构

由图可知,Alamouti 空时编码是在空域和时域上进行编码的。令天线 1 和 2 的发送信号向量分别为

$$\boldsymbol{x}^1 = \begin{bmatrix} x_1, & -x_2^* \end{bmatrix}, \ \boldsymbol{x}^2 = \begin{bmatrix} x_2, & x_1^* \end{bmatrix} \tag{8.39}$$

这种空时编码的关键思想在于两个天线发送的信号向量相互正交,编码矩阵具有如下性质:

$$\boldsymbol{x} \cdot \boldsymbol{x}^H = \begin{bmatrix} |x_1|^2 + |x_2|^2 & 0 \\ 0 & |x_1|^2 + |x_2|^2 \end{bmatrix} = (|x_1|^2 + |x_2|^2) \boldsymbol{I}_2 \tag{8.40}$$

其中 $\boldsymbol{I}_2$ 是 2×2 的单位矩阵。

假设接收机采用单天线接收。发送天线 1 和 2 的块衰落信道响应系数为 $h_1 = |h_1| e^{j\theta_1}$, $h_2 = |h_2| e^{j\theta_2}$。在接收端,相邻两个符号周期接收到的信号可以表示为

$$\begin{cases} r_1 = h_1 x_1 + h_2 x_2 + n_1 \\ r_2 = -h_1 x_2^* + h_2 x_1^* + n_2 \end{cases}$$

其中, n_1 和 n_2 表示第一个符号和第二个符号的加性白高斯噪声样值。这种两发一收的 STBC 接收机结构如图 8-8 所示。

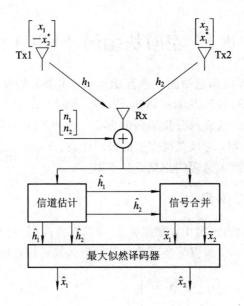

图 8 - 8　两发一收的 STBC 接收机结构

8.3.2　STBC 最大似然译码(MLD)算法

假设接收机可以获得理想信道估计，则最大似然译码算法要求在信号星座图上最小化如下的欧式距离度量：

$$d^2(r_1, h_1\hat{x}_1 + h_2\hat{x}_2) + d^2(r_2, -h_1\hat{x}_2^* + h_2\hat{x}_1^*)$$

$$= |r_1 - h_1\hat{x}_1 - h_2\hat{x}_2|^2 + |r_2 + h_1\hat{x}_2^* - h_2\hat{x}_1^*|^2 \tag{8.41}$$

其中 $\hat{x}_1$，$\hat{x}_2$ 都是星座图上的信号点。将上式展开可得

$$|r_1 - h_1\hat{x}_1 - h_2\hat{x}_2|^2 + |r_2 + h_1\hat{x}_2^* - h_2\hat{x}_1^*|^2$$

$$= (1 - |h_1|^2 - |h_2|^2)(|r_1|^2 + |r_2|^2) + (|h_1|^2 + |h_2|^2 - 1)(|\hat{x}_1|^2 + |\hat{x}_2|^2)$$

$$+ |h_1^* r_1 + h_2 r_2^* - \hat{x}_1|^2 + |h_2^* r_1 - h_1 r_2^* - \hat{x}_2|^2 \tag{8.42}$$

由于上式中第一项是公共项，与信号点无关，可以忽略，这样可得最大似然译码判决准则为

$$(\hat{x}_1, \hat{x}_2) = \arg \min_{(\hat{x}_1, \hat{x}_2) \in C} (|h_1|^2 + |h_2|^2 - 1)(|\hat{x}_1|^2 + |\hat{x}_2|^2) + d^2(\tilde{x}_1, \hat{x}_1) + d^2(\tilde{x}_2, \hat{x}_2)$$

$$\tag{8.43}$$

其中，C 表示调制符号对的组合，$\tilde{x}_1$，$\tilde{x}_2$ 是判决统计量，分别表示为

$$\begin{cases} \tilde{x}_1 = h_1^* r_1 + h_2 r_2^* = (|h_1|^2 + |h_1|^2)x_1 + h_1^* n_1 + h_2 n_2^* \\ \tilde{x}_2 = h_2^* r_1 - h_1 r_2^* = (|h_1|^2 + |h_1|^2)x_2 - h_1 n_2^* - h_2^* n_1 \end{cases} \tag{8.44}$$

由此可知，若给定信道响应，则两个判决统计量分别只是各自发送信号的函数。则最大似然译码准则可以分解为独立的两个准则：

$$\begin{cases} \hat{x}_1 = \arg \min_{\hat{x}_1 \in S} (|h_1|^2 + |h_2|^2 - 1)|\hat{x}_1|^2 + d^2(\tilde{x}_1, \hat{x}_1) \\ \hat{x}_2 = \arg \min_{\hat{x}_2 \in S} (|h_1|^2 + |h_2|^2 - 1)|\hat{x}_2|^2 + d^2(\tilde{x}_2, \hat{x}_2) \end{cases} \tag{8.45}$$

当采用 MPSK 调制方式时，对于所有的信号点，都有 $(|h_1|^2 + |h_2|^2 - 1)|\hat{x}_i|^2 (i=1, 2)$ 是常量，因此最大似然判决准则可以进一步简化为

$$\begin{cases} \hat{x}_1 = \arg \min_{\hat{x}_1 \in S} d^2(\widetilde{x}_1, \hat{x}_1) = \arg \min_{\hat{x}_1 \in S} |h_1^* r_1 + h_2 r_1^* - \hat{x}_1|^2 \\ \hat{x}_2 = \arg \min_{\hat{x}_2 \in S} d^2(\widetilde{x}_2, \hat{x}_2) = \arg \min_{\hat{x}_2 \in S} |h_2^* r_1 - h_1 r_2^* - \hat{x}_2|^2 \end{cases} \tag{8.46}$$

上述 MLD 算法可以推广到多个接收天线的情况：

$$\begin{cases} \widetilde{x}_1 = \arg \min_{\hat{x}_1 \in S} \left[\left(\sum_{j=1}^{N_r} (|h_{j,1}|^2 + |h_{j,2}|^2) - 1 \right) |\hat{x}_1|^2 + d^2(\widetilde{x}_1, \hat{x}_1) \right] \\ \widetilde{x}_2 = \arg \min_{\hat{x}_2 \in S} \left[\left(\sum_{j=1}^{N_r} (|h_{j,1}|^2 + |h_{j,2}|^2) - 1 \right) |\hat{x}_2|^2 + d^2(\widetilde{x}_2, \hat{x}_2) \right] \end{cases} \tag{8.47}$$

对于 MPSK 星座图，多个接收天线的 MLD 可以进一步简化。图 8-9 给出了几种 Alamouti 编码方案在准静态衰落信道下的系统性能。仿真中接收端采用理想信道估计，调制方式是相干 BPSK 调制。

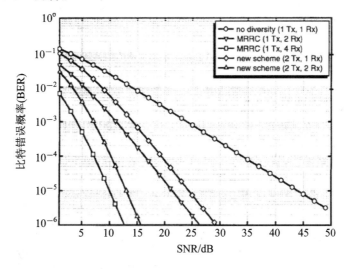

图 8-9　几种 Alamouti 编码方案在准静态衰落信道下的系统性能

由图 8-9 可知，两发一收 Alamouti 编码的分级增益与一发两收最大比值合并接收分集系统的分级增益相同，但信噪比损失 3 dB。这主要是由于在 Alamouti 编码系统中，每个天线的发送信号功率是一发两收分集接收系统的发送信号功率的一半造成的。如果将每个天线的发射功率提高一倍，则两者的系统性能相同。同理，对于两发两收 Alamouti 系统和一发四收系统也有同样的结果。一般地，两发 n_R 收 Alamouti 系统获得的分集增益与一发 $2n_R$ 收分集系统所获得的增益相同。

Alamouti 编码设计的关键在于保证两天线发送信号序列之间的正交性。因此 Tarokh 将正交设计思想推广到多个发送天线，提出了一般的正交空时块编码设计方法。这些 STBC 码可以获得完全的分集增益，并且只需要利用线性信号处理进行简单的最大似然译码。

8.4 分层空时码

分层空时码(LST，Layer Space – Time Codes)最早是 Bell 实验室的 Foschini 等人提出的。他们最初提出的对角化分层空时码可以达到 MIMO 信道容量的下界。分层空时码的最大优点在于允许采用一维的处理方法对多维空间信号进行处理，因此极大地降低了译码复杂度。一般地，分层空时码接收机的复杂度与数据速率成线性关系。本节我们讨论现有的几种分层空时码基本结构，然后重点介绍 V – BLAST 的几种译码算法。

8.4.1 分层空时码的分类与结构

分层空时码实际上描述了空时多维信号发送的结构，它可以和信道编码进行级联。最简单的未编码分层空时码就是著名的 V – BLAST，即垂直结构的分层空时码(VLST)。它的结构如图 8 – 10 所示，比较简单。

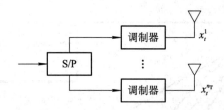

图 8 – 10 VLST 的结构

如果将 VLST 与编码器结合，可以得到各种结构的分层空时码。图 8 – 11 给出了水平分层空时码(HLST)的两种结构。

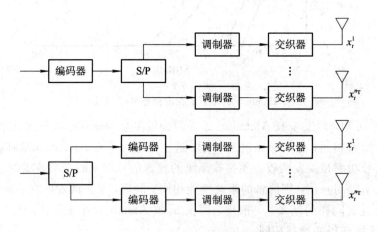

图 8 – 11 HLST 的两种结构

HLST 只利用了时域上的交织作用，如果采用空时二维交织，可以获得更好的性能。图 8 – 12 给出了对角化分层空时码(DLST)和螺旋分层空时码(TLST)的一般结构，它们采用了空时二维交织。

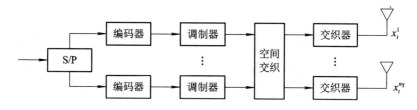

图 8-12　DLST 和 TLST 的一般结构

DLST 结构中，每一层的编码调制符号流沿着发送天线按对角线分布，因此得名。这种处理可以分为两步，以 $n_T = 4$ 为例，第一步处理中各层数据之间要引入相对时延，对应的符号矩阵为

$$
\begin{bmatrix}
x_1^1 & x_2^1 & x_3^1 & x_4^1 & x_5^1 & x_6^1 & x_7^1 & x_8^1 & \cdots \\
0 & x_1^2 & x_2^2 & x_3^2 & x_4^2 & x_5^2 & x_6^2 & x_7^2 & \cdots \\
0 & 0 & x_1^3 & x_2^3 & x_3^3 & x_4^3 & x_5^3 & x_6^3 & \cdots \\
0 & 0 & 0 & x_1^4 & x_2^4 & x_3^4 & x_4^4 & x_5^4 & \cdots
\end{bmatrix}
\tag{8.48}
$$

第二步处理，每个天线沿对角线发送符号，因此符号矩阵为：

$$
\begin{bmatrix}
x_1^1 & x_1^2 & x_1^3 & x_1^4 & x_5^1 & x_5^2 & x_5^3 & x_5^4 & \cdots \\
0 & x_2^1 & x_2^2 & x_2^3 & x_2^4 & x_6^1 & x_6^2 & x_6^3 & \cdots \\
0 & 0 & x_3^1 & x_3^2 & x_3^3 & x_3^4 & x_7^1 & x_7^2 & \cdots \\
0 & 0 & 0 & x_4^1 & x_4^2 & x_4^3 & x_4^4 & x_8^1 & \cdots
\end{bmatrix}
\tag{8.49}
$$

由于 DLST 引入了空间交织，因此它的性能要比 VLST 和 HLST 的性能更好。但由于在矩阵的左下方引入了一些 0，导致码率或频谱效率小于 1，有一定的损失。为了消除这种损失，可以采用螺旋分层空时码（TLST）结构。以 $n_T = 4$ 为例，这种处理对应的符号矩阵为

$$
\begin{bmatrix}
x_1^1 & x_2^1 & x_3^1 & x_4^1 & x_5^1 & x_6^1 & x_7^1 & x_8^1 & \cdots \\
x_1^2 & x_2^2 & x_3^2 & x_4^2 & x_5^2 & x_6^2 & x_7^2 & x_8^2 & \cdots \\
x_1^3 & x_2^3 & x_3^3 & x_4^3 & x_5^3 & x_6^3 & x_7^3 & x_8^3 & \cdots \\
x_1^4 & x_2^4 & x_3^4 & x_4^4 & x_5^4 & x_6^4 & x_7^4 & x_8^4 & \cdots
\end{bmatrix}
\rightarrow
\begin{bmatrix}
x_1^1 & x_2^4 & x_3^3 & x_4^2 & x_5^1 & x_6^4 & x_7^3 & x_8^2 & \cdots \\
x_1^2 & x_2^1 & x_3^4 & x_4^3 & x_5^2 & x_6^1 & x_7^4 & x_8^3 & \cdots \\
x_1^3 & x_2^2 & x_3^1 & x_4^4 & x_5^3 & x_6^2 & x_7^1 & x_8^4 & \cdots \\
x_1^4 & x_2^3 & x_3^2 & x_4^1 & x_5^4 & x_6^3 & x_7^2 & x_8^1 & \cdots
\end{bmatrix}
$$

$$
\tag{8.50}
$$

8.4.2　VLST 的接收——迫零算法

分层空时码的译码算法有多种，最优算法当然是最大似然译码算法。但 MLD 算法具有指数复杂度，无法实用化，因此学者们提出了各种简化算法。其中常用的检测算法包括：迫零（ZF）算法、QR 分解算法以及 MMSE 算法。本小节我们介绍 ZF 算法。

ZF 算法的迭代过程如下：

初始化：

$$
i = 1
$$
$$
G_1 = H^+
\tag{8.52}
$$

迭代过程：

$$s_i = \arg \min_{j \notin \{s_1, s_2, \cdots, s_{i-1}\}} \| (G_i)_j \|^2$$

$$w_{s_i} = (G_i)_{s_i}$$

$$y_{s_i} = w_{s_i}^{\mathrm{T}} r_i$$

$$\hat{x}_{s_i} = Q(y_{s_i}) \qquad (8.52)$$

$$r_{i+1} = r_i - \hat{x}_{s_i}(H)_{s_i}$$

$$G_{i+1} = H_{s_i}^{\pm}$$

$$i = i + 1$$

其中，$S = \{s_1, s_2, \cdots, s_{n_{\mathrm{T}}}\}$ 表示自然序数 $\{1, 2, \cdots, n_{\mathrm{T}}\}$ 的某种排列，H^+ 表示 Moore - Penrose 广义逆，$(G_i)_j$ 表示令 $H_{s_i}^{\pm}$ 列为 0 得到的矩阵的广义逆，$s_1, s_2, \cdots, s_i$ 表示矩阵 G_i 的第 j 行，$Q(\cdot)$ 函数表示根据星座图对检测信号进行硬判决解调。

上述算法中的干扰抵消顺序是根据每次迭代的广义逆矩阵接收列向量信号能量来排序的，这种排序是一种本地最优化方法。如图 8-13 所示的不同接收天线数目采用迫零算法的性能比较给出了准静态衰落信道 QPSK 调制情况下，两发两收、两发四收和两发八收系统采用迭代迫零算法检测的 BER 性能。由图可知，随着接收天线数目的增加，分集增益越来越大，系统性能得到了极大的改善。

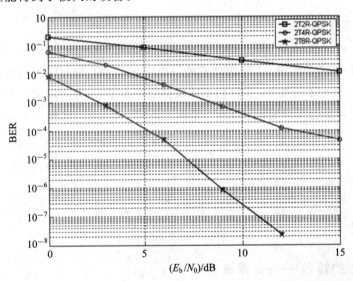

图 8-13　不同接收天线数目采用迫零算法的性能比较

8.4.3　VLST 的接收——QR 算法

一般地，当信道响应矩阵 H 满足 $n_{\mathrm{R}} \geqslant n_{\mathrm{T}}$ 条件时，矩阵可以进行 QR 分解，得 $H = U_R R$ 其中，U_R 是 $n_{\mathrm{R}} \times n_{\mathrm{T}}$ 酉矩阵，而 R 是 $n_{\mathrm{T}} \times n_{\mathrm{T}}$ 的上三角矩阵，故有

$$y_t = U_R^{\mathrm{T}} r_t = U_R^{\mathrm{T}} H x_t + U_R^{\mathrm{T}} n_t = R x_t + v_t \qquad (8.53)$$

其中，$v_t = U_R^{\mathrm{T}} n_t$ 表示白噪声向量经过正交变换后的噪声向量，上面的表达式还可以写成以下的形式：

$$y_t^i = \sum_{j=i}^{n_T} R_{ij} x_t^j + v_t^i, \ i = 1, 2, \cdots, n_T \tag{8.54}$$

根据系数矩阵的上三角特性，可以采用迭代方法从下到上逐次解出各个发送信号分量：

$$\hat{x}_t^i = Q \left(\frac{y_t^i - \sum_{j=i+1}^{n_T} R_{ij} \hat{x}_t^j}{R_{ii}} \right), \quad i = 1, 2, \cdots, n_T \tag{8.55}$$

其中 $Q(\cdot)$ 函数表示根据星座图对检测信号进行硬判决解调。

8.4.4　VLST 的接收——MMSE 算法

另一种常用的 VLST 检测算法是 MMSE 算法，即最小均方误差算法。该算法的目标函数是最小化发送信号向量 $\boldsymbol{x}_t$ 与接收信号向量线性组合 $\boldsymbol{w}^H \boldsymbol{r}_t$ 之间的均方误差，即

$$\arg \min_{\boldsymbol{w}} E \left[\| \boldsymbol{x}_t - \boldsymbol{W}^H \boldsymbol{r}_t \|^2 \right]$$

其中，$\boldsymbol{w}$ 是 $n_R \times n_T$ 的线性组合系数矩阵，由于上述目标函数是凸函数，因此可以通过求其梯度得到最优解：

$$
\begin{aligned}
\nabla_{\boldsymbol{w}} E \left[\| \boldsymbol{x}_t - \boldsymbol{W}^H \boldsymbol{r}_t \|^2 \right] &= \nabla_{\boldsymbol{w}} E \left[(\boldsymbol{x}_t - \boldsymbol{W}^H \boldsymbol{r}_t)^H (\boldsymbol{x}_t - \boldsymbol{W}^H \boldsymbol{r}_t) \right] \\
&= 2 E (\boldsymbol{r}_t^H \boldsymbol{W}^H \boldsymbol{r}_t) - 2 E (\boldsymbol{r}_t^H \boldsymbol{x}_t) \\
&= 2 (\boldsymbol{H}^H \boldsymbol{H} + \sigma^2 \boldsymbol{I}_{n_T}) \boldsymbol{W}^H - 2 \boldsymbol{H}^H
\end{aligned} \tag{8.56}
$$

在上式推导过程中，利用了以下三个关系式：

$$E(\boldsymbol{x}_t \boldsymbol{x}_t^H) = \boldsymbol{I}_{n_T}, \ E(\boldsymbol{n}_t \boldsymbol{n}_t^H) = \sigma^2 \boldsymbol{I}_{n_T}, \ E(\boldsymbol{x}_t \boldsymbol{n}_t^H) = 0 \tag{8.57}$$

令 $\nabla_{\boldsymbol{w}} E \left[\| \boldsymbol{x}_t - \boldsymbol{W}^H \boldsymbol{r}_t \|^2 \right] = 0$，得 MMSE 检测的系数矩阵为 $\boldsymbol{W}^H = (\boldsymbol{H}^H \boldsymbol{H} + \sigma^2 \boldsymbol{I}_{n_T})^{-1} \boldsymbol{H}^H$，MMSE 检测与干扰抵消组合可以得到如下的算法迭代流程：

初始化：

$$
\begin{aligned}
i &= n_T \\
\boldsymbol{r}_t^{n_T} &= \boldsymbol{r}_t
\end{aligned} \tag{8.58}
$$

当 $i \geqslant 1$ 时，进行如下的迭代操作：

$$
\begin{cases}
\boldsymbol{W}^H = (\boldsymbol{H}^H \boldsymbol{H} + \sigma^2 \boldsymbol{I}_{n_T})^{-1} \boldsymbol{H}^H \\
y_t^i = \boldsymbol{W}_i^H \boldsymbol{r}^i \\
\hat{x}_i^t = Q(y_i^t) \\
\boldsymbol{r}^{i-1} = \boldsymbol{r}^i - \hat{x}_t^i \boldsymbol{h}_i \\
\boldsymbol{H} = \boldsymbol{H}_d^{i-1} = \begin{bmatrix} h_{11} & h_{12} & \cdots & h_{1,i-1} \\ h_{21} & h_{22} & \cdots & h_{2,i-1} \\ \vdots & \vdots & \ddots & \vdots \\ h_{n_R,1} & h_{n_R,2} & \cdots & h_{n_R,i-1} \end{bmatrix}
\end{cases} \quad i = i - 1 \tag{8.59}
$$

如图 8-14 所示的几种 VBALST 检测算法的性能比较给出了 $n_T = n_R = 4$ 条件下，未编码的 VBALST 系统采用 QR 分解、MMSE 检测和 MMSE 迭代干扰抵消（排序和不排序）算法的性能。由图可知，当采用排序和干扰抵消的 MMSE 检测时，系统性能最好。

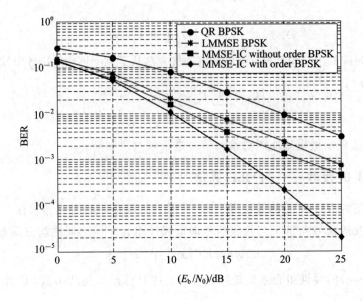

图 8 - 14 几种 VBALST 检测算法的性能比较

8.5 空时格码(STTC)

空时块码能够获得分集增益,但不能提供编码增益。分层空时码能够极大地提高系统的频谱效率,但一般地,它不能获得完全的分集增益。Tarokh、Seshadri 和 Calderbank 首次提出将信道编码、调制及收发分集联合优化的思想,构造了空时格码(STTC)。STTC 既可以获得完全的分集增益,又能获得非常大的编码增益,同时还能提高系统的频谱效率。

本节我们介绍 STTC 编码器的结构、设计和优化准则,并通过仿真评估 STTC 码的性能。

8.5.1 STTC 信号模型

如图 8 - 15 所示为 STTC 编码系统框图。

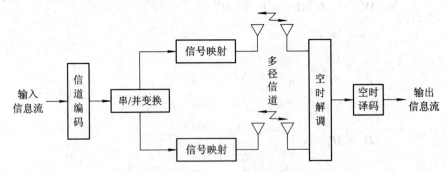

图 8 - 15 STTC 编码系统框图

假设空时编码系统的发射端有 n_T 个天线,接收端有 n_R 个天线。在 t 时刻,送入 STTC 编码器的二进制信息比特流为

$$c_t = [c_t^1, c_t^2, \cdots, c_t^m] \tag{8.60}$$

STTC 编码器将 m 个信息比特编码为 pn_T 个编码比特,送入 $M=2^m$ 进制的线性调制器中,经过串/并转换后,成为 pn_T 维的符号矢量(对于 Smart - greedy 码和 Smart - robust 码,$p>1$,通常假设 $p=1$):

$$x_t = [x_t^1, \ x_t^2, \ \cdots, \ x_t^{n_T}]^T \tag{8.61}$$

将这 n_T 个并行输出同时送入对应的天线单元,就完成了 STTC 的编码工作。这样整个 STTC 编码器的码率为 $R=m/pn_T$。

令 t 时刻第 i 个天线的发送符号为 $\sqrt{E_s}x_t^i$,其中 x_t^i 是归一化的调制信号,E_s 表示信号能量。如前所述,在 t 时刻符号序列 $\sqrt{E_s}x_t^i, \cdots, \sqrt{E_s}x_t^{n_T}$ 是同时发送的。在接收端,每个天线上接收到的信号是 n_T 个发送天线所收到的独立信道衰落后的线性叠加信号。令 r_t^j 表示接收端第 j 个天线 t 时刻收到的信号,则该信号可以表示为

$$r_t^j = \sum_{i=1}^{n_T} \alpha_{ji}^t \sqrt{E_s}x_t^i + n_t^j \qquad j = 1, 2, \cdots, n_R, \ t = 1, 2, \cdots, N_f \tag{8.62}$$

上式中,N_f 是数据帧长,$n_j(k)$ 是复高斯白噪声随机序列,均值为 0,其实部与虚部的方差为 $\mathrm{Var}[\mathrm{Re}(n_t^i)] = \mathrm{Var}[\mathrm{Im}(n_t^i)] = N_0/2$。信道衰落系数 $\alpha_{i,j}$ 表示 t 时刻,从发送天线 i 到接收天线 j 的路径增益。假设信道衰落为准静态衰落,则信道响应为高斯随机过程,均值为 0,方差为 1,在一帧中衰落系数保持不变。

令 t 时刻接收信号矢量为

$$\boldsymbol{r}_t = [r_t^1, \ r_t^2, \ \cdots, \ r_t^{n_R}]^T \tag{8.63}$$

噪声矢量为

$$\boldsymbol{n}_t = [n_t^1, \ n_t^2, \ \cdots, \ n_t^{n_R}]^T \tag{8.64}$$

信道响应矩阵为

$$\boldsymbol{H}_t = \begin{bmatrix} \alpha_{1,1}^t & \alpha_{1,2}^t & \cdots & \alpha_{1,n_t}^t \\ \alpha_{2,1}^t & \alpha_{2,2}^t & \cdots & \alpha_{2,n_t}^t \\ \cdots & \cdots & \cdots & \cdots \\ \alpha_{n_R,1}^t & \alpha_{n_R,2}^t & \cdots & \alpha_{n_R,n_t}^t \end{bmatrix} \tag{8.65}$$

则 t 时刻系统的矢量表示形式为

$$\boldsymbol{r}_t = \boldsymbol{H}_t\boldsymbol{x}_t + \boldsymbol{n}_t \tag{8.66}$$

从而信道响应矩阵的统计特性满足 $E(\boldsymbol{H}_t)=0$,$E(\boldsymbol{H}_t\boldsymbol{H}_t^H)=\boldsymbol{I}_{n_t}$,$\boldsymbol{I}_{n_t}$ 表示 n_t 阶单位矩阵,H 表示共轭转置。噪声矢量的统计特性满足 $E(n_t)=0$,$E(n_t n_t^H)=N_0\boldsymbol{I}_{n_T}$。

如果去掉时间下标,则接收信号的总体矢量形式为

$$\boldsymbol{R} = \sqrt{E_s}\boldsymbol{H}\boldsymbol{X} + \boldsymbol{N} \tag{8.67}$$

其中,N_f 是数据帧长,$n_R \times N_f$ 维接收信号矩阵 $\boldsymbol{R}=(\boldsymbol{r}_1, \boldsymbol{r}_2, \cdots, \boldsymbol{r}_{N_f})$ 表示一帧的接收数据,$n_f \times N_f$ 维发送信号矩阵 $\boldsymbol{X}=(\boldsymbol{x}_1, \boldsymbol{x}_2, \cdots, \boldsymbol{x}_{N_f})$ 表示一帧的发送数据,$(n_R N_f) \times (n_T N_f)$ 维信道响应矩阵 $\boldsymbol{H}=(\boldsymbol{H}_1, \boldsymbol{H}_2, \cdots, \boldsymbol{H}_{N_f})$ 表示一帧时间内的信道响应,$\boldsymbol{N}=(\boldsymbol{n}_1, \boldsymbol{n}_2, \cdots, \boldsymbol{n}_{N_f})$ 为 $n_R \times N_f$ 维噪声矩阵。

8.5.2 STTC 编码器结构

前面介绍了 STTC 系统的信号模型,下面详细描述 STTC 编码器的一般结构。STTC

编码器实际上是定义在有限域上的卷积编码器。对于 n_T 个发送天线，采用 MPSK 调制的 STTC 编码器的一般结构如图 8-16 所示。

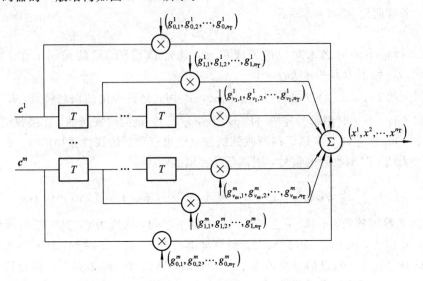

图 8-16　采用 MPSK 调制的 STTC 编码器的一般结构

编码器输入的信息比特流 c 可以表示为

$$c = (c_0, c_1, \cdots, c_t, \cdots) \tag{8.68}$$

式中，c_t 表示 t 时刻的 $m = \text{lb}M$ 比特矢量，即

$$c_t = (c_t^1, c_t^2, \cdots, c_t^m) \tag{8.69}$$

编码器将输入比特流映射为 MPSK 调制符号流，可以表示为

$$x = (x_0, x_1, \cdots, x_t, \cdots) \tag{8.70}$$

式中，x_t 表示 t 时刻的符号矢量，即

$$x_t = [x_t^1, x_t^2, \cdots, x_t^{n_T}]^T \tag{8.71}$$

图 8-16 中，STTC 编码器由移位寄存器、模 M 乘法器和加法器等运算单元构成。m 个比特流 $c^1, c^2, \cdots, c^m$ 送入编码器的一组（m 个）移位寄存器中，第 k 个输入比特流 $c^k = (c_0^k, c_1^k, \cdots, c_t^k, \cdots)(k = 1, 2, \cdots, m)$ 送入第 k 个移位寄存器中，然后与相应的编码器抽头系数相乘，所有乘法器对应的结果模 M 求和，得到编码器的输出符号流 $x = (x^1, x^2, \cdots, x^{n_T})$。$m$ 组抽头系数可以表示为

$$g^1 = \left[(g_{0,1}^1, g_{0,2}^1, \cdots, g_{0,n_T}^1), (g_{1,1}^1, g_{1,2}^1, \cdots, g_{1,n_T}^1), \cdots, (g_{v_1,1}^1, g_{v_1,2}^1, \cdots, g_{v_1,n_T}^1) \right]$$

$$g^2 = \left[(g_{0,1}^2, g_{0,2}^2, \cdots, g_{0,n_T}^2), (g_{1,1}^2, g_{1,2}^2, \cdots, g_{1,n_T}^2), \cdots, (g_{v_2,1}^2, g_{v_2,2}^2, \cdots, g_{v_2,n_T}^2) \right]$$

$$\cdots$$

$$g^m = \left[(g_{0,1}^m, g_{0,2}^m, \cdots, g_{0,n_T}^m), (g_{1,1}^m, g_{1,2}^m, \cdots, g_{1,n_T}^m), \cdots, (g_{v_m,1}^m, g_{v_m,2}^m, \cdots, g_{v_m,n_T}^m) \right] \tag{8.72}$$

式中，抽头系数 $g_{j,i}^k \in \{0, 1, \cdots, M-1\}(k = 1, 2, \cdots, m; j = 1, 2, \cdots, v_k; i = 1, 2, \cdots, n_T)$，$v_k$ 是第 k 个编码分支的记忆长度。

由此可知，t 时刻第 i 个天线编码器的输出符号 x_t^i 可以表示为：

$$x_t^i = \sum_{k=1}^{m} \sum_{j=0}^{v_k} g_{j,i}^k c_{t-j}^k \bmod M, \qquad i = 1, 2, \cdots, n_T \tag{8.73}$$

STTC 编码器用生成多项式描述如下：

$$G_i^k(D) = \sum_{j=0}^{v_k} g_{j,i}^k D^j = g_{0,i}^k + g_{1,i}^k D + \cdots + g_{v_k,i}^k D^{v_k} \bmod M \tag{8.74}$$

其中，$k = 1, 2, \cdots, m$，$i = 1, 2, \cdots, n_T$。

STTC 编码器对应的多项式生成矩阵为

$$\boldsymbol{G}(D) = \begin{bmatrix} G_1^1(D) & G_2^1(D) & \cdots & G_{n_T}^1(D) \\ G_1^2(D) & G_2^2(D) & \cdots & G_{n_T}^2(D) \\ \vdots & \vdots & \ddots & \vdots \\ G_1^m(D) & G_2^m(D) & \cdots & G_{n_T}^m(D) \end{bmatrix} \tag{8.75}$$

8.5.3 STTC 编码设计准则

定义 $n \times n$ 维的 Hermitian 矩阵 $\boldsymbol{A} \in \mathbf{C}^{n \times n}$，如果 $\forall \boldsymbol{u} \in \mathbf{C}^n$，满足 $\boldsymbol{uAu}^H \geqslant 0$，则称矩阵 $\boldsymbol{A}$ 是非负定的。一个 $n \times n$ 维的矩阵 $\boldsymbol{V} \in \mathbf{C}^{n \times n}$，如果满足 $\boldsymbol{VV}^H = \boldsymbol{I}$ 的条件，则称其为酉矩阵。一个 $n \times N$ 维的矩阵 $\boldsymbol{B} \in \mathbf{C}^{n \times N}$，如果满足 $\boldsymbol{BB}^H = \boldsymbol{A}$，则称它为矩阵 $\boldsymbol{A}$ 的平方根。

假设发射端的编码器调制符号矩阵为

$$X = \begin{bmatrix} x_1^1 & x_2^1 & \cdots & x_{N_f}^1 \\ x_1^2 & x_2^2 & \cdots & x_{N_f}^2 \\ \cdots & \cdots & \cdots & \cdots \\ x_1^{n_T} & x_1^{n_T} & \cdots & x_{N_f}^{n_T} \end{bmatrix} \tag{8.76}$$

而接收端经过译码判决后的符号矩阵为

$$\hat{\boldsymbol{X}} = \begin{bmatrix} \hat{x}_1^1 & \hat{x}_2^1 & \cdots & \hat{x}_{N_f}^1 \\ \hat{x}_1^2 & \hat{x}_2^2 & \cdots & \hat{x}_{N_f}^2 \\ \cdots & \cdots & \cdots & \cdots \\ \hat{x}_1^{n_T} & \hat{x}_1^{n_T} & \cdots & \hat{x}_{N_f}^{n_T} \end{bmatrix} \tag{8.77}$$

采用最大似然（ML）译码准则，即

$$\arg \max_{\hat{\boldsymbol{X}}} \left(\left\| \boldsymbol{R} - \sqrt{E_s} \boldsymbol{HX} \right\|_F^2 \geqslant \left\| \boldsymbol{R} - \sqrt{E_s} \boldsymbol{H\hat{X}} \right\|_F^2 \right) \tag{8.78}$$

其中 $\|\boldsymbol{U}_{m \times n}\|_F$ 表示矩阵 $\boldsymbol{U}$ 的 Frobenius 范数，即 $\|\boldsymbol{U}\|_F = \sqrt{\sum_{i=1}^{m} \sum_{j=1}^{n} |u_{ij}|^2}$。

定义修正的平方欧式距离 $d^2(\boldsymbol{X}, \hat{\boldsymbol{X}})$ 为

$$d^2(\boldsymbol{X}, \hat{\boldsymbol{X}}) = \left\| \boldsymbol{H} \cdot (\boldsymbol{X} - \hat{\boldsymbol{X}}) \right\|_F^2 = \sum_{t=1}^{N_f} \sum_{j=1}^{n_R} \left| \sum_{i=1}^{n_T} \alpha_{ji}^t (x_t^i - \hat{x}_t^i) \right|^2 \tag{8.79}$$

则在给定信道响应矩阵的条件下，ML 译码错误概率为

$$P(\boldsymbol{X}, \hat{\boldsymbol{X}} | \boldsymbol{H}) = \frac{1}{2} \mathrm{erfc} \left[\sqrt{\frac{E_s}{4N_0} d^2(\boldsymbol{X}, \hat{\boldsymbol{X}})} \right] \leqslant \frac{1}{2} \exp \left[-\frac{E_s}{4N_0} d^2(\boldsymbol{X}, \hat{\boldsymbol{X}}) \right] \tag{8.80}$$

1. 准静态衰落信道条件下的 STTC 设计准则

在准静态衰落信道条件下，信道响应矩阵与时间无关，即 $\alpha_{ji}^t = \alpha_{ji}$，$i=1,2,\cdots,n_T$，$j=1,2,\cdots,n_R$。

修正平方欧式距离 $d^2(\boldsymbol{X},\hat{\boldsymbol{X}})$ 实际上是一个二次型，因此可以展开为

$$d^2(\boldsymbol{X},\hat{\boldsymbol{X}}) = \sum_{j=1}^{n_R} h_j \boldsymbol{A}(\boldsymbol{X},\hat{\boldsymbol{X}}) \boldsymbol{h}_j^{\mathrm{H}} \tag{8.81}$$

式中，$\boldsymbol{h}_j = (\alpha_{j1},\alpha_{j2},\cdots,\alpha_{j,n_T})$，$n_T \times n_T$ 维矩阵 $\boldsymbol{A}(\boldsymbol{X},\hat{\boldsymbol{X}})$ 的每一个元素为

$$A_{pq} = \sum_{i=1}^{n_f} [(x_t^i)_p - (\hat{x}_t^i)_p][(x_t^i)_q - (\hat{x}_t^i)_q]^*$$

称为符号距离矩阵。定义符号序列差矩阵 $\boldsymbol{B}(\boldsymbol{X},\hat{\boldsymbol{X}})$ 为

$$\boldsymbol{B}(\boldsymbol{X},\hat{\boldsymbol{X}}) = \boldsymbol{X} - \hat{\boldsymbol{X}} = \begin{bmatrix} x_1^1 - \hat{x}_1^1 & x_2^1 - \hat{x}_2^1 & \cdots & x_{N_t}^1 - \hat{x}_{N_t}^1 \\ x_1^2 - \hat{x}_1^2 & x_2^2 - \hat{x}_2^2 & \cdots & x_{N_t}^2 - \hat{x}_{N_t}^2 \\ \cdots & \cdots & \cdots & \cdots \\ x_1^{n_T} - \hat{x}_1^{n_T} & x_2^{n_T} - \hat{x}_2^{n_T} & \cdots & x_{N_t}^{n_T} - \hat{x}_{N_t}^{n_T} \end{bmatrix} \tag{8.82}$$

显然，符号差矩阵 $\boldsymbol{B}(\boldsymbol{X},\hat{\boldsymbol{X}})$ 是矩阵 $\boldsymbol{A}(\boldsymbol{X},\hat{\boldsymbol{X}})$ 的平方根，矩阵 $\boldsymbol{A}(\boldsymbol{X},\hat{\boldsymbol{X}})$ 具有非负特征值。

Rician 信道条件下，成对差错概率 $P(\boldsymbol{X},\hat{\boldsymbol{X}})$ 为

$$P(\boldsymbol{X},\hat{\boldsymbol{X}}) \leqslant \prod_{j=1}^{n_R} \left[\prod_{i=1}^{n_T} \frac{1}{1+\dfrac{E_s}{4N_0}\lambda_i} \exp\left(-\frac{K^{ji}+\dfrac{E_s}{4N_0}\lambda_i}{1+\dfrac{E_s}{4N_0}\lambda_i}\right) \right] \tag{8.83}$$

如果 $K^{ji}=0$，即在 Rayleigh 衰落信道下，上式变为

$$P(\boldsymbol{X},\hat{\boldsymbol{X}}) \leqslant \left(\prod_{i=1}^{n_T} \frac{1}{1+\dfrac{E_s}{4N_0}\lambda_i} \right)^{n_R} \tag{8.84}$$

在高信噪比条件下，上式可以表示为

$$P(\boldsymbol{X},\hat{\boldsymbol{X}}) \leqslant \left(\prod_{i=1}^{r}\lambda_i \right)^{-n_R} \left(\frac{E_s}{4N_0} \right)^{-m_R} \tag{8.85}$$

令 $r = \mathrm{Rank}[\boldsymbol{A}(\boldsymbol{X},\hat{\boldsymbol{X}})]$ 表示矩阵的秩，则 $\boldsymbol{A}(\boldsymbol{X},\hat{\boldsymbol{X}})$ 矩阵有 r 个特征值为 0，$n-r$ 个特征值为非 0，令 $\lambda_1,\lambda_2,\cdots,\lambda_r$ 表示矩阵 $\boldsymbol{A}(\boldsymbol{X},\hat{\boldsymbol{X}})$ 的非零特征值。在高信噪比条件下，上式可以表示为

$$P(\boldsymbol{X},\hat{\boldsymbol{X}}) \leqslant \left(\prod_{i=1}^{r}\lambda_i \right)^{-n_R} \left(\frac{E_s}{4N_0} \right)^{-m_R} \tag{8.86}$$

由上式可知，STTC 编码的收发分集增益为 rn_R，与信噪比成负指数关系，而在相同分集增益条件下，与未编码系统相比，STTC 的编码增益为 $\left(\prod\limits_{i=1}^{r}\lambda_i \right)^{\frac{1}{r}}$。因此 STTC 编码的性能主要由分集增益和编码增益决定。从而可以得到准静态衰落信道条件下，STTC 码的设计准则如下。

秩准则：为了得到最大的分集增益 $n_T n_R$，对于任意的编码矩阵对 $(\boldsymbol{X},\hat{\boldsymbol{X}})$，信号差

矩阵 $\boldsymbol{B}(\boldsymbol{X}, \hat{\boldsymbol{X}})$ 必须满秩。如果 $\boldsymbol{B}(\boldsymbol{X}, \hat{\boldsymbol{X}})$ 的秩为 r，则 STTC 编码获得的分集增益为 rn_R。

（2）行列式准则：当 STTC 编码可以得到分集增益 $n_T n_R$ 时，$\prod\limits_{i=1}^{n_T}\lambda_1$ 就是矩阵 $\boldsymbol{A}(\boldsymbol{X}, \hat{\boldsymbol{X}})$ 的行列式。因此在满秩条件下，设计的最优码应当使最小的行列式 $\boldsymbol{A}(\boldsymbol{X}, \hat{\boldsymbol{X}})$ 最大化。如果矩阵不满秩，则应使最小特征值乘积最大化。

2. 快衰落信道条件下，STTC 的设计准则

上述分析可以直接推广到快衰落信道，其 STTC 码的设计准则如下：

（1）距离准则：为了得到最大的分集增益 ωn_R，对于任意的编码矢量对 $(x_t, \hat{x}_t)$，$t=1$，2，$\cdots$，N_f，必须至少有 ω 个满足 $x_t \neq \hat{x}_t$。

（2）乘积准则：为了获得最大的编码增益，在 STTC 编码序列中，最小的乘积

$$\prod_{t\in\Omega(x,\hat{x})}|x_t - \hat{x}_t|^2$$ 必须最大化。

8.5.4　STTC 编码的性能

如图 8-17 所示为两发一收条件下各种状态的 STTC 码性能，如图 8-18 所示为两发两收条件下各种状态的 STTC 码性能，它们给出了 4～64 状态的 STTC 码在准静态衰落信道条件下的误帧率 FER-SNR 性能曲线。仿真条件是所有数据帧长为 $N_f=130$ 个符号，信道响应每帧变化一次，采用维特比算法译码。

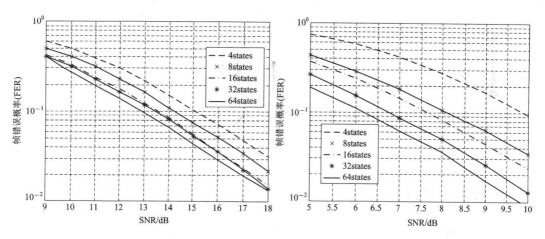

图 8-17　两发一收条件下各种状态的
STTC 码性能

图 8-18　两发两收条件下各种状态的
STTC 码性能

由图可知，STTC 码能够获得完全的分集增益，并具有非常大的编码增益。

参 考 文 献

[1] Fuqin Xiong. Digital Modulation Techniques[M]. Second Edition. Boston: Artech House, 2006.

[2] Proakis John G. Digital Communication[M]. 4th Edition. 北京：电子工业出版社.

[3] Dapper M J, Hill T. J. SBPSK: A Robust Bandwidth - Efficient Modulation for Hard - Limited Channels[C]Los Angeles: MILCOM Conference Record, 1984

[4] Simon M K. Bandwidth - Efficient Digital Modulation with Application to Deep - Space Communications[M]. Wiley - Interscience 2001.

[5] Simon M K, Yan T - Y. Unfiltered Feher - patented Quadrature Phase - Shift - Keying(FQPSK): Another Interpretation and Further Enhancements [J]: Applied Microwave & Wireless Magazine, 2000, 12(2): 76 - 96.

[6] Simon M K, Yan T - Y. Performance Evaluation and Interpretation of Unfiltered Feher - Patented Quadrature - Phase - Shift Keying(FQPSK)[R]. TMO Progress Report, 1999[1999 - 5 - 15]: 42 - 137.

[7] Lee D, Simon M K, Yan T - Y. Enhanced Performance of FQPSK - B Receiver Based on Trellis - Coded Viterbi Demodulation[C]. San Diego: International Telemetering Conference, 2000.

[8] Agency D I S. Department of Defense Interface Standard, Interoperability Standard for Single -Access 5 - KHz and 25 - KHz UHF Satellite Communications Channels[R]. Department of Defense, 1999.

[9] Range Commanders Council Telemetry Group. IRIG 106 - 2009 Telemetry Standard Part I[S]. http: //www. irig106. org/docs/106 - 09.

[10] Simon M K, Li L. A Cross - Correlated Trellis - Coded Quadrature Modulation Representation of MIL - STD Shaped Offset Quadrature Phase - Shift Keying[R]. IPN Progress Report 42 - 154, 2001. http: //ipnpr. jpl. nasa. gov/progress_report /42 - 154/154J. pdf.

[11] Li L, Simon M K. Performance of Coded Offset Quadrature Phase - Shift Keying(OQPSK) and MIL - STD Shaped OQPSK(SOQPSK)with Iterative Decoding[R]. IPN Progress Report 42 - 156, 2004.

[12] Sundberg C E. Continuous phase modulation: a class of jointly power and bandwidth efficient digital modulation schemes with constant amplitude[J]. IEEE Communications Magazine, 1986, 24(4): 25 - 38.

[13] Aulin T, Sundberg C E. An easy way to calculate power spectra for digital FM[C]. IEE proceedings: PartF, 1983, 130(6): 519 - 526.

[14] Aulin T, Sundberg C E. Continuous phase modulation - Part I: Full response signaling[J]. IEEE Trans. on Comm. , 1981, 29(3): 196 - 206.

[15] Aulin T, Sundberg C E. Continuous phase modulation - Part I: Partial response signaling[J]. IEEE Trans. on Comm. , 1981, 29(3): 210 - 225.

[16] Anderson J, Aulin T, Sundberg C E. Digital Phase Modulation[M]. New York: Plenum Publishing Company, 1986.

[17] Wison S G, Mulligan M G. An improved algorithm for evaluating trellis phase codes[J]. IEEE Trans. on Information Theory, 1984, 30(6): 846 - 851.

[18] Rimoldi B. Exact formula for the minimum squared Euclidean distance of CPFSK[J]. IEEE Trans.

on Comm. , 1991, 39(9): 1280 - 1282.

[19] Ekanayake N, Liyanapathirana R. On the exact formula for minimum squared distance of CPFSK [J]. IEEE Trans. on Comm. , 1994, 42(11): 2917 - 2918.

[20] Kopta A, Budisin S, Jovanovic V. New universal all - digital CPM modulator[J]. IEEE Trans. on Comm. , 1974, 22(8): 1023 - 1036.

[21] Osborne W P, Luntz M B. Coherent and noncoherent detection of CPFSK[J]. IEEE Trans. on Comm. , 1974, 22(8): 1023 - 1036.

[22] Schonhoff T A. Symbol error probabilities for Mary CPFSK: coherent and noncoherent Detection [J]. IEEE Trans. on Comm. , 1976, 24(6): 644 - 652.

[23] Svensson A, Sundberg C E, Aulin T. A class of reduced - complexity Viterbi detectors for partial response continuous phase modulation[J]. IEEE Trans. on Comm. 1984, 32(10): 1079 - 1087.

[24] Simon M, Divsalar D. Maximum - likelihood block detection of non - coherent continuous phase modulation[J]. IEEE Trans. on Comm. , 1993, 41(1): 90 - 98.

[25] Murota K, Dekker C B. GMSK modulation for digital mobile telephony[J]. IEEE Trans. on Comm. , 1981, 29(7): 1044 - 1050.

[26] Chung K S, Zegers L E. Generalized tamed frequency modulation[C]. IEEE International Conf. on Acoustics, Paris: Speech and Signal Processing, 1982: 1805 - 1808.

[27] Chung K S. A noncoherent receiver for GTFM signals[C] Miami: Proc. IEEE GLOBCOM'82, 1982: B3. 5. 1 - N3. 5. 5.

[28] Stjernvall J E, Uddenfeldt J. Gaussian MSK with different demodulators and channel coding for mobile telephony[C] // the Netherlands: Proc. ICC84, Amsterdam, 1984: 1219 - 1222.

[29] Swenson A, Sundberg C E. On the error probability for several types of noncoherent detection of CPM[C] Georgia: Proc. IEEE GLOBCOM'84, 1984, 22(5): 1 - 7.

[30] Laurent P. Exact and approximate construction of digital phase modulations by superposition of amplitude modulated pulses(AMP)[J]. IEEE Trans. Commun. , 1986, 34(2): 150 - 160.

[31] Kalen G. Simple coherent receivers for partial response continuous phase modulation[J]. IEEE Journal on Selected Areas in Communications, 1989, 7(9): 1427 - 1436.

[32] Hirt W. , Pasupathy S. Suboptimal reception of binary CPSK signals[C]. IEE Proceedings: Part F, 1981, 128(3): 125 - 134.

[33] Anderson J B, Mohan S. Sequential coding algorithm: a survey and cost analysis[J]. IEEE Trans. on Communications, 1984, 32(2): 169 - 176.

[34] Doelz M L, Heald E H. Minimum - shift data communication system: U. S. 2977417 [P]. 1961 - 3 - 28.

[35] DeBuda R. Coherent demodulation of frequency - shift keying with low deviation ratio[J]. IEEE Trans. Communications, 1972, 20(3): 429 - 435.

[36] Gronemeyer S A, McBride A L. MSK and offset QPSK modulation[J]. IEEE Trans. Commun. , 1976, 24(8): 809 - 820.

[37] Amoroso F, Kivett J A. Simplified MSK signaling technique[J]. IEEE Trans. Commun. , 1977, 25 (4): 433 - 441.

[38] Bhargava V K, et al. Digital Communications by Satellite[M]. New York: John Wiley and Sons, 1981.

[39] Rimoldi B E. A Decomposition Approach to CPM[J]. IEEE Transactions on Information Theory, 1988, 34(2): 260 - 270.

[40] Ziemer R E, Ryan C R. Minimum‐shift keyed modem implementations for high data rates[J]. IEEE Communications Magazine, 1983, 21(7): 28‐37.

[41] Amoroso F. Pulse, spectrum manipulation in the minimum(frequency) shift keying(MSK) format [J]. IEEE Trans. Communications, 1976, 24(3): 381‐384.

[42] Simon M K. A generalization of minimum‐shift‐keying(MSK)‐type signaling based upon input data symbol pulse shaping[J]. IEEE Trans. Communications, 1976, 24(8): 845‐856.

[43] Rabzel M, Pasupathy S. Spectral shaping in MSK‐type signals[J]. IEEE Trans. Communications, 1978, 26(1): 189‐195.

[44] Prabhu V K. Spectral occupancy of digital angle‐modulated signals[M]. Bell Syst. Tech. J. 1976: 429‐453.

[45] Bazin B. A class of MSK baseband pulse formats with sharp spectral roll‐off[J]. IEEE Trans. Communications, 1979, 27(5): 826‐829.

[46] Linz A, Hendrickson A. Efficient implementation of an I‐Q GMSK modulator[J]. IEEE Transactions on Circuits and Systems‐II: Analog and Digital Signal Processing, 1996, 43(1): 14‐23.

[47] Laurent P A. Exact and approximate construction of digital phase modulations by superposition of amplitude modulated pulses[J]. IEEE Trans. on Comm. , 1986, 34(2): 150‐160.

[48] Kaleh G K. Simple coherent receivers for partial response continuous phase modulation[J]. IEEE Journal on Selected Areas in Communications, 1989, 7(9): 1427‐1436.

[49] Tsai K, Lui G L. Binary GMSK: Characteristics and performance[C] //Nevada: International Telemetering Conference, 1999.

[50] Lui G L, Tsai K. Data‐aided symbol time and carrier phase tracking for pre‐coded CPM signals [C]. Nevada: International Telemetering Conference, 1999.

[51] Lui G L, Tsai K. Viterbi and serial demodulator for pre‐coded binary GMSK[C] // Nevada, International Telemetering Conference, 1999.

[52] Lui G L. Threshold detection performance of GMSK signal with BT=0.5[C] //MILCOM'98 Conference Proceeding, 1998.

[53] Mengali U, D'Andrea A N. Synchronization techniques for digital receivers[M]. New York: Plenum Press, 1997.

[54] Hinedi S. M. Carrier synchronization in bandlimited channels[D]. Los Angeles: University of Southern California, 1987.

[55] Simon M K, Hinedi S M. Suppressed carrier synchronizers for ISI channels[C] // England: Global Telecommunications Conference, 1996.

[56] Lindsey W C, Simon M K. Telecommunication systems engineering[M]. New Jersey: PTR Prentice Hall, 1973.

[57] Lindsey W C, Simon M K. Optimum performance of suppressed carrier receivers with Costas loop tracking[J]. IEEE Trans. on Comm. , 1977, 25(2): 215‐227.

[69] Wilson S G. Digital Modulation and Coding[M]. New Jersey: Prentice Hall, Inc. , 1996.

[70] 梁开勇. FQPSK 调制与多元 LDPC 码的联合编码调制研究[D]. 成都: 电子科技大学, 2010.

[71] 张辉, 曹丽娜. 现代通信原理与技术[M]. 西安: 西安电子科技大学出版社, 2008.

[72] 孙锦华, 李建东, 金力军. 连续相位调制的非相干减少状态差分序列检测算法[J]. 电子与信息学报, 2005, 27(8): 1338‐1341.